21世纪全国本科院校土木建筑类创新型应用人才培养规划教材

误差理论与测量平差基础

胡圣武　肖本林　编著

内容简介

本书系统地介绍了误差理论与测量平差基础的基本原理与应用。全书共分11章，主要内容包括误差理论的基本知识，误差传播律及其应用，平差数学模型，参数估计方法，条件平差，间接平差，GPS网平差，坐标值的平差，误差椭圆，近代平差概论。本书内容充实，结构严谨，体系完整，强调原理与方法、理论与实际、经典与现代相结合，可读性强、便于自学，为培养学生的抽象思维和视觉思维能力提供了一个良好平台。

本书可以作为高等学校测绘工程专业的本科教材，也可以作为科研院所、生产单位相关科学技术人员的学习参考用书。

图书在版编目(CIP)数据

误差理论与测量平差基础/胡圣武，肖本林编著. —北京：北京大学出版社，2012.8
(21世纪全国本科院校土木建筑类创新型应用人才培养规划教材)
ISBN 978-7-301-21003-1

Ⅰ.①误… Ⅱ.①胡… ②肖… Ⅲ.①误差理论—高等学校—教材②测量平差—高等学校—教材
Ⅳ.①O241.1②P207

中国版本图书馆CIP数据核字(2012)第166384号

书　　名: 误差理论与测量平差基础
著作责任者: 胡圣武　肖本林　编著
策 划 编 辑: 卢　东　吴　迪
责 任 编 辑: 卢　东　林章波
标 准 书 号: ISBN 978-7-301-21003-1/P·0082
出　版　者: 北京大学出版社
地　　址: 北京市海淀区成府路205号　100871
网　　址: http://www.pup.cn　http://www.pup6.cn
电　　话: 邮购部62752015　发行部62750672　编辑部62750667　出版部62754962
电 子 邮 箱: pup_6@163.com
印　刷　者: 三河市北燕印装有限公司
发　行　者: 北京大学出版社
经　销　者: 新华书店
787毫米×1092毫米　16开本　19.25印张　448千字
2012年8月第1版　2012年8月第1次印刷
定　　价: 37.00元

前　　言

误差理论与测量平差基础课程是测绘科学与技术这个学科的一门重要的专业基础课，其为后续的专业课打下有关数据处理的基础，也是攻读相关专业研究生的一门必修课程。本书依据国家教育部颁布的《普通高等学校本科专业目录》中测绘类专业课程设置的要求，按照新的课程实际标准和教学大纲编写，以适应新时期测绘人才“宽口径、厚基础、强能力、高素质”的培养目标，以加强基础理论、注重基本方法和培养动手能力为出发点，在参考了各种平差基础教程和十几年来的教学体会和经验以及科研成果的基础上，经过多次修改完成。

本书主要讲述误差理论的基本知识和基于偶然误差的测量平差的基本理论和方法及其应用。本书的主要特色如下。

(1) 把测量平差与数学分开。目前很多教材都数学化，没有考虑测绘专业的实际。例如，大部分教材都把附有限制条件的条件平差作为平差的一种概括模型，虽然在数学上是可行的，但是在测绘中却是不可行的。

(2) 重应用。本书对测边网和测角网只在理论上作介绍，而没有在实例中重点分析。本书主要重点介绍目前用得较多的一些方法，如导线网平差、GPS 网平差、坐标值的平差、误差椭圆等。

(3) 重基础理论。本书对测量平差所涉及的基本理论都加以介绍，如期望、方差、矩阵等，并重点讲述了一些基本理论，如条件平差与间接平差的基本原理等。

(4) 简单性。本书保留了经典理论，简化公式推导。

(5) 实例比较多。本书讲述每一理论后都讲解大量的实例，让学生进一步理解和消化知识。

(6) 精选了大量的习题。本书习题经过精选，便于学生巩固学习内容。

(7) 加强介绍近代平差方法中的序贯平差、秩亏自由网平差、附加系统参数的平差、最小二乘配置、稳健估计、数据探测与可靠性理论等的基本理论与应用，并用实例进行分析。

本书由河南理工大学胡圣武和湖北工业大学肖本林在 10 多年教学和科研的基础上撰写而成。

本书撰写时参考了国内外有关专家的误差理论与测量平差基础著作，并在写作过程中得到多方支持和帮助，在此表示感谢！另外，特别感谢河南理工大学测绘学院郭增长院长及湖北工业大学土木学院相关领导的支持！

限于编者水平，书中疏漏之处在所难免，恳请广大读者批判指正。

编　者

2012 年 4 月

目　　录

第1章 绪　　论

教学目标

本章主要介绍误差理论与测量平差基础这门课程的主要内容。通过本章的学习，应达到以下目标：

(1) 了解本课程的研究内容和任务；

(2) 掌握偶然误差、系统误差和粗差的基本概念；

(3) 掌握观测误差的性质及其影响因素；

(4) 了解误差理论与测量平差这门学科的发展历程。

教学要求

知识要点	能力要求	相关知识
观测误差的分类	(1) 掌握偶然误差的定义 (2) 掌握系统误差和粗差的定义和性质	(1) 偶然误差 (2) 系统误差 (3) 粗差
观测误差的来源	掌握误差的五大来源	(1) 测量仪器 (2) 方法误差 (3) 观测者 (4) 外界条件 (5) 观测对象
本学科的内容与任务	(1) 了解本学科的内容 (2) 了解本学科的任务	(1) 误差基本理论 (2) 测量平差模型 (3) 测量平差方法与应用
本学科的发展历程	了解本学科的发展历程	高斯提出最小二乘原理

基本概念

偶然误差、系统误差、粗差、观测误差

引言

从几何上知道一个平面三角形三内角之和应等于180°，但如果对这三个内角进行观测，则三内角观测值之和通常不等于180°。在同一量的各观测值之间，或在各观测值与其理论上的应有值之间存在差异的现象，在测量工作中是普遍存在的，是什么原因引起每次结果不一致？如何对这些不一致的观测数据进行处理？这些内容就是本课程所要解决的主要问题。

1.1 观测误差

观测(测量)是指用一定的仪器、工具、传感器或其他手段获取与地球空间分布有关信息的过程和实际结果，而误差主要源于观测过程。通过实践，人们认识到，任何一种观测都不可避免地要产生误差。当对某量进行重复观测时，常常发现观测值之间存在一些差异。例如，对同一段距离重复丈量若干次，量得的长度通常是互有差异的。另一种情况是，如果已经知道某几个量之间应该满足某一理论关系，但对这几个量进行观测后，也会发现实际观测结果往往不能满足应有的理论关系。例如，从几何上知道一个平面三角形 3 个内角之和应等于 180°，但如果对这 3 个内角进行观测，则 3 个内角观测值之和通常不等于 180°。

由于观测值中存在观测误差，因此在测量工作中普遍存在同一量的各观测值之间，或在各观测值与其理论上的应有值之间存在差异的现象。

1.1.1 观测误差的来源

观测误差的产生原因概括起来主要有以下 5 方面。

1. 测量仪器

测量工作通常是利用测量仪器进行的。由于每一种仪器都具有一定限度的精密度，因而使观测值的精密度受到一定的限制。例如，在用只刻有厘米分划的普通水准尺进行水准测量时，就难以保证在估读厘米以下的尾数时完全正确；同时，仪器本身受制造工艺的限制也有一定的误差，例如，水准仪的视准轴与水准轴不完全平行，水准尺的分划误差等。因此，使用这样的水准仪和水准尺进行观测，就会使水准测量的结果产生误差。同样，经纬仪、全站仪、GPS 接收机等仪器的观测结果也会有误差的存在。

2. 观测者

由于观测者的感觉器官的鉴别能力有一定的局限性，所以在仪器的安置、照准、读数方面都会产生误差。同时，观测者的工作态度和技术水平，也可直接影响观测成果质量。

3. 外界条件

观测时所处的外界条件，如温度、湿度、压强、风力、大气折光、电离层等因素都会对观测结果直接产生影响，随着这些因素的变化，它们对观测结果的影响也随之不同，因此观测结果产生误差是必然的。

4. 观测对象

观测目标本身的结构、状态和清晰程度等，也会对观测结果直接产生影响，如三角测量中的观测目标觇标和圆筒由于风吹日晒而产生偏差；GPS导航定位中的卫星钟误差及设备延迟误差等，都会使测量结果产生误差。

5. 方法误差

方法误差是指由于测量方法(包括计算过程)不完善而引起的误差。事实上，不存在不产生测量误差的尽善尽美的方法。由测量方法引起的测量误差主要有两种情况。

(1) 由于测量人员的知识不足或研究不充分致使操作不合理，或对测量方法、测量程序进行错误的简化等引起的方法误差。

(2) 分析处理观测数据时引起的方法误差。例如，对同一组观测数据用不同的平差准则所得到的结果会不一样。

通常把测量仪器、观测者、外界条件、观测对象和方法误差这5个方面的因素合起来称为观测条件。观测条件的好坏与观测成果的质量有着密切的联系。当观测条件好一些，观测中产生的误差就可能相应地小一些，观测成果的质量就会高一些。反之，观测条件差一些，观测成果的质量就会相对低一些。如果观测条件相同，观测成果的质量也就可以说是相同的。但是，不管观测条件如何，观测的结果都会产生这样或那样的误差，测量中产生误差是不可避免的。当然，在客观条件允许的限度内，必须确保观测成果具有较高的质量。

1.1.2 观测误差分类

根据观测误差对观测结果的影响性质，可将观测误差分为偶然误差、系统误差和粗差。

1. 偶然误差

在相同的观测条件下作一系列的观测，如果误差在大小和符号上都表现出偶然性，即从单个误差看，该列误差的大小和符号没有规律性，但就大量误差的总体而言，具有一定的统计规律，这种误差称为偶然误差。简单地说，符合统计规律的误差称为偶然误差。

例如，经纬仪测角误差是由照准误差、读数误差、外界条件变化所引起的误差和仪器本身不完善而引起的误差等综合的结果。而其中每一项误差又是由许多偶然因素所引起的小误差。例如照准误差可能是由于照准部旋转不正确、脚架或觇标的晃动与扭转、风力风向的变化、目标的背影、大气折光等偶然因素影响而产生的小误差。因此，测角误差实际上由许多微小误差项构成，而每项微小误差又随着偶然因素的影响不断变化，其数值的大小和符号的正负具有随机性，这样，由它们所构成的误差，就其个体而言，无论是数值的大小或符号的正负都是不能事先预知的，是随机的，也是不可避免的。因此，把这种性质的误差称为偶然误差。偶然误差就其总体而言，具有一定的统计规律，有时又把偶然误差称为随机误差，其分布规律符合或近似正态分布。

2. 系统误差

在相同的观测条件下作一系列的观测，如果误差在大小、符号上表现出系统性，或者在观测过程中按一定的规律变化，或者为某一常数，那么，这种误差称为系统误差。

系统误差按其表现形式主要分为4类：线性系差、恒定系差、周期系差和复杂性系差。例如全站仪的乘常数误差所引起的距离误差与所测距离的长度成正比的增加，距离愈长，误差也愈大，这种误差属于系统误差中的线性系差，即误差是随测量时间或其他因素变化而逐渐增加或减少的；恒定系差是指误差不随时间或其他因素而变化，为恒定常数，如全站仪的加常数误差所引起的距离误差为一常数，与距离的长度无关；周期系差是指误差随测量时间或其他因素变化而呈周期性变化，如沉降监测中，在两固定点间每天重复进行水准测量，就会发现由于温度等外界因素变化而产生以年为周期的周期性误差；复杂性系差是指误差随测量时间或其他因素变化而呈十分复杂的规律，可能是前3种系差的叠加或服从某种较为复杂的分布。

系统误差在相同条件下不能通过多次重复观测而减少，它也不像偶然误差那样服从正态分布。其对于观测结果的影响一般具有累积作用，对成果质量的影响也特别显著。在实际工作中，应该采用各种方法来消除或减弱系统误差的影响，达到实际上可以忽略不计的程度，即将残余的系统误差控制在小于或最大等于偶然误差的量级内。为达到这一目的，通常采取如下措施。

(1) 找出系统误差出现的规律性并设法求出它的数值，然后对观测结果进行改正。例如尺长改正、经纬仪测微器行差改正、折光差改正；GPS观测中根据电离层、大气层的折射模型对观测值进行改正等。

(2) 合理选择观测条件。如根据经验可知，三角测量中的系统误差源于观测条件的不同，主要是指天气(指太阳照射方向、日间或夜间、风向、风力、气温、气压等)，若观测条件改变，如由日间观测改为夜间观测，则观测值服从另一母体，有另一均值，因而有另一系统误差，同一观测角值的分群现象也可由此得到解释。所以利用不同的观测条件进行观测，系统误差就近似于偶然误差，取其平均，就可减少系统误差的影响。

(3) 改进仪器结构并制订有效的观测方法和操作程序，使系统误差按数值接近、符号相反的规律交替出现，从而在观测结果的综合中基本抵消。例如，经纬仪按度盘的两个相对位置读数的装置、测角时纵转望远镜的操作方法、水准测量中前后视尽量等距的设站要求以及高精度水平角测量中日、夜的测回数各为一半的时间规定等。

(4) 综合分析观测资料，发现系统误差并在平差计算中将其消除。例如，在GPS数据处理中用观测值的线性组合参加平差，以抵消电离层、大气折射的影响。

(5) 实验估计法。对在测量中无法消除但却可以估计出大小和符号的系统误差，可在测量结果中给予改正，如距离丈量中的尺长改正。

系统误差与偶然误差在观测过程中总是同时发生的。当观测值中有显著的系统误差时，偶然误差就居于次要地位，观测误差就呈现出系统的性质。反之，则呈现出偶然的性质。

当观测序列中已经排除了系统误差的影响，或者说系统误差与偶然误差相比已处于次要地位，即该观测序列中主要是存在着偶然误差。对于这样的观测序列，就称为带有偶然误差的观测序列。这样的观测结果和偶然误差都是一些随机变量，如何处理这些随机变量，就是误差理论与测量平差这一学科所要研究的内容。

3. 粗差

在测量工作的整个过程中，除了偶然误差和系统误差外，还可能发生粗差。粗差一般是指超限误差，即指比最大偶然误差还要大的误差，通俗地说，粗差要比偶然误差大好几倍。例如，观测时大数读错，计算机输入数据错误，航测相片判读误差，控制网起始数据误差等。这是一种人为误差，在一定程度上可以避免。它的存在将极大地危害最终测量成果。随着现代测绘技术的发展，特别是空间技术在对地观测中发挥越来越大的作用，可以在短时间内通过自动化采集等方法获得大量的观测值，这样难免会有粗差混入信息之中。粗差问题在现今的高新测量技术(GPS、RS、GIS)中尤为突出。识别粗差的方法不是用简单方法就可以解决，需要通过数据处理技术进行识别、定位和消除。

上述三类误差中，偶然误差和系统误差属于不可避免的正常性误差，而粗差则属于能够避免的非正常性误差，是不允许的。因此，在误差数据处理中，对含有粗差的观测结果应予以剔除，使得测量结果只含有偶然误差和系统误差。

1.2 本学科的内容与任务

1. 本学科的内容

测量平差是测绘学中一个有悠久历史的专有名词。测量平差发展到现在，从其理论构成和计算技术来看，它是集概率统计学、近代代数学、计算机软件、误差理论、测量数据处理技术为一体的一门不断发展和完善的学科，其理论和方法对其他学科，如计量学、物理学、电工学、化工学及各类工程学科等，只要是处理带有误差的观测数据，有多余观测值问题，均可应用，所以测量平差的适用范围十分广泛。

通过本课程的学习使学生掌握测量误差的基本理论、处理测量数据的基本方法和基本技能，培养学生理论联系实际和解决实际问题的能力，为以后的专业学习，以及进一步学习和研究误差理论与测量平差打下坚实的基础。其主要内容如下所示。

(1) 误差基本理论：包括测量误差及其分类；偶然误差的概率特性；精度标准；中误差和权的定义及其确定方法；方差阵和权逆阵传播规律；方差传播和权倒数传播定律在测量中的应用；测量平差中必要的统计假设检验方法。

(2) 测量平差函数模型和随机模型的概念及建立，参数估计理论及最小二乘原理。

(3) 测量平差基本方法：重点介绍间接平差和条件平差。

(4) 测量平差的应用：重点介绍 GPS 网平差和坐标值平差及误差椭圆。

(5) 近代测量平差理论和方法简介。

2. 本学科的任务

由于观测结果不可避免地存在着偶然误差的影响，因此在实际工作中，为了提高成果的质量、防止错误发生，通常要使观测值的个数多于未知量的个数，也就是要进行多余观测。例如，一个平面三角形，只需要观测其中的两个内角，即可决定它的形状，但通常是观测 3 个内角。由于偶然误差的存在，通过多余观测必然会发现在观测结果之间不相一致，或不符合应有关系而产生的不符值。因此，必须对这些带有偶然误差的观测值进行处理，消除不符值，得到观测量的最可靠的结果。由于这些带有偶然误差的观测值是一些随机变量，因此，可以根据概率统计的方法来求出观测量的最可靠结果，这就是误差理论与测量平差的一个主要任务。误差理论与测量平差的另一个主要任务是评定测量成果的精度。

从误差处理的角度，误差理论与测量平差的任务还包括：建立误差分析体系，研究误差来源、误差类型、度量误差的指标、研究误差的空间传播机制，削弱误差对测绘产品的质量影响，用统计分析理论进行产品的质量控制等。

1.3 本学科的发展历史

18 世纪末，在天文学、大地测量学以及与观测自然现象有关的其他科学领域中，常常提出这样的问题，即如何消除由于观测误差引起的观测值之间的矛盾，从多于待估量的观测值中求出待估量的最优值。当时各国许多著名科学家都开始研究这一课题。

1794 年，年仅 17 岁的高斯首先提出了解决这个问题的方法——最小二乘法。他是以算术平均值为待求量的最或然值，观测误差服从正态分布这一假设导出了最小二乘原理。1801 年，天文学家对刚发现的谷神星运行轨道的一段弧长进行了一系列观测，后来因故中止了观测。这就需要根据这些极其有限且带有误差的观测结果求出该星运行的实际轨道。高斯用自己提出的最小二乘法解决了这个当时的难题，对谷神星运行轨道进行了成功预报，使天文学家又及时找到了这颗彗星。但高斯并没有及时行文发表他所提出的最小二乘方法。直到 1809 年，高斯才在《天体运动的理论》一文中，从概率的观点详细叙述了他所提出的最小二乘原理。而在此之前，1806 年，勒让德发表了《决定彗星轨道新方法》一文，从代数的观点独立地提出了最小二乘法，并定名为最小二乘法。所以后人称它为高斯一勒让德方法。

自高斯 1794 年提出最小二乘原理到 20 世纪五六十年代的 150 多年中，许多学者对误差理论与测量平差的理论和方法进行了大量的研究，提出了一系列解决各类测量问题的平差方法。这些平差方法都是基于观测值随机独立的高斯最小二乘原则，所以一般称其为经典最小二乘平差。这一时期，由于计算工具的限制，误差理论与测量平差的主要研究方向是如何少解线性方程组。提出了许多分组解算线性方程组的方法，如克吕格分组平差，赫尔默特分区平差等都是为了使解算方程组变得简单。

自 20 世纪六七十年代开始，测量手段逐渐精密和现代化，特别是电子计算机、矩阵代数、泛函分析、最优化理论和概率统计在测量平差中广泛应用，对测量平差的理论和实际应用产生了深刻影响，误差理论与测量平差得到了很大发展，出现了许多新的平差理论和平差方法。

例如，田斯特拉于 1947 年提出相关观测值的平差理论，将经典平差中对观测值随机独立的要求，推广到随机相关的观测值；克拉鲁普在 1969 年提出最小二乘滤波、推估和配置理论；迈塞尔于 1962 年将高斯的最小二乘平差模型中的列满秩系数阵推广到奇异阵，提出了解决非满秩平差问题的秩亏自由网平差方法，之后其他学者综合各种情况得到了广义高斯-马尔柯夫平差模型，并把广义高斯-马尔柯夫模型的参数估计称为最小二乘统一理论；20 世纪 80 年代以来有人将经典的先验定权方法改进为后验定权方法的研究，提出了多种方差-协方差分量的验后估计法；20 世纪中期以来，很多学者致力于系统误差和粗差的研究，提出了附加系统参数的平差方法和粗差探测理论。

总之，自 20 世纪 70 年代以来，随着全球定位系统(GPS)、地理信息系统(GIS)和遥感系统(RS)在测绘中的应用，测量平差理论和方法得到了飞速发展，出现了许多新的测量数据处理理论和方法，也推动了测量平差理论的发展。

本章小结

本章就观测误差的来源以及观测误差的分类进行了介绍，分析了本学科的任务与内容，简单回顾了本学科的发展历程。

习 题

1. 观测条件是由哪些因素构成的？它与观测结果的质量有什么联系？

2. 观测误差分为哪几类？它们各自是怎样定义的？对观测结果有什么影响？试举例说明。

3. 粗差对观测成果有何影响？怎样才能避免粗差的产生？

4. 系统误差对观测成果有何影响？怎样才能削弱或消除它？

5. 测量平差的任务是什么？

6. 观测误差可分为哪几种？

7. 用钢尺丈量距离，有下列几种情况使得结果产生误差，试分别判定误差的性质及符号。

(1) 尺长不准确。

(2) 尺不水平。

(3) 估读小数不准确。

(4) 尺垂曲。

(5) 尺端偏离直线方向。

8. 在水准测量中，有下列几种情况使水准尺读数有误差，试判断误差的性质及符号。

(1) 视准轴与水准轴不平行。

(2) 仪器下沉。

(3) 读数不准确。

(4) 水准尺下沉。

9. 什么叫多余观测？测量中为什么要进行多余观测？

10. 举出偶然误差和系统误差的例子各5个。

第2章
误差理论的基本知识

教学目标

本章是全书的基础理论，也是本书的重点，主要介绍测量误差理论的基本知识。通过本章的学习，应达到以下目标：

(1) 掌握随机变量的数学期望、方差、协方差、协方差阵及互协方差的定义和性质；

(2) 掌握正态分布的性质；

(3) 掌握偶然误差的特性；

(4) 重点掌握精度的概念以及评价精度的几种指标；

(5) 掌握统计假设检验的步骤以及统计假设的几种方法；

(6) 了解有关矩阵的基本知识。

教学要求

知识要点	能力要求	相关知识
随机变量的数字特征	(1) 掌握数学期望的概念与性质 (2) 掌握方差的概念和性质 (3) 掌握协方差、协方差阵及互协方差阵的概念及性质	(1) 数学期望的概念 (2) 方差的概念 (3) 协方差、相关系数的概念 (4) 协方差阵、互协方差阵的概念
测量常用的概率分布	(1) 掌握正态分布的性质和类别 (2) 了解几种非正态分布	(1) 一维正态分布的性质 (2) 标准正态分布的性质 (3) n 维正态分布的性质 (4) χ^2 分布的性质 (5) t 分布的性质、F 分布的性质
偶然误差的统计特性	掌握偶然误差的四大特性	(1) 误差的有界性 (2) 误差的对称性 (3) 误差的趋向性 (4) 误差的抵偿性
精度和衡量精度的指标	(1) 重点掌握精度及其相关概念的含义 (2) 重点掌握衡量精度几种指标的概念 (3) 重点理解几种精度指标的关系 (4) 了解不确定度的概念	(1) 精度、准确度、精确度的概念 (2) 方差和中误差 (3) 平均误差、或然误差 (4) 极限误差、相对误差 (5) 不确定度的概念
统计假设检验	(1) 掌握统计假设检验的原理 (2) 掌握统计假设的几种方法	(1) 参数假设和非参数假设 (2) 显著水平的确定 (3) 接受域与拒绝域的确定 (4) u 检验法、t 检验法 (5) χ^2 检验法、F 检验法
矩阵的基本知识	(1) 了解矩阵的秩、迹的概念 (2) 了解矩阵的反演公式	(1) 矩阵秩的概念 (2) 矩阵迹的概念

基本概念

数学期望、方差、协方差、协方差阵、互协方差阵、精度、准确度、精密度、正态分布、χ^2分布、t分布、F分布、平均误差、或然误差、极限误差、相对误差、不确定度、u检验法、t检验法、χ^2检验法、F检验法、矩阵秩、矩阵迹

引言

在测量中，用不同的仪器对同一目标进行观测，所得的观测数据不一样，用什么指标来衡量观测的数据不一样，从哪些方面来衡量观测数据不一样，这是本章所要解决的问题。

在实际的测量工作中，如果用不同仪器、在不同的条件下对同一目标进行观测，得到两组不同的观测数据，如何判断这两组数据是否一致，就用到本章的统计假设检验。

2.1 随机变量的数字特征

2.1.1 数学期望

1. 定义

随机变量 X 的数学期望定义为随机变量取值的概率平均值，记作 $E(X)$或 ξ。

如果 X 是离散型随机变量，其可能取值为 $x_i(i=1, 2, \cdots)$，且 $X=x_i$的概率 $P(X=x_i)=p_i$，则

$$E(X) = \sum_{i=1}^{n} x_i p_i \tag{2-1}$$

如果 X 是连续型随机变量，其分布密度为 $f(x)$，则

$$E(X) = \int_{-\infty}^{+\infty} x f(x) \mathrm{d}x \tag{2-2}$$

上述求数学期望的方法与力学中求质量重心坐标的方法一致，所以数学期望也可以看作分布重心的横坐标。

2. 性质

(1) 设 k 为常数，则

$$E(k)=k$$

(2) 设 k 为常数，则

$$E(kX)=kE(X)$$

(3) 无论各变量独立与否，其和的数学期望等于每一变量数学期望之和，即

$$E(X+Y)=E(X)+E(Y)$$

证明如下：

$$E(X+Y)=\int_{-\infty}^{+\infty}\int_{-\infty}^{+\infty}(x+y)f(x,y)\mathrm{d}x\mathrm{d}y$$
$$=\int_{-\infty}^{+\infty}\int_{-\infty}^{+\infty}xf(x,y)\mathrm{d}x\mathrm{d}y+\int_{-\infty}^{+\infty}\int_{-\infty}^{+\infty}yf(x,y)\mathrm{d}x\mathrm{d}y$$
$$=\int_{-\infty}^{+\infty}xf_1(x)\mathrm{d}x+\int_{-\infty}^{+\infty}yf_2(y)\mathrm{d}y=E(X)+E(Y)$$

式中：$f_1(x)$，$f_2(y)$为边际密度函数，一般

$$E(X_1+X_2+\cdots+X_n)=E(X_1)+E(X_2)+\cdots+E(X_n)$$

(4) 如各变量相互独立，则其乘积的数学期望等于各变量数学期望之积，即

$$E(X_1X_2\cdots X_n)=E(X_1)E(X_2)\cdots E(X_n)$$

2.1.2 方差

1. 定义

随机变量 X 的方差记作 $D(X)$，其定义为

$$D(X)=E[X-E(X)]^2=E[(X-\xi)]^2=E[(X-E(X))^2] \tag{2-3}$$

如果 X 是离散型随机变量，其可能取值为 $x_i(i=1,2,\cdots,n)$，且 $X=x_i$ 的概率 $P(X=x_i)=p_i$，则

$$D(X)=\sum_{i=1}^{n}[x_i-E(X)]^2p_i=\sum_{i=1}^{n}[x_i-\xi]^2p_i \tag{2-4}$$

如果 X 是连续型随机变量，其分布密度函数为 $f(x)$，则

$$D(X)=\int_{-\infty}^{+\infty}[x-E(X)]^2f(x)\mathrm{d}x=\int_{-\infty}^{+\infty}[x-\xi]^2f(x)\mathrm{d}x \tag{2-5}$$

2. 性质

(1) 如 k 为常数，则 $D(k)=0$。

(2) 如 k 为常数，则 $D(kX)=k^2D(X)$。

(3) 设 a、b 为常数，则 $D(aX+b)=a^2D(X)$。

(4) 设 X 的数学期望为ξ，方差 $D(X)=\sigma^2$，则

$$D\left(\frac{X-\xi}{\sigma}\right)=\frac{1}{\sigma^2}D(X-\xi)=\frac{1}{\sigma^2}D(X)=\frac{1}{\sigma^2}\sigma^2=1$$

(5) $D(X)=E(X^2)-E^2(X)$。

证明如下：

$$D(X)=E[X-E(X)]^2=E[X^2-2XE(X)+E^2(X)]$$
$$=E(X^2)-2E[XE(X)]+E^2(X)=E(X^2)-2E(X)E(X)+E^2(X)$$
$$=E(X^2)-E^2(X)$$

(6) 如果变量 X 与 Y 互相独立，则

$$D(X+Y)=D(X)+D(Y)$$

证明如下：

$$\begin{aligned}D(X+Y)&=E[(X+Y)-E(X+Y)]^2=E[(X+Y)]^2-[E(X+Y)]^2\\&=E[X^2+Y^2+2XY]-[E(X)+E(Y)]^2\\&=E(X^2)+E(Y^2)+2E(XY)-E^2(X)-E^2(Y)-2E(X)E(Y)\end{aligned}$$

∵X、Y 互独立

∴$E(XY)=E(X)E(Y)$

∴$D(X+Y)=E(X^2)-E^2(X)+E(Y^2)-E^2(Y)$

由性质(5)可得

$$D(X+Y)=D(X)+D(Y)$$

2.1.3 协方差与相关系数

1. 协方差

协方差是描述随机变量 X 和 Y 之间相关性的量度，记作 σ_{XY}，有时也记作 $D(X, Y)$。其定义为

$$\sigma_{XY}=E[(X-E(X))(Y-E(Y))] \tag{2-6}$$

当 X 和 Y 的协方差 $\sigma_{XY}=0$ 时，表示这两个随机变量可能互不相关，在测量中，一般认为观测量属于正态分布，所以只要 $\sigma_{XY}=0$，这两个随机变量就不相关。

当 X 和 Y 的协方差 $\sigma_{XY}\neq 0$ 时，则这两个随机变量是相关的。

2. 相关系数

两随机变量 X、Y 的相关性还可以用相关系数来描述，相关系数一般记作 ρ，其定义为

$$\rho=\frac{\sigma_{XY}}{\sqrt{D(X)}\sqrt{D(Y)}}=\frac{\sigma_{XY}}{\sigma_X\sigma_Y} \tag{2-7}$$

式中：$\sigma_X=\sqrt{D(X)}$，$\sigma_Y=\sqrt{D(Y)}$ 分别称为随机变量 X、Y 的标准差，其性质如下。

(1) 当 $\rho>0$ 时，表示随机变量 X、Y 正相关。

(2) 当 $\rho<0$ 时，表示随机变量 X、Y 负相关。

(3) 当 $\rho=0$ 时，表示随机变量 X、Y 不相关。

(4) ρ 的取值范围：$-1\leqslant\rho\leqslant 1$。

由此可知，两互相独立的随机变量是不相关的。不相关的随机变量不一定互独立，但对于正态分布而言，不相关与互独立是一致的。

2.1.4 协方差阵

对于随机变量 X_i 组成的随机向量 $X=[X_1, X_2, \cdots, X_n]^T$，它们的数学期望为

$$E(X)=\mu_{(X)}=\begin{bmatrix}E(X_1)\\E(X_2)\\\vdots\\E(X_n)\end{bmatrix} \tag{2-8}$$

其方差是一个矩阵，称为方差－协方差阵，简称方差阵或协方差阵。

$$\begin{aligned}D_{XX}&=E[(X-E(X))(X-E(X))^{\mathrm{T}}]\\&=\begin{bmatrix}\sigma_{X_1}^2 & \sigma_{X_1X_2} & \cdots & \sigma_{X_1X_n}\\ \sigma_{X_2X_1} & \sigma_{X_2}^2 & \cdots & \sigma_{X_2X_n}\\ \vdots & \vdots & \vdots & \vdots\\ \sigma_{X_nX_1} & \sigma_{X_nX_2} & \cdots & \sigma_{X_n}^2\end{bmatrix}\end{aligned} \tag{2-9}$$

式(2－9)是观测向量协方差阵的定义式。其主对角线上的元素分别是各观测值 X_i 的方差 $\sigma_{X_i}^2$，非主对角线上的元素 $\sigma_{X_iX_j}$ 则为观测值 X_i 关于 X_j 的协方差。

因此协方差阵 D_{XX} 不仅给出了各观测值的方差，而且还给出了其中两两观测值之间的协方差来描述它们的相关程度。

根据协方差定义可知，观测值 X_i 关于 X_j 的协方差为

$$\sigma_{X_iX_j}=E[(X_i-E(X_i))(X_j-E(X_j))] \tag{2-10}$$

式中

$$\Delta_{X_i}=E(X_i)-X_i,\quad \Delta_{X_j}=E(X_j)-X_j$$

分别为 X_i 和 X_j 的真误差，于是可得

$$\sigma_{X_iX_j}=E[(X_i-E(X_i))(X_j-E(X_j))]=E[\Delta_{X_i}\Delta_{X_j}]=E[\Delta_{X_j}\Delta_{X_i}]=\sigma_{X_jX_i} \tag{2-11}$$

即观测值 X_i 关于 X_j 的协方差与 X_j 关于 X_i 的协方差相等。

当 X_i 和 X_j 的协方差 $\sigma_{X_iX_j}=0$ 时，表示这两个观测值的误差之间互不相关，或者说，它们的误差是不相关的，并称这些观测值为不相关的观测值；当 X_i 和 X_j 的协方差 $\sigma_{X_iX_j}\neq 0$ 时，则表示它们的误差是相关的，称这些观测值为相关观测值。

由于本课程假设观测值和观测误差均是服从正态分布的随机变量，而对于正态分布的随机变量，“不相关”与“独立”是等价的，所以把不相关观测值也称为独立观测值，同样把相关观测值也称为不独立观测值。

2.1.5 互协方差阵

如果有两组观测值向量 $\underset{n\times1}{X}$ 和 $\underset{r\times1}{Y}$，它们的数学期望分别为 $\underset{n\times1}{E(X)}$ 和 $\underset{r\times1}{E(Y)}$。

令

$$\underset{(n+r)\times1}{Z}=\begin{bmatrix}X\\Y\end{bmatrix}$$

则 Z 的方差阵 D_{ZZ} 为

$$D_{ZZ}=\begin{bmatrix}D_{XX} & D_{XY}\\D_{YX} & D_{YY}\end{bmatrix}$$

式中：D_{XX}和D_{YY}分别为X和Y的协方差阵；D_{XY}是X关于Y的互协方差阵。

$$D_{XY}=\begin{bmatrix}\sigma_{x_1y_1} & \sigma_{x_1y_2} & \cdots & \sigma_{x_1y_r}\\ \sigma_{x_2y_1} & \sigma_{x_2y_2} & \cdots & \sigma_{x_2y_r}\\ \vdots & \vdots & \vdots & \vdots\\ \sigma_{x_ny_1} & \sigma_{x_ny_2} & \cdots & \sigma_{x_ny_r}\end{bmatrix} \tag{2-12}$$

$$D_{XY}=E(X-E(X))(Y-E(Y))^{\mathrm{T}}]=D_{YX}^{\mathrm{T}} \tag{2-13}$$

当X和Y的维数$n=r=1$时，即X、Y都是一个观测值，互协方差阵就是X关于Y的协方差。当$D_{XY}=0$时，则称X与Y是相互独立的观测值向量。

2.2 测量常用的概率分布

2.2.1 正态分布

正态分布也称为高斯分布，无论是在理论上还是在实用上，正态分布都是一种很重要的分布，主要原因如下。

(1) 设有相互独立的随机变量X_1，X_2，…，X_n，其总和为$X=\sum_{i=1}^{n}X_i$，无论这些随机变量原来服从什么分布，也无论它们是同分布或不同分布，只要它们具有有限的数学期望和方差，且其中每一个随机变量对其总和X的影响都是均匀地小，也就是说，没有一个比其他变量占有绝对优势，那么，其总和X将是服从或近似服从正态分布。

(2) 有许多分布，如t分布、χ分布等，当$n\to\infty$时，它们多趋近于正态分布，也就是说正态分布是许多种分布的极限分布。

由此可见，正态分布是一种最常见的概率分布，是处理观测数据的基础，所以在本课程中占有重要的地位。

1. 一维正态分布

具有密度函数为

$$f(x)=\frac{1}{\sigma\sqrt{2\pi}}\exp\left\{-\frac{1}{2}(x-\xi)^2\sigma^{-2}\right\} \tag{2-14}$$

的概率分布称为一维正态分布。在$(-\infty,\ \infty)$范围内其积分等于1，$\sigma>0$。相应的分布函数为

$$F(x)=\frac{1}{\sigma\sqrt{2\pi}}\int_{-\infty}^{x}\exp\left\{-\frac{1}{2}(x-\xi)^2\sigma^{-2}\right\}\mathrm{d}x \tag{2-15}$$

具有密度函数式(2-14)的随机变量称为正态变量，简记为$X\sim N(\xi,\ \sigma^2)$，参数ξ、σ^2分别称为X的数学期望和方差，即

$$E(X)=\frac{1}{\sigma\sqrt{2\pi}}\int_{-\infty}^{\infty}x\exp\left\{-\frac{1}{2}(x-\xi)^2\sigma^{-2}\right\}\mathrm{d}x=\xi \tag{2-16}$$

$$D(X)=\frac{1}{\sigma\sqrt{2\pi}}\int_{-\infty}^{\infty}(x-\xi)^2\exp\left\{-\frac{1}{2}(x-\xi)^2\sigma^{-2}\right\}\mathrm{d}x=\sigma^2 \tag{2-17}$$

正态分布具有可加性。如果 X_1，X_2，…，X_n 为互独立正态变量，且每一 $X_i \sim N(\xi, \sigma_i^2)$，则其和

$$\sum_{i=1}^{n}X_i=X_1+X_2+\cdots+X_n\sim N(\xi,\sigma^2) \tag{2-18}$$

式中：$\xi=\sum_{i=1}^{n}\xi_i$；$\sigma^2=\sum_{i=1}^{n}\sigma_i^2$。

正态变量的线性函数仍是正态变量。例如 $x_i \sim N(\xi, \sigma^2)(i=1, 2, \cdots, n)$，则其算术平均值为

$$\overline{X}=\frac{1}{n}\sum_{i=1}^{n}x_i\sim N(\xi,\sigma^2/n) \tag{2-19}$$

2. 标准正态分布

在式(2-14)中，如果 $\xi=0$，$\sigma=1$，则所得密度函数为

$$f(x)=\frac{1}{\sqrt{2\pi}}\exp\left\{-\frac{1}{2}x^2\right\}\quad(-\infty<x<\infty) \tag{2-20}$$

具有这种密度函数的分布称为标准正态分布，随机变量记为 $X\sim N(0, 1)$，分布函数为

$$F(x)=\frac{1}{\sqrt{2\pi}}\int_{-\infty}^{x}\exp\left\{-\frac{1}{2}x^2\right\}\mathrm{d}x$$

【例 2-1】 已知测量偶然误差 $\Delta\sim N(0, \sigma^2)$，则其标准化统计量设为 u

$$u=\frac{\Delta}{\sigma}\sim N(0, 1)$$

则 u 为标准正态变量。

设 $X\sim N(0, 1)$，则 X 出现在给定区间 $(-k, k)$ 内的概率 $(k>0)$ 为

$$P(-k<X<k)=P(|X|<k)=\int_{-k}^{k}\frac{1}{\sqrt{2\pi}}\exp\left(-\frac{x^2}{2}\right)\mathrm{d}x=1-\alpha=p \tag{2-21}$$

式中：p 称为置信度；α 称为显著水平。

式(2-21)称为概率表达式，由式(2-21)可得 k 与 α 的数量关系，见表 2-1。

表 2-1　k 与 α 的数量关系

α	0.317	0.10	0.05	0.046	0.01	0.003	0.001	0.0001
k	1.000	1.645	1.960	2.000	2.576	3.000	3.291	3.891

【例 2-2】 因 $\Delta\sim N(0, \sigma^2)$，则 $\Delta/\sigma\sim N(0, 1)$ 按式(2-21)，由表 2-1 可查得

$$P(|\Delta|<\sigma)=1-0.317=0.683$$
$$P(|\Delta|<2\sigma)=1-0.046=0.954$$
$$P(|\Delta|<3\sigma)=1-0.003=0.997$$

这也就是测量中真误差与其标准差之间的关系式。

3. n 维正态分布

在测量工作中，通常用纵、横坐标来确定平面点的位置，而纵、横坐标误差就是二维正态随机变量，它们服从的分布为二维正态分布。二维正态随机变量(X, Y)的联合分布概率密度函数为

$$f(x, y)=\frac{1}{2\pi\sigma_x\sigma_y\sqrt{1-\rho^2}}\exp\left\{-\frac{1}{2(1-\rho^2)}\cdot\left[\frac{(x-\mu_x)^2}{\sigma_x^2}-\frac{2\rho(x-\mu_x)(y-\mu_y)}{\sigma_x\sigma_y}+\frac{(y-\mu_y)^2}{\sigma_y^2}\right]\right\}$$

式中：参数μ_x、μ_y、σ_x^2、σ_y^2和ρ分别是随机变量X和Y的数学期望、方差和相关系数。

设有n维正态随机向量$X=(X_1, X_2, \cdots, X_n)^T$，如果$X$服从正态分布，则$n$维正态随机向量的密度函数为

$$f(x_1, x_2, \cdots, x_n)=\frac{1}{(2\pi)^{\frac{n}{2}}\left|D_{XX}\right|^{\frac{1}{2}}}\exp\left\{-\frac{1}{2}(X-\mu_X)^T D_{XX}^{-1}(X-\mu_X)\right\} \quad (2-22)$$

式中：随机向量X的数学期望μ_X和方差D_{XX}为

$$\mu_X=\begin{bmatrix}\mu_1\\ \mu_2\\ \vdots\\ \mu_n\end{bmatrix}=\begin{bmatrix}E(X_1)\\ E(X_2)\\ \vdots\\ E(X_n)\end{bmatrix}, \quad \underset{n\times n}{D_{XX}}=\begin{bmatrix}\sigma_{X_1}^2 & \sigma_{X_1X_2} & \cdots & \sigma_{X_1X_n}\\ \sigma_{X_2X_1} & \sigma_{X_2}^2 & \cdots & \sigma_{X_2X_n}\\ \vdots & \vdots & \vdots & \vdots\\ \sigma_{X_nX_1} & \sigma_{X_nX_2} & \cdots & \sigma_{X_n}^2\end{bmatrix}$$

数学期望向量μ_X和方差阵D_{XX}是n维正态随机向量的数字特征。μ_X中各元素μ_i为随机变量X_i的数学期望，D_{XX}中各主对角线上的元素$\sigma_{X_i}^2$为X_i的方差，非主对角线中的元素$\sigma_{X_iX_j}$为X_i关于X_j的协方差，是描述随机变量X_i和X_j之间相关性的量。

【例2-3】 已知n维误差向量$\Delta\sim N(0, D(\Delta))$，$L=\widetilde{X}+\Delta$可得

$$E(L)=\widetilde{X}+E(\Delta)=\widetilde{X}, \quad D(L)=D(\Delta)$$

式中：$\widetilde{X}$为真值；L为观测向量

$\therefore L\sim N(\widetilde{X}, D(\Delta))$

2.2.2 非正态分布

测量的实践证明表明，在遇到的众多随机误差中，大都服从正态分布，但还存在非正态分布的随机误差。

1. χ^2分布

设$X_1, X_2, \cdots, X_n$为互独立的$N(0, 1)$变量，则其平方和为中心化的$\chi^2_{(n)}$变量，记为

$$Z=X_1^2+X_2^2+\cdots+X_n^2=X^TX\sim\chi^2_{(n)} \quad (2-23)$$

式中：n为独立变量的个数，称为χ^2变量的自由度，常用f表示，式(2-23)的$f=n$。其密度函数(x代表χ^2)是

$$f(x)=\begin{cases}\dfrac{1}{2^{n/2}\Gamma(n/2)}x^{n/2-1}\exp\left(-\dfrac{1}{2}x\right), & 0<x<\infty \\ 0, & x\leqslant 0\end{cases} \tag{2-24}$$

χ^2变量的概率表达式为

$$P(\chi^2_{1-\alpha/2}<\chi^2<\chi^2_{\alpha/2})=\int_{\chi^2_{1-\alpha/2}}^{\chi^2_{\alpha/2}}f(x)\mathrm{d}x=p=1-\alpha$$

χ^2变量的数学期望和方差为

$$E(\chi^2_{(f)})=\int_0^{\infty}xf(x)\mathrm{d}x=f$$

$$D(\chi^2_{(f)})=\int_0^{\infty}(x-E(x))^2f(x)\mathrm{d}x=2f$$

χ^2分布具有可加性性质，如χ^2_1和χ^2_2为互独立的两个χ^2，自由度分别为f_1和f_2，则有

$$\chi^2_{(f)}=\chi^2_1+\chi^2_2 \tag{2-25}$$

式中：$f=f_1+f_2$。也就是说χ^2_1、χ^2_2之和也是χ^2变量，其自由度为这两个变量自由度之和。

【例 2-4】 对某量x进行n次独立观测L_1，L_2，…，L_n，有$L_i=x+\Delta_i(i=1，2，\cdots，n)$，其中$\Delta_i\sim N(0，\sigma^2)$则

$$\chi^2_{(1)}=\left(\frac{\Delta_i}{\sigma}\right)^2$$

为自由度为1的χ^2变量。因各Δ_i间互独立，按χ^2变量性质，可得

$$\chi^2_{(n)}=\left(\frac{\Delta_1}{\sigma}\right)^2+\left(\frac{\Delta_2}{\sigma}\right)^2+\cdots+\left(\frac{\Delta_n}{\sigma}\right)^2=\frac{1}{\sigma^2}\sum_{i=1}^{n}\Delta_i^2$$

其数学期望

$$E\left(\sum_{i=1}^{n}\Delta_i^2/\sigma^2\right)=n\Rightarrow E\left(\sum_{i=1}^{n}\Delta_i^2/n\right)=\sigma^2$$

所以

$$\sigma^2=\lim_{n\to\infty}\frac{\sum_{i=1}^{n}\Delta_i^2}{n}$$

可以证明，当n充分大时，χ^2曲线趋近于正态分布曲线。χ^2分布也是t分布和Γ分布的基础。

2. *t* 分布

设随机变量X与Y相互独立，$X\sim N(0，1)$，$Y\sim\chi^2_{(f)}$，则t变量定义为

$$t_{(f)}=X/\sqrt{Y/f} \tag{2-26}$$

f为t变量的自由度，也是χ^2变量的自由度。其密度函数为

$$f(x)=\frac{\Gamma\left(\dfrac{f+1}{2}\right)}{\sqrt{f\pi}\Gamma(f/2)}\left(1+\frac{x^2}{f}\right)^{-(f+1)/2},\quad -\infty<x<\infty$$

t 变量的概率表达式为

$$P(|t|<t_{\alpha/2})=2\int_0^{t_{\alpha/2}}f(x)\mathrm{d}x=p=1-\alpha$$

t 变量的数学期望和方差为

$$E(t)=0$$

$$D(t_{(f)})=\frac{f}{f-2},\ f>2$$

可以证明，当自由度较小时，t 分布与正态分布有明显区别，但当自由度 $f\to\infty$ 时，t 分布曲线趋近于正态分布曲线。而实事上，当 $f>30$ 时，它们的分布曲线就几乎相同了。

t 分布是一种重要分布，当测量次数较少时，其误差分布通常认为服从 t 分布。

3. F 分布

设有两个互独立的 χ^2 变量 $\chi^2_{(f_1)}$ 和 $\chi^2_{(f_2)}$，则定义

$$F=\frac{\chi^2_{(f_1)}/f_1}{\chi_{(f_2)}/f_2} \tag{2-27}$$

为分子自由度 f_1 和分母自由度 f_2 的 F 变量，F 分布的密度函数为

$$f(x)=\begin{cases}\dfrac{\Gamma\left(\dfrac{f_1+f_2}{2}\right)f_1{}^{f_1/2}f_2{}^{f_2/2}x^{\frac{f_1}{2}-1}}{\Gamma\left(\dfrac{f_1}{2}\right)\Gamma\left(\dfrac{f_2}{2}\right)(f_1x+f_2)^{\frac{f_1+f_2}{2}}},\ x>0\\0,\ x\leqslant 0\end{cases}$$

F 分布的数学期望和方差为

$$E(F_{(f_1,f_2)})=\frac{f_2}{f_2-2},\quad f_2>2$$

$$D(F_{(f_1,f_2)})=\frac{2f_2^2(f_1+f_2-2)}{f_1(f_2-2)^2(f_2-4)},\quad f_2>4$$

F 变量的概率表达式为

$$P(F_{1-\frac{\alpha}{2}}<F<F_{\frac{\alpha}{2}})=p=1-\alpha$$

F 分布也是一种很重要的分布，它在统计检验中经常使用，在回归方程的显著性检验中也是应用 F 分布的原理。

4. 均匀分布

均匀分布是一种最简单的连续型分布，其密度函数为

$$f(x)=\begin{cases}\dfrac{1}{b-a},\quad a\leqslant x\leqslant b\\0,\quad x<a\text{ 或 }x>b\end{cases} \tag{2-28}$$

即在区间［a，b］内，随机变量取值的概率相等，在该区间以外，随机变量不可能出现。由于均匀分布曲线是矩形，所以也称为矩形分布。

均匀分布的数学期望和方差为

$$\xi=(b+a)/2$$

$$\sigma^2=\frac{1}{12}(b-a)^2$$

均匀分布的误差限为

$$\sigma_l=\sqrt{\frac{3}{4}}(b-a)=\frac{\sqrt{3}}{2}(b-a)$$

由概率密度函数性质，可得误差落在区间 $[\delta_1, \delta_2]$ 内的概率为

$$P(\delta_1\leqslant\delta\leqslant\delta_2)=\frac{\delta_2-\delta_1}{2\sigma_l}=\frac{\delta_2-\delta_1}{\sqrt{3}(b-a)}$$

【例 2-5】 测量中读数误差或计算中的凑整误差在区间为舍入位(−0.5，0.5)内误差出现的概率相等，故凑整误差服从均匀分布。此时 $a=-0.5$，$b=0.5$。所以一次凑整误差的数学期望和方差为

$$\xi=(0.5-0.5)/2=0$$

$$\sigma^2=\frac{1}{12}(0.5+0.5)^2=\frac{1}{12}$$

【例 2-6】 已知测量人员的眼睛瞄准误差服从均匀分布，求测量人员瞄准误差落在区间 $[-\sigma, \sigma]$ 内的概率

$$P(-\sigma\leqslant\delta\leqslant\sigma)=\frac{\sigma+\sigma}{\sqrt{3}(b-a)}=\frac{2\sigma}{\sqrt{3}(b-a)}$$

由于 $(b-a)^2=12\sigma^2\Rightarrow(b-a)=2\sqrt{3}\sigma$

由此可得：$P(-\sigma\leqslant\delta\leqslant\sigma)=\dfrac{2\sigma}{6\sigma}=1/3\approx33.3\%$

5. 二项分布

二项分布是测量中常用的一个离散型分布。

设一次试验出现 A 事件的概率为 p，出现非 A 事件的概率为 $q=1-p$。现在相同条件下进行 n 次独立重复的试验，即每次试验出现 A 事件的概率均为 p，出现非 A 事件的概率均为 q。n 次试验出现 A 事件的可能次数为 0，1，2，…，n，则 A 恰好出现 x 次的概率为

$$C_n^x p^x q^{n-x}$$

而

$$\sum_{x=0}^{n} C_n^x p^x q^{n-x}=1$$

因此，二项分布的密度函数可以设为

$$f(x)=C_n^x p^x q^{n-x}，(x=0, 1, 2, \cdots, n) \tag{2-29}$$

这个结果与代数学中二项式定理相符合，即

$$(p+q)^n=p^n+np^{n-1}q+\frac{n(n-1)}{2!}p^{n-2}q^2+\cdots+q^n=\sum_{x=0}^{n} C_n^x p^x q^{n-x}$$

故称这个分布为二项分布，也称为贝努里分布。

二项分布的数学期望和方差为

$$\xi=np,\quad \sigma^2=npq$$

6. 二次型分布

测量数据处理中，常遇到形如 $X^{\mathrm{T}}MX$ 的二次型函数，在理论上推导时常常要用到这种二次型函数的分布及其数学期望和方差等特征数。

1）定义

设 X 服从 $N(\xi,\ D(X))$，M 为对称方阵，$MD(X)$ 是幂等阵，则二次型 $X^{\mathrm{T}}MX$ 服从非中心化的 χ^2 分布，即

$$X^{\mathrm{T}}MX\sim\chi^2_{(R(M),\lambda)} \tag{2-30}$$

式中：$R(M)$ 为二次型母矩阵 M 的秩，$\lambda=\xi^{\mathrm{T}}M\xi$ 为非中心参数。母矩阵 M 与 X 的方差 $D(X)$ 的乘积为幂等阵，即下式成立

$$MD(X)MD(X)=MD(X)$$

式(2-30)称为二次型分布定理。

2）二次型的数学期望

设 X 为随机向量，M 为对称方阵，则有二次型期望公式为

$$E(X^{\mathrm{T}}MX)=\mathrm{tr}(MD_X)+\xi^{\mathrm{T}}M\xi \tag{2-31}$$

【例 2-7】 已知观测向量 $\Delta\sim N(0,\ \sigma_0^2P^{-1})$，则按式(2-31)有

$$E(\Delta^{\mathrm{T}}P\Delta)=\mathrm{tr}(PD(\Delta))+0=tr(P\sigma_0^2P^{-1})=\mathrm{tr}(\sigma_0^2I)=n\sigma_0^2$$

所以可得：

$$E\left(\frac{\Delta^{\mathrm{T}}P\Delta}{n}\right)=\sigma_0^2$$

3）二次型方差和协方差

随机向量 $X\sim N(\xi,\ D(X))$，两个二次型 $X^{\mathrm{T}}MX$、$X^{\mathrm{T}}NX$ 的协方差为

$$D(X^{\mathrm{T}}MX,\ X^{\mathrm{T}}NX)=2\mathrm{tr}(MD(X)ND(X))+4\xi^{\mathrm{T}}MD(X)N\xi \tag{2-32}$$

当 $M=N$ 时，式(2-32)就是二次型 $X^{\mathrm{T}}MX$ 的方差，即

$$D(X^{\mathrm{T}}MX)=2\mathrm{tr}(MD(X)MD(X))+4\xi^{\mathrm{T}}MD(X)M\xi \tag{2-33}$$

式中：M、N 为任意的对称可逆矩阵。

【例 2-8】 已知 $\Delta\sim N(0,\ \sigma_0^2P^{-1})$，求 $\Delta^{\mathrm{T}}P\Delta$ 的方差

解： $D(\Delta^{\mathrm{T}}P\Delta)=2\mathrm{tr}(P\sigma_0^2P^{-1}P\sigma_0^2P^{-1})=2n\sigma_0^4$

2.3 偶然误差的统计特性

2.3.1 真值与估值

任何一个被观测量，客观上总是存在着一个能代表其真正大小的数值。这一数值就称为该观测量的真值。通常在表示观测值的字母上方加波浪线表示其真值。有些观测值的真

值是已知的，如三角形内角之和应等于 180°；有些观测值的真值称为约定真值，即相对于观测值而言，约定真值是一个高精度的已知值。

设对真值 $\widetilde{L}$ 的观测值为 L_1，L_2，…，L_n，相应的真误差为 Δ_1，Δ_2，…，Δ_n，则有

$$\Delta=\widetilde{L}-L \tag{2-34}$$

因此可得到各真误差的计算公式为

$$\begin{aligned}\Delta_1&=\widetilde{L}-L_1\\ \Delta_2&=\widetilde{L}-L_2\\ \vdots\ &\quad\vdots\quad\ \vdots\\ \Delta_n&=\widetilde{L}-L_n\end{aligned}$$

等号两边各自取和，根据真误差(偶然误差)的数学期望等于零的性质，有

$$\widetilde{L}=E(L)=\lim_{n\to\infty}\frac{1}{n}[L]$$

所以，观测值的真值 $\widetilde{L}$ 等于观测值的数学期望 $E(L)$ 的前提条件是，观测值仅包含偶然误差且观测值个数 n 趋近于无穷大。

以上过程说明：从统计观点来看，观测值的真值理论上可用仅含偶然误差的观测值的数学期望来定义。

当 n 的个数有限而非无穷多次时，可用式(2-35)计算观测值真值的估值

$$\hat{L}=\frac{1}{n}[L] \tag{2-35}$$

估值也称平差值、最或然值，用 $\hat{L}$ 表示。$\hat{L}$ 与真值 $\widetilde{L}$ 的关系是

$$\widetilde{L}=\lim_{n\to\infty}\hat{L} \tag{2-36}$$

应该注意的是，观测值的真值是唯一存在的，所以真值在理论上是一个常数，其方差为零，即 $D(\widetilde{L})=0$，而估值由于有限个观测值带有随机性而随机波动，所以估值是一个随机变量，其方差不为零，即 $D(\hat{L})\neq0$。

2.3.2 偶然误差的特性

在此用观测值的真值与观测值之差定义真误差，有些教材和文献上用观测值与观测值的真值之差定义真误差。这两种定义方式仅仅是使真误差符号相反，对于后续各种计算公式的推导没有影响。

第1章已经指出，就单个偶然误差而言，其大小或符号没有规律性，即呈现出一种偶然性(或随机性)。但就其总体而言，却呈现出一定的统计规律性。并且指出它是服从正态分布的随机变量。人们从无数的测量实践中发现，在相同的观测条件下，大量偶然误差的分布也确实表现出了一定的统计规律性。下面用一个实例来说明。

在相同的条件下，对某测区独立地观测了 817 个三角形的全部内角，由于观测值带有偶然误差，故 3 个内角观测值之和不等于其真值 180°。各个三角形内角和的真误差为

$$\Delta_i=180°-(L_1+L_2+L_3)_i,\quad (i=1,2,\cdots,817)$$

式中：$(L_1+L_2+L_3)_i$表示各三角形内角和的观测值。

由于在观测值中已剔除了粗差，且系统误差已削弱到可忽略不计，因此从整体上来讲，这些误差均为随机因素所致，它们都是偶然误差，而且各个误差之间是相互独立的。所谓独立是指各个误差在数值上和符号上互不影响。与之相对应的观测值称为互相独立的观测值。

现取误差区间的间隔 dΔ 为 0.5″，将这一组误差按其正负号与误差值的大小排列，统计误差出现在各区间内的个数为 μ_i，以及"误差出现在某个区间内"这一事件的频率 μ_i/n ($n=817$)，其结果见表 2-2。

从表 2-2 中可以看出，该组误差表现出这样的分布规律：绝对值较小的误差比绝对值较大的误差多；绝对值相等的正误差与负误差个数相近；误差的绝对值有一定限制，最大不超过 3.5″。

偶然误差分布的情况，除了采用上述误差分布表的形式表达外，还可以利用图形来表达。例如，以横坐标表示误差的大小，纵坐标表示各区间内误差出现的频率除以区间的间隔值，即$\frac{\mu_i/n}{d\Delta}$(此处间隔值均取为 dΔ=0.5″)。根据表 2-2 中的数据绘制图表，如图 2.1 所示。在图 2.1 中每一误差区间上的长方条面积就代表误差出现在该区间内的频率。例如，图 2.1 中画有斜线的长方条面积，就是代表误差出现在(0.00″，+0.50″)区间内的频率为 0.148。这种图形通常称为直方图，它形象地表示了误差的分布情况。

表 2-2 某测区三角形内角和的误差分布

误差的区间 ″	Δ为负值			Δ为正值			备注
	个数 μ_i	频率 μ_i/n	$\frac{\mu_i/n}{d\Delta}$	个数 μ_i	频率 μ_i/n	$\frac{\mu_i/n}{d\Delta}$	
0.0～0.5	123	0.151	0.302	121	0.148	0.296	Δ数值等于区间左端值时，统计在该区间内
0.5～1.0	104	0.127	0.254	90	0.110	0.220	
1.0～1.5	75	0.092	0.184	78	0.096	0.192	
1.5～2.0	55	0.067	0.134	51	0.062	0.124	
2.0～2.5	27	0.033	0.066	39	0.048	0.096	
2.5～3.0	20	0.025	0.050	15	0.018	0.036	
3.0～3.5	10	0.012	0.024	9	0.011	0.022	
3.5 以上	0	0.000	0.000	0	0.000	0.000	
和	414	0.507		403	0.493		

由此可知，在相同观测条件下所得到的一组独立观测的误差，只要误差的总个数 n 足够多，那么，误差出现在各区间内的频率就总是稳定在某一常数(理论频率)附近，而且当观测个数越多时，稳定的程度也就越大。例如，就表 2-2 的一组误差而言，在观测条件不变的情况下，如果再继续观测更多的三角形，则可以预测，随着观测值个数的愈来愈多，当 $n\to\infty$时，各频率也就趋于一个完全确定的数值，这就是误差出现在各区间内的频率。这就是说，在一定的观测条件下，对应着一种确定的误差分布。

在 $n\to\infty$的情况下，由于误差出现的频率已趋于完全稳定，如果此时把误差区间间隔无限缩小，图 2.1 中各长方条顶边所形成的折线将变成图 2.2 所示的光滑曲线。这种曲线也就是误差的概率分布曲线，或称为误差分布曲线。由此可见，偶然误差的频率分布，随着 n 的逐渐增大，都是以正态分布为其极限的。通常也称偶然误差的频率分布为其经验分布，而将正态分布称为它们的理论分布。在以后的理论研究中，都是以正态分布作为描述偶然误差分布的数学模型，这不仅可以带来工作上的便利，而且基本上也是符合实际情况的。

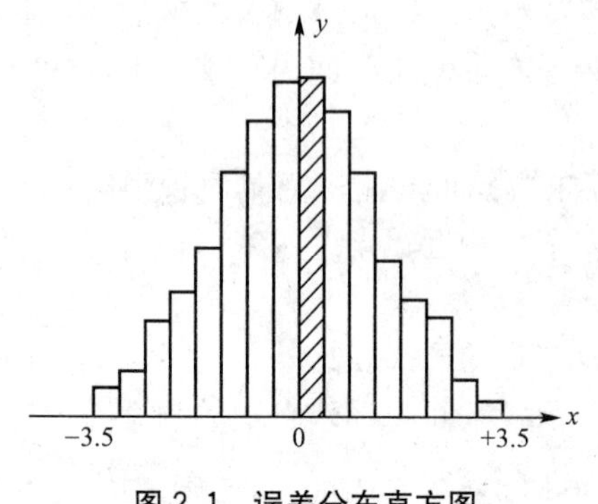

图 2.1　误差分布直方图

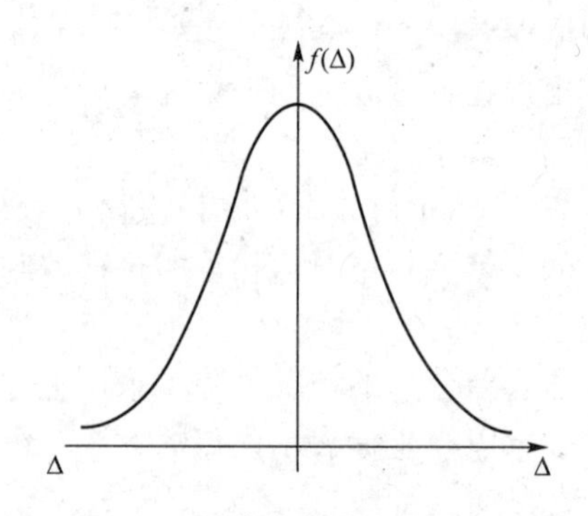

图 2.2　误差分布曲线光滑曲线

图 2.1 中的各长方条的纵坐标为$\frac{\mu_i/n}{\mathrm{d}\Delta}$，其面积即为误差出现在该区间内的概率。如果将这个问题提到理论上来讨论，则以理论分布取代经验分布(图 2.2)，此时，图 2.1 中各长方条的纵坐标就是 Δ 的密度函数 $f(\Delta)$，而长方条的面积为 $f(\Delta)\mathrm{d}\Delta$，即代表误差出现在该区间内的概率，$P(\Delta)=f(\Delta)\mathrm{d}\Delta$。概率密度表达式为

$$f(\Delta)=\frac{1}{\sqrt{2\pi}\sigma}\mathrm{e}^{-\frac{\Delta^2}{2\sigma^2}} \tag{2-37}$$

式中：σ 为中误差。当式(2－37)中的参数 σ 确定后，即可画出它所对应的误差分布曲线。由于 $E(\Delta)=0$，所以该曲线是以横坐标为 0 处的纵轴为对称轴。当 σ 不同时，曲线的位置不变，但分布曲线的形状将发生变化。偶然误差 Δ 是服从 $N(0,\sigma^2)$分布的随机变量。

(1) 用概率的术语来概括偶然误差的几个特性如下。

① 在一定的观测条件下，误差的绝对值有一定的限值，或者说，超出一定限值的误差，其出现的概率为零。

② 绝对值较小的误差比绝对值较大的误差出现的概率大。

③ 绝对值相等的正负误差出现的概率相同。

④ 偶然误差的数学期望为零。

对于一系列的观测而言，不论其观测条件是好是差，也不论是对同一个量还是对不同的量进行观测，只要这些观测是在相同的条件下独立进行的，则所产生的一组偶然误差必然都具有上述的 4 个特性。

(2) 为便于记忆，也可把偶然误差特性简单描述如下。

① 误差的有界性。设 B 为误差限制，即误差在$[-B,B]$区间出现是一必然事件，其概率为

$$P(-B<\Delta\leqslant B)=\int_{-B}^{B}f(\Delta)\mathrm{d}\Delta=1$$

② 误差的趋向性。若 $\Delta_1<\Delta_2$，则概率 $P(\Delta_1)>P(\Delta_2)$，或密度函数 $f(\Delta_1)>f(\Delta_2)$。

③ 误差的对称性。正负误差出现的概率相等

$$P(+\Delta)=P(-\Delta)$$

④ 误差的抵偿性

$$E(\Delta)=\lim_{n\to\infty}\frac{1}{n}[L]=0$$

2.4 精度和衡量精度指标

评定测量成果的精度是误差理论与测量平差的主要任务之一。精度就是指误差分布的密集或离散的程度。例如，两组观测成果的误差分布相同，便是两组观测成果的精度相同；反之，若误差分布不同，则精度也就不同。

从直方图来看，精度高，则误差分布较为密集，图形在纵轴附近的顶峰则较高，且由长方形所构成的阶梯比较陡峭；精度低，则误差分布较为分散，图形在纵轴附近的顶峰则较低，且其阶梯较为平缓。这个性质同样反映在误差分布曲线的形态上，即有误差分布曲线较高而陡峭和误差分布曲线较低而平缓两种情形。

在一定的观测条件下进行的一组观测，它对应着一种确定的误差分布。如果分布较为密集，即离散度较小时，则表示该组观测质量较好，也就是说，这一组观测精度较高；反之，如果分布较为离散，即离散度较大时，则表示该组观测质量较差，也就是说，这一组观测精度较低。在相同的观测条件下所进行的一组观测，由于它们对应着同一种误差分布，对于这一组中的每一个观测值，都称为是同精度观测值。

为了衡量观测值的精度高低，可以按 2.3 节的方法，把在一组相同条件下得到的误差，用组成误差分布表、绘制直方图或画出误差分布曲线的方法来比较。在实用上，是用一些数字特征来说明误差分布的密集或离散的程度，称它们为衡量精度的指标。衡量精度的指标有很多种。

在图 2.3 所示的三张靶图中，其弹孔的分布状况可看作是观测值取值的分布状况。在图 2.3(a)中，观测值基本不存在系统误差，即观测值的数学期望值点与真值点(靶中心)很接近，但由于偶然误差很大，观测值分布得很离散，所以可认为观测精度是不高的；图 2.3(b)中，观测值的重复性很强，观测值围绕其数学期望值的点很密集，但离真值点较远，系统误差较大，可见图 2.3(b)的观测值分布状况也是不理想的；图 2.3(c)中，观测值点很密集，离真值点又很近，可见三幅图中只有图 2.3(c)的观测值分布状态是最好的。为了将图 2.3 的 3 种状态用误差理论的术语进行描述，下面介绍几种常用的精度指标。

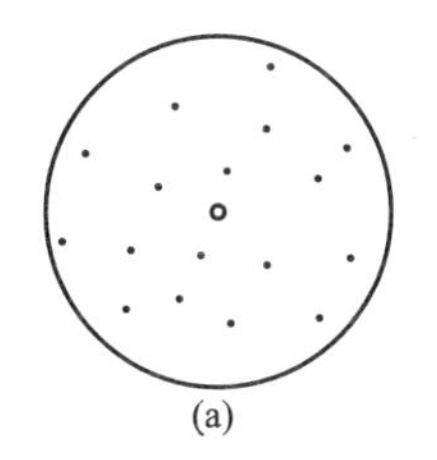

(a)

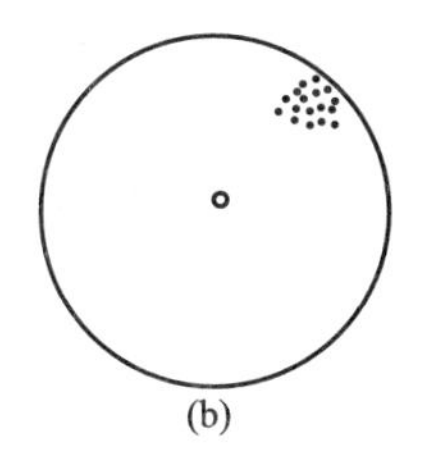

(b)

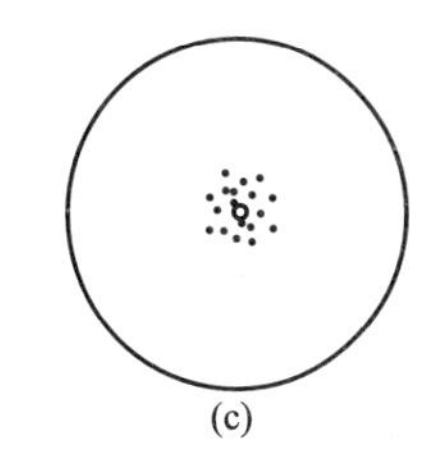

(c)

图 2.3　三张靶图

2.4.1 精度

精度(Precision)显示了观测结果中偶然误差的大小程度，是衡量偶然误差影响程度的指标。

精度是指误差分布的密集和离散的程度。精度和观测值的方差有直接关系：方差小则精度高，方差大则精度低。

从上面的方差的定义可知：当观测值 X 与其数学期望接近时，方差就小，精度很高，所以，精度表示了观测值与其数学期望的接近程度，当观测值中仅含有偶然误差且观测值个数 $n\to\infty$ 时，其数学期望近似真值。在这种情况下，精度描述了观测值与真值接近的程度。可见图 2.3(a)显示的观测结果含偶然误差情况比较显著，其观测精度很低。

2.4.2 准确度

在观测值存在系统误差时，仅用观测值与其数学期望的离散度来描述观测质量显然是有问题的，应该用准确度(Correctness)来进行表达，即

$$\varepsilon=\widetilde{L}-E(L) \tag{2-38}$$

即准确度 ε 定义为观测值的真值 $\widetilde{L}$ 与数学期望 $E(L)$ 之差。准确度反映了系统误差的大小，如果不存在系统误差时，$E(L)=\widetilde{L}$，故 $\varepsilon=0$。可见图 2.3(b)显示的观测结果准确度很低。

2.4.3 精确度

精确度(Accuracy)是精度和准确度的合成，是指观测结果与其真值的接近程度，包括观测结果与其数学期望的接近程度和数学期望与其真值的偏差。因此，精确度反映了偶然误差和系统误差联合影响的大小程度。当不存在系统误差时，精确度就是精度。因此精确度是一个全面衡量观测质量的指标。

精确度的衡量指标为均方误差(Mean Square Error)，由高斯提出。设观测值为 X，均方误差的定义式为

$$\mathrm{MSE}(X)=E(X-\widetilde{X})^2 \tag{2-39}$$

当 $\widetilde{X}=E(X)$ 时，均方误差即为方差。

由式(2-39)可得

$$\begin{aligned}\mathrm{MSE}(X)&=E[(X-E(X))+(E(X)-\widetilde{X})]^2\\&=E(X-E(X))^2+E(E(X)-\widetilde{X})^2+2E[(X-E(X))(E(X)-\widetilde{X})]\end{aligned}$$

由于 $E[(X-E(X))(E(X)-\widetilde{X})]=(E(X)-\widetilde{X})E(X-E(X))$

$$=(E(X)-\widetilde{X})(E(X)-E(X))=0$$

令 $\beta=E(X)-\widetilde{X}$ 为偏差。

则有：

$$\mathrm{MSE}(X)=E(X-E(X))^2+(E(X)-\widetilde{X})=D_{XX}+\beta^2 \tag{2-40}$$

所以 X 的均方误差等于 X 的方差加上偏差的平方。

由式(2-40)可知，当 $\beta=0$ 时，$\mathrm{MSE}(X)=D_{XX}$，即观测值中不含有系统误差和粗差时，精确度和精度是一致的。同时不难看出，精度高不一定意味着精确度高，如果 D_{XX} 小而 β^2 大，则观测值精度高而精确度低，所以，当观测值中存在着系统误差时，若只考虑方差的话，则会过小估计误差，是不符合实际情况的。可见图 2.3(c)显示的观测结果精确度很高，即无论是其精度还是准确度都是很好的。

对于随机向量 $\underset{n\times 1}{X}$，则其均方误差的定义为

$$\mathrm{MSE}(X)=E[(X-\widetilde{X})^{\mathrm{T}}(X-\widetilde{X})] \tag{2-41}$$

2.4.4 衡量精度的指标

由于本书的重点是经典平差，而经典平差处理的是仅含偶然误差的观测值，前面已讨论过对这一类观测值质量评定的标准：用精度来进行评定的，可用列表法或用几何方法表示(如频率直方图或误差分布曲线等)。但在实际应用中，人们总是希望用一个具体的数字来表示和反映精度的大小，下面介绍几种常用的衡量精度的指标。

1. 方差和中误差

在介绍精度时已介绍过，精度和观测值的方差有直接关系：方差小则精度高，方差大则精度低。

用 σ^2 表示误差分布的方差，误差 Δ 的概率密度函数可由式(2-37)求得。

由方差的定义，有

$$\sigma^2=D(\Delta)=E(\Delta-E(\Delta))^2$$

由于 Δ 主要包括偶然误差部分，$E(\Delta)=0$，所以有

$$\sigma^2=D(\Delta)=E(\Delta)^2=\int_{-\infty}^{+\infty}\Delta^2 f(\Delta)\mathrm{d}\Delta \tag{2-42}$$

σ 就是中误差(也称标准差)

$$\sigma=\sqrt{E(\Delta^2)}=\lim_{n\to\infty}\sqrt{\frac{1}{n}[\Delta\Delta]} \tag{2-43}$$

当观测个数 n 有限而非趋于无穷时，得到计算中误差估值的实用公式

$$\hat{\sigma}=\sqrt{\frac{1}{n}[\Delta\Delta]} \tag{2-44}$$

或计算方差估值的实用公式

$$\hat{\sigma}^2=\frac{1}{n}[\Delta\Delta]$$

和前面真值及其估值一样，中误差的理论值 σ 是一个常数，而其估值 $\hat{\sigma}$ 是一个随机量，它随着 n 个误差值 Δ_i 的随机选取而随机变化。在以后的描述中，若不强调“估值”的意义时，也将“中误差的估值”称为“中误差”。

2. 平均误差

在一定的观测条件下，一组独立的偶然误差绝对值的数学期望称为平均误差。设以 θ 表示平均误差，则有

$$\theta = E(|\Delta|) = \lim_{n\to\infty}\frac{1}{n}\sum_{i=1}^{n}|\Delta_i| \tag{2-45}$$

也可以写为

$$\theta = E(|\Delta|) = \int_{-\infty}^{\infty}|\Delta| f(\Delta)\mathrm{d}\Delta = 2\int_{0}^{\infty}\Delta\frac{1}{\sqrt{2\pi}\sigma}\exp\left(-\frac{\Delta^2}{2\sigma^2}\right)\mathrm{d}\Delta$$

$$= \frac{2}{\sqrt{2\pi}}\int_{0}^{\infty}\left(-\sigma\mathrm{d}\exp\left(-\frac{\Delta^2}{2\sigma^2}\right)\right) = \frac{2\sigma}{\sqrt{2\pi}}\left[-\exp\left(\frac{\Delta^2}{2\sigma^2}\right)\right]_{0}^{\infty}$$

所以有

$$\begin{aligned}\theta&=\sqrt{\frac{2}{\pi}}\sigma\approx0.7979\sigma\approx\frac{4}{5}\sigma\\ \sigma&=\sqrt{\frac{\pi}{2}}\theta\approx1.253\theta\approx\frac{5}{4}\theta\end{aligned} \tag{2-46}$$

式(2-46)是平均误差 θ 与中误差 σ 的理论关系式。

当观测值个数 n 为有限时，可得 θ 的估值为

$$\hat{\theta} = \frac{1}{n}\sum_{i=1}^{n}|\Delta_i|$$

由此可见，不同大小的 θ，对应着不同的 σ，也就对应着不同的误差分布曲线。因此，也可以用平均误差 θ 作为衡量精度的指标。

3. 或然误差

或然误差 ρ 的定义是：观测误差 Δ 出现在 $(-\rho,\ \rho)$ 之间的概率等于 1/2，即

$$\int_{-\rho}^{+\rho} f(\Delta)\mathrm{d}\Delta = \frac{1}{2} \tag{2-47}$$

由于 $\Delta\sim N(0,\ \sigma^2)$，将其标准化为

$$\eta=\frac{\Delta}{\sigma}\sim N(0,\ 1)$$

当 $\Delta=\pm\rho$ 时，有 $\eta=\pm\frac{\rho}{\sigma}$，则

$$P(-\rho<\Delta<\rho)=P\left(-\frac{\rho}{\sigma}<\eta<\frac{\rho}{\sigma}\right)=\Phi\left(\frac{\rho}{\sigma}\right)-\Phi\left(-\frac{\rho}{\sigma}\right)=0.5$$

得 $\Phi\left(\frac{\rho}{\sigma}\right)=0.75$，查正态分布表，得 $\frac{\rho}{\sigma}=0.6745$，所以 σ 和 ρ 的关系为

$$\begin{cases}\rho=0.6745\sigma\approx\dfrac{2}{3}\sigma\\ \sigma=1.4826\rho\approx\dfrac{3}{2}\rho\end{cases} \tag{2-48}$$

式(2-48)是或然误差 ρ 与中误差 σ 的理论关系。不同的 ρ 也对应着不同的误差分布曲

线，因此，或然误差 ρ 也可以作为衡量精度的指标。

实用上，因为观测值个数 n 是有限值，因此也只能得到 ρ 的估值 $\hat{\rho}$，但仍简称为或然误差。通常都是先求出中误差的估值，然后按式(2-48)求出或然误差 $\hat{\rho}$。

中误差 σ、平均误差 θ 及或然误差 ρ 这 3 种精度指标的特性。

(1) 通常当 n 越大时，σ、θ、ρ 的估值越接近其理论值。

(2) 当 n 很小时，求出的 σ、θ、ρ 均不可靠。

(3) 当 n 不大时，σ 比 θ、ρ 更能灵敏地反映出大的真误差的影响。

因此，世界各国通常都是采用中误差作为精度指标，我国也统一采用中误差作为衡量精度的指标。

4. 极限误差

中误差不是代表个别误差的大小，而是代表误差分布的离散度的大小。由中误差的定义可知，它是代表一组同精度观测误差平方的平均值的平方根极限值，中误差愈小，即表示在该组观测中，绝对值较小的误差愈多。按正态分布表查得，在大量同精度观测的一组误差中，误差落在$(-\sigma, +\sigma)$、$(-2\sigma, +2\sigma)$和$(-3\sigma, +3\sigma)$的概率分别为

$$\begin{cases} P(-\sigma<\Delta<+\sigma)\approx 68.3\% \\ P(-2\sigma<\Delta<+2\sigma)\approx 95.5\% \\ P(-3\sigma<\Delta<+3\sigma)\approx 99.7\% \end{cases}$$

上式反映了中误差与真误差间的概率关系。绝对值大于中误差的偶然误差，其出现的概率为 31.7%；而绝对值大于两倍中误差的偶然误差的概率为 4.5%；特别是绝对值大于 3 倍中误差的偶然误差的概率仅有 0.3%，这已经是概率接近于零的小概率事件，或者说这是实际上的不可能事件。一般以 3 倍中误差作为偶然误差的极限值 $\Delta_{限}$，并称为极限误差。即

$$\Delta_{限}=3\sigma \tag{2-49}$$

实践中，也常采用 2σ 作为极限误差。例如测量规范中的限差通常以 2σ 作为极限误差。实用上以中误差的估值 $\hat{\sigma}$ 代替 σ。在测量工作中，如果某误差超过了极限误差，那就可以认为它是错误的，相应的观测值应进行重测、补测或舍去不用。

5. 相对误差

对于某些长度元素的观测结果，有时单靠中误差还不能完全表达观测结果的好坏。例如，分别丈量了 1000m 及 500m 的两段距离，它们的中误差均为 2cm，虽然两者的中误差相同，但就单位长度而言，两者精度并不相同。显然前者的相对精度比后者要高。此时，须采用另一种办法来衡量精度，通常采用相对中误差，它是中误差与观测值之比。如上述两段距离，前者的相对中误差为 1/50000，而后者则为 1/25000。

相对中误差是个无名数，在测量中一般将分子化为 1，即用 $\frac{1}{N}$ 表示。

常用的相对误差有以下几种。

相对中误差$=\frac{中误差}{观测值}$

相对真误差$=\frac{闭合差}{观测值}$

$$导线全长闭合差限差=\frac{导线全长闭合差}{导线总长}$$

与相对误差相对应的真误差、中误差、平均误差和极限误差等又称为绝对误差。

需要指出的是，以上所述的这些精度指标，即方差、中误差、平均误差、或然误差、极限误差和相对误差，虽然都用了“误差”两个字，但实际上都是用来表达精度大小的，切勿将它们与观测误差混淆。

相对精度是相对长度元素而言的。如果不特别说明，相对精度是指相对中误差。角度元素没有相对精度。

2.4.5 不确定度

在计量、电工、物理、化学和测量技术等领域以及GIS空间数据处理中，测量数据的质量评定还采用了不确定度这个指标。

由于不可避免的误差使测量结果具有不确定性，测量数据的不确定性是指一种广义的误差，它既包含偶然误差，又包含系统误差和粗差，也包含数值上和概念上的误差以及可量度和不可量度的误差。不确定性的概念很广，数据误差的随机性和数据概念上的不完整性、模糊性，都可视为不确定性问题。

不确定度是用来衡量不确定性的一种指标体系。不论测量数据服从何种分布，衡量不确定性的基本尺度仍是中误差 σ，并称为标准不确定度。

设观测值 X 的真值是 $\widetilde{X}$，其真误差是 $\Delta_X=\widetilde{X}-X$，则观测值 X 的不确定度定义为 Δ_X 绝对值的一个上界，即

$$U=\sup|\Delta_X| \tag{2-50}$$

当 Δ_X 主要受系统误差影响，表现为单向误差时，则不确定度定义为 Δ_X 的上、下界，即

$$U_1\leqslant\Delta_X\leqslant U_2 \tag{2-51}$$

由于 U 值一般难以准确给出，为此要借助于概率统计。当 Δ_X 的概率分布已知时，则与式(2-50)、式(2-51)相应。不确定度在给定置信概率 p 下可由下式计算

$$P(|\Delta_X|\leqslant U)=p=1-\alpha \tag{2-52}$$

$$P(U_1\leqslant\Delta_X\leqslant U_2)=p=1-\alpha \tag{2-53}$$

当 Δ_X 服从对称分布，且 $E(\Delta_X)=0$ 时，用式(2-52)计算；当 Δ_X 服从不对称分布时，用式(2-53)计算。

例如，观测值服从正态分布，其算术平均值 $\bar{x}$ 在真值 μ 的附近以 $1-\alpha$ 的概率出现，设已知 $\bar{x}$ 的方差估值为 $\sigma_{\bar{x}}^2$，则有

$$P(|\bar{x}-\mu|\leqslant t_{\frac{\alpha}{2}}\sigma_{\bar{x}})=1-\alpha$$

式中：$\bar{x}$ 的不确定度为

$$U=t_{\frac{\alpha}{2}}\sigma_{\bar{x}} \tag{2-54}$$

所以，不论 Δ_x 服从何种分布，只要其方差 σ_x^2 存在，置信概率 p 已知且 $E(\Delta_x)=0$，就有概率表达式如下

$$P(|\Delta_X|\leqslant k_x\sigma_x)=p$$

k_x与观测次数、置信概率及置信分位值有关，也称为置信系数；σ_x为欲求其不确定度的观测值的中误差。由此可见，衡量不确定性的基本尺度仍是中误差σ_x，并称为标准不确定度。

当已知Δ_x的分布时，k_x的值很容易确定，如式(2－52)的t分布中，$k_x=t_{\frac{\alpha}{2}}$；当Δ_x服从标准正态分布时，概率$p=95.5\%$时，$U=k_x\sigma=2\sigma$；$p=99.7\%$时，$U=k_x\sigma=3\sigma$。σ为Δ_x的中误差。可见此时不确定度U就是在一定置信概率p下可能出现的偶然误差的最大值。

【例2－9】 在1∶1000地形图中，已知绘图控制误差$\sigma_1=0.6\text{mm}$，碎部绘图误差$\sigma_2=0.6\text{mm}$，制图综合误差$\sigma_3=1.0\text{mm}$，制印误差$\sigma_4=0.2\text{mm}$，其他如控制误差、碎部测量误差、清绘误差等较小，可不顾及，则图上点位的综合误差可认为是

$$\sigma_Z=\sqrt{\sigma_1^2+\sigma_2^2+\sigma_3^2+\sigma_4^2}=1.3\text{mm}$$

可近似地将综合误差视为正态分布随机变量，即$Z\sim N(0,\ 1.3^2)$，现取置信概率$p=0.95$，由正态分布表可查得$k_Z=1.96$，所以Z的不确定度为$U_Z=1.96\times1.3\approx2.6\text{mm}$。

由上述可知，不确定度评定的关键是要已知Δ_x的概率分布和中误差σ_x。当不知道概率分布时，也可以根据经验或其他信息估计测量值的不确定度。纳入不确定度考虑的误差均视为随机误差，其合成要注意误差的相关性。

2.5 统计假设检验

假设检验是数理统计的主要方法之一，它可以用在测量中许多方面的分析上，例如系统误差的检验、测量精度的比较、理论值是否与观测值相符合的检验等问题。

统计假设检验所解决的问题，就是根据子样的信息，通过检验来判断母体分布是否具有指定的特征。例如，正态母体的数学期望μ是否等于已知的数值μ_0，正态母体的方差σ^2是否等于某已知的数值σ_0^2，两个正态母体的数学期望或方差是否相等，即检验$\mu_1=\mu_2$，$\sigma_1^2=\sigma_2^2$。又如，检验一组误差是否服从正态分布，也可由给定的一组误差计算正态分布的特征值(子样特征值)来检验与母体的特征值是否相符等，都属于统计假设检验要解决的问题。

2.5.1 统计假设检验的主要原理

统计假设检验就是根据子样信息，通过检验来判断母体分布是否具有指定的特征。习惯上把对检验的目标作一个假设，称为原假设，记为H_0；H_0遭到拒接，实质上接受了另一个假设，称为备选假设，记为H_1。统计假设检验也称为假设检验。

1. 统计假设

统计假设分为参数假设和非参数假设。

(1) 参数假设。假设母体的分布函数是已知的，对分布函数中的参数做出假设。如设已知随机变量X服从分布：$X\sim N(\mu,\ 1.15^2)$，即X的分布及方差都是已知的，但期望μ未知，现根据具体情况判断，提出假设：$\mu=100$。

(2) 非参数假设。母体服从的分布未知，对母体的分布函数做出假设。本书所涉及的统计假设主要是参数假设。

2. 进行统计假设检验

假设提出来之后，就要通过检验判断它是否成立，以决定是接受假设还是拒接接受假设，这个过程就是假设检验的过程。这种检验过程与数学上的定理证明是不同的，定理证明不带随机性，而假设是否被接受会受到随机抽样随机性的影响。

假设检验的判断依据是小概率推断原理。所谓小概率推断原理就是：概率很小的事件在一次试验中实际上是不可能出现的。如果小概率事件在一次试验中出现了，我们就有理由拒绝它。

因此说，统计假设检验的思想是：给定一个临界概率 α，如果在假设 H_0成立的条件下，出现观测到的事件的概率小于 α，就做出拒绝假设 H_0的决定，否则，做出接受假设 H_0的决定。

通常取临界概率为 $\alpha=0.01$，$\alpha=0.05$，$\alpha=0.10$ 等。习惯上，将临界概率 α 称为显著水平，或简称水平。

3. 检验统计量的选择

假设检验的关键问题是构造一个适当的统计量，要求构造的统计量满足如下条件。

(1) 适合于所作的假设。

(2) 统计量内不能有未知数，其由抽取的子样值及假设值构成，即统计量要能计算出具体数值。

(3) 要知道该统计量的概率分布，从而确定其经常出现的区间(该区域称为接受域)，使统计量落入该区间内的概率接近于1，这样可以进行分位值的计算或从有关表中查取分位值。

4. 接受域和拒绝域

设已知统计量 u 服从正态分布 $u\sim N(0,1)$，则统计量 u 出现在区间$(-u_{\frac{\alpha}{2}},+u_{\frac{\alpha}{2}})$内的概率应该为 $1-\alpha$，即有

$$P(-u_{\frac{\alpha}{2}}<u<u_{\frac{\alpha}{2}})=1-\alpha \tag{2-55}$$

设显著水平 $\alpha=0.05$，则 $1-\alpha=0.95=95\%$，式(2-55)的概率意义就是统计量 u 应该以 95%的概率落入区间$(-u_{\frac{\alpha}{2}},+u_{\frac{\alpha}{2}})$内。所以，当根据子样和原假设 H_0算出来的统计量 u 落入了该区域之中时，就可以认为原假设 H_0是可以接受的，于是区域$(-u_{\frac{\alpha}{2}},+u_{\frac{\alpha}{2}})$称为接受域；而若经计算的统计量 u 落入了该区域之外，这就表示概率很小的事件居然发生了，根据上面介绍的小概率推断原理，可以认为原假设 H_0是错误的，应拒绝接受 H_0，所以把区域$(-\infty,-u_{\frac{\alpha}{2}})$和$(u_{\frac{\alpha}{2}},+\infty)$称为拒绝域。而接受域与拒绝域的临界值$-u_{\frac{\alpha}{2}}$和 $u_{\frac{\alpha}{2}}$就称为分位值，分位值应根据统计量服从的分布、显著水平 α 等，在分布表中查取。

如图 2.4(a)所示，式(2-55)所示的情况是将拒绝域放在了分布密度曲线的两侧(也称为双尾)上，每一侧上的拒绝概率为 $\alpha/2$，查取分位值时也用 $\alpha/2$ 的概率进行，这种检验法称为双尾检验法。根据提出假设 H_0的不同，拒绝域也会放到分布曲线的某一侧上，如图 2.4(b)所示，称为单尾拒绝域，这种检验法称为单尾检验法。

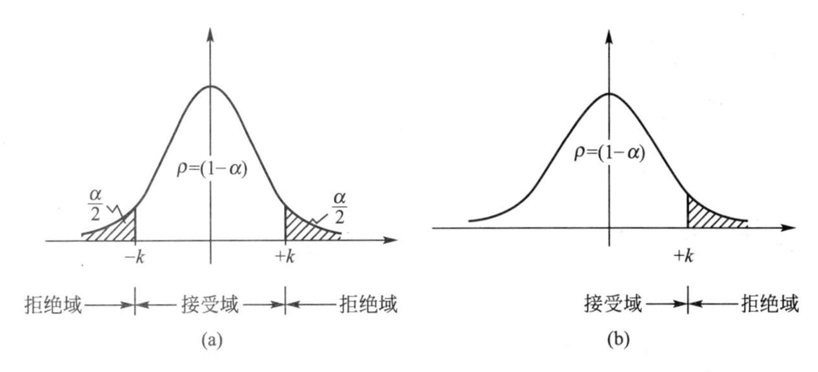

图 2.4 单尾和双尾检验法

从图 2.4 可看出，接受域和拒绝域的大小与给定的显著水平 α 值的大小有关。α 越大则拒绝域越大，H_0被拒绝的机会增多；α 越小则接受域越大，H_0被接受的机会增多。α 的大小应根据问题的性质选定，当不应轻易拒绝原假设 H_0时，应选择较小的 α 值。

5. 两类错误

由上述假设检验的思想可知，假设检验是以小概率事件在一次实验中实际上是不可能发生的这一前提为依据的。但是，虽然小概率事件出现的概率很小，但并不意味这种事件就完全不可能发生。事实上，如果重复抽取容量为 n 的许多组子样，由于抽样的随机性，子样均值 $\bar{x}$ 不可能完全相同，因而由此算得的统计量的数值也具有随机性。若检验的显著水平定为 $\alpha=0.05$，那么，即使原假设 H_0是正确的(真的)，其中仍约有 5%的数值将会落入拒绝域中。由此可见，进行任何假设检验总是有做出不正确判断的可能性，换言之，不可能绝对不犯错误。只不过犯错误的可能性很小而已。

第一类错误。当 H_0为真(正确)而遭到拒绝的错误称为犯第一类错误，也称为弃真的错误，如图 2.5 所示。犯第一类错误的概率为 α。

第二类错误。同样的，当 H_0为不真(不正确)时，也有可能接受 H_0，这种错误称为犯第二类错误，或称为纳伪的错误，如图 2.5 所示。犯第二类错误的概率为 β。

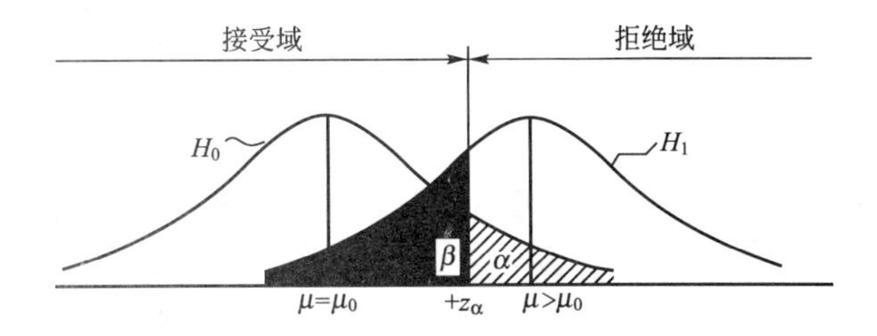

图 2.5 α 与 β 间的关系

显然，当子样容量 n 确定后，犯这两类错误的概率不可能同时减小。当 α 增大时，β 则减小；当 α 减小时，则 β 增大。检验时，一般都是控制 α 的值，对 β 值一般不作明确规定。

6. 进行统计假设检验的步骤

概括起来说，进行假设检验的步骤如下所示。

(1) 根据实际需要提出原假设 H_0和备选假设 H_1。

(2) 选取适当的显著水平 α。

(3) 确定检验用的统计量，其分布应是已知的。

(4) 根据选取的显著水平 α，查表得分位值，如被检验的数值落入拒绝域，则拒绝 H_0(接受 H_1)；否则，接受 H_0(拒绝 H_1)。

2.5.2 统计假设方法

由于正态分布是母体中最常见的分布，所抽取的子样也服从正态分布，由此类子样构成的统计量是进行假设检验时最常用的统计量，以下的几种参数假设检验方法均是此类统计量。

1. u 检验法

设母体服从正态分布 $N(\mu, \sigma^2)$，母体方差 σ^2 为已知。从母体中随机抽取容量为 n 的子样，可求得子样均值 $\bar{x}$，利用子样均值 $\bar{x}$ 对母体均值 μ 进行假设检验，则可用统计量 $u=\dfrac{\bar{x}-\mu}{\sigma/\sqrt{n}}$，其分布为标准正态分布。即

$$u=\frac{\bar{x}-\mu}{\sigma/\sqrt{n}} \tag{2-56}$$

将这种服从标准正态分布的统计量称为 u 变量，利用 u 统计量所进行的检验方法称为 u 检验法。

【例 2-10】 已知基线长 $L_0=5080.219\text{m}$，认为无误差。为了鉴定光电测距仪，用该仪器对该基线施测了 34 个测回，得平均值 $\bar{x}=5080.253\text{m}$，已知 $\sigma_0=0.08\text{m}$，问该仪器测量的长度是否有显著的系统误差(取 $\alpha=0.05$)。

解：(1) H_0：$\mu=L_0=5080.219\text{m}$。

(2) 当 H_0 成立时，计算统计量值

$$u=\frac{\bar{x}-L_0}{\sigma/\sqrt{n}}=\frac{5080.253-5080.219}{0.08/\sqrt{34}}=2.48$$

(3) 查得 $u_{\frac{\alpha}{2}}=u_{0.025}=1.96$

因为 $u=2.48>u_{\frac{\alpha}{2}}=1.96$，故拒绝 H_0，即认为在 $\alpha=0.05$ 的显著水平下，该仪器测量的长度存在系统误差。

u 检验法不仅可以检验单个正态母体参数，还可以在两个正态母体方差 σ_1^2、σ_2^2 已知的条件下，对两个母体均值是否存在显著性差异进行检验。

设两个正态随机变量 $X\sim N(\mu_1, \sigma_1^2)$ 和 $Y\sim N(\mu_2, \sigma_2^2)$，从两母体中独立抽取的两组子样为 $x_1, x_2, \cdots, x_{n_1}$ 和 $y_1, y_2, \cdots, y_{n_2}$。子样均值分别为 $\bar{x}$ 和 $\bar{y}$，则两个均值之差构成的统计量也是正态随机变量，即

$$(\bar{x}-\bar{y})\sim N\left(\mu_1-\mu_2, \frac{\sigma_1^2}{n_1}+\frac{\sigma_2^2}{n_2}\right)$$

标准化得

$$\frac{(\bar{x}-\bar{y})-(\mu_1-\mu_2)}{\sqrt{\dfrac{\sigma_1^2}{n_1}+\dfrac{\sigma_2^2}{n_2}}}\sim N(0, 1)$$

如果两母体方差相等，设为 $\sigma_1^2=\sigma_2^2$ 则上式为

$$\frac{(\bar{x}-\bar{y})-(\mu_1-\mu_2)}{\sigma\sqrt{\frac{1}{n_1}+\frac{1}{n_2}}}\sim N(0,\ 1)$$

【例 2-11】 根据两个测量技术员用某种经纬仪观测水平角的长期观测资料统计，观测服从正态分布，一个测回中误差均为 $\sigma_0=0.62''$。现两人对同一角度进行观测，甲观测了 14 个测回，得平均值 $\bar{x}=34°20'3.50''$，乙观测了 10 个测回，得平均值 $\bar{y}=34°20'3.24''$。问两人观测结果的差异是否显著(取 $\alpha=0.05$)？

解：(1) H_0：$\mu_1=\mu_2$；H_1：$\mu_1\neq\mu_2$。

(2) 当 H_0 成立时，统计量值计算

$$u=\frac{(\bar{x}-\bar{y})-(\mu_1-\mu_2)}{\sqrt{\frac{\sigma_1^2}{n_1}+\frac{\sigma_2^2}{n_2}}}=\frac{(\bar{x}-\bar{y})}{\sqrt{\frac{\sigma_0^2}{n_1}+\frac{\sigma_0^2}{n_2}}}=\frac{34°20'3.50''-34°20'3.24''}{0.62\sqrt{\frac{1}{14}+\frac{1}{10}}}=1.01$$

(3) 查表得 $u_{\frac{\alpha}{2}}=u_{0.025}=1.96$

因为 $u=1.01<u_{\frac{\alpha}{2}}=1.96$，故接受 H_0，即认为在 $\alpha=0.05$ 的显著水平下，两人观测的结果无显著差异。

在实际测量工作中，真正的 σ 经常是未知的，一般是利用实测结果计算的估值代替，数理统计中已说明，这种代替，当子样容量 $n>200$，则可认为是严密的，一般 $n>30$，用 $\hat{\sigma}$ 代 σ 进行 u 检验则认为是近似可用的。当母体方差未知，检验问题又是小子样时，u 检验法便不能应用。须用以下的 t 检验法对母体均值 μ 进行检验。

2. t 检验法

设母体服从正态分布 $N\sim(\mu,\ \sigma^2)$，母体方差 σ^2 未知。从母体中随机抽取容量为 n 的子样，可求得子样均值 $\bar{x}$ 和子样中误差 $\hat{\sigma}(m)$，利用子样均值 $\bar{x}$ 和子样中误差 $\hat{\sigma}(m)$ 对母体均值 μ 进行假设检验，则可利用统计量 $t=\frac{\bar{x}-\mu}{\hat{\sigma}/\sqrt{n}}$，但统计量 t 已不服从正态分布，而是服从自由度为 $n-1$ 的 t 分布。即

$$t=\frac{\bar{x}-\mu}{\hat{\sigma}/\sqrt{n}}\sim t(n-1) \tag{2-57}$$

用统计量 t 检验正态母体数学期望的方法，称为 t 检验法。

【例 2-12】 为了测定经纬仪视距常数是否正确，设置了一条基线，其长为 100m，与视距精度相比可视为无误差，用该仪器进行视距测量，量得长度为

100.3　99.5　99.7　100.2　100.4　100.0　99.8　99.4　99.9　99.7　100.3　100.2

试检验该仪器视距常数是否正确。

解：$n=12$

$$\bar{x}=\frac{1}{n}\sum_{i=1}^{12}x_i=\frac{1}{12}(100.3+99.5+99.7+100.2+100.4+100.0+99.8+99.4+99.9+99.7+100.3+100.2)=99.95$$

$$\hat{\sigma}=\sqrt{\frac{\sum_{i=1}^{n}(x_i-\bar{x})}{n-1}}=0.37$$

$$t=\frac{\bar{x}-\mu}{\hat{\sigma}/\sqrt{n}}=\frac{99.95-100}{0.37/\sqrt{12}}=-0.46$$

假设　H_0：$\mu=100$；H_1：$\mu\neq100$。

选定 $\alpha=0.05$。

以自由度 $n-1=11$，$\alpha=0.05$，查 t 分布表得 $t_{\frac{\alpha}{2}}=2.2$，现 $|t|<t_{\frac{\alpha}{2}}$，接受 H_0，可认为在 100m 左右范围内，视距常数正确。

同样，t 检验法不仅可以检验单个正态母体参数，还可以对两个母体均值是否存在显著性差异进行检验。

设两个正态随机变量 $X\sim N(\mu_1,\sigma_1)$ 和 $Y\sim N(\mu_2,\sigma_2)$，σ_1^2、σ_2^2 未知，但已知 $\sigma_1^2=\sigma_2^2$，设为 $\sigma_1^2=\sigma_2^2=\sigma^2$。

从两母体中独立抽取的两组子样为 $x_1, x_2, \cdots, x_{n_1}$ 和 $y_1, y_2, \cdots, y_{n_2}$。子样均值分别为 $\bar{x}$ 和 $\bar{y}$，子样方差分别为 σ_1^2、σ_2^2，则两个均值之差构成如下服从 t 分布的统计量，即

$$t=\frac{\dfrac{(\bar{x}-\bar{y})-(\mu_1-\mu_2)}{\sqrt{\dfrac{1}{n_1}+\dfrac{1}{n_2}}}}{\sqrt{\dfrac{(n_1-1)\hat{\sigma}_1^2+(n_2-1)\hat{\sigma}_2^2}{n_1+n_2-2}}}\sim t(n_1+n_2-2) \tag{2-58}$$

【例 2-13】 为了了解白天和夜晚对观测角度的影响，用同一架光学经纬仪在白天观测了 9 个测回，夜晚观测了 8 个测回，其结果如下

白天观测成果：$\bar{x}=46°28'30.2''$，$\hat{\sigma}_1^2=0.49^{('')2}$

夜晚观测成果：$\bar{y}=46°28'28.7''$，$\hat{\sigma}_2^2=0.53^{('')2}$

问日夜观测结果有无显著的差异(取 $\alpha=0.05$)？

解：(1) H_0：$\mu_1=\mu_2$；H_1：$\mu_1\neq\mu_2$。

(2) 当 H_0 成立时，统计量值计算

$$t=\frac{\dfrac{(\bar{x}-\bar{y})-(\mu_1-\mu_2)}{\sqrt{\dfrac{1}{n_1}+\dfrac{1}{n_2}}}}{\sqrt{\dfrac{(n_1-1)\hat{\sigma}_1^2+(n_2-1)\hat{\sigma}_2^2}{n_1+n_2-2}}}=\frac{\dfrac{(46°28'30.2''-46°28'28.7'')}{\sqrt{\dfrac{1}{9}+\dfrac{1}{8}}}}{\sqrt{\dfrac{(9-1)\times0.49+(8-1)\times0.53}{9+8-2}}}=4.3283$$

(3) 查表得 $t_{\alpha/2}=t_{0.025}=2.1315$

因为 $t=4.3283>t_{\frac{\alpha}{2}}=2.1315$，故拒绝 H_0，即认为在 $\alpha=0.05$ 的显著水平下，日夜观测结果有显著的差异。

顺便指出，当 t 的自由度 $n-1>30$ 时，t 检验法与 u 检验法的实际检验结果相同。t 检验法也可用来检验两个正态母体的数学期望是否相等。

3. 误差符号偶然性的检验

当系列观测值误差的特征与偶然误差的特征不相符时，可能意味着观测值中包含系统误差，应对误差的随机性程度进行检验。例如，三角网中三角形闭合差的正负个数应基本相同，否则认为角度观测值含有系统误差。又如，在水准测量中，同一水准路线往返测量值之差，如果正数或负数较多，则可以认为测量中存在系统误差。

某一对象的系列观测误差中，用变量 x 表示单个误差的正负。设单个误差为正误差时，相对应的变量值取 $x_i=1$；当误差为负误差时，相对应的变量值取 $x_i=0$，不记零误差。则 n 个观测误差中，正误差的个数 S_x 为

$$S_x=x_1+x_2+\cdots+x_n$$

当误差为偶然误差时，随机变量 S_x 服从二项分布。当观测数 n 较大时，二项分布近似于正态分布。二项分布中，若正误差出现的概率为 p，则负误差出现的概率为 $q=1-p$。二项分布的期望和方差分别为

$$E(S_x)=np;\quad D(S_x)=npq$$

即随机变量 S_x 近似服从分布 $N(np,\ npq)$。如果误差是偶然误差，则正负误差出现概率应均为 $\frac{1}{2}$，即 $p=q=\frac{1}{2}$。现欲检验观测误差中，正误差出现的概率是否为 $\frac{1}{2}$。做原假设和备选假设为

$$H_0:\ p=\frac{1}{2}\qquad H_1:\ p\neq\frac{1}{2}$$

计算统计量

$$u=\frac{S_x-\frac{n}{2}}{\frac{\sqrt{n}}{2}}\tag{2-59}$$

原假设成立时，式(2-59)服从标准正态分布。选择显著水平 α，当 H_0 成立时，有

$$P\left(\frac{\left|S_x-\frac{n}{2}\right|}{\frac{\sqrt{n}}{2}}<u_{\frac{\alpha}{2}}\right)=1-\alpha\tag{2-60}$$

成立。如果选取两倍中误差作为式(2-59)的临界值，即 $u_{\frac{\alpha}{2}}=2$。此时，检验功效为 $1-\alpha=0.9554$。则当 H_0 成立时，式(2-60)可以写成

$$P\left(\left|S_x-\frac{n}{2}\right|<\sqrt{n}\right)=0.9554\tag{2-61}$$

式(2-61)可以解释为，如果正误差数 S_x 满足

$$\left|S_x-\frac{n}{2}\right|<\sqrt{n}\tag{2-62}$$

则判定原假设成立。同理，原假设成立时，负误差数 S'_x 应满足

$$\left|S'_x-\frac{n}{2}\right|<\sqrt{n}\tag{2-63}$$

可以由上述讨论推断，当 $|S_x-S'_x|<2\sqrt{n}$ 成立时，认为 H_0 成立。

同理，偶然误差的正负号是随机出现的。如果在实际观测中，由于某种原因，某段观测值的误差大多数为正或负，此时虽然正负误差数大致相等，但是仍有理由认为观测值呈现系统性的偏差，因此有必要检验正负误差交替出现的情况。

用变量 v 表示相邻观测误差正负号的差异。当相邻观测误差正负号相同时，$v=1$，相异时，$v=0$。v_i 表示第 i 个观测值与第 $i+1$ 个观测值误差符号的差异，则用如下统计量 S_v

表示正负误差交替数。

$$S_v = v_1 + v_2 + \cdots + v_{n-1} \tag{2-64}$$

当上述正负误差交替数满足下列不等式时，认为正负误差的出现是随机的。

$$\left| S_v - \frac{n-1}{2} \right| < \sqrt{n-1} \tag{2-65}$$

同样，若 S'_v 表示相邻误差符号相反的个数，当其数目满足下列不等式时，认为正负误差的出现是随机的。

$$\left| S'_v - \frac{n-1}{2} \right| < \sqrt{n-1} \tag{2-66}$$

或相邻误差正负号数目满足下列不等式。

$$| S_v - S'_v | < 2\sqrt{n-1} \tag{2-67}$$

【例 2-14】 在某地区进行三角观测，共 30 个三角形，其闭合差(以秒为单位)如下，试对该闭合差进行偶然误差特性的检验。

+1.5 +1.0 +0.8 −1.1 +0.6 +1.1 +0.2 −0.3 −0.5 +0.6
−2.0 −0.7 −0.8 −1.2 +0.8 −0.3 +0.6 +0.8 −0.3 −0.9
−1.1 −0.4 −1.0 −0.5 +0.2 +0.3 +0.8 +0.6 −1.1 −1.3

解：(1) 正负号个数的检验

正误差的个数：$S_x=14$；负误差的个数：$S'_x=16$，则有

$$| S_x - S'_x | = 2 < 2\sqrt{n} = 2\sqrt{30}$$

(2) 正负误差分配顺序的检验

相邻两误差同号的个数：$S_v=18$；相邻两误差异号的个数：$S'_v=11$，则有

$$| S_v - S'_v | = 7 < 2\sqrt{n-1} = 2\sqrt{29}$$

可以得出结论，认为三角网测角误差正负号是随机分布的。

4. 均方连差检验法

此检验法用来检验观测值母体均值是否逐渐移动，如逐渐增大或变小。设在正态分布母体 $N(\mu, \sigma^2)$ 中取得一系列子样值(x_1，x_2，…，x_n)，则下列公式称为均方连差。

$$\frac{1}{n-1}\sum_{i=1}^{n-1}(x_{i+1} - x_i)^2 \tag{2-68}$$

相邻观测值的差 $d_i = x_{i+1} - x_i$ 的分布为 $N(0, 2\sigma^2)$，则有 $\frac{d_i}{\sqrt{2}\sigma} \sim N(0, 1)$，且 $\frac{d_i^2}{2\sigma^2} \sim \chi^2(1)$，因此有

$$E\left(\frac{d_i^2}{2\sigma^2}\right) = 1 \qquad E(d_i^2) = 2\sigma^2$$

令

$$q^2 = \frac{1}{2(n-1)}\sum_{i=1}^{n-1}(x_{i+1} - x_i)^2 = \frac{1}{2(n-1)}\sum_{i=1}^{n-1} d_i^2$$

则

$$E(q^2) = \frac{1}{2(n-1)}\sum_{i=1}^{n-1} E(d_i^2) = \sigma^2$$

即 q^2 是 σ^2 的无偏估计。现做统计量为

$$r = \frac{q^2}{\hat{\sigma}^2} \tag{2-69}$$

如果观测值的母体平均值逐渐移动，则 q^2 的计算值由于采用相邻观测值之差的缘故，所受影响较小，但 $\hat{\sigma}^2$ 受此影响较大。因此，如果观测值母体均值发生移动，则计算出的统计量 r 将偏小。选择显著水平 α，可查表获得统计量 r 的临界值 r'_α。当 $r<r'_\alpha$ 时，认为观测值母体均值发生移动。

当 $n>20$ 时，r 近似服从分布 $N(1,\sigma_r^2)$，则 $\frac{r-1}{\sigma_r}$ 近似于标准正态分布 $N(0,1)$，$\sigma_r\approx\frac{1}{n+1}$，可以利用此统计量进行检验。如果

$$\frac{r-1}{\sigma_r}<u'_\alpha \tag{2-70}$$

成立，则认为观测值均值发生移动。

其中

$$u'_\alpha=\int_{-\infty}^{u'_\alpha}f(x)\mathrm{d}x=\alpha$$

式中：$f(x)$ 为标准正态分布概率密度函数。

【例 2-15】 对某一水坝坝顶高程进行了一系列测量，每月测量一次，共测量了 24 个月。根据高程观测值得到均方连差为 $q^2=1.3\text{mm}^2$，观测值方差估值为 $\hat{\sigma}^2=1.5\text{mm}^2$。问水坝坝顶高差是否逐渐发生了变化。

解： 计算 r 统计量为

$$r=\frac{q^2}{\hat{\sigma}^2}=0.38$$

计算统计量

$$u=\frac{r-1}{\sigma_r}=\frac{-0.62}{\frac{1}{n+1}}=-15.5$$

选取显著水平 $\alpha=0.05$，标准正态分布 $u'_\alpha=-1.65$。由于 $u<u'_\alpha$，所以可认为水坝坝顶高程发生了较明显的变化。

5. χ^2 检验法

设母体服从正态分布 $N(\mu,\sigma^2)$，母体方差 σ^2 未知。从母体中随机抽取容量为 n 的子样，可求得子样方差 $\hat{\sigma}^2(m^2)$，利用子样方差 $\hat{\sigma}^2(m^2)$ 对母体方差 σ^2 进行假设检验，可利用统计量 $\chi^2=\frac{(n-1)\hat{\sigma}^2}{\sigma^2}$，此统计量服从自由度为 $n-1$ 的 χ^2 分布，即

$$\chi^2=\frac{[vv]}{\sigma^2}=\frac{(n-1)\hat{\sigma}^2}{\sigma^2}\sim\chi^2(n-1) \tag{2-71}$$

这种用统计量 χ^2 对母体方差进行假设检验的方法，称为 χ^2 检验法。

【例 2-16】 用某种类型的光学经纬仪观测水平角，由长期观测资料统计该类仪器一个测回的测角中误差为 $\sigma_0=1.80''$。今用试制的同类仪器对某一角观测了 10 个测回，求得一个测回的测角中误差为 $\hat{\sigma}_0=1.70''$。问新旧两种仪器的测角精度是否相同(取 $\alpha=0.05$)?

解： (1) H_0：$\sigma^2=\sigma_0^2=1.80^2$；$H_1$：$\sigma^2\neq\sigma_0^2\neq1.80^2$。

(2) 当 H_0 成立时，计算统计量值

$$\chi^2=\frac{(n-1)\hat{\sigma}^2}{\sigma_0^2}=\frac{9\times1.70^2}{1.80^2}=8.028$$

(3) 查表得 $\chi^2_{0.975}(9)=2.700$，$\chi^2_{0.025}=19.023$。

因为 χ^2 落在了(2.700，19.023)区间，故接受 H_0，即认为在 $\alpha=0.05$ 的显著水平下，新旧两种仪器的测角精度相同。

6. *F* 检验法

设有两个正态母体 $N(\mu_1, \sigma_1^2)$ 和 $N(\mu_2, \sigma_2^2)$，母体方差 σ_1^2 和 σ_2^2 未知。从两个母体中随机抽取容量为 n_1 和 n_2 的两组子样，求得两组子样的子样方差为 $\hat{\sigma}_1^2$ 和 $\hat{\sigma}_2^2$，则

$$\begin{aligned}&\frac{(n_1-1)\hat{\sigma}_1^2}{\sigma_1^2}\sim\chi^2(n_1-1)\\&\frac{(n_2-1)\hat{\sigma}_2^2}{\sigma_2^2}\sim\chi^2(n_2-1)\end{aligned}\tag{2-72}$$

利用子样方差 $\hat{\sigma}_1^2$ 和 $\hat{\sigma}_2^2$ 的上述信息对母体方差 σ_1^2 和 σ_2^2 是否相等进行假设检验，则可利用统计量

$$F=\frac{\dfrac{(n_1-1)\hat{\sigma}_1^2}{\sigma_1^2}/(n_1-1)}{\dfrac{(n_2-1)\hat{\sigma}_2^2}{\sigma_2^2}/(n_2-1)}=\frac{\sigma_2^2\hat{\sigma}_1^2}{\sigma_1^2\hat{\sigma}_2^2}\tag{2-73}$$

此统计量服从 *F* 分布，即

$$F=\frac{\sigma_2^2\hat{\sigma}_1^2}{\sigma_1^2\hat{\sigma}_2^2}\sim F(n_1-1, n_2-1)\tag{2-74}$$

【例 2-17】 用两台经纬仪对同一角度进行观测，用第一台观测了 9 个测回，得一测回测角中误差估值 $\hat{\sigma}_1=1.5''$，用第二台也观测了 9 个测回，得一测回测角中误差估值 $\hat{\sigma}_2=2.4''$，问两台仪器的测角精度差异是否显著(取 $\alpha=0.05$)？

解：(1) H_0：$\sigma_1=\sigma_2$；H_1：$\sigma_1\neq\sigma_2$。

(2) 当 H_0 成立时，统计量值计算

$$F=\frac{\hat{\sigma}_1^2\sigma_2^2}{\hat{\sigma}_2^2\sigma_1^2}=\frac{2.4^2}{1.5^2}=2.56$$

(3) 查表得 $F_\alpha=4.4$

因为 $F=2.56<F_\alpha=4.4$，故接受 H_0，即认为在 $\alpha=0.05$ 的显著水平下，两台仪器的测角精度无显著差异。

【例 2-18】 给出两台全站仪测定某一距离的测回数和计算的测距方差为

全站仪甲：$n_1=8$，$\hat{\sigma}_1^2=0.10\text{cm}^2$

全站仪乙：$n_2=12$，$\hat{\sigma}_2^2=0.07\text{cm}^2$

试在显著水平 $\alpha=0.05$ 下，检验两台仪器测距精度是否有显著差别。

解：H_0：$\sigma_1^2=\sigma_2^2$；H_1：$\sigma_1^2\neq\sigma_2^2$

以分子自由度 7，分母自由度 11，查得 $F_{0.025}=3.76$；计算统计量

$$F=\frac{\hat{\sigma}_1^2}{\hat{\sigma}_2^2}=\frac{0.10}{0.07}=1.43$$

因 $F<F_{\frac{\alpha}{2}}$，故接受 H_0。

如果上例问全站仪乙测距精度是否比甲低，此时的 $\hat{\sigma}_1^2=0.07\text{cm}^2$，$\hat{\sigma}_2^2=0.10\text{cm}^2$，原假设和备选假设为

$$H_0: \sigma_1^2=\sigma_2^2; \quad H_1: \sigma_1^2=\sigma_2^2;$$

统计量为

$$F=\frac{\hat{\sigma}_1^2}{\hat{\sigma}_2^2}=\frac{0.07}{0.10}=0.7$$

在 F 分布表查得 $F_{0.05}(11, 7)=3.7$，$F<F_\alpha$，H_0 成立，测距仪乙的测距精度不比甲差。因在 F 分布表中的值均大于 1，发现 F 值小于 1，H_0 必成立。

2.6 有关矩阵的基本知识

2.6.1 矩阵的秩

定义：矩阵 A 的最大线性无关的行(列)向量的个数 r，称为矩阵 A 的行(列)秩。由于矩阵的行秩等于列秩，故统称为矩阵的秩，记为 $\text{rg}(A)$。

满秩矩阵：

若 n 阶方阵的秩 $\text{rg}(A)=n$，则称 A 为满秩方阵。

若 $m\times n$ 阶矩阵 A 的秩 $\text{rg}(A)=m$，则称 A 为行满秩；若 $m\times n$ 阶矩阵 A 的秩 $\text{rg}(A)=n$，则称 A 为列满秩。

对于矩阵的秩有以下性质。

(1) $\text{rg}(AB)\leqslant\min\{\text{rg}(A), \text{rg}(B)\}$ (2-75)

(2) 对于任意 $m\times n$ 阶矩阵 A 和两个任意的正则矩阵：$m\times m$ 阶矩阵 B 和 $n\times n$ 阶矩阵 C 有

$$\text{rg}(BAC)=\text{rg}(A) \tag{2-76}$$

2.6.2 矩阵的迹

定义：一个 $n\times n$ 方阵 A 的主对角线元素之和称为该方阵的迹，记为

$$\text{tr}(A)=\sum_{i=1}^{n}a_{ii} \tag{2-77}$$

对于矩阵的迹有下面的基本性质。

(1) $\text{tr}(A^{\text{T}})=\text{tr}(A)$ (2-78)

(2) $\text{tr}(A+B)=\text{tr}(A)+\text{tr}(B)$ (2-79)

(3) $\text{tr}(kA)=k\text{tr}(A)$ (2-80)

(4) $\mathrm{tr}(AB)=\mathrm{tr}(BA)$ （AB 和 BA 都是方阵） (2-81)

(5) $\mathrm{tr}(A^{\mathrm{T}}B)=\mathrm{tr}(AB^{\mathrm{T}})$ （$A^{\mathrm{T}}B$ 和 AB^{T}都是方阵） (2-82)

2.6.3 矩阵对变量的微分

设 $m\times n$ 阶矩阵 A 的每一个元素 a_{ij} 均是变量 x 的函数，若它们在某点处或某区间是可微的，则矩阵 A 在该点或该区间也是可微的，且定义矩阵的导数为

$$\frac{\mathrm{d}A}{\mathrm{d}x}=A'=\begin{bmatrix}\frac{\mathrm{d}a_{11}}{\mathrm{d}x} & \frac{\mathrm{d}a_{12}}{\mathrm{d}x} & \cdots & \frac{\mathrm{d}a_{1n}}{\mathrm{d}x}\\ \vdots & \vdots & \vdots & \vdots\\ \frac{\mathrm{d}a_{m1}}{\mathrm{d}x} & \frac{\mathrm{d}a_{m2}}{\mathrm{d}x} & \cdots & \frac{\mathrm{d}a_{m\times n}}{\mathrm{d}x}\end{bmatrix}$$

同函数的微分一样，矩阵的微分具有以下性质。

(1) $\frac{\mathrm{d}(A+B)}{\mathrm{d}x}=\frac{\mathrm{d}A}{\mathrm{d}x}+\frac{\mathrm{d}B}{\mathrm{d}x}$ (2-83)

(2) $\frac{\mathrm{d}(kA)}{\mathrm{d}x}=k\,\frac{\mathrm{d}A}{\mathrm{d}x}$ (2-84)

(3) $\frac{\mathrm{d}(AB)}{\mathrm{d}x}=A\,\frac{\mathrm{d}B}{\mathrm{d}x}+\frac{\mathrm{d}A}{\mathrm{d}x}B$ (2-85)

(4) $\frac{\mathrm{d}(RA)}{\mathrm{d}x}=R\,\frac{\mathrm{d}A}{\mathrm{d}x}$ （R 为常数矩阵） (2-86)

(5) $\frac{\mathrm{d}(AR)}{\mathrm{d}x}=\frac{\mathrm{d}A}{\mathrm{d}x}R$ （R 为常数矩阵） (2-87)

(6) 设 $u=f_1(x)$，$A=f_2(u)$，则$\frac{\mathrm{d}A}{\mathrm{d}x}=\frac{\mathrm{d}A}{\mathrm{d}u}\cdot\frac{\mathrm{d}u}{\mathrm{d}x}$ (2-88)

2.6.4 函数对向量的微分

若函数 f 是以 n 维向量 $x=[x_1\quad x_2\quad\cdots\quad x_n]^{\mathrm{T}}$的 n 个元素 x_i为自变量的函数 $f(x)=f(x_1, x_2, \cdots, x_n)$，且函数 $f(x)$对其所有自变量 x_i是可微的，则 $f(x)$对于向量 x 的偏导数定义为

$$\frac{\partial f}{\partial x}=\left[\frac{\partial f}{\partial x_1}\quad\frac{\partial f}{\partial x_2}\quad\cdots\quad\frac{\partial f}{\partial x_n}\right]^{\mathrm{T}}$$

构成函数向量 $F=[f_1(x)\quad f_2(x)\quad\cdots\quad f_m(x)]^{\mathrm{T}}$时，则 F 对 x 的微分为一 $m\times n$ 阶矩阵

$$\frac{\mathrm{d}F}{\mathrm{d}x}=\begin{bmatrix}\frac{\partial f_1}{\partial x_1} & \frac{\partial f_1}{\partial x_2} & \cdots & \frac{\partial f_1}{\partial x_n}\\ \frac{\partial f_2}{\partial x_1} & \frac{\partial f_2}{\partial x_2} & \cdots & \frac{\partial f_2}{\partial x_n}\\ \cdots & \cdots & \cdots & \cdots\\ \frac{\partial f_m}{\partial x_1} & \frac{\partial f_m}{\partial x_2} & \cdots & \frac{\partial f_m}{\partial x_n}\end{bmatrix}$$

m 元函数向量对于 n 维向量 x 的微分有如下性质。

(1) $\frac{\mathrm{d}C}{\mathrm{d}x}=0$ （C 为常数向量） (2-89)

(2) $\frac{\mathrm{d}}{\mathrm{d}x}(F+G)=\frac{\mathrm{d}F}{\mathrm{d}x}+\frac{\mathrm{d}G}{\mathrm{d}x}$ (2-90)

(3) $\frac{\mathrm{d}}{\mathrm{d}x}(F^{\mathrm{T}}G)=\frac{\mathrm{d}}{\mathrm{d}x}(G^{\mathrm{T}}F)=F^{\mathrm{T}}\frac{\mathrm{d}G}{\mathrm{d}x}+G^{\mathrm{T}}\frac{\mathrm{d}F}{\mathrm{d}x}$ (2-91)

(4) 当 A 为常数矩阵时，$\frac{\mathrm{d}(AF)}{\mathrm{d}x}=A\frac{\mathrm{d}F}{\mathrm{d}x}$ (2-92)

2.6.5 特殊函数的微分

(1) 若 $C=X^{\mathrm{T}}Y=Y^{\mathrm{T}}X$，则$\frac{\partial C}{\partial X}=Y$ （C 为标量） (2-93)

(2) 若 x 为 $n\times 1$ 维向量，A 为 $n\times n$ 阶对称矩阵，则

$$\frac{\partial(x^{\mathrm{T}}Ax)}{\partial x}=2Ax \tag{2-94}$$

2.6.6 矩阵分块求逆及反演公式

1. 矩阵分块求逆

设 n 阶方阵 A 及 B 互为逆矩阵，即

$$AB=I$$

当已知 A 求其逆阵 B 时，可将 A、B 按同样方式各分为 4 块，并使处于主对角线位置的子块为方阵，即有

$$A=\begin{bmatrix} \underset{k\times k}{A_{11}} & \vdots & \underset{(n-k)\times k}{A_{12}} \\ \cdots & \vdots & \cdots \\ \underset{k\times(n-k)}{A_{21}} & \vdots & \underset{(n-k)\times(n-k)}{A_{22}} \end{bmatrix} \quad B=\begin{bmatrix} \underset{k\times k}{B_{11}} & \vdots & \underset{(n-k)\times k}{B_{12}} \\ \cdots & \vdots & \cdots \\ \underset{k\times(n-k)}{B_{21}} & \vdots & \underset{(n-k)\times(n-k)}{B_{22}} \end{bmatrix}$$

于是有

$$\begin{bmatrix} A_{11} & A_{12} \\ A_{21} & A_{22} \end{bmatrix}\begin{bmatrix} B_{11} & B_{12} \\ B_{21} & B_{22} \end{bmatrix}=\begin{bmatrix} I_k & 0 \\ 0 & I_{(n-k)} \end{bmatrix}$$

即

$$\left.\begin{aligned} A_{11}B_{11}+A_{12}B_{21}&=I_k \\ A_{11}B_{12}+A_{12}B_{22}&=0 \\ A_{21}B_{11}+A_{22}B_{21}&=0 \\ A_{21}B_{12}+A_{22}B_{22}&=I_{(n-k)} \end{aligned}\right\}$$

由此解出 B_{11}、B_{22}、B_{21}、B_{22}，可得到 A 的逆阵 B。

经过推导可计算出其逆阵为

$$A^{-1}=B=\begin{bmatrix} A_{11}^{-1}+A_{11}^{-1}A_{12}Z_1^{-1}A_{21}A_{11}^{-1} & -A_{11}^{-1}A_{12}Z_1^{-1} \\ -Z_1^{-1}A_{21}A_{11}^{-1} & Z_1^{-1} \end{bmatrix}$$

$$=\begin{bmatrix} Z_2^{-1} & -Z_2^{-1}A_{12}A_{22}^{-1} \\ -A_{22}^{-1}A_{21}Z_2^{-1} & A_{22}^{-1}+A_{22}^{-1}A_{21}Z_2^{-1}A_{12}A_{22}^{-1} \end{bmatrix} \tag{2-95}$$

式中

$$Z_1=A_{22}-A_{21}A_{11}^{-1}A_{12} \quad Z_2=A_{11}-A_{12}A_{22}^{-1}A_{21}$$

2. 矩阵反演公式

$$\begin{cases} A_{11}^{-1}+A_{11}^{-1}A_{12}(A_{22}-A_{21}A_{11}^{-1}A_{12})^{-1}A_{21}A_{11}^{-1}=(A_{11}-A_{12}A_{22}^{-1}A_{21})^{-1} \\ (A_{22}-A_{21}A_{11}^{-1}A_{12})^{-1}=A_{22}^{-1}+A_{22}^{-1}A_{21}(A_{11}-A_{12}A_{22}^{-1}A_{21})^{-1}A_{12}A_{22}^{-1} \\ A_{11}^{-1}A_{12}(A_{22}-A_{21}A_{11}^{-1}A_{12})^{-1}=(A_{11}-A_{12}A_{22}^{-1}A_{21})^{-1}A_{12}A_{22}^{-1} \\ (A_{22}-A_{21}A_{11}^{-1}A_{12})^{-1}A_{21}A_{11}^{-1}=A_{22}^{-1}A_{21}(A_{11}-A_{12}A_{22}^{-1}A_{21})^{-1} \end{cases} \tag{2-96}$$

以上 4 个式子称为矩阵反演公式。

本章小结

本章就误差理论的基础知识进行了介绍，主要包括随机变量的数字特征，测量中的概率分布，偶然误差的统计特性，精度和衡量精度的指标，统计假设检验和有关矩阵的基本知识。

本章的基础概念比较多，一定要注意其区别和联系，如精度、准确度和精密度三者的关系；中误差、平均误差、或然误差、相对误差和极限误差之间的关系等。

本章是全书的理论基础，一定要认真掌握。

习　　题

1. 偶然误差有哪些特性？其服从什么分布？为什么？

2. 精度的含义是什么？表示精度的方法有哪些？

3. 为什么通常采用标准差作为衡量精度的指标？它的几何意义是什么？

4. 什么是极限误差？它的理论依据是什么？

5. 为了鉴定经纬仪的精度，对已知精确测定的水平角 $\alpha=45°00'00''$作 12 次同精度观测，结果为：

45°00′06″　45°59′55″　45°59′58″　45°00′04″

45°00′03″　45°00′04″　45°00′00″　45°59′58″

45°59′59″　45°59′59″　45°00′06″　45°00′03″

设 α 没有误差，试求观测值的中误差。

6. 已知两段距离的长度及中误差分别为 300.465m±4.5cm 及 600.894m±4.5cm，试说明这两段距离的真误差是否相等？它们的精度是否相等？

7. 设对某量进行了两组观测，它们的真误差分别如下。

第一组：3，−3，2，4，−2，−1，0，−4，3，−2

第二组：0，−1，−7，2，1，−1，8，0，−3，1

试求两组观测值的平均误差 $\hat{\theta}_1$、$\hat{\theta}_2$和中误差 $\hat{\sigma}_1$、$\hat{\sigma}_2$，并比较两组观测值的精度。

8. 设有观测向量 $\underset{2\times1}{X}=[L_1 \quad L_2]^{\mathrm{T}}$，已知 $\sigma_{L_1}=2$，$\sigma_{L_2}=3$，$\sigma_{L_1L_2}=-2$，试写出其协方差阵。

9. 设有观测向量 $\underset{3\times1}{X}=[L_1 \quad L_2 \quad L_3]^{\mathrm{T}}$的协方差阵 $D_{XX}=\begin{bmatrix}4 & -2 & 0\\ -2 & 9 & -3\\ 0 & -3 & 16\end{bmatrix}$，试写出观测值 L_1、L_2、L_3的中误差及其间的协方差。

10. 统计某地区控制网中 420 个三角形的闭合差，得其平均值 $\bar{x}=0.05''$，已知 $\sigma_0^2=(0.58'')^2$，问该控制网的三角形闭合差的数学期望是否为零(取 $\alpha=0.05$)。

11. 设用某种光学经纬仪观测大量角度而得到的一测回测角中误差为 1.40″。今用试制的同类经纬仪观测了 10 个测回，算得一测回测角中误差为 $\hat{\sigma}=1.80''$，问新旧仪器的测角精度是否相等(取 $\alpha=0.05$)。

12. 已知某基线长度为 4627.497m，为了检验一台测距仪，用这台测距仪对这条基线上测量了 8 次，得平均值 $\bar{x}=4627.331\text{m}$，由观测值算得子样中误差 $\hat{\sigma}=0.011\text{m}$。试检验这台测距仪测量的长度与基线长度有无明显差异(取 $\alpha=0.01$)?

13. 为了了解两个人测量角度的精度是否相同，用同一台经纬仪两人各观测了 9 个测回，算得一测回中误差分别为 $\hat{\sigma}_1=0.7''$，$\hat{\sigma}_2=0.6''$，问两个人的测角精度是否相等(取 $\alpha=0.05$)?

14. 某一测区的平面控制网，共有 50 个三角形，其三角形闭合差结果见表 2-3。

(1) 试计算三角形闭合差的中误差和平均误差以及极限误差。

(2) 试分析该组闭合差是否符合偶然误差的特性。

表 2-3 三角形闭合差结果

序号	$w('')$	序号	$w('')$	序号	$w('')$	序号	$w('')$	序号	$w('')$
1	−2.32	11	−1.08	21	−0.39	31	0.42	41	0.99
2	−2.21	12	−1.02	22	−0.31	32	0.48	42	1.08
3	−2.00	13	−0.96	23	−0.27	33	0.57	43	1.63
4	−1.98	14	−0.93	24	−0.25	34	0.57	44	1.84
5	−1.96	15	−0.89	25	−0.12	35	0.61	45	1.85
6	−1.75	16	−0.88	26	0.09	36	0.70	46	1.87
7	−1.28	17	−0.69	27	0.16	37	0.74	47	2.08
8	−1.22	18	−0.68	28	0.26	38	0.85	48	2.26
9	−1.13	19	−0.67	29	0.33	39	0.87	49	2.35
10	−1.12	20	−0.51	30	0.37	40	0.91	50	2.40

15. 数据同第 14 题，试用 χ^2 检验法检验三角形闭合差是否服从正态分布(取 $\alpha=0.05$)。

第3章 误差传播律及其应用

教学目标

本章是本书的重点，也是测量平差的理论基石。本章主要介绍误差传播律及其应用。通过本章的学习，应达到以下目标：

(1) 重点掌握协方差传播律的公式；
(2) 一定能运用协方差传播律解决测量问题；
(3) 一定要理解权的定义和性质；
(4) 重点掌握协因数传播律的公式及其应用；
(5) 掌握单位权中误差的计算方法；
(6) 了解系统误差的传播与综合。

教学要求

知识要点	能力要求	相关知识
协方差传播律	(1) 掌握协方差传播律的公式 (2) 掌握协方差传播律的运用步骤 (3) 掌握非线性函数的协方差传播律	(1) 协方差传播律 (2) 非线性函数线性化 (3) 实例分析
协方差传播律的应用	(1) 一定要能运用协方差传播律解决测量的问题 (2) 认真理解和掌握本节所举的应用例子	(1) 菲列罗公式 (2) 水准测量精度的求法 (3) 若干独立误差联合影响的误差计算 (4) 支导线点位中误差的估计 (5) GIS线要素方差的计算 (6) 实例分析
权及权的确定	(1) 掌握权的定义及其性质 (2) 掌握权的确定方法 (3) 掌握单位权的定义及意义	(1) 权的概念 (2) 距离观测值权的确定 (3) 水准测量权的确定 (4) 边角网中方向观测值和边长观测值权的确定 (5) 同精度与不同精度独立观测值的算术平均值权的确定 (6) 实例分析
协因数传播律	(1) 重点掌握协因数与协方差的关系 (2) 重点掌握权阵的定义和作用 (3) 重点掌握权阵和协因数阵的关系 (4) 重点掌握协因数传播律的公式 (5) 一定要能运用协因数传播律解决测量问题	(1) 协因数的概念 (2) 权阵的概念 (3) 协因数传播律公式 (4) 协因数传播律的运用 (5) 实例分析
单位权中误差的计算	(1) 掌握单位权中误差的计算方法 (2) 能运用单位权中误差解决测量问题	(1) 由不同精度的真误差计算单位权中误差 (2) 由双观测之差求单位权中误差 (3) 由改正数求单位权中误差 (4) 实例分析
系统误差的传播与综合	(1) 了解系统误差的传播 (2) 了解系统误差与偶然误差的联合传播	(1) 系统误差的传播公式 (2) 系统误差与偶然误差的联合传播公式

基本概念

协方差传播律、协因数、协因数阵、权、单位权、权阵、单位权中误差

引言

在实际测量工作中，往往会遇到某些量的大小并不是直接测定的，而是由观测值通过一定的函数关系间接计算出来的，即常常遇到的某些量是观测值的函数。

例如，在1∶2000地形图上量得两点间的距离为d，则其两点间的实际水平距离为$D=2000\times d$；在一个三角形中，观测了一个平面三角形的两个内角α，β，则其第三个内角γ可表示为直接观测角α和β的函数：$\gamma=180°-(\alpha+\beta)$。

上面两例的直接观测量d，α和β的观测精度可以根据精度计算公式计算出来，而其函数值D和γ的精度，就完全由直接观测量d，α和β的精度及函数式的结构而决定，如何求其精度？这就是本章所要解决的问题。

3.1 协方差传播律

3.1.1 观测值线性函数的方差

设有观测值向量X，其数学期望为μ_X，协方差阵为D_{XX}，即

$$X=\begin{bmatrix}X_1\\X_2\\\vdots\\X_n\end{bmatrix},\ \mu_X=\begin{bmatrix}\mu_1\\\mu_2\\\vdots\\\mu_n\end{bmatrix}=\begin{bmatrix}E(X_1)\\E(X_2)\\\vdots\\E(X_n)\end{bmatrix}=E(X),\ D_{XX}=\begin{bmatrix}\sigma_1^2&\sigma_{12}&\cdots&\sigma_{1n}\\\sigma_{21}&\sigma_2^2&\cdots&\sigma_{2n}\\\vdots&\vdots&\vdots&\vdots\\\sigma_{n1}&\sigma_{n2}&\cdots&\sigma_n^2\end{bmatrix}\tag{3-1}$$

式中：σ_i^2为X_i的方差；σ_{ij}为X_i和X_j的协方差。设X的线性函数为

$$Z=k_1X_1+k_2X_2+\cdots+k_nX_n+k_0$$

令$K=[k_1,\ k_2,\ \cdots,\ k_n]$，则

$$\underset{1\times1}{Z}=\underset{1\times n}{K}\ \underset{n\times1}{X}+\underset{1\times1}{k_0}\tag{3-2}$$

对式(3-2)两边取数学期望

$$E(Z)=E(KX+k_0)=KE(X)+k_0=K\mu_X+k_0\tag{3-3}$$

Z的方差为

$$\begin{aligned}D_{ZZ}&=E[(Z-E(Z))(Z-E(Z))^{\mathrm T}]\\&=E[(KX+k_0-K\mu_X-k_0)(KX+k_0-K\mu_X-k_0)^{\mathrm T}]\end{aligned}$$

$$=E[K(X-\mu_X)(X-\mu_X)^{\mathrm{T}}K^{\mathrm{T}}]$$
$$=KE[(X-\mu_X)(X-\mu_X)^{\mathrm{T}}]K^{\mathrm{T}}$$

即
$$D_{ZZ}=\sigma_Z^2=KD_{XX}K^{\mathrm{T}} \tag{3-4}$$

D_{ZZ}的纯量形式

$$D_{ZZ}=\sigma_Z^2=k_1^2\sigma_1^2+k_2^2\sigma_2^2+\cdots+k_n^2\sigma_n^2+2k_1k_2\sigma_{12}+2k_1k_3\sigma_{13}+\cdots+2k_1k_n\sigma_{1n}+\cdots+2k_{n-1}k_n\sigma_{n-1,n} \tag{3-5}$$

当向量中的各分量 $X_i(i=1，2，\cdots，n)$两两独立时，它们之间的协方差 $\sigma_{ij}=0$，此时式(3-5)为

$$D_{ZZ}=\sigma_Z^2=k_1^2\sigma_1^2+k_2^2\sigma_2^2+\cdots+k_n^2\sigma_n^2 \tag{3-6}$$

线性函数的协方差传播律叙述为：设有函数 $Z=KX+K_0$，则 $D_{ZZ}=KD_{XX}K^{\mathrm{T}}$。

【例 3-1】 在 1∶500 的图上，量得某两点间的距离 $d=23.4\text{mm}$，d 的量测中误差 $\sigma_{\mathrm{d}}=0.2\text{mm}$，求该两点实地距离 S 及中误差 σ_{S}。

解： $S=500d=500\times23.4=11700\text{mm}=11.7\text{m}$

$\sigma_{\mathrm{S}}^2=500^2\sigma_{\mathrm{d}}^2$

$\sigma_{\mathrm{S}}=500\sigma_{\mathrm{d}}=500\times0.2=100\text{mm}=0.1\text{m}$

3.1.2 多个观测值线性函数的协方差阵

设有观测值向量 $\underset{n\times1}{X}$ 和 $\underset{r\times1}{Y}$，X 的数学期望和协方差阵分别为 μ_X 和 D_{XX}，Y 的数学期望和协方差阵分别为 μ_Y 和 D_{YY}，X 关于 Y 的互协方差阵为 D_{XY}。

$$X=\begin{bmatrix}X_1\\X_2\\\vdots\\X_n\end{bmatrix}\quad \mu_X=\begin{bmatrix}\mu_{X_1}\\\mu_{X_2}\\\vdots\\\mu_{X_n}\end{bmatrix}=\begin{bmatrix}E(X_1)\\E(X_2)\\\vdots\\E(X_n)\end{bmatrix}\quad D_{XX}=\begin{bmatrix}\sigma_{X_1}^2&\sigma_{X_1X_2}&\cdots&\sigma_{X_1X_n}\\\sigma_{X_2X_1}&\sigma_{X_2}^2&\cdots&\sigma_{X_2X_n}\\\vdots&\vdots&\vdots&\vdots\\\sigma_{X_nX_2}&\sigma_{X_nX_2}&\cdots&\sigma_{X_n}^2\end{bmatrix}$$

$$Y=\begin{bmatrix}Y_1\\Y_2\\\vdots\\Y_r\end{bmatrix}\quad \mu_Y=\begin{bmatrix}\mu_{Y_1}\\\mu_{Y_2}\\\vdots\\\mu_{Y_r}\end{bmatrix}=\begin{bmatrix}E(Y_1)\\E(Y_2)\\\vdots\\E(Y_r)\end{bmatrix}\quad D_{YY}=\begin{bmatrix}\sigma_{Y_1}^2&\sigma_{Y_1Y_2}&\cdots&\sigma_{Y_1Y_r}\\\sigma_{Y_2Y_1}&\sigma_{Y_2}^2&\cdots&\sigma_{Y_2Y_r}\\\vdots&\vdots&\vdots&\vdots\\\sigma_{Y_nY_2}&\sigma_{Y_nY_2}&\cdots&\sigma_{Y_r}^2\end{bmatrix}$$

$$D_{XY}=\begin{bmatrix}\sigma_{X_1Y_1}&\sigma_{X_1Y_2}&\cdots&\sigma_{X_1Y_r}\\\sigma_{X_2Y_1}&\sigma_{X_2Y_2}&\cdots&\sigma_{X_2Y_r}\\\vdots&\vdots&\vdots&\vdots\\\sigma_{X_nY_r}&\sigma_{X_nY_2}&\cdots&\sigma_{X_nY_r}\end{bmatrix},\quad D_{YX}=D_{XY}^{\mathrm{T}}$$

若有 X 的 t 个线性函数

$$\begin{cases} Z_1=k_{11}X_1+k_{12}X_2+\cdots+k_{1n}X_n+k_{10} \\ Z_2=k_{21}X_1+k_{22}X_2+\cdots+k_{2n}X_n+k_{20} \\ \cdots \\ Z_t=k_{t1}X_1+k_{t2}X_2+\cdots+k_{tn}X_n+k_{t0} \end{cases} \tag{3-7}$$

若令 $\underset{t\times1}{Z}=\begin{bmatrix} Z_1 \\ Z_2 \\ \vdots \\ Z_t \end{bmatrix}$，$K=\begin{bmatrix} k_{11} & k_{12} & \cdots & k_{1n} \\ k_{21} & k_{22} & \cdots & k_{2n} \\ \vdots & \vdots & \vdots & \vdots \\ k_{t1} & k_{t2} & \cdots & k_{tn} \end{bmatrix}$，$\underset{t\times1}{K_0}=\begin{bmatrix} k_{10} \\ k_{20} \\ \vdots \\ k_{t0} \end{bmatrix}$

则

$$Z=KX+K_0 \tag{3-8}$$

$$E(Z)=E(KX+K_0)=K\mu_X+K_0 \tag{3-9}$$

$$\begin{aligned} D_{ZZ}&=E(Z-[E(Z))(Z-E(Z))^{\mathrm{T}}]=E((KX-K\mu_X)(KX-K\mu_X)^{\mathrm{T}}] \\ &=KE[(X-\mu_X)(X-\mu_X)^{\mathrm{T}}]K^{\mathrm{T}}=KD_{XX}K^{\mathrm{T}} \end{aligned}$$

即

$$\underset{t\times t}{D_{ZZ}}=\underset{t\times n}{K}\,\underset{n\times n}{D_{XX}}\,\underset{n\times t}{K^{\mathrm{T}}} \tag{3-10}$$

设另有 Y 的 s 个线性函数

$$\begin{cases} W_1=f_{11}Y_1+f_{12}Y_2+\cdots+f_{1r}Y_r+f_{10} \\ W_2=f_{21}Y_1+f_{22}Y_2+\cdots+f_{2r}Y_r+f_{20} \\ \cdots \\ W_s=f_{s1}Y_1+f_{s2}Y_2+\cdots+f_{sr}Y_r+f_{s0} \end{cases} \tag{3-11}$$

令 $W=\begin{bmatrix} W_1 \\ W_2 \\ \vdots \\ W_s \end{bmatrix}$ $F=\begin{bmatrix} f_{11} & f_{12} & \cdots & f_{1r} \\ f_{21} & f_{22} & \cdots & f_{2r} \\ \vdots & \vdots & \vdots & \vdots \\ f_{s1} & f_{s2} & \cdots & f_{sr} \end{bmatrix}$ $F_0=\begin{bmatrix} f_{10} \\ f_{20} \\ \vdots \\ f_{s0} \end{bmatrix}$

即

$$W=FY+F_0 \tag{3-12}$$

$$E(W)=F\mu_Y+F_0 \tag{3-13}$$

$$\underset{S\times S}{D_{WW}}=\underset{S\times r}{F}\,\underset{r\times r}{D_{YY}}\,\underset{r\times S}{F^{\mathrm{T}}} \tag{3-14}$$

根据互协方差阵的定义

$$\begin{aligned} D_{ZW}&=E[(Z-E(Z))(W-E(W))^{\mathrm{T}}] \\ &=E[(KX+K_0-K\mu_X-K_0)(FY+F_0-F\mu_Y-F_0)^{\mathrm{T}}] \\ &=KE[(X-\mu_X)(Y-\mu_Y)^{\mathrm{T}}]F^{\mathrm{T}}=KD_{XY}F^{\mathrm{T}} \end{aligned}$$

$$D_{WZ}=E[(W-E(W))(Z-E(Z))^{\mathrm{T}}]$$

$$=E[(FY+F_0-F\mu_Y-F_0)(KX+K_0-K\mu_X-K_0)^T]$$
$$=FE[(Y-\mu_Y)(X-\mu_X)^T]K^T=FD_{YX}K^T$$

3.1.3 协方差传播律

设有观测值向量 X 和 Y 的线性函数

$$\begin{cases}F=AX+A_0\\G=BY+B_0\\W=CY+C_0\end{cases}\tag{3-15}$$

式中：A、B、C、A_0、B_0、C_0 均为常数矩阵，观测向量的方差阵 D_{XX}、D_{YY} 已知，它们之间的互协方差阵为 D_{XY}（$D_{YX}=D_{XY}^T$），则有协方差传播律

$$\begin{cases}D_{FF}=AD_{XX}A^T\\D_{GG}=BD_{XX}B^T\\D_{WW}=CD_{YY}C^T\\D_{FG}=AD_{XX}B^T\\D_{GF}=BD_{XX}A^T\\D_{FW}=AD_{XY}C^T\\D_{WF}=CD_{YX}A^T\end{cases}\tag{3-16}$$

其中，前三式为自协方差传播，后四式为互协方差传播。即函数 F、G 和 W 的自协方差阵和其间的互协方差阵可用上面的协方差传播律求得。所以，协方差传播律研究的是自变量向量 X 和 Y 的自协方差阵及其之间的互协方差阵对其函数的自协方差阵和互协方差阵的影响。现证明其中第四式，余类推。

$$D_{FG}=E[(F-E(F))(G-E(G))^T]$$
$$=E[(AX+A_0-E(AX+A_0))((BX+B_0)-E(BX+B_0))^T]$$
$$=E[A(X-E(X))(X-E(X))^TB^T]=AD_{XX}B^T$$

【例 3-2】 设有函数 $Z=KX+K_0$，$W=FY+F_0$，$S=\begin{bmatrix}Z\\W\end{bmatrix}$，$R=KX+FY$。$X$ 的方差阵为 D_{XX}，Y 的方差阵为 D_{YY}，X 关于 Y 的互协方差阵为 D_{XY}（$D_{XY}=D_{YX}^T$），K、K_0、F、F_0 为常系数阵。

求 D_{ZZ}、D_{WW}、D_{WZ}、D_{SS}、D_{RR}、D_{ZX}、D_{ZY}。

(1) 计算 D_{ZZ}、D_{WW}、D_{WZ}。

$D_{ZZ}=KD_{XX}K^T$，$D_{WW}=FD_{YY}F^T$，$D_{ZW}=KD_{XY}F^T$，$D_{WZ}=D_{ZW}^T=FD_{YX}K^T$

(2) 计算 D_{SS}。

$$D_{SS}=\begin{bmatrix}D_{ZZ}&D_{ZW}\\D_{WZ}&D_{WW}\end{bmatrix}=\begin{bmatrix}KD_{XX}K^T&KD_{XY}F^T\\FD_{YX}K^T&FD_{YY}F^T\end{bmatrix}$$

(3) 计算 D_{RR}。

$$D_{RR}=[K \quad F]\begin{bmatrix} D_{XX} & D_{XY} \\ D_{YX} & D_{YY} \end{bmatrix}\begin{bmatrix} K^{T} \\ F^{T} \end{bmatrix}=KD_{XX}K^{T}+KD_{XY}F^{T}+FD_{YX}K^{T}+FD_{YY}F^{T}$$

(4) 计算 D_{ZX}。

$$Z=KX+K_0,\ X=IX$$
$$D_{ZX}=KD_{XX}I^{T}=KD_{XX}$$

(5) 计算 D_{ZY}。

$$Z=KX+K_0,\ Y=IY$$
$$D_{ZY}=KD_{XY}I^{T}=KD_{XY}$$

或
$$Z=KX+K_0=[K,\ 0]\begin{bmatrix} X \\ Y \end{bmatrix}+\begin{bmatrix} K_0 \\ 0 \end{bmatrix},\ Y=[0,\ I]\begin{bmatrix} X \\ Y \end{bmatrix}$$

$$D_{ZY}=[K,\ 0]\begin{bmatrix} D_{XX}, & D_{XY} \\ D_{YX}, & D_{YY} \end{bmatrix}\begin{bmatrix} 0 \\ I \end{bmatrix}=[KD_{XX},\ KD_{XY}]\begin{bmatrix} 0 \\ I \end{bmatrix}=KD_{XY}$$

【例3-3】 已知 $x=2L_1-L_2+4$，$y=L_1+2L_2+1$，L_1、L_2的中误差及其协方差分别为 $D_{L_1L_1}=1$、$D_{L_2L_2}=4$、$D_{L_1L_2}=0$，设 $z=2x+y$，求 z 的方差。

解： 令 $X=\begin{bmatrix} x \\ y \end{bmatrix}$，则 $X=\begin{bmatrix} 2 & -1 \\ 1 & 2 \end{bmatrix}\begin{bmatrix} L_1 \\ L_2 \end{bmatrix}+\begin{bmatrix} 4 \\ 1 \end{bmatrix}$

根据式(3-16)可得

$$D_{XX}=\begin{bmatrix} 2 & -1 \\ 1 & 2 \end{bmatrix}\begin{bmatrix} D_{L_1L_1} & D_{L_1L_2} \\ D_{L_1L_2} & D_{L_2L_2} \end{bmatrix}\begin{bmatrix} 2 & 1 \\ -1 & 2 \end{bmatrix}=\begin{bmatrix} 8 & -6 \\ -6 & 17 \end{bmatrix}$$

因为
$$z=[2 \quad 1]\begin{bmatrix} x \\ y \end{bmatrix}=[2 \quad 1]X$$

根据式(3-16)可得

$$D_{zz}=[2 \quad 1]D_{XX}\begin{bmatrix} 2 \\ 1 \end{bmatrix}=[2 \quad 1]\begin{bmatrix} 8 & -6 \\ -6 & 17 \end{bmatrix}\begin{bmatrix} 2 \\ 1 \end{bmatrix}=[10 \quad 5]\begin{bmatrix} 2 \\ 1 \end{bmatrix}=25$$

【例3-4】 设有函数 $m=a_1x_1+a_2x_2+\cdots+a_nx_n+a_0$，$n=b_1x_1+b_2x_2+\cdots+b_nx_n+b_0$，已知 $x_i(i=1,\ 2,\ \cdots,\ n)$随机独立，其中误差为 σ_i，求 m、n 的方差及其协方差。

解： m、n 可以写成如下方式

$$m=[a_1 \quad a_2 \quad \cdots \quad a_n]\begin{bmatrix} x_1 \\ x_2 \\ \vdots \\ x_n \end{bmatrix}+a_0,\ n=[b_1 \quad b_2 \quad \cdots \quad b_n]\begin{bmatrix} x_1 \\ x_2 \\ \vdots \\ x_n \end{bmatrix}+b_0$$

根据式(3-16)可得

$$D_{mm}=[a_1 \quad a_2 \quad \cdots \quad a_n]\begin{bmatrix} \sigma_1^2 & & & \\ & \sigma_2^2 & & \\ & & \ddots & \\ & & & \sigma_n^2 \end{bmatrix}\begin{bmatrix} a_1 \\ a_2 \\ \vdots \\ a_n \end{bmatrix}=\sum_{i=1}^{n}a_i^2\sigma_1^2$$

$$D_{nn}=\begin{bmatrix}b_1 & b_2 & \cdots & b_n\end{bmatrix}\begin{bmatrix}\sigma_1^2 & & & \\ & \sigma_2^2 & & \\ & & \ddots & \\ & & & \sigma_n^2\end{bmatrix}\begin{bmatrix}b_1\\ b_2\\ \vdots\\ b_n\end{bmatrix}=\sum_{i=1}^{n}b_i^2\sigma_1^2$$

$$D_{mn}=\begin{bmatrix}a_1 & a_2 & \cdots & a_n\end{bmatrix}\begin{bmatrix}\sigma_1^2 & & & \\ & \sigma_2^2 & & \\ & & \ddots & \\ & & & \sigma_n^2\end{bmatrix}\begin{bmatrix}b_1\\ b_2\\ \vdots\\ b_n\end{bmatrix}=\sum_{i=1}^{n}a_ib_i\sigma_1^2$$

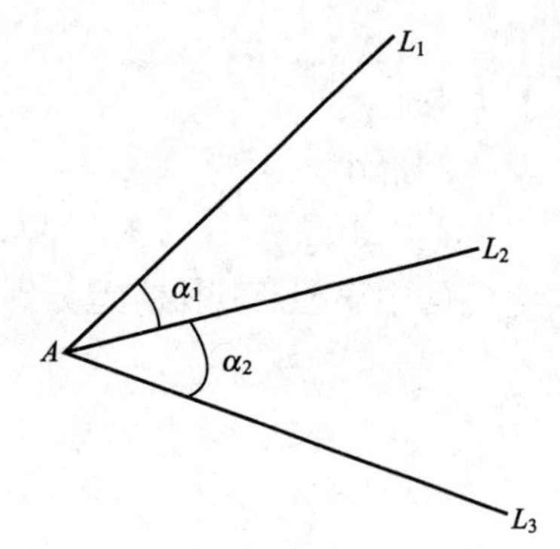

图 3.1　测站 A 观测示意图

【例 3-5】 如图 3.1 所示，在测站 A 上测得方向值 L_1、L_2、L_3，观测值互独立且中误差均为 σ，$\alpha=\alpha_2+\alpha_1$。求：(1) 角度 α_1 和 α_2 的方差及其协方差 σ_1^2、σ_2^2、σ_{12}；

(2) 算出 α 的中误差。

解：(1) 先建立函数与观测值的关系式

$$\begin{bmatrix}\alpha_1\\ \alpha_2\end{bmatrix}=\begin{bmatrix}L_2-L_1\\ L_3-L_2\end{bmatrix}=\begin{bmatrix}-1 & 1 & 0\\ 0 & -1 & 1\end{bmatrix}\begin{bmatrix}L_1\\ L_2\\ L_3\end{bmatrix}$$

根据式(3-16)可得

$$\begin{bmatrix}\sigma_1^2 & \sigma_{12}\\ \sigma_{12} & \sigma_2^2\end{bmatrix}=\begin{bmatrix}-1 & 1 & 0\\ 0 & -1 & 1\end{bmatrix}\begin{bmatrix}\sigma^2 & 0 & 0\\ 0 & \sigma^2 & 0\\ 0 & 0 & \sigma^2\end{bmatrix}\begin{bmatrix}-1 & 0\\ 1 & -1\\ 0 & 1\end{bmatrix}=\begin{bmatrix}2 & -1\\ -1 & 2\end{bmatrix}\sigma^2$$

所以可得 $\sigma_1^2=2\sigma^2$，$\sigma_2^2=2\sigma^2$，$\sigma_{12}=-\sigma^2$。

(2) 把 α 写成如下方式

$$\alpha=\begin{bmatrix}1 & 1\end{bmatrix}\begin{bmatrix}\alpha_1\\ \alpha_2\end{bmatrix}$$

根据式(3-16)可得

$$D_{\alpha\alpha}=\begin{bmatrix}1 & 1\end{bmatrix}\begin{bmatrix}2 & -1\\ -1 & 2\end{bmatrix}\sigma^2\begin{bmatrix}1\\ 1\end{bmatrix}=\begin{bmatrix}1 & 1\end{bmatrix}\sigma^2\begin{bmatrix}1\\ 1\end{bmatrix}=2\sigma^2$$

所以
$$\sigma_\alpha=\sqrt{2}\sigma$$

3.1.4　非线性函数的情况

1. 单个非线性函数

设有观测值 $\underset{n\times1}{X}$ 的非线性函数

$$Z=f(X)\text{或表示为}Z=f(X_1,\ X_2,\ \cdots,\ X_n) \tag{3-17}$$

已知 $\underset{n\times1}{X}$ 的协方差阵 D_{XX}，求 Z 的方差 D_{ZZ}。

假定观测值 X 有近似值：$\underset{n\times1}{X^0}=[X_1^0,\ X_2^0,\ \cdots,\ X_n^0]^{\mathrm{T}}$，将函数式 $Z=f(X_1,\ X_2,\ \cdots,$

X_n)按泰勒级数在点 X_1^0，X_2^0，…，X_n^0处展开为

$$Z=f(X_1^0,\ X_2^0,\ \cdots,\ X_n^0)+\left(\frac{\partial f}{\partial X_1}\right)_0(X_1-X_1^0)$$

$$+\left(\frac{\partial f}{\partial X_2}\right)_0(X_2-X_2^0)+\cdots+\left(\frac{\partial f}{\partial X_n}\right)(X_n-X_n^0)+\cdots \tag{3-18}$$

式中：$\left(\frac{\partial f}{\partial X_i}\right)_0$是函数对各个变量所取的偏导数，并以近似值 X^0 代入所算得的数值，它们都是常数，当 X^0 与 X 非常接近时，式(3-18)中二次以上各项很微小，可以略去，将式(3-18)写为

$$Z=\left(\frac{\partial f}{\partial X_1}\right)_0 X_1+\left(\frac{\partial f}{\partial X_2}\right)_0 X_2+\cdots+\left(\frac{\partial f}{\partial X_n}\right)_0 X_n+f(X_1^0,X_2^0,\cdots,X_n^0)-\sum_{i=1}^{n}\left(\frac{\partial f}{\partial X_i}\right)_0 X_i^0$$

令$K=[k_1,\ k_2,\ \cdots,\ k_n]=\left[\left(\frac{\partial f}{\partial X_1}\right)_0,\ \left(\frac{\partial f}{\partial X_2}\right)_0,\ \cdots,\ \left(\frac{\partial f}{\partial X_n}\right)_0\right]$

$$k_0=f(X_1^0,X_2^0,\cdots,X_n^0)-\sum_{i=1}^{n}k_iX_i^0$$

得

$$Z=k_1X_1+k_2X_2+\cdots+k_nX_n+k_0=KX+k_0 \tag{3-19}$$

这样，就将非线性函数式化成了线性函数式，然后用线性函数的协方差传播律计算协方差。

$$D_{ZZ}=KD_{XX}K^{\mathrm{T}}$$

如果令

$$\left.\begin{aligned}&\mathrm{d}X_i=X_i-X_i^0\quad(i=1,\ 2,\ \cdots,\ n)\\&\mathrm{d}X=(\mathrm{d}X_1\quad \mathrm{d}X_2\quad \cdots\quad \mathrm{d}X_n)^{\mathrm{T}}\\&\mathrm{d}Z=Z-Z^0=Z-f(X_1^0,\ X_2^0,\ \cdots,\ X_n^0)\end{aligned}\right\} \tag{3-20}$$

则式(3-18)可写为

$$\mathrm{d}Z=\left(\frac{\partial f}{\partial X_1}\right)_0\mathrm{d}X_1+\left(\frac{\partial f}{\partial X_2}\right)_0\mathrm{d}X_2+\cdots+\left(\frac{\partial f}{\partial X_n}\right)_0\mathrm{d}X_0=K\mathrm{d}X \tag{3-21}$$

式(3-21)是非线性函数(3-17)的全微分。根据协方差传播律得

$$D_{\mathrm{dXdX}}=D_{XX},\ D_{\mathrm{dZdZ}}=D_{ZZ}$$

为了求非线性函数的方差，只要对它求全微分就可以了。

2. 多个非线性函数

如果有 X 的 t 个非线性函数

$$\begin{cases}Z_1=f_1(X_1,\ X_2,\ \cdots,\ X_n)\\Z_2=f_2(X_1,\ X_2,\ \cdots,\ X_n)\\\quad\cdots\\Z_t=f_t(X_1,\ X_2,\ \cdots,\ X_n)\end{cases} \tag{3-22}$$

将 t 个函数求全微分得

$$\begin{cases} dZ_1=\left(\frac{\partial f_1}{\partial X_1}\right)_0 dX_1+\left(\frac{\partial f_1}{\partial X_2}\right)_0 dX_2+\cdots+\left(\frac{\partial f_1}{\partial X_n}\right)_0 dX_n \\ dZ_2=\left(\frac{\partial f_2}{\partial X_1}\right)_0 dX_1+\left(\frac{\partial f_2}{\partial X_2}\right)_0 dX_2+\cdots+\left(\frac{\partial f_2}{\partial X_n}\right)_0 dX_n \\ \cdots \\ dZ_t=\left(\frac{\partial f_t}{\partial X_1}\right)_0 dX_1+\left(\frac{\partial f_t}{\partial X_2}\right)_0 dX_2+\cdots+\left(\frac{\partial f_t}{\partial X_n}\right)_0 dX_n \end{cases} \tag{3-23}$$

若记

$$Z=\begin{bmatrix} Z_1 \\ Z_2 \\ \vdots \\ Z_t \end{bmatrix} \quad dZ=\begin{bmatrix} dZ_1 \\ dZ_2 \\ \vdots \\ dZ_t \end{bmatrix} \quad K=\begin{bmatrix} \left(\frac{\partial f_1}{\partial X_1}\right)_0 & \left(\frac{\partial f_1}{\partial X_2}\right)_0 & \cdots & \left(\frac{\partial f_1}{\partial X_n}\right)_0 \\ \left(\frac{\partial f_2}{\partial X_1}\right)_0 & \left(\frac{\partial f_2}{\partial X_2}\right)_0 & \cdots & \left(\frac{\partial f_2}{\partial X_n}\right)_0 \\ \vdots & \vdots & \vdots & \vdots \\ \left(\frac{\partial f_t}{\partial X_1}\right)_0 & \left(\frac{\partial f_t}{\partial X_2}\right)_0 & \cdots & \left(\frac{\partial f_t}{\partial X_n}\right)_0 \end{bmatrix} \tag{3-24}$$

则有

$$DZ=KdX \tag{3-25}$$

根据协方差传播律得 $\underset{t\times 1}{Z}$ 的协方差阵为

$$D_{ZZ}=KD_{XX}K^{\mathrm{T}} \tag{3-26}$$

因此，对于非线性函数，首先将其线性化，然后用线性函数的协方差传播律计算。线性化方法可用泰勒级数展开或求全微分。

【例 3-6】 量得某矩形的长和宽为 $a\pm\sigma_a$ 和 $b\pm\sigma_b$，且 $\sigma_{ab}=0$，计算该矩形面积的方差。

解：面积为 $s=ab$

$$ds=bda+adb=[b,\ a]\begin{bmatrix} da \\ db \end{bmatrix}$$

用协方差传播律得

$$\sigma_s^2=[b,\ a]\begin{bmatrix} \sigma_a^2, & \sigma_{ab} \\ \sigma_{ba}, & \sigma_b^2 \end{bmatrix}\begin{bmatrix} b \\ a \end{bmatrix}=b^2\sigma_a^2+a^2\sigma_b^2$$

在某些情况下，先取对数然后再全微分能简化计算。

对函数式取自然对数：$\ln s=\ln a+\ln b$

对上式全微分：$\frac{ds}{s}=\frac{da}{a}+\frac{db}{b}$

化简得

$$ds=bda+adb=[b,\ a]\begin{bmatrix} da \\ db \end{bmatrix}$$

由协方差传播律得

$$\sigma_s^2=[b,\ a]\begin{bmatrix} \sigma_a^2, & \sigma_{ab} \\ \sigma_{ba}, & \sigma_b^2 \end{bmatrix}\begin{bmatrix} b \\ a \end{bmatrix}=b^2\sigma_a^2+a^2\sigma_b^2$$

【例 3-7】 设 $x_P=x_B+s\cos(\alpha_{BA}+\beta)$，$y_P=y_B+s\sin(\alpha_{BA}+\beta)$，$x_B$、$y_B$ 和 α_{BA} 的方差为

零，s 的方差为σ_s^2，β 的方差为σ_β^2，且$\sigma_{s\beta}=0$。计算$\sigma_{x_P}^2$、$\sigma_{y_P}^2$、$\sigma_{x_Py_P}$。

$$\begin{bmatrix}\mathrm{d}x_p\\ \mathrm{d}y_p\end{bmatrix}=\begin{bmatrix}\cos(\alpha_{BA}+\beta) & -s\sin(\alpha_{BA}+\beta)/\rho\\ \sin(\alpha_{BA}+\beta) & s\cos(\alpha_{BA}+\beta)/\rho\end{bmatrix}\begin{bmatrix}\mathrm{d}s\\ \mathrm{d}\beta\end{bmatrix}$$

由协方差传播律得

$$\begin{bmatrix}\sigma_{X_p}^2 & \sigma_{X_pY_p}\\ \sigma_{X_pY_p} & \sigma_{Y_p}^2\end{bmatrix}=\begin{bmatrix}\cos(\alpha_{BA}+\beta) & -\dfrac{s\sin(\alpha_{BA}+\beta)}{\rho}\\ \sin(\alpha_{BA}+\beta) & \dfrac{s\cos(\alpha_{BA}+\beta)}{\rho}\end{bmatrix}\begin{bmatrix}\sigma_s^2 & 0\\ 0 & \sigma_\beta^2\end{bmatrix}$$

$$\begin{bmatrix}\cos(\alpha_{BA}+\beta) & \sin(\alpha_{BA}+\beta)\\ -\dfrac{s\sin(\alpha_{BA}+\beta)}{\rho} & \dfrac{s\cos(\alpha_{BA}+\beta)}{\rho}\end{bmatrix}$$

$$\sigma_{X_p}^2=(\cos(\alpha_{BA}+\beta))^2\sigma_s^2+\left(\frac{s\sin(\alpha_{BA}+\beta)}{\rho}\right)^2\sigma_\beta^2$$

$$\sigma_{Y_p}^2=(\sin(\alpha_{BA}+\beta))^2\sigma_s^2+\left(\frac{s\cos(\alpha_{BA}+\beta)}{\rho}\right)^2\sigma_\beta^2$$

$$\sigma_{X_pY_p}=\cos(\alpha_{BA}+\beta)\sin(\alpha_{BA}+\beta)\sigma_s^2-\frac{s^2\sin(\alpha_{BA}+\beta)\cos(\alpha_{BA}+\beta)}{\rho^2}\sigma_\beta^2$$

式中：ρ 用于角度与弧度的换算。

$$\rho=\frac{180^\circ}{\pi}\approx 57.29578^\circ\approx 3438'\approx 2062645''$$

如果 $\mathrm{d}\beta$ 以弧度为单位，则该项不需要。通常 $\mathrm{d}\beta$ 以秒为单位，则 $\rho\approx 206265$。

【例 3-8】 已知观测向量 $L=[L_1\quad L_2\quad L_3]^{\mathrm{T}}$ 的协方差阵为

$$D_{LL}=\begin{bmatrix}6 & 0 & -2\\ 0 & 4 & 0\\ -2 & 0 & 2\end{bmatrix}$$

求 L 的函数 $F=L_1^2+\sqrt{L_3}$ 在 $L_1=2$，$L_3=4$ 时的协方差 D_{FF}。

解：先全微分 F，将其化为线性形式

$$\mathrm{d}F=2L_1\mathrm{d}L_1+\frac{1}{2}L_3^{-\frac{1}{2}}\mathrm{d}L_3=\begin{bmatrix}4 & 0 & \dfrac{1}{4}\end{bmatrix}\begin{bmatrix}\mathrm{d}L_1\\ \mathrm{d}L_2\\ \mathrm{d}L_3\end{bmatrix}$$

按协方差传播率，得

$$D_{FF}=[4\quad 0\quad 0.25]\begin{bmatrix}6 & 0 & -2\\ 0 & 4 & 0\\ -2 & 0 & 2\end{bmatrix}\begin{bmatrix}4\\ 0\\ 0.25\end{bmatrix}=92.15$$

【例 3-9】 视距测量中，水平距离计算式为 $D-kn\cos^2\alpha$，k 为视距常数，$k=100$，n 为尺间隔数，$n=l_1-l_2$，α 为竖直角，l_1 为上丝读数，l_2 为下丝读数。在仪器和水准尺相隔距离为 100m 时，水准尺读数的中误差为 $\sigma_l=3\mathrm{mm}$，求：

(1) 测量距离 100m 且视线水平时 D 的中误差(仅考虑读数误差的影响)。

（2）证明为什么 k 和 α 的误差影响要比水准尺读数误差影响小得多。

解：（1）由读数误差引起的尺间隔数中误差的计算

由于
$$n=l_1-l_2$$
所以有
$$\sigma_n^2=\sigma_{l_1}^2+\sigma_{l_2}^2=\sigma_l^2+\sigma_l^2=2\sigma_l^2$$
因此
$$\sigma_n=\sqrt{2}\sigma_l=3\sqrt{2}\text{mm}$$
由于仅考虑读数误差的影响，所以 100m 视线水平时测距中误差为
$$\sigma_D=k\cos^2\alpha\sigma_n=100\times3\sqrt{2}\text{mm}=0.424\text{m}$$

（2）假设 k、α 和 n 的中误差等影响，由计算式全微分可得
$$\mathrm{d}D=n\cos^2\alpha\mathrm{d}k+k\cos^2\mathrm{d}n-kn\sin2\alpha\frac{\mathrm{d}\alpha}{\rho''}$$
则
$$\sigma_D^2=(n\cos^2\alpha)^2\sigma_k^2+2(k\cos^2\alpha)^2\sigma_l^2+\left(\frac{kn\sin2\alpha}{\rho''}\right)^2\sigma_\alpha^2$$
分析上式，读数误差 σ_l^2 前的系数明显比其他两项大得多，所以读数误差的影响高于视距常数误差及竖直角测量误差的影响。

3.1.5 应用协方差传播律的注意事项和步骤

1. 应用协方差传播律的注意事项

（1）有些函数可以先取对数再求全微分比较方便。

（2）一个全微分式中每一项的单位应相同，如果函数式中既有边又有角，就更要注意单位的统一。

2. 协方差传播律的具体步骤

（1）按要求写出函数式，如 $Z_i=f_i(X_1, X_2, \cdots, X_n)(i=1, 2, \cdots, t)$。

（2）如果为非线性函数，则对函数式求全微分，得：

$$\mathrm{d}Z_i=\left(\frac{\partial f_i}{\partial X_1}\right)_0\mathrm{d}X_1+\left(\frac{\partial f_i}{\partial X_2}\right)_0\mathrm{d}X_2+\cdots+\left(\frac{\partial f_i}{\partial X_n}\right)_0\mathrm{d}X_n(i=1, 2, \cdots, t)。$$

（3）写成矩阵形式：$Z=KX$ 或 $\mathrm{d}Z=K\mathrm{d}X$。

（4）应用协方差传播律求方差或协方差阵。

按最小二乘法进行平差，其主要内容之一是评定精度，即评定观测值及观测值函数的精度。协方差传播律正是用来求观测值函数的中误差和协方差的基本公式。在以后有关平差计算的几章中，都是以协方差传播律为基础，分别推导适用于不同平差方法的精度计算公式。

3.2 协方差传播律的应用

在 3.1 节中推导了协方差传播定律公式，本节将应用这些基本公式导出一些在测量实践中常用的公式，以便读者能更好地理解协方差传播律的应用及其在本课程中的重要性。

3.2.1 由三角形闭合差计算测角中误差(菲列罗公式)

设在三角网中，独立且等精度观测了各三角形内角，中误差均为 m，并设各三角形闭合差为 $w_i(i=1,2,\cdots,n)$，即

$$w_i=180°-A_i-B_i-C_i \quad (i=1,2,\cdots,n)$$

式中：n 为三角网中三角形的个数；A_i、B_i、C_i 为第 i 个三角形的 3 个内角观测值，其中误差均为 m。

设 w_i 的中误差均为 m_w，根据协方差传播定律，得

$$m_w=\sqrt{m^2+m^2+m^2}=\sqrt{3}m \tag{3-27}$$

又因为闭合差是真误差，由中误差定义可得闭合差的中误差为

$$m_w=\lim_{n\to\infty}\sqrt{\frac{[\Delta\Delta]}{n}}=\lim_{n\to\infty}\sqrt{\frac{[ww]}{n}} \tag{3-28}$$

由式(3-27)和式(3-28)可得

$$m=\lim_{n\to\infty}\sqrt{\frac{[ww]}{3n}} \tag{3-29}$$

在三角形个数 n 有限的情况下，根据式(3-29)可求得测角中误差 m 的估值 $\hat{m}$ 为

$$\hat{m}=\sqrt{\frac{[ww]}{3n}} \tag{3-30}$$

上式即为测量中常用的由三角形闭合差计算测角中误差的菲列罗公式。

3.2.2 同精度独立观测值的算术平均值

设对某量以同精度观测了 N 次，得观测值 L_1，L_2，…，L_N，它们的中误差均为 σ。由此可得其算术平均值 x 为

$$x=\frac{1}{N}\sum_{i=1}^{N}L_i=\frac{1}{N}(L_1+L_2+\cdots+L_N)$$

由协方差传播律可得

$$\sigma_x^2=\frac{1}{N^2}(\sigma^2+\sigma^2+\cdots+\sigma^2)=\frac{1}{N^2}N\sigma^2=\frac{1}{N}\sigma^2 \tag{3-31}$$

所以其中误差为

$$\sigma_x=\frac{1}{\sqrt{N}}\sigma$$

即 N 个同精度独立观测值的算术平均值的中误差等于各观测值的中误差除以 $\sqrt{N}$。

3.2.3 水准测量精度

若在 A、B 两点间进行水准测量，共设站 n 次，则 A、B 两水准点间高差等于各测站的高差之和，即

$$h=H_B-H_A=h_1+h_2+\cdots+h_n$$

式中：h_i为各站所测高差，当各站距离大致相等时，这些观测高差可视为等精度，若设它们的中误差均为σ，根据协方差传播律可得两点间的高差的中误差为

$$\sigma_h=\sqrt{\sigma^2+\sigma^2+\cdots+\sigma^2}=\sqrt{n}\sigma \tag{3-32}$$

即水准测量观测高差的中误差与测站数的平方根成正比。

又设水准路线敷设在平坦的地区，前后量测站间的距离s大致相等，设A、B间的距离为S，则测站数$N=S/s$，代入式(3-32)得

$$\sigma_h=\sqrt{\frac{S}{s}}\sigma=\frac{\sigma}{\sqrt{s}}\sqrt{S} \tag{3-33}$$

式中：s为大致相等的各测站距离；σ为每测站所得高差的中误差，在一定条件下可视$\frac{\sigma}{\sqrt{s}}$为定值。

令
$$K=\frac{\sigma}{\sqrt{s}}$$

则有

$$\sigma_h=K\sqrt{S} \tag{3-34}$$

即水准测量高差的中误差与距离的平方根成正比。

式(3-34)中若取距离为一个单位长度，即$S=1$，则$\sigma_h=K$，因此K是单位距离观测高差的中误差。通常距离以km为单位，K就是距离为1km时观测高差的中误差，因此式(3-34)表明，水准测量高差中误差等于单位距离观测中误差与水准路线全长的平方根之积。

3.2.4 三角高程测量的精度

设A、B为地面上两点，在A点观测B点的垂直角为α，两点间的水平距离为S，在不考虑仪器高和目标高的情况下，可计算A、B两点间高差的基本公式为

$$h=S\cdot\tan\alpha$$

设S及α的中误差分别为σ_S和σ_α，则可得

$$\mathrm{d}h=\tan\alpha\mathrm{d}S+\frac{S\cdot\sec^2\alpha\mathrm{d}\alpha}{\rho''}$$

所以
$$\sigma_h^2=\tan^2\alpha\cdot\sigma_S^2+\frac{S^2\cdot\sec^4\alpha\cdot\sigma''^2_\alpha}{\rho''^2} \tag{3-35}$$

式(3-35)在实际应用时，由于距离S的误差远小于垂直角α的误差，所以第一项可以忽略不计；一般而言垂直角α小于5°，可认为$\sec\alpha\approx1$，故得

$$\sigma_h^2=\left(\frac{\sigma''_\alpha}{\rho''}\right)^2S^2$$

所以有

$$\sigma_h=\frac{\sigma''_\alpha}{\rho''}S \tag{3-36}$$

这就是单向观测高差的中误差公式。即三角高程测量中单向高差的中误差，等于弧度表示

的垂直角的中误差乘以两三角点的距离。或者说，当垂直角的观测精度一定时，三角高程测量所得高差的中误差与三角点的距离成正比。

若以双向观测高差取中数作为最后高差，则中数的中误差应为式(3－36)结果的$\frac{1}{\sqrt{2}}$，即

$$\sigma_{h中}=\frac{\sigma_h}{\sqrt{2}}=\frac{\sigma''_\alpha}{\sqrt{2}\rho''}S \tag{3-37}$$

3.2.5 若干独立误差的联合影响

在探讨偶然误差的性质时曾指出，观测中的偶然误差常常产生于若干个主要误差来源，而每一误差来源又受其他许多偶然因素所影响。例如照准误差、读数误差、目标偏心误差和仪器偏心误差对测角的影响。在这种情况下，观测结果的真误差是各个独立误差的代数和，即

$$\Delta_Z=\Delta_1+\Delta_2+\cdots+\Delta_n$$

由于这里的真误差是相互独立的，各种误差的出现都是随机的，因而也可由协方差传播律及$\sigma_{ij}=0$得出它们之间的方差关系式

$$\sigma_Z^2=\sigma_1^2+\sigma_2^2+\cdots+\sigma_n^2 \tag{3-38}$$

即观测结果的方差σ_Z^2等于各独立误差所对应的方差之和。

例如，航外规范中认为，对一个方向观测所产生的误差受以下几项独立误差影响：仪器结构误差$\Delta_{仪}$、照准误差$\Delta_{照}$、读数误差$\Delta_{读}$、外界条件变化影响产生的误差$\Delta_{外}$。已知各误差所对应的中误差为：$\sigma_{仪}=3.0''$，$\sigma_{照}=2.4''$，$\sigma_{读}=6.0''$，$\sigma_{外}=3.0''$。则对任一方向观测一次结果的误差为

$$\Delta_{方}=\Delta_{仪}+\Delta_{照}+\Delta_{读}+\Delta_{外}$$

应用式(3－38)得

$$\sigma_{方}=\sqrt{\sigma_{仪}^2+\sigma_{照}^2+\sigma_{读}^2+\sigma_{外}^2}=\sqrt{(3.0)^2+(2.4)^2+(6.0)^2+(3.0)^2}=7.7''$$

例如，在空间数据库中，GIS坐标数据一般是由现有地图的手工或扫描数字化获得的，其点位误差由许多不同数据源的误差组成。一是野外测量误差，设为Δ_Δ，这一项又取决于测量仪器、测量环境和测量目标等因素；二是图上的点位误差，称为制图误差，设为Δ_m，它受描图、印刷及纸张变形等因素的影响；三是数字化点的误差，设为Δ_d，它与数字化仪器和数字化方法有关。设野外测量精度为σ_Δ，制图精度为σ_m，数字化精度为σ_d。如果地形图的比例尺为$1:M$，则空间数据点的点位精度可用下式表示

$$\sigma_P=\sqrt{\sigma_\Delta^2+M^2\sigma_m^2+M^2\sigma_d^2}$$

式中：野外测量精度为$\sigma_\Delta=(20\sim30)$mm；制图精度$\sigma_m=(0.1\sim0.3)$mm；数字化精度$\sigma_d=(0.1\sim0.3)$mm。

3.2.6 GIS线元要素的方差

图3.2中，已知直线两端点数字化坐标为$A(x_1, y_1)$，$B(x_2, y_2)$，其协方差阵为

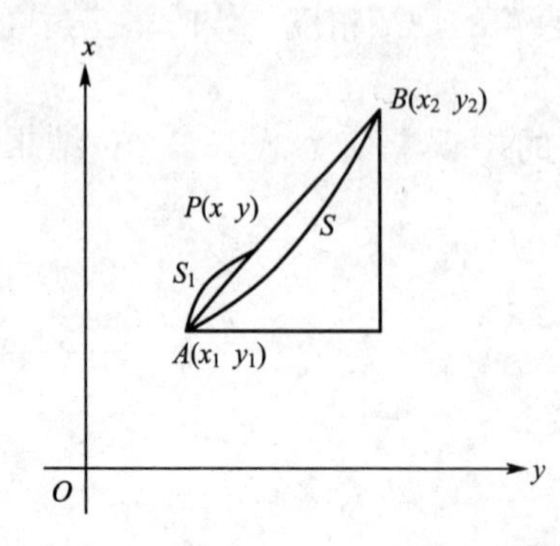

图 3.2 直线上任意点线元要素的影响

$$D=\begin{bmatrix}\sigma_{x_1}^2 & \sigma_{x_1y_1} & \sigma_{x_1x_2} & \sigma_{x_1y_2}\\ \sigma_{x_1y_1} & \sigma_{y_1}^2 & \sigma_{y_1x_2} & \sigma_{y_1y_2}\\ \sigma_{x_1x_2} & \sigma_{y_1y_2} & \sigma_{x_2}^2 & \sigma_{x_2y_2}\\ \sigma_{x_1x_2} & \sigma_{y_1y_2} & \sigma_{x_2y_2} & \sigma_{y_2}^2\end{bmatrix}$$

试求在 AB 直线上 $AP=S_1$ 的 P 点坐标$(x,\ y)$及其协方差阵。

由图 3.2 可知

$$x=x_1+\Delta x_{AP}=x_1+\frac{S_1}{S}(x_2-x_1)=(1-r)x_1+rx_2$$

$$y=y_1+\Delta y_{AP}=y_1+\frac{S_1}{S}(y_2-y_1)=(1-r)y_1+ry_2$$

式中：比例数 $r=\dfrac{S_1}{S}$视为无误差，则 P 点坐标的方差为

$$\begin{aligned}\sigma_x^2&=(1-r)^2\sigma_{x_1}^2+r^2\sigma_{x_2}^2+2(1-r)r\sigma_{x_1x_2}\\ \sigma_y^2&=(1-r)^2\sigma_{y_1}^2+r^2\sigma_{y_2}^2+2(1-r)r\sigma_{y_1y_2}\\ \sigma_{xy}&=(1-r)^2\sigma_{x_1y_1}+(1-r)r\sigma_{x_1y_2}+(1-r)r\sigma_{x_2y_1}+r^2\sigma_{x_2y_2}\end{aligned}\tag{3-39}$$

以上就是计算直线 AB 上任意点的坐标及其方差、协方差的一般公式。

3.2.7 时间观测序列平滑平均值的方差

设等时间间隔观测序列

$$X_1,\ X_2,\ \cdots,\ X_{i-1},\ X_i,\ X_{i+1},\ \cdots,\ X_{n-1},\ X_n$$

为对序列进行平滑，取三点滑动，其平均值为

$$\overline{X}_{i-1}=\frac{1}{3}(X_{i-2}+X_{i-1}+X_i)$$

$$\overline{X}_i=\frac{1}{3}(X_{i-1}+X_i+X_{i+1})$$

$$\overline{X}_{i+1}=\frac{1}{3}(X_i+X_{i+1}+X_{i+2})$$

已知观测序列为等精度独立观测序列，各观测值中误差为 σ，协方差 $\sigma_{ij}=0(i\neq j)$，试求各滑动平均值的方差及它们之间的协方差。

其函数式为

$$\overline{X}=\begin{bmatrix}\overline{X}_{i-1}\\ \overline{X}_i\\ \overline{X}_{i+1}\end{bmatrix}=\begin{bmatrix}1/3 & 1/3 & 1/3 & 0 & 0\\ 0 & 1/3 & 1/3 & 1/3 & 0\\ 0 & 0 & 1/3 & 1/3 & 1/3\end{bmatrix}\begin{bmatrix}X_{i-2}\\ X_{i-1}\\ X_i\\ X_{i+1}\\ X_{i+2}\end{bmatrix}$$

由协方差传播律得

$$D_{\overline{X}}=\frac{1}{3}\begin{bmatrix}1&1&1&0&0\\0&1&1&1&0\\0&0&1&1&0\end{bmatrix}\sigma^2\begin{bmatrix}1&&&&\\&1&&&\\&&1&&\\&&&1&\\&&&&1\end{bmatrix}\frac{1}{3}\begin{bmatrix}1&0&0\\1&1&0\\1&1&1\\0&1&1\\0&0&1\end{bmatrix}=\frac{1}{9}\begin{bmatrix}3&2&1\\2&3&2\\1&2&3\end{bmatrix}\sigma^2$$

亦即

$$\sigma_{\overline{X}_{i-i}}=\sigma_{\overline{X}_i}=\sigma_{\overline{X}_{i+1}}=\frac{\sqrt{3}}{3}\sigma$$

$$\sigma_{\overline{X}_{i-1}\overline{X}_i}=\sigma_{\overline{X}_i\overline{X}_{i+1}}=\frac{2}{9}\sigma^2,\ \sigma_{\overline{X}_{i-1}\overline{X}_{i+1}}=\frac{1}{9}\sigma^2$$

3.2.8 支导线点位中误差的估计

图3.3所示的支导线中，其中AB为已知点，P点为待定点，现测量了水平角度β和水平距离S，它们的中误差分别为σ_β和σ_S。为了计算P点点位中误差，应计算σ_x和σ_y，称为P点在x方向和y方向上的点位中误差。P点的坐标计算公式为

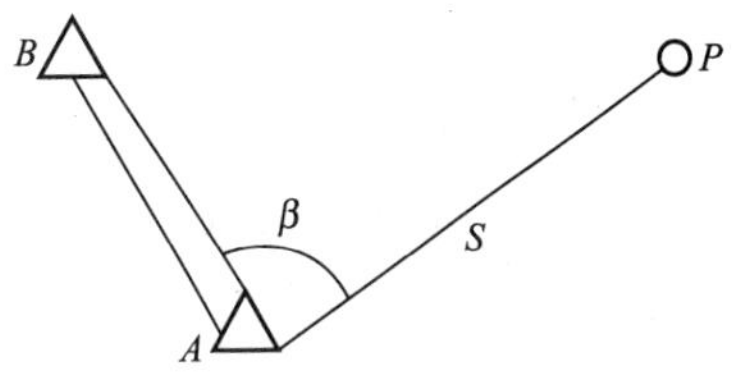

$$\begin{cases}x=x_A+S\cos\alpha_{AP}\\y=y_A+S\sin\alpha_{AP}\end{cases}\tag{3-40}$$

图3.3 支导线

式中：$\alpha_{AP}=\alpha_{AB}+\beta$，对式(3-40)进行全微分得

$$dx=\cos\alpha_{AP}\,dS-\frac{S}{\rho}\sin\alpha_{AP}\,d\alpha_{AP}$$

$$dy=\sin\alpha_{AP}\,dS+\frac{S}{\rho}\cos\alpha_{AP}\,d\alpha_{AP}$$

根据协方差传播律，可得P点坐标的方差为

$$\begin{cases}\sigma_x^2=\cos^2\alpha_{AP}\sigma_S^2+\dfrac{S^2}{\rho^2}\sin^2\alpha_{AP}\sigma_\beta^2\\\sigma_y^2=\sin^2\alpha_{AP}\sigma_S^2+\dfrac{S^2}{\rho^2}\cos^2\alpha_{AP}\sigma_\beta^2\end{cases}\tag{3-41}$$

则P点点位方差为

$$\begin{aligned}\sigma_P^2&=\sigma_x^2+\sigma_y^2=(\cos^2\alpha_{AP}+\sin^2\alpha_{AP})\sigma_S^2+\frac{S^2}{\rho^2}(\cos^2\alpha_{AP}+\sin^2\alpha_{AP})\sigma_\beta^2\\&=\sigma_S^2+\frac{S^2}{\rho^2}\sigma_\beta^2\end{aligned}\tag{3-42}$$

【例3-10】 在图3.3所示的支导线测量中，AB方向的坐标方位角和A点的坐标已知，角度测量值及距离测量值分别为$\beta=45°31'56''\pm2''$、$S=183.445\text{m}\pm3\text{mm}$。试求$P$点点位中误差。

解：根据式(3－42)可知，P 点点位中误差为

$$\sigma_P=\sqrt{\sigma_S^2+\frac{S^2}{\rho^2}\sigma_\beta^2}=\sqrt{3^2+\frac{183.445^2}{206265^2}\times 2^2}=3.5(\text{mm})$$

3.3 权及权的确定

方差是表示精度的一个绝对数字特征，一定的观测条件就对应着一定的误差分布，而一定的误差分布就对应着一个确定的方差(或中误差)。为了比较各观测值之间的精度，除了可以应用方差之外，还可以通过方差之间的比例关系来衡量观测值之间的精度的高低。这种表示各观测值方差之间比例关系的数字特征称为权。权是表示精度的相对数字特征，在平差计算中起着很重要的作用。

在测量实际工作中，平差计算之前，精度的绝对数字特征(方差)往往是不知道的，而精度的相对数字特征(权)却可以根据事先给定的条件予以确定，然后根据平差的结果估算出表示精度的绝对数字特征(方差)。

3.3.1 权的定义

设有观测值 $L_i(i=1,2,\cdots,n)$，它们的方差为 $\sigma_i^2(i=1,2,\cdots,n)$，选定任一常数 σ_0，定义观测值 L_i 的权为

$$p_i=\frac{\sigma_0^2}{\sigma_i^2} \tag{3-43}$$

由权的定义可知，观测值的权与其方差成反比。即方差愈小，其权愈大，或者说，精度愈高，其权愈大。因此，权同样可以作为比较观测值之间的精度高低的一种指标。方差 σ_i^2 可以是同一个量的观测值的方差，也可以是不同量的观测值的方差。也就是说，用权来比较各观测值之间的精度高低，不局限于对同一量的观测值，同样也适用于对不同量的观测值。

由权的定义式可以写出各观测值的权之间的比例关系为

$$p_1:p_2:\cdots:p_n=\frac{\sigma_0^2}{\sigma_1^2}:\frac{\sigma_0^2}{\sigma_2^2}:\cdots:\frac{\sigma_0^2}{\sigma_n^2}=\frac{1}{\sigma_1^2}:\frac{1}{\sigma_2^2}:\cdots:\frac{1}{\sigma_n^2}$$

可见，对于一组观测值，其权之比等于相应方差的倒数之比。

在图 3.4 所示的水准网中，h_1、h_2、h_3、h_4 是各路线的观测高差，$S_1=1.0\text{km}$、$S_2=2.0\text{km}$、$S_3=4.0\text{km}$、$S_4=8.0\text{km}$ 是水准路线的长度，在认为每千米观测值高差的精度相同的前提下，就可确定各条路线的权，而且不需要知道每千米观测值中误差的具体数值。

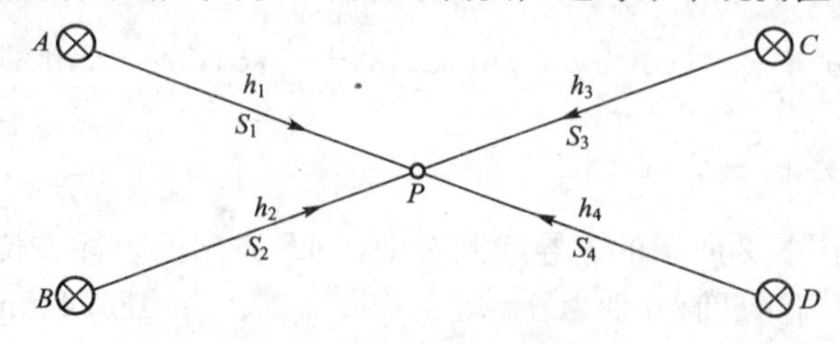

图 3.4　水准网示意图

设每千米观测值高差的方差为 $\sigma_{千米}^2$，按协方差传播律，各水准路线的方差为

$$\sigma_1^2=S_1\sigma_{千米}^2，\sigma_2^2=S_2\sigma_{千米}^2，\sigma_3^2=S_3\sigma_{千米}^2，\sigma_4^2=S_4\sigma_{千米}^2$$

令 $\sigma_0^2=\sigma_1^2$，按权的定义可得各路线观测值的权为

$$p_1=1.00，p_2=0.50，p_3=0.25，p_4=0.125$$

又令 $\sigma_0^2=\sigma_4^2$，按权的定义可得各路线观测值的权为

$$p_1=8.00，p_2=4.00，p_3=2.00，p_4=1.00$$

水准网中的所有水准路线都是按同一等级的水准测量规范的技术要求进行观测的，一般可以认为每千米观测高差的精度是相同的。对于不同的 σ_0^2 得到的观测值的权是不相同的，通过权的大小可以反映各观测高差的精度高低。对于一组已知方差的观测值，有以下几个结论。

(1) 选定了一个 σ_0^2 值，即有一组对应的权。或者说，有一组权，必有一个对应的 σ_0^2 值。

(2) 一组观测值的权，其大小随 σ_0^2 的不同而异，但不论 σ_0^2 选用何值，权之间的比例关系始终不变。

(3) 为了使权能起到比较精度高低的作用，在同一问题中只能选定一个 σ_0^2 值，否则就破坏了权之间的比例关系。

(4) 事先给出一定的条件，就可以确定出观测值权的数值。

(5) 权是用来比较各观测值相互之间精度高低的，权的意义不在于它们本身数值的大小，重要的是它们之间所存在的比例关系。

3.3.2 单位权的确定

权等于 1 的观测值称为单位权观测值。

权等于 1 的观测值的方差称为单位权方差。即 σ_0^2 是单位权方差，也称为方差因子。

权等于 1 的观测值的中误差称为单位权中误差。即 σ_0 是单位权中误差。

在图 3.4 的水准网中，如果令 $\sigma_0^2=\sigma_1^2$，则 $p_1=1.00$，$p_2=0.50$，$p_3=0.25$，$p_4=0.125$；h_1 为单位权观测值；σ_1^2 是单位权方差；σ_1 是单位权中误差。也就是说：水准线路长度为 1 千米的高差观测值为单位权观测值；水准线路长度为 1 千米的高差观测值的方差为单位权方差；水准线路长度为 1 千米的高差观测值的中误差为单位权中误差。

在图 3.4 的水准网中，如果令 $\sigma_0^2=\sigma_4^2$，则 $p_1=8.00$，$p_2=4.00$，$p_3=2.00$，$p_4=1.00$；h_4 为单位权观测值；σ_4^2 是单位权方差；σ_4 是单位权中误差。也就是说：水准线路长度为 8 千米的高差观测值为单位权观测值；水准线路长度为 8 千米的高差观测值的方差为单位权方差；水准线路长度为 8 千米的高差观测值的中误差为单位权中误差。

在确定一组同量纲的观测值的权时，所选取的单位权方差 σ_0^2 的单位与观测值方差的单位相同，在这种情况下权是一组无量纲的数值。在确定不同量纲的观测值的权时，所选取的单位权方差 σ_0^2 的单位一般与其中一类观测值方差的单位相同，在这种情况下，权就不完全是一组无量纲的数值。例如，对于包含角度元素和长度元素的两类观测值定权时，它们的方差的单位分别为$('')^2$和 mm^2，可选单位权方差 σ_0^2 与角度元素的方差$('')^2$单位相同，在这种情况下，各个角度观测值的权是无单位的，而长度元素的权是有单位的。

3.3.3 权的确定方法

在实际测量工作中，往往是要根据事先给定的条件，首先确定出各观测值的权，也就是先确定它们精度的相对数字指标，然后通过平差计算，一方面求出各观测值的最可靠值，另一方面求出它们精度的绝对数字指标。下面将从权的定义式出发，介绍几种常用的确定权的公式。

1. 距离观测值的权

(1) 设单位长度(例如1千米)的距离观测值的方差为σ^2，则全长为S千米的距离观测值的方差为$\sigma_S^2=\sigma^2 S$。

取长度为C千米的距离观测值方差为单位权方差，即$\sigma_0^2=\sigma^2 C$。则距离观测值的权为

$$p_S=\frac{\sigma_0^2}{\sigma_S^2}=\frac{C}{S} \tag{3-44}$$

(2) 设长度为S千米的距离观测值的方差为$(a+bS)^2$，a和b分别为测距固定误差和比例误差。

取单位权方差$\sigma_0^2=C$。则距离观测值的权为

$$p_S=\frac{C}{(a+bS)^2} \tag{3-45}$$

2. 水准测量的权

设在图3.4所示的水准网中，有$n(=4)$条水准路线，现沿每一条路线测定两点间的高差，得各路线的观测高差为h_1，h_2，…，h_n，各路线的测站数分别为N_1，N_2，…，N_n。

(1) 设每一测站观测高差的精度相同，其方差均为$\sigma_{站}^2$；第i条水准线路的观测高差为h_i，测站数为N_i。则第i条水准线路(观测高差h_i)的方差为$\sigma_i^2=\sigma_{站}^2 N_i$。

取测站数为C的高差观测值为单位权方差：$\sigma_0^2=\sigma_{站}^2 C$。则第$i$条水准线路(观测高差$h_i$)的权为

$$p_i=\frac{\sigma_{站}^2 C}{\sigma_{站}^2 N_i}=\frac{C}{N_i} \tag{3-46}$$

(2) 设每千米的观测高差的方差均相等，均为$\sigma_{千米}^2$；第i条水准线路的观测高差为h_i，长度为S_i千米。则第i条水准线路(观测高差h_i)的方差为$\sigma_i^2=\sigma_{千米}^2 S_i$。

取线路长度为C千米的观测高差的方差为单位权方差：$\sigma_0^2=\sigma_{千米}^2 C$。则线路长度为$S_i$千米的观测高差的权为

$$p_{S_i}=\frac{\sigma_{千米}^2 C}{\sigma_{千米}^2 S_i}=\frac{C}{S_i} \tag{3-47}$$

3. 同精度独立观测值的算术平均值的权

由式(3-31)得到同精度独立观测值算术平均值x的方差为

$$\sigma_x^2=\left(\frac{1}{N}\right)^2\sigma^2+\left(\frac{1}{N}\right)^2\sigma^2+\cdots+\left(\frac{1}{N}\right)^2\sigma^2=\frac{1}{N}\sigma^2 \tag{3-48}$$

如果取σ^2作为单位权方差，则每一个观测值均为权等于1的单位权观测值，由权的定义有

$$\sigma_x^2=\frac{\sigma^2}{p_x} \tag{3-49}$$

把式(3-49)代入式(3-48)，得算术平均值的权为

$$p_x=N \tag{3-50}$$

说明算术平均值的权与观测次数成正比。

4. 不同精度独立观测值加权平均值的权

设有一组独立观测值L_1，L_2，…，L_n，将每一个观测值的权设为p_i，方差设为σ_i^2，观测值的加权平均值为

$$x=\frac{p_1L_1+p_2L_2+\cdots+p_nL_n}{p_1+p_2+\cdots+p_n}=\frac{p_1}{[p]}L_1+\frac{p_2}{[p]}L_2+\cdots+\frac{p_n}{[p]}L_n$$

由误差传播定律，有

$$\sigma_x^2=\left(\frac{p_1}{[p]}\right)^2\sigma_1^2+\left(\frac{p_2}{[p]}\right)^2\sigma_2^2+\cdots+\left(\frac{p_n}{[p]}\right)^2\sigma_n^2 \tag{3-51}$$

考虑到

$$\sigma_i^2=\frac{\sigma_0^2}{p_i}$$

代入式(3-51)，并约去σ_0^2，有

$$\frac{1}{p_x}=\left(\frac{p_1}{[p]}\right)^2\frac{1}{p_1}+\left(\frac{p_2}{[p]}\right)^2\frac{1}{p_2}+\cdots+\left(\frac{p_n}{[p]}\right)^2\frac{1}{p_n}=\frac{p_1}{[p]^2}+\frac{p_2}{[p]^2}+\cdots+\frac{p_n}{[p]^2}=\frac{1}{[p]}$$

即有

$$p_x=[p]=\sum p_i \tag{3-52}$$

即不等精度独立观测值加权平均值的权等于观测值的权之和。

5. 边角网中方向观测值和边长观测值的权

边角网中有两类不同量纲的观测值方向(或角度)和边长。设方向观测值L_i($i=1$，2，…，n)的方差为$\sigma^2('')^2$，边长观测值S_j($j=1$，2，…)的方差为$\sigma_{S_j}^2=(a+bS_j)^2$。

取$\sigma_0^2=\sigma^2$。则方向观测值L_i的权$p_i=1$(无单位)。边长观测值S_j的权

$$p_j=\frac{\sigma^2}{(a+bS_j)^2}\left(\frac{('')^2}{\text{mm}^2}\right) \tag{3-53}$$

以上几种常用的定权方法的共同特点是，虽然它们都是以权的定义式为依据的，但是在实际定权时，并不需要知道各观测值方差的具体数字，而只要应用测站数、千米数等就可以定权了。在用这些方法定权时，必须注意它们的前提条件。

还要指出的是式(3-43)不仅适用于计算观测值的权，而且对计算观测值函数的权也同样适用，这在前面推导定权公式时已经多次应用过了。式(3-43)还可写成以下形式

$$\sigma_i=\sigma_0\sqrt{\frac{1}{p_i}} \tag{3-54}$$

当p_i为函数的权时，σ_i^2就是该函数的方差，两者是一一对应的。

3.4 协因数及其传播律

权是一种衡量观测值之间精度高低的一个数字特征，同样可以用权来比较各个观测值函数之间的精度，因此，同协方差传播一样，也存在根据观测值的权来求函数权的问题。

本节从式(3-54)出发，并推广其含义，给出协因数、协因数阵和权逆阵的定义，在此基础上再导出观测值函数的权传播的一般公式，即权逆阵传播律。

3.4.1 协因数与协因数阵

设有观测值L_i和L_j，它们的权分别为p_i和p_j，它们的方差分别为σ_i^2和σ_j^2，它们之间的协方差为σ_{ij}，单位权方差为σ_0^2。

令
$$\begin{cases} Q_{ii}=\dfrac{1}{p_i}=\dfrac{\sigma_i^2}{\sigma_0^2} \\ Q_{jj}=\dfrac{1}{p_j}=\dfrac{\sigma_j^2}{\sigma_0^2} \\ Q_{ij}=\dfrac{\sigma_{ij}}{\sigma_0^2} \end{cases} \tag{3-55}$$

或写为
$$\begin{cases} \sigma_i^2=\sigma_0^2 Q_{ii} \\ \sigma_j^2=\sigma_0^2 Q_{jj} \\ \sigma_{ij}=\sigma_0^2 Q_{ij} \end{cases} \tag{3-56}$$

Q_{ii}、Q_{jj}分别称为观测值l_i、l_j的协因数或称为权倒数；Q_{ij}称为l_i关于l_j的协因数或称为相关权倒数。

由式(3-56)可知，观测值的协因数Q_{ii}和Q_{jj}与观测值的方差成正比，而协因数Q_{ij}与协方差成正比。容易理解，协因数Q_{ii}、Q_{jj}与权p_i和p_j有类似的作用，它们也是比较观测值精度高低的一种指标，而协因数Q_{ij}是比较观测值之间相关程度的一种指标。将式(3-56)代入式(3-1)，有方差阵为

$$D_{XX}=\begin{bmatrix} \sigma_1^2 & \sigma_{12} & \cdots & \sigma_{1n} \\ \sigma_{21} & \sigma_2^2 & \cdots & \sigma_{2n} \\ \vdots & \vdots & \vdots & \vdots \\ \sigma_{n1} & \sigma_{n2} & \cdots & \sigma_n^2 \end{bmatrix}=\sigma_0^2\begin{bmatrix} Q_{11} & Q_{12} & \cdots & Q_{1n} \\ Q_{21} & Q_{22} & \cdots & Q_{2n} \\ \vdots & \vdots & \vdots & \vdots \\ Q_{n1} & Q_{n2} & \cdots & Q_{nn} \end{bmatrix} \tag{3-57}$$

令
$$\underset{n\times n}{Q_{XX}}=\begin{bmatrix} Q_{11} & Q_{12} & \cdots & Q_{1n} \\ Q_{21} & Q_{22} & \cdots & Q_{2n} \\ \vdots & \vdots & \vdots & \vdots \\ Q_{n1} & Q_{n2} & \cdots & Q_{nn} \end{bmatrix} \tag{3-58}$$

则式(3-57)可写成

$$D_{XX}=\sigma_0^2 Q_{XX} \tag{3-59}$$

Q_{XX}就称为观测向量X的协因数阵，也称为权逆阵，其对角线上的元素为各观测值X_i的协因数(权倒数)，非对角线元素为各两两观测量之间的协因数(相关权倒数)。由于两个观测量之间的协方差有关系$\sigma_{ij}=\sigma_{ji}(i\neq j)$存在，所以，协因数也存在$Q_{ij}=Q_{ji}(i\neq j)$的关系。

若另有观测向量$\underset{t\times 1}{Y}$，参照式(3-59)，可得

$$D_{YY}=\sigma_0^2 Q_{YY} \tag{3-60}$$

将式(3-56)第3个式子代入式(2-12)的互协方差阵，可得到观测向量X关于观测向量Y的互协因数阵Q_{XY}，即

$$D_{XY}=\begin{bmatrix}\sigma_{x_1y_1} & \sigma_{x_1y_2} & \cdots & \sigma_{x_1y_r}\\ \sigma_{x_2y_1} & \sigma_{x_2y_2} & \cdots & \sigma_{x_2y_r}\\ \vdots & \vdots & \vdots & \vdots\\ \sigma_{x_ny_1} & \sigma_{x_ny_2} & \cdots & \sigma_{x_ny_r}\end{bmatrix}=\sigma_0^2\begin{bmatrix}Q_{x_1y_1} & Q_{x_1y_2} & \cdots & Q_{x_1y_t}\\ Q_{x_2y_1} & Q_{x_2y_2} & \cdots & Q_{x_2y_t}\\ \vdots & \vdots & \vdots & \vdots\\ Q_{x_ny_1} & Q_{x_ny_2} & \cdots & Q_{x_ny_t}\end{bmatrix}=\sigma_0^2 Q_{XY}$$

即

$$D_{XY}=\sigma_0^2 Q_{XY} \tag{3-61}$$

可见互协因数阵Q_{XY}中的各元素就是x_i关于y_j的协因数，其中$i=1$，2，…，$j=1$，2，…，t。

由式(3-59)、式(3-61)可知：协方差阵等于单位权方差与协因数阵的乘积。

与协方差阵类似，互协因数阵Q_{XY}也有以下性质。

$$Q_{XY}=Q_{YX}^{\mathrm{T}} \quad Q_{YX}=Q_{XY}^{\mathrm{T}} \tag{3-62}$$

当$Q_{XY}=0$或$Q_{YX}=0$时，表示X与Y互独立。

此外，衡量两个随机变量X、Y之间的相关系数ρ也可用协因数的值来进行计算。参照相关系数的定义有

$$\rho=\frac{\sigma_{ij}}{\sigma_X\sigma_Y}=\frac{\sigma_0^2 Q_{XY}}{\sigma_0\sqrt{Q_{XX}}\sigma_0\sqrt{Q_{YY}}}=\frac{Q_{XY}}{\sqrt{Q_{XX}Q_{YY}}} \tag{3-63}$$

3.4.2 权阵

设用P_{XX}表示观测值向量X的权阵，则定义

$$P_{XX}=Q_{XX}^{-1}$$

$$P_{XX}Q_{XX}=Q_{XX}P_{XX}=I$$

即权阵与协因数阵(权逆阵)互为逆阵。

【例3-11】 设有独立观测值$X_i(i=1, 2, \cdots, n)$，其方差为σ_i^2，权为p_i，单位权方差为σ_0^2。

$$X=\begin{bmatrix}X_1\\ X_2\\ \vdots\\ X_n\end{bmatrix} \quad D_{XX}=\begin{bmatrix}\sigma_1^2 & 0 & \cdots & 0\\ 0 & \sigma_2^2 & \cdots & 0\\ \vdots & \vdots & \vdots & \vdots\\ 0 & 0 & \cdots & \sigma_n^2\end{bmatrix} \quad P_{XX}=\begin{bmatrix}p_1 & 0 & \cdots & 0\\ 0 & p_2 & \cdots & 0\\ \vdots & \vdots & \vdots & \vdots\\ 0 & 0 & \cdots & p_n\end{bmatrix}$$

X 的协因数阵为

$$Q_{XX}=\frac{1}{\sigma_0^2}D_{XX}=\frac{1}{\sigma_0^2}\begin{bmatrix}\sigma_1^2 & 0 & \cdots & 0\\ 0 & \sigma_2^2 & \cdots & 0\\ \vdots & \vdots & \vdots & \vdots\\ 0 & 0 & \cdots & \sigma_n^2\end{bmatrix}=\begin{bmatrix}Q_{11} & 0 & \cdots & 0\\ 0 & Q_{22} & \cdots & 0\\ \vdots & \vdots & \vdots & \vdots\\ 0 & 0 & \cdots & Q_{nn}\end{bmatrix}=\begin{bmatrix}\frac{1}{p_1} & 0 & \cdots & 0\\ 0 & \frac{1}{p_2} & \cdots & 0\\ \vdots & \vdots & \vdots & \vdots\\ 0 & 0 & \cdots & \frac{1}{p_n}\end{bmatrix}$$

由该例可看出，对于各元素独立的观测值向量而言，其协方差阵、权阵和协因数阵均为对角阵，且各主对角元素分别为相应观测值的方差、权及协因数。而对于元素相关的观测值向量来说，其协方差阵、权阵和协因数阵就不再是对角阵，其协方差阵 D_{XX} 和协因数阵 Q_{XX} 对角线上的各元素仍然代表各观测值 X_i 的方差和协因数，但权阵 P_{XX} 的对角线上的元素将不再是各观测值 X_i 的权，权阵的各个元素也不再有权的意义了，这时 X_i 的权倒数应为 $Q_{X_iX_i}$。但是，相关观测值向量的权阵在平差计算中，也同样能起到同独立观测值向量的权阵一样的作用。

3.4.3 协因数传播律

由协因数阵定义可知，协因数阵可以由协方差阵乘上常数 $1/\sigma_0^2$ 得到。根据协方差传播律，就可以方便地得到由观测向量的协因数阵求其函数的协因数阵的计算公式，这个公式就称为协因数传播律，从而也就得到了函数的权。

设有观测值向量 X 和 Y 的线性函数

$$\begin{cases}F=AX+A_0\\ G=BX+B_0\\ W=CY+C_0\end{cases}\tag{3-64}$$

式中：A、B、C、A_0、B_0、C_0 均为常数阵，观测向量的协因数阵 Q_{XX}、Q_{YY}、Q_{XY} 为已知，且 $Q_{YX}=Q_{XY}^{\mathrm{T}}$，则有

$$\begin{cases}Q_{FF}=AQ_{XX}A^{\mathrm{T}}\\ Q_{GG}=BQ_{XX}B^{\mathrm{T}}\\ Q_{WW}=CQ_{YY}C^{\mathrm{T}}\\ Q_{FG}=AQ_{XX}B^{\mathrm{T}}\\ Q_{GF}=BQ_{XX}A^{\mathrm{T}}\\ Q_{FW}=AQ_{XY}C^{\mathrm{T}}\\ Q_{WF}=CQ_{YX}A^{\mathrm{T}}\end{cases}\tag{3-65}$$

这就是协因数传播律的实用计算公式，也称为权逆阵传播律。因其在传播形式上与协方差传播律相同，所以通常将协方差传播律式(3－16)与协因数传播律式(3－65)合称为广义传播律。

如果 Z 和 W 的各个分量是 X 和 Y 的非线性函数

$$Z=\begin{bmatrix}Z_1\\Z_2\\\vdots\\Z_t\end{bmatrix}=\begin{bmatrix}f_{Z_1}(X_1,X_2,\cdots,X_n)\\f_{Z_2}(X_1,X_2,\cdots,X_n)\\\vdots\\f_{Z_t}(X_1,X_2,\cdots,X_n)\end{bmatrix},\quad W=\begin{bmatrix}W_1\\W_2\\\vdots\\W_r\end{bmatrix}=\begin{bmatrix}f_{W_1}(Y_1,Y_2,\cdots,Y_n)\\f_{W_2}(Y_1,Y_2,\cdots,Y_n)\\\vdots\\f_{W_r}(Y_1,Y_2,\cdots,Y_n)\end{bmatrix}$$

求 Z 和 W 的全微分，得

$$\mathrm{d}Z=K\mathrm{d}x,\quad \mathrm{d}W=F\mathrm{d}y$$

式中：$K=\begin{bmatrix}\frac{\partial f_{Z_1}}{\partial X_1}&\frac{\partial f_{Z_1}}{\partial X_2}&\cdots&\frac{\partial f_{Z_1}}{\partial X_n}\\\frac{\partial f_{Z_2}}{\partial X_1}&\frac{\partial f_{Z_2}}{\partial X_2}&\cdots&\frac{\partial f_{Z_2}}{\partial X_n}\\\vdots&\vdots&\vdots&\vdots\\\frac{\partial f_{Z_t}}{\partial X_1}&\frac{\partial f_{Z_t}}{\partial X_2}&\cdots&\frac{\partial f_{Z_t}}{\partial X_n}\end{bmatrix}\quad F=\begin{bmatrix}\frac{\partial f_{W_1}}{\partial Y_1}&\frac{\partial f_{W_1}}{\partial Y_2}&\cdots&\frac{\partial f_{W_1}}{\partial Y_n}\\\frac{\partial f_{W_2}}{\partial Y_1}&\frac{\partial f_{W_2}}{\partial Y_2}&\cdots&\frac{\partial f_{W_2}}{\partial Y_n}\\\vdots&\vdots&\vdots&\vdots\\\frac{\partial f_{W_r}}{\partial Y_1}&\frac{\partial f_{W_r}}{\partial Y_2}&\cdots&\frac{\partial f_{W_r}}{\partial Y_n}\end{bmatrix}$

则 Z、W 的协因数阵 Q_{ZZ}、Q_{WW}、Q_{ZW} 等按协因数传播律计算。

对于独立观测值 $\underset{n\times1}{L}$，假定各 L_i 的权为 p_i，则 L 的权阵、协因数阵(权逆阵）均为对角阵

$$P_{LL}=\begin{bmatrix}p_1&0&\cdots&0\\0&p_2&\cdots&0\\\vdots&\vdots&\vdots&\vdots\\0&0&\cdots&p_n\end{bmatrix}\quad Q_{LL}=\begin{bmatrix}Q_{11}&0&\cdots&0\\0&Q_{22}&\vdots&0\\\vdots&\vdots&\vdots&\vdots\\0&0&\cdots&Q_{nn}\end{bmatrix}=\begin{bmatrix}1/p_1&0&\cdots&0\\0&1/p_2&\cdots&0\\\vdots&\vdots&\vdots&\vdots\\0&0&\cdots&1/p_n\end{bmatrix}$$

设有函数

$$Z=f(L_1,L_2,\cdots,L_n)$$

全微分得

$$\mathrm{d}Z=\frac{\partial f}{\partial L_1}\mathrm{d}L_1+\frac{\partial f}{\partial L_2}\mathrm{d}L_2+\cdots+\frac{\partial f}{\partial L_n}\mathrm{d}L_n=K\mathrm{d}L \tag{3-66}$$

由协因数传播律得

$$Q_{ZZ}=KQ_{LL}K^{\mathrm{T}}=\begin{bmatrix}\frac{\partial f}{\partial L_1}&\frac{\partial f}{\partial L_2}&\cdots&\frac{\partial f}{\partial L_n}\end{bmatrix}\begin{bmatrix}1/p_1&0&\cdots&0\\0&1/p_2&\cdots&0\\\vdots&\vdots&\vdots&\vdots\\0&0&\cdots&1/p_n\end{bmatrix}\begin{bmatrix}\frac{\partial f}{\partial L_1}\\\frac{\partial f}{\partial L_2}\\\vdots\\\frac{\partial f}{\partial L_n}\end{bmatrix}$$

$$Q_{ZZ}=\frac{1}{P_Z}=\left(\frac{\partial f}{\partial L_1}\right)^2\frac{1}{p_1}+\left(\frac{\partial f}{\partial L_2}\right)^2\frac{1}{p_2}+\cdots+\left(\frac{\partial f}{\partial L_n}\right)^2\frac{1}{p_n} \tag{3-67}$$

式(3-67)就是独立观测值的权倒数与其函数的权倒数之间的关系式，通常称为权倒数传播律，它是协因数传播律的一种特殊情况。协因数传播律与协方差传播律在形式上完全相同，因此，应用协因数传播律的实际步骤与应用协方差传播律的步骤相同。

【例 3-12】 设有观测值向量 $\underset{3\times1}{L}=[L_1, L_2, L_3]^{\mathrm{T}}$，其权阵为

$$P_{LL}=\frac{1}{8}\begin{bmatrix}5 & -2 & 1\\ -2 & 4 & -2\\ 1 & -2 & 5\end{bmatrix}$$

试问：(1) $\underset{3\times1}{L}$ 中各观测值是否相互独立；

(2) 设 $L'=[L_1, L_2]^{\mathrm{T}}$，求权阵 $P_{L'L'}$；

(3) 设单位权方差 σ_0^2 已知，试求观测值 L_1、L_2、L_3 的精度。

解：(1) 判断观测值是否相互独立要看观测值之间的协方差或者协因数是否为零，所以，需求出观测向量 $\underset{3\times1}{L}$ 的协因数阵

$$Q_{LL}=P_{LL}^{-1}=8\times\begin{bmatrix}5 & -2 & 1\\ -2 & 4 & -2\\ 1 & -2 & 5\end{bmatrix}^{-1}=\begin{bmatrix}2 & 1 & 0\\ 1 & 3 & 1\\ 0 & 1 & 2\end{bmatrix}$$

在矩阵中可看出，协因数 $Q_{L_1L_3}=0$，所以观测值 L_1 与 L_3 相互独立。

(2) 由协因数传播律可知，权阵是以权逆阵(协因数阵)的形式进行传播的，所以要求取部分观测值的权阵时，只能先在总的权逆阵中分隔出这部分观测值的权逆阵，再由这个权逆阵求其权阵，而不能直接由总的权阵中分隔出该部分观测值的权阵。所以有

$$Q_{L'L'}=\begin{bmatrix}2 & 1\\ 1 & 3\end{bmatrix}$$

所以，L_1、L_2 的相关权阵为

$$P_{L'L'}=Q_{L'L'}^{-1}=\begin{bmatrix}2 & 1\\ 1 & 3\end{bmatrix}^{-1}=\frac{1}{5}\begin{bmatrix}3 & -1\\ -1 & 2\end{bmatrix}$$

而不能由权阵直接分隔得到 L_1、L_2 的权阵

$$P_{L'L'}\neq\frac{1}{8}\begin{bmatrix}5 & -2\\ -2 & 4\end{bmatrix}$$

(3) 观测值 L_1、L_2 和 L_3 的中误差为

$$\sigma_{L_1}=\sigma_0\sqrt{Q_{11}}=\sqrt{2}\sigma_0,\ \sigma_{L_2}=\sigma_0\sqrt{Q_{22}}=\sqrt{3}\sigma_0,\ \sigma_{L_3}=\sigma_0\sqrt{Q_{33}}=\sqrt{2}\sigma_0$$

【例 3-13】 已知 X 的权阵为 $P_{XX}=\begin{bmatrix}2 & 1\\ 1 & 2\end{bmatrix}$，求 x_1 和 x_2 的权倒数，以及 x_1 和 x_2 的相关权倒数。

解：

$$Q_{XX}=P_{XX}^{-1}=\frac{1}{3}\begin{bmatrix}2 & -1\\ -1 & 2\end{bmatrix}$$

所以

$$Q_{X_1}=\frac{1}{p_{x_1}}=\frac{2}{3},\quad Q_{X_2}=\frac{1}{p_{x_2}}=\frac{2}{3},\ Q_{x_1x_2}=-\frac{1}{3}$$

【例 3-14】 已知观测向量 $\underset{2\times1}{L}$ 的协方差阵为 $D_{LL}=\begin{bmatrix}4 & -1\\ -1 & 2\end{bmatrix}$，观测值 L_i 的权 $p_{L_1}=1$，

现有函数 $F_1=L_1+3L_2-4$，$F_2=5L_1-L_2+1$。试求：

(1) F_1与F_2是否统计相关。

(2) F_1与F_2的权p_{F_1}和p_{F_2}。

解：(1) 如果$Q_{F_1F_2}$不为零，则F_1与F_2相关，否则就不相关，关键是求出$Q_{F_1F_2}$。

$$F_1=\begin{bmatrix}1 & 3\end{bmatrix}\begin{bmatrix}L_1\\L_2\end{bmatrix},\quad F_2=\begin{bmatrix}5 & -1\end{bmatrix}\begin{bmatrix}L_1\\L_2\end{bmatrix}$$

因为$p_{L_1}=1$，所以

$$Q_{LL}=\begin{bmatrix}1 & -\frac{1}{4}\\ -\frac{1}{4} & \frac{1}{2}\end{bmatrix}$$

根据协因数传播律，有

$$Q_{F_1F_2}=\begin{bmatrix}1 & 3\end{bmatrix}Q_{LL}\begin{bmatrix}5\\-1\end{bmatrix}=\begin{bmatrix}1 & 3\end{bmatrix}\begin{bmatrix}1 & -\frac{1}{4}\\ -\frac{1}{4} & \frac{1}{2}\end{bmatrix}\begin{bmatrix}5\\-1\end{bmatrix}=\begin{bmatrix}\frac{1}{4} & \frac{5}{4}\end{bmatrix}\begin{bmatrix}5\\-1\end{bmatrix}=0$$

因此F_1与F_2不相关。

$$(2)\ Q_{F_1}=\begin{bmatrix}1 & 3\end{bmatrix}Q_{LL}\begin{bmatrix}1\\3\end{bmatrix}=\begin{bmatrix}1 & 3\end{bmatrix}\begin{bmatrix}1 & -\frac{1}{4}\\ -\frac{1}{4} & \frac{1}{2}\end{bmatrix}\begin{bmatrix}1\\3\end{bmatrix}=\begin{bmatrix}\frac{1}{4} & \frac{5}{4}\end{bmatrix}\begin{bmatrix}1\\3\end{bmatrix}=4$$

$$Q_{F_2}=\begin{bmatrix}5 & -1\end{bmatrix}Q_{LL}\begin{bmatrix}5\\-1\end{bmatrix}=\begin{bmatrix}5 & -1\end{bmatrix}\begin{bmatrix}1 & -\frac{1}{4}\\ -\frac{1}{4} & \frac{1}{2}\end{bmatrix}\begin{bmatrix}5\\-1\end{bmatrix}=\begin{bmatrix}5\frac{1}{4} & -\frac{7}{4}\end{bmatrix}\begin{bmatrix}5\\-1\end{bmatrix}=28$$

所以

$$p_{F_1}=\frac{1}{4},\quad p_{F_2}=\frac{1}{28}$$

3.5 单位权中误差的计算

3.5.1 用不同精度的真误差计算单位权方差的计算公式

设有一组同精度独立观测值L_1，L_2，…，L_n，它们的数学期望为μ_1，μ_2，…，μ_n，真误差为Δ_1，Δ_2，…，Δ_n，$L_i\sim N(\mu_i,\ \sigma^2)$，$\Delta_i\sim N(0,\ \sigma^2)$，有

$$\Delta_i=\mu_i=L_i\quad (i=1,\ 2,\ \cdots,\ n)$$

观测值L_i的方差为

$$\sigma^2=E(\Delta^2)=\lim_{n\to\infty}\frac{[\Delta\Delta]}{n}\tag{3-68}$$

当n为有限值时得到方差的估值

$$\hat{\sigma}^2=\frac{[\Delta\Delta]}{n} \tag{3-69}$$

式(3－69)是根据一组同精度独立的真误差计算方差的基本公式。

现在设L_1，L_2，…，L_n是一组不同精度的独立观测值，L_i的数学期望、方差和权分别为μ_i、σ_i^2和p_i，$L_i\sim N(\mu_i, \sigma^2)$，$\Delta_i\sim N(0, \sigma^2)$，$\Delta_i=\mu_i-L_i$。

为了求得单位权方差σ_0^2，需要得到一组精度相同且其权均为1的独立的真误差，然后按式(3－68)计算。设Δ_i'是一组同精度独立的真误差，作如下变换

$$\Delta_i'=\sqrt{p_i}\Delta_i \tag{3-70}$$

根据协因数传播律得

$$\frac{1}{p_i'}=p_i\frac{1}{p_i}=1$$

对于一组不同精度独立的真误差，经式(3－70)变换后，得到一组权为$p'_i=1$的同精度独立的真误差Δ_1'，Δ_2'，…，Δ_n'。按式(3－68)计算单位权方差σ_0^2

$$\sigma_0^2=E((\Delta')^2)=\lim_{n\to\infty}\frac{[\Delta'\Delta']}{n}=\lim_{n\to\infty}\frac{[p\Delta\Delta]}{n} \tag{3-71}$$

式(3－71)就是根据一组不同精度的真误差所定义的单位权方差的理论值。由于n总是有限的，故只能求得单位权方差σ_0^2的估值$\hat{\sigma}_0^2$

$$\hat{\sigma}_0^2=\frac{[\Delta'\Delta']}{n}=\frac{[p\Delta\Delta]}{n} \tag{3-72}$$

3.5.2 由双观测值之差求中误差

设对量X_1，X_2，…，X_n，分别观测两次，得独立观测值和权分别为

$$L_1'，L_2'，\cdots，L_n'，L_1''，L_2''，\cdots，L_n''，p_1，p_2，\cdots，p_n$$

其中观测值L_i'和L_i''是对同一量X_i的两次观测结果，称为一个观测对。在测量工作中，常常对一系列被观测量分别进行成对的观测。例如，在水准测量中对每段路线进行往返观测，在导线测量中每条边测量两次等，这种成对的观测，称为双观测。假定不同的观测对的精度不同；而同一观测对的两个观测值的精度相同，即L_i'和L''_i的权都为p_i。

由于观测值带有误差，对同一个量的两个观测值的差数一般是不等于零的。设第i个量的两次观测值的差数为d_i

$$d_i=L_i'-L_i''\quad(i=1，2，\cdots,n) \tag{3-73}$$

则d_i是真误差。设X_i的真值是$\widetilde{X}_i$

$$\Delta_{d_i}=(\widetilde{X}_i-\widetilde{X}_i)-(L_i'-L_i'')=-d_i$$

对式(3－73)运用协因数传播律可得d_i的权：$\frac{1}{p_{d_i}}=\frac{1}{p_i}+\frac{1}{p_i}=\frac{2}{p_i}$。

即
$$p_{d_i}=\frac{p_i}{2}$$

这样，就得到了n个真误差Δ_{d_i}和它们的权p_{a_i}。得到由双观测值之差求单位权方差的公式

$$\sigma_0^2=\lim_{n\to\infty}\frac{[p_{d_i}\Delta_{d_i}\Delta_{d_i}]}{n}=\lim_{n\to\infty}\frac{[p_id_id_i]}{2n}=\lim_{n\to\infty}\frac{[pdd]}{2n} \tag{3-74}$$

当 n 有限时，其估值为

$$\hat{\sigma}_0^2=\frac{[p_i\Delta_{d_i}\Delta_{d_i}]}{2n}=\frac{[pdd]}{2n} \tag{3-75}$$

各观测值 L'_i 和 L''_i 的方差为

$$\sigma_{L'_i}^2=\sigma_{L''_i}^2=\sigma_0^2\frac{1}{p_i} \tag{3-76}$$

第 i 对观测值的平均值 $X_i=\frac{L'_i+L''_i}{2}$ 的方差为

$$\sigma_{X_i}^2=\frac{\sigma_{L'_i}^2}{2}=\sigma_0^2\frac{1}{2p_i} \tag{3-77}$$

【例 3-15】 设在 A、B 两水准点间进行水准测量，每段往返的观测高差及距离见表 3-2。试求：(1)单位权中误差；(2)第三段观测高差中误差；(3)全长观测高差中误差；(4)全长高差平均值中误差。

表 3-2 观测高差及距离

段号	s/km	往测高差/m	返测高差/m	d/mm
A-1	2.5	0.184	0.180	4
1-2	3.0	1.636	1.640	−4
2-3	1.5	1.434	1.424	10
3-4	5.0	0.584	0.593	−9
4-5	3.5	0.053	0.063	−10

解： 令 $c=1$，则 $p_i=\frac{c}{s_i}=\frac{1}{s_i}$，由表 3-2 的数据计算得

$$\sum_{i=1}^{5}p_id_i^2=\frac{\sum_{i=1}^{5}d_i^2}{s_i}=123.17$$

(1) 单位权中误差

$$\hat{\sigma}_0=\sqrt{\frac{123.17}{2\times5}}=3.51\text{mm}$$

(2) 第三段观测高差中误差

$$\hat{\sigma}_3=\hat{\sigma}_0\sqrt{\frac{1}{p_3}}=3.51\times\sqrt{1.5}=4.30\text{mm}$$

(3) 全长观测高差中误差

$$\hat{\sigma}_{全长}=\hat{\sigma}_0\sqrt{\frac{1}{p_{全长}}}=3.51\times\sqrt{\sum s_i}=3.51\times\sqrt{15.5}=13.82\text{mm}$$

(4) 全长高差平均中误差

$$\hat{\sigma}_{平均}=\frac{\hat{\sigma}_{全长}}{\sqrt{2}}=\frac{13.82}{\sqrt{2}}=9.77\text{mm}$$

3.5.3 由改正数计算中误差

前面所介绍的中误差计算必须知道真误差，即必须知道观测值或观测值函数的真值，

但在实践中真值一般是无法知道的，只能在有限观测情况下，求得观测值真值的估值 $\hat{L}$，从而计算得到真误差 Δ 的估值——改正数 V。本节介绍用改正数计算中误差的公式。

设对真值为 $\tilde{L}$ 的某边长进行了 n 次等精度观测，得一组观测值 $\underset{n\times1}{L}$，设 $\tilde{L}$ 的估值为 $\hat{L}$，即 $\hat{L}=\frac{[L]}{n}$，可得一组改正数 $\underset{n\times1}{V}=[v_1，v_2，\cdots，v_n]^{\mathrm{T}}$，其中

$$v_i=\hat{L}-L_i$$

当 n 有限时，用改正数计算单位权中误差公式

$$\hat{\sigma}_0=\sqrt{\frac{[vv]}{n-1}} \tag{3-78}$$

该公式称为贝塞尔公式。它适用于等精度观测真值未知时，利用改正数计算观测精度的公式。

若是不等精度观测，且观测对象不止一个而是 t 个($t<n$)时，用改正数求单位权方差的计算公式。

$$\hat{\sigma}_0^2=\frac{[pvv]}{n-t} \tag{3-79}$$

3.6 系统误差的传播与综合

由于种种原因，在观测成果中总是或多或少地存在残余的系统误差。由于系统误差产生的原因多种多样，它们的性质各不相同，因而只能对不同的具体情况采用不同的处理方法，不可能得到某些通用的处理方法。对于残余的系统误差对成果的影响没有严密的计算方法。

3.6.1 观测值的系统误差与综合误差的方差

设有观测值 $\underset{n\times1}{L}$ 观测量的真值为 $\underset{n\times1}{\tilde{L}}$，则 L 的综合误差 Ω 可定义为

$$\Omega=\tilde{L}-L$$

如果综合误差 Ω 中只含有偶然误差 Δ，则 $E(\Omega)=E(\Delta)=0$。

如果 Ω 中除包含偶然误差 Δ 外，还包含系统误差 ε，则

$$\Omega=\Delta+\varepsilon=\tilde{L}-L \tag{3-80}$$

由于系统误差 ε 不是随机变量，所以 Ω 的数学期望为

$$E(\Omega)=E(\Delta)+\varepsilon=\varepsilon\neq0$$

$$\varepsilon=E(\Omega)=E(\tilde{L}-L)=\tilde{L}-E(L) \tag{3-81}$$

可见，ε 也是观测值 L 的数学期望对于观测值的真值偏差值。观测值 L 含的系统误差愈小，ε 愈小，L 愈准确，有时也称 $\varepsilon=E(\Omega)$ 为 L 的准确度。

当观测值 L 中既存在偶然误差 Δ，又存在残余的系统误差 ε 时，常常用观测值的综合误差方差 $E(\Omega^2)$ 来表征观测值的可靠性。

$$\Omega^2=\Delta^2+2\varepsilon\Delta+\varepsilon^2$$

由于系统误差 ε 是非随机量，所以综合误差的方差为

$$D_{LL}=E(\Omega^2)=E(\Delta^2)+2\varepsilon E(\Delta)+\varepsilon^2=\sigma^2+\varepsilon^2 \tag{3-82}$$

即观测值的综合误差方差 D_{LL} 等于它的方差 σ^2 与系统误差的平方 ε^2 之和。

当系统误差 ε 小于等于中误差 σ 的 1/3 时，即当 $\varepsilon\leqslant\sigma/3$ 时，得

$$\sigma_L=\sqrt{D_{LL}}=\sqrt{\sigma^2+\varepsilon^2}\leqslant\sqrt{\sigma^2+\frac{\sigma^2}{9}}\leqslant 1.05\sigma$$

在这种情况下，如果不考虑系统误差的影响，所求得 σ_L 的减小量不会大于 5%。在实用上，如果系统误差部分不大于偶然误差部分的 1/3 时，则可将系统误差的影响忽略不计。

3.6.2 系统误差的传播

设有观测值 L_i 的真值 $\widetilde{L}_i$、综合误差 Ω_i 和系统误差 ε_i，则

$$\varepsilon_i=E(\Omega_i)=\widetilde{L}_i-E(L_i)\quad(i=1,2,\cdots,n)$$

又设有观测值 L_i 的线性函数：$Z=k_1L_1+k_2L_2+\cdots+k_nL_n+k_0$，则线性函数的综合误差 Ω_Z 与各个 L_i 的综合误差 Ω_i 之间的关系式为

$$\Omega_Z=k_1\Omega_1+k_2\Omega_2+\cdots+k_n\Omega_n$$

对上式取数学期望得

$$E(\Omega_Z)=E(k_1\Omega_1)+E(k_2\Omega_2)+\cdots+E(k_n\Omega_n)=k_1E(\Omega_1)+k_2E(\Omega_2)+\cdots+k_nE(\Omega_n)$$

所以得

$$\varepsilon_Z=E(\Omega_Z)=[k\varepsilon] \tag{3-83}$$

式(3-83)就是线性函数的系统误差的传播公式。

对于非线性函数：$Z=f(L_1,L_2,\cdots,L_n)$，可以用它们的微分关系代替它们的误差之间的关系，然后按线性函数的系统误差的传播公式计算

$$\Omega_Z=\frac{\partial Z}{\partial L_1}\Omega_1+\frac{\partial Z}{\partial L_2}\Omega_2+\cdots+\frac{\partial Z}{\partial L_n}\Omega_n$$

令 $k_i=\dfrac{\partial Z}{\partial L_i}\quad(i=1,2,\cdots,n)$

则有线性函数

$$\Omega_Z=k_1\Omega_1+k_2\Omega_2+\cdots+k_n\Omega_n$$

同样有：$\varepsilon_Z=E(\Omega_Z)=[k\varepsilon]$。

3.6.3 系统误差与偶然误差的联合传播

当观测值中同时含有偶然误差和残余的系统误差时，还有必要考虑它们对观测值的函数的联合影响问题。这里只讨论独立观测值的情况。

设有函数：$Z=k_1L_1+k_2L_2+\cdots+k_nL_n\quad(i=1,2,\cdots,n)$ (3-84)

观测值 L_i 的综合误差为

$$\Omega_i=\Delta_i+\varepsilon_i\quad(i=1,2,\cdots,n)$$

函数 Z 的综合误差为

$$\Omega_Z=k_1\Omega_1+k_2\Omega_2+\cdots+k_n\Omega_n$$

根据式(3-82)，可得函数 Z 的综合误差方差为

$$D_{ZZ}=E(\Omega_Z^2)=[k^2\sigma^2]+[k\varepsilon]^2 \tag{3-85}$$

当 Z 为非线性函数时，亦可用它们的微分关系代替误差关系。此时，式(3-85)中的系数 k_i 即为偏导数$\frac{\partial Z}{\partial L_i}$。

【例 3-16】 在用钢尺量距时，共量了 n 个尺段，设已知每一尺段的读数和照准中误差为 σ，而检定误差为 ε，求全长的综合中误差。

解： 距离的总长为

$$S=L_1+L_2+\cdots+L_n$$

式中：$L_1=L_2=\cdots=L_n=L$；$\sigma_1=\sigma_2=\cdots=\sigma_n$；$\varepsilon_1=\varepsilon_2=\cdots=\varepsilon_n=\varepsilon$。

由式(3-85)，全长的综合中误差为

$$\sigma_S^2=n\sigma^2+(n\varepsilon)^2$$

又因为

$$n=\frac{S}{L}$$

所以

$$\sigma_S^2=\frac{S}{L}\sigma^2+\frac{S^2}{L^2}\varepsilon^2$$

$$\sigma_S=\sqrt{\frac{S}{L}\sigma^2+\frac{S^2}{L^2}\varepsilon^2}$$

此例说明，在观测值函数为 n 个观测值之和的情况下，偶然误差的中误差传播按$\sqrt{n}$增大，而系统误差 ε 则是按 n 倍积累。所以测量中应充分注意系统误差的处理。

本章小结

本章就误差传播律及其应用进行了介绍，主要包括协方差传播律及其在测量中的应用，权的概念及权的确定方法，协因数传播律及其应用，权阵与协因数阵之间的关系，单位权中误差的几种计算方法以及在测量中的应用。

对于本章内容一定要理解透彻，特别是协因数传播律的应用一定要掌握，要理解单位权中误差的概念，深刻领悟权阵的作用与意义，要掌握协方差传播律、协因数、协因数阵；权、单位权、权阵和单位权中误差等基本概念。

本章的难点是协方差传播律、定权方法及协因数传播律。

习　题

1. 已知独立观测值 L_1、L_2的中误差分别为 σ_1、σ_2，求下列函数的中误差

(1) $x=2L_1-3L_2$；(2) $x=\frac{L_1^2}{2}-3L_1L_2$；(3) $x=\frac{\sin L_1}{\cos(L_1+L_2)}$

2. 已知观测值 L 及其协方差阵 D_{LL}，组成函数 $X=AL$ 和 $Y=BX$，A、B 为常数阵，求协方差阵 D_{XL}、D_{YL} 和 D_{XY}。

3. 若要在两坚强点间布设一条附合水准路线，已知每千米观测中误差等于 5.0mm，欲使平差后线路中点高程中误差不大于 10.0mm，问该路线长度最多可达几千米？

4. 有一角度测 20 个测回，得中误差 0.42″，问再增加多少测回，其中误差为 0.28″？

5. 设对某量进行了 n 次独立观测，得观测值 L_i，权为 $p_i(i=1, 2, \cdots, n)$，试求加权平均值 $x=\frac{[pL]}{[p]}$ 的权 p_x。

6. 取一长度为 d 的直线之丈量结果的权为 1，求长度为 D 的直线之丈量结果的权。

7. 设有函数 $F=f_1x+f_2y$，其中

$$\begin{cases} x=a_1L_1+a_2L_2+\cdots+a_nL_n \\ y=\beta_1L_1+\beta_2L_2+\cdots+\beta_nL_n \end{cases}$$

a_1、β_i是无误差的常数，L_i的权为 P_i，$p_{ij}=0(i\neq j)$。求函数 F 的权倒数$\frac{1}{P_F}$。

8. 已知观测值向量 L，其协因数阵为单位阵。有如下方程：

$$V=BX-L，B^{\mathrm{T}}BX-B^{\mathrm{T}}L=0，X=(B^{\mathrm{T}}B)^{-1}B^{\mathrm{T}}L，\hat{L}=L+V$$

式中：B 为已知的系数阵，$B^{\mathrm{T}}B$ 为可逆矩阵。

求：(1)协因数阵 Q_{XX}、$Q_{\hat{L}\hat{L}}$；(2)证明 V 与 X 和 $\hat{L}$ 均互不相关。

9. 设分 5 段测定 A、B 两水准点间的高差，每段各测两次，高差观测值和距离见表 3-3。

表 3-3 高差观测值和距离

序号	高差/m		距离 S/km
	L_i'	L_i''	
1	+3.248	+3.240	4.0
2	+0.348	+0.356	3.2
3	+1.444	+1.437	2.0
4	−3.360	−3.352	2.6
5	−3.699	−3.704	3.4

试求：(1)每千米观测高差的中误差；(2)第二段观测高差的中误差；(3)第二段高差的平均值的中误差；(4)全长一次(往测或返测)观测高差的中误差；(5)全长高差平均值的中误差。

10. 下列各式中的 $L_i(i=1, 2, 3)$均为等精度独立观测值，其中误差为 σ，试求 X 的中误差：

(1) $X=\frac{1}{2}(L_1+L_2)+L_3$；(2) $X=\frac{L_1L_2}{L_3}$。

11. 已知观测值 L_1、L_2的中误差 $\sigma_1=\sigma_2=\sigma$，$\sigma_{12}=0$，设 $X=2L_1+5$，$Y=L_1-2L_2$，$Z=L_1L_2$，$t=X+Y$，试求 X、Y、Z 和 t 的中误差。

12. 设有观测向量$\underset{31}{L}=[L_1 \quad L_2 \quad L_3]^{\mathrm{T}}$，其协方差阵为

$$D_{LL}=\begin{bmatrix}4 & 0 & 0\\0 & 3 & 0\\0 & 0 & 2\end{bmatrix}$$

分别求下列函数的方差：

(1) $F_1=L_1-3L_3$；(2) $F_2=3L_2L_3$。

13. 设有同精度独立观测值向量$\underset{31}{L}=[L_1 \quad L_2 \quad L_3]^{\mathrm{T}}$的函数为$Y_1=S_{AB}\dfrac{\sin L_1}{\sin L_3}$，$Y_2=\alpha_{AB}-L_2$，式中：$\alpha_{AB}$和$S_{AB}$为无误差的已知值，测角误差$\sigma=1''$，试求函数的方差$\sigma_{y_1}^2$、$\sigma_{y_2}^2$及其协方差$\sigma_{y_1y_2}$。

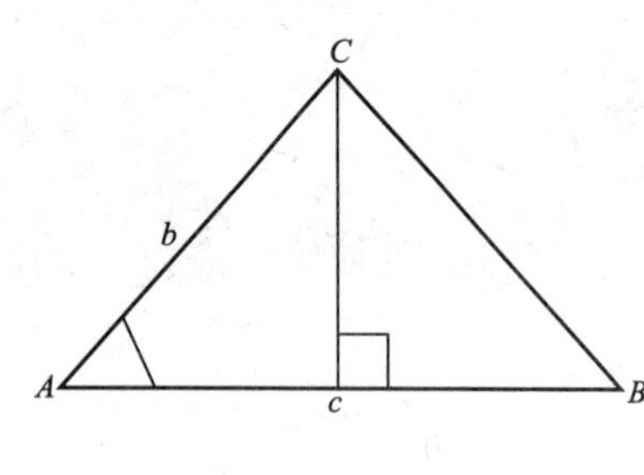

图 3.5　14 题图

14. 在图 3.5$\triangle ABC$中测得$\angle A\pm\sigma_A$，边长$b\pm\sigma_b$，$c\pm\sigma_c$，试求三角形面积的中误差σ_s。

15. 在水准测量中，设每站观测高差的中误差均为 1mm，今要求从已知点推算待定点的高程中误差不大于 5cm，问可以设多少站？

16. 在相同观测条件下，应用水准测量测定了三角点 A、B、C 之间的高差，设三角形的边长分别为$S_1=10\text{km}$，$S_2=8\text{km}$，$S_3=4\text{km}$，令 40km 的高差观测值权为单位权观测，试求各段观测高差之权及单位权中误差。

17. 以相同观测精度$\angle A$和$\angle B$，其权分别为$P_A=\dfrac{1}{4}$，$P_B=\dfrac{1}{2}$，已知$\sigma_8=8''$，试求单位权中误差σ_0和$\angle A$的中误差σ_A。

18. 已知观测值向量$\underset{21}{L}$的权阵为$P_{LL}=\begin{bmatrix}5 & -2\\-2 & 4\end{bmatrix}$，试求观测值的权$P_{L_1}$和$P_{L_2}$。

19. 在相同观测条件下(每一测回的观测精度相同)观测两个角度$\angle A=30°00'00''$和$\angle B=60°00'00''$，设对$\angle A$观测 9 个测回，其平均值权为$p_A=1$，则对$\angle B$观测 16 个测回取平均值的权p_B应为多少？

20. 对$\angle A$进行 4 次同精度独立观测，一次测角中误差为$2.4''$，已知 4 次算术平均值的权为 2。试求：(1)单位权观测值；(2) 单位权中误差；(3) 欲使$\angle A$的权等于 6，应观测几次。

21. 图 3.6 所示的水准路线中，A、B 为已知水准点(设无误差)，C 为待定点，h_1和h_2为高程观测值，s_1和s_2为水准路线长度，求平差后 C 点高程对于高差h_1、h_2的相关权倒数$Q_{\hat{C}h_1}$及$Q_{\hat{C}h_2}$。

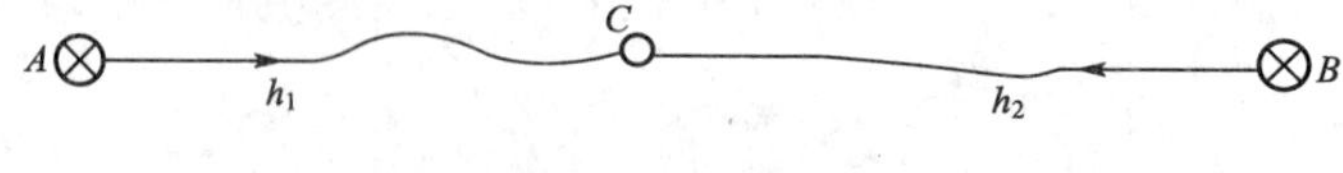

图 3.6　21 题图

22. 图 3.7 所示为一闭合导线，设测回角度中误差为$\sigma_\beta=40''$，5 个内角各测了两个测回，求：

(1) 该导线角度闭合差的中误差；

(2) 要使角度闭合差的中误差不超过 50″，则每个角度至少应观测几个测回？

(3) 若每角观测两个测回，导线角度闭合差进行调整后，各角度平差后的中误差又是多少。

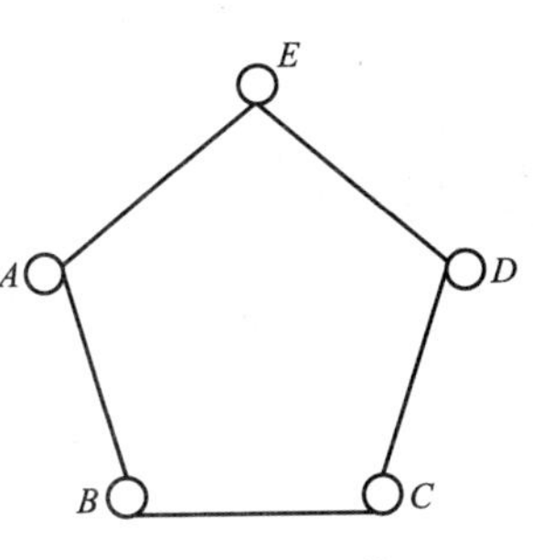

图 3.7 导线示意图

23. 设附合水准路线长为 80km，令每千米观测高差的权为 1，求平差后最弱点(线路中点)高程的权及平差前的权(设起点高程无误差)。

24. 对一个梯形的上底、下底和高各自独立观测了 n 次，设每一次测量的中误差分别为 $\sigma_{上}$、$\sigma_{下}$、$\sigma_{高}$，设测得上底、下底和高的观测值的平均值分别为 A、B、H，梯形面积的平均值由 $\overline{S}=$(上底＋下底)×高÷2 决定，试求该面积值的中误差 $\sigma_{\overline{S}}$ 的计算表达式。

25. 用钢尺量距，共测量 12 个尺段，设量一尺段的偶然中误差为 $\sigma=0.001$m，钢尺的检定中误差为 $\varepsilon=0.002$m，求全长的综合中误差。

第4章 平差数学模型

教学目标

本章主要介绍了测量平差的数学模型，包括函数模型和随机模型。通过本章的学习，应达到以下目标：

(1) 了解模型的基本理论；

(2) 了解测量基准的理论；

(3) 重点掌握经典测量平差的5种函数模型；

(4) 能会非线性函数模型线性化；

(5) 掌握经典测量平差的5种数学模型。

教学要求

知识要点	能力要求	相关知识
模型的基本原理	(1) 了解模型的基本概念 (2) 掌握几何模型的概念 (3) 理解条件方程的含义和类型 (4) 必要元素与多余观测数之间的关系	(1) 几何模型的概念 (2) 条件方程的类型 (3) 必要元素的确定 (4) 多余观测数的概念 (5) 闭合差的概念
测量基准	(1) 了解测量基准的概念和作用 (2) 了解测量基准的确定	(1) 尺度基准的定义 (2) 水准网基准的个数 (3) 二维平面控制网基准的个数 (4) 三维控制网基准的个数
测量平差的函数模型	(1) 掌握函数模型的概念 (2) 掌握5种经典平差的函数模型	(1) 函数模型的概念 (2) 条件平差的函数模型 (3) 间接平差的函数模型 (4) 附有参数的条件平差的函数模型 (5) 附有限制条件的间接平差函数模型 (6) 附有限制条件的条件平差的函数模型
函数模型的线性化	(1) 了解非线性函数模型线性化的方法 (2) 掌握5种平差函数模型线性化的形式	5种平差函数模型线性化后的函数模型
测量平差的数学模型	(1) 掌握随机模型的概念 (2) 掌握5种平差模型的数学模型 (3) 重点掌握5种平差模型的数学模型公式每个字母的含义	(1) 随机模型的确定 (2) 条件平差的数学模型 (3) 间接平差的数学模型 (4) 附有参数的条件平差的数学模型 (5) 附有限制条件的间接平差的数学模型 (6) 附有限制条件的条件平差的数学模型

基本概念

条件方程、必要元素、多余观测数、自由度、闭合差、测量基准、函数模型、随机模型、条件平差、间接平差、附有参数的条件平差、附有限制条件的间接平差、附有限制条件的条件平差

引言

在测量工作中，观测了不同的数据，如何对这些数据进行处理？首要的任务是寻找出这些数据之间满足的各种关系，根据这些关系列出各种关系式，如观测了一个三角形的三个内角：L_1，L_2，L_3，则根据三角形内角之和为180°，有如下关系式：

$$\tilde{L}_1+\tilde{L}_2+\tilde{L}_3=180°$$

本章就是要研究在实际测量工作中观测量之间满足的关系，并用数学模型来表达。

4.1 概　　述

测量平差中，数学模型是平差的基础。深刻理解数学模型的概念，将有助于推进平差工作。但是长期以来，数学模型在测量平差中的重要性没有被认识。这是因为测量平差中的数学模型都是清晰定义的，即未知参数和观测量之间有严格的函数关系，称为结构关系模型。随着测量理论和观测技术的发展，描述测量中各种现象的数学模型越来越复杂了，传统的平差模型已经不能满足近代平差的要求，平差模型必须扩展，因此系统地了解一些模型的有关知识是十分必要的。

4.1.1 模型基本概念

1. 模型

模型是现实客观事物的一个表示和体现，它具有以下几个特点。

(1) 它是客观世界一部分的模拟或抽象。

(2) 它由那些与分析问题有关的因素构成。

(3) 它体现了有关因素之间的内在联系。

总之，由于它是客观现实的一种描述，因此必须反映实际，但它又是现实世界的一种抽象，所以又要高于实际。这样就便于研究其共性，从而有助于解决实际问题。

模型的种类很多，有形象模型(如建筑模型、飞机模型)，抽象模型(用符号、图表等来描述客观事物内在联系和特性，如地图)，在抽象模型中又包括模拟模型、概念模型和数学模型。测量平差中，大部分内容属于数量问题，因此所考虑的总是数学模型。

用字母、数字和其他数学符号所建立起来的等式或不等式称为数学模型，它是现实世界的一个抽象。测量平差中各种类型的初始方程，都是数学模型。

2. 如何建立数学模型

建立数学模型通常有如下要求。

(1) 有足够的准确度。就把本质的东西和关系反映进去，把不影响反映现实真实程度的非本质的东西去掉。

(2) 简单。模型既要有足够的准确度，又要求简单。如果一个复杂的模型能用一个简单的模型代替，而且对准确度影响不大，就没有必要搞一个复杂的模型。复杂模型难以求解，而且要付出较高的代价。

(3) 依据要充分。就是依据科学规律建立数学表达式。

(4) 尽量借鉴标准形式。在模拟实际对象时，如果有一些标准形式可供借鉴，不妨先试用一下，因为它们已经有一些现成的数学方法可用。

(5) 模型中所表示的系统要能操纵和控制，否则建立的模型毫无意义。

客观事物是复杂的，对于一个具体问题要建立一个比较适合的模型比较难。建立模型是一种创造性的劳动，而且有人认为它是一种艺术。测量平差的许多问题以及实际的困难，事实上属于建立模型的问题。

建立模型的方法有很多，下面简要介绍 3 种常用的方法。

(1) 直接分析法。当实际问题比较简单或比较明显时，按问题的性质和范围直接构造模型。如建立误差方程式和条件方程式。本课程所建立的数学模型都是采用的此种方法。

(2) 模拟法。有些模型的结构性质虽然已经很清楚，但对这个模型的数量描述及求解却很困难。如果有另一种系统的结构性质与之相同，构造出的模型也类似，但处理时却简单得多，这时用后一种模型来模拟前一种模型，对后一种模型进行试验和求解，就叫模拟法。

(3) 回归分析法。有些系统结构性质不清楚，但是可以通过描述系统功能的数据分析，来搞清楚系统的结构模型。这些数据是已知的，或者可以按需要收集的。例如，在研究局部区域重力变化趋势面时，需要根据该区域中某些点上的重力变化找出该区域重力变化在空间上的总趋势，这时可以考虑用回归分析。

一般来说，建立模型要经过下列步骤。

(1) 明确目标。

(2) 对系统进行周密调查，去粗取精，去伪存真，找出主要因素，确定主要变量。

(3) 找出各种关系。

(4) 明确系统的约束条件。

(5) 规定符号、代号。

(6) 根据有关学科的知识，用数学符号、数学公式表达所有的关系。

实际中，构造出的模型可能比较复杂，求解困难，这时可以对模型进行简化和修改，常用的方法如下。

(1) 去掉模型中的一些变量。可以采用试探法，看哪些是主要变量，哪些是次要变量。

(2) 合并和分细一些变量。有些性质相同的变量合并成少数有代表性的变量，也有时把某些变量再分细。

(3) 改变变量的性质。如把所有的变量看成常量，连续变量看成离散变量，函数变量看成随机变量。

(4) 改变变量之间的函数关系。最常用的方法是把非线性函数化为线性函数，或化为二次函数。在随机性问题中，用常用的正态分布代替其他不好处理的分布，用随机独立的随机变量代替随机相关的随机变量。

4.1.2 几何模型

在测量工作中，最常见的是要确定某些几何量的大小。如为了确定某些点的高程而建立水准网，为了确定某些点的平面位置而建立平面控制网。前者包含点间的高差、点的高程元素，后者包含角度、边长、边的方位角以及点的二维坐标等元素，这些元素都是几何量。将包含这些几何量的网统称为几何模型。

4.1.3 必要元素

必要元素是能够唯一确定一个几何模型所必要的元素。必要元素的个数用 t 来表示，通常称为必要观测数。对于一个确定的几何模型，必要观测数 t 是确定的。t 只与几何模型有关，与实际观测值无关。例如三角形前方交会确定一个待定点坐标，必要观测数为 2，可测两个角、一边一角或两边，都唯一确定这个几何模型。但要注意，t 个元素之间必须不存在函数关系，否则实际个数少于 t。

4.1.4 条件方程

一个几何模型若有多余观测值，则观测值的正确值与几何模型中的已知值之间必然产生相应的函数关系，这样的约束函数关系式在测量平差中称为条件方程。

一般有如下几种类型的条件方程。

$F(\tilde{L})=0$，线性形式为

$$A\tilde{L}+A_0=0 \tag{4-1}$$

$\tilde{L}=F(\tilde{X})$，线性形式为

$$\tilde{L}=B\tilde{X}+d \tag{4-2}$$

$F(\tilde{L},\tilde{X})=0$，线性形式为

$$A\tilde{L}+B\tilde{X}+A_0=0 \tag{4-3}$$

$\Phi(\tilde{X})=0$，线性形式为

$$C\tilde{X}+C_0=0 \tag{4-4}$$

前三类方程中都含有观测量或同时含有观测量和未知参数，而最后一种方程则只含有未知参数而无观测量，为了便于区别，特将前三类方程统称为一般条件方程，而将最后一类方程称为限制条件方程。

4.1.5 多余观测数

设对一个几何模型观测了 n 个几何元素，该模型的必要观测数为 t，则 $n<t$ 时，几何模型不能确定，即某些几何元素不能求出。$n=t$ 时，虽几何模型可唯一确定，但没有检核条件。即使有错也不能发现，可靠性为零。测量工作中一般要求 $n>t$，此时称 $r=n-t$ 为多余观测数，又称自由度。

4.1.6 闭合差

以观测值代入条件方程，由于存在观测误差，条件式将不能满足。测量平差中将观测值代入后所得值称为闭合差。测量平差任务之一就是消除不符值。所谓消除不符值，就是合理地调整观测值，对观测值加改正数，以达到消除闭合差的目的。可见消除不符值就是消除闭合差。闭合差一般用 w 表示。

4.2 测量基准

在平差问题中，如果没有足够的起算数据，只根据观测数据是无法确定的。这种起算数据称为平差问题的基准。

例如，水准网的未知参数一般是水准点高程，而被观测量是水准点之间的高差，只根据高差是不可能求得各水准点高程的。如果还考虑水准尺的尺度比，将尺度比也作为未知参数，则由高差也不可能确定尺度比，因此水准网中，为了求得各点高程，需要一个高程基准，为了求得尺度比，则还需要一个尺度基准。

一般来说，对于一个纯粹的 n 维几何空间大地网，当选取点位坐标和尺度比为未知参数，被观测量是边长(或高差)和方向(或角度)时，基准的类型和个数是

尺度基准：$d_1=c_n^0=1$；

位置基准(平移自由度)：$d_2=c_n^1=n$；

方位基准(旋转自由度)：$d_3=c_n^2=\dfrac{1}{2}n(n-1)$ $(n\geqslant 2)$。

水准网可以说是一维空间的控制网，它的高程基准也就是它的位置基准，所以水准网的基准个数为

$$d_{\mathrm{I}}=d_1+d_2=c_1^0+c_1^1=1+1=2$$

当不考虑尺度基准时，$d_1=0$，$d_{\mathrm{I}}=1$。

三角网、测边网和导线网都是二维平面控制网，故它们的基准个数为

$$d_{\mathrm{II}}=d_1+d_2+d_3=c_2^0+c_2^1+c_2^2=4$$

以上 3 种二维平面控制网常不考虑尺度基准，此时 $d_{\mathrm{II}}=3$。

而对于各种三维控制网，则有

$$d_{\mathrm{III}}=d_1+d_2+d_3=c_3^0+c_3^1+c_3^2=1+3+3=7$$

4.3 函数模型

函数模型是描述观测值与待求量之间确定性关系的一种理论上的数学关系式，即观测值和待求量之间的真值(或平差值)应该满足的数学关系式。同一个平差问题可根据情况采用不同的函数模型，因此对应不同的平差方法，如间接平差法、条件平差法等。函数模型也存在线性形式和非线性形式，测量平差通常是基于线性形式的函数模型。对于非线性的函数模型，应当用泰勒级数展开并取至一次项，将其线性化再进行平差计算。

现将经典平差中最常用的几种函数模型加以介绍。

4.3.1 条件平差函数模型

以条件方程为函数模型的平差方法，称为条件平差方法。

在图4.1所示的水准网中，D 为已知高程水准点，A、B、C 均为待定点，观测值向量的真值为

$$\underset{6\times1}{\tilde{L}}=[\tilde{h}_1,\ \tilde{h}_2,\ \tilde{h}_3,\ \tilde{h}_4,\ \tilde{h}_5,\ \tilde{h}_6]^{\mathrm{T}}$$

为了确定 A、B、C 三点高程，其必要观测个数(即必要元素)为 $t=3$，观测个数为 $n=6$，故多余观测个数为 $r=n-t=6-3=3$，应列出3个线性无关的条件方程

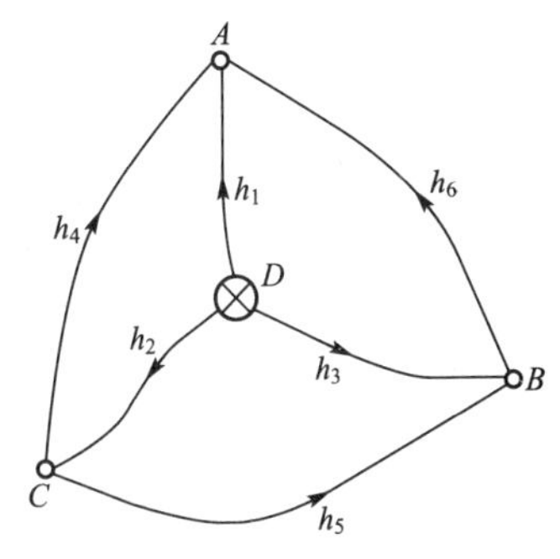

图4.1　水准网

$$F_1(\tilde{L})=\tilde{h}_1-\tilde{h}_2-\tilde{h}_4=0$$

$$F_2(\tilde{L})=\tilde{h}_2-\tilde{h}_3+\tilde{h}_5=0$$

$$F_3(\tilde{L})=\tilde{h}_1-\tilde{h}_3-\tilde{h}_6=0$$

令

$$\underset{3\times6}{A}=\begin{bmatrix}1 & -1 & 0 & -1 & 0 & 0\\ 0 & 1 & -1 & 0 & 1 & 0\\ 1 & 0 & -1 & 0 & 0 & -1\end{bmatrix}$$

则上面条件方程组可写为

$$A\tilde{L}=0 \tag{4-5}$$

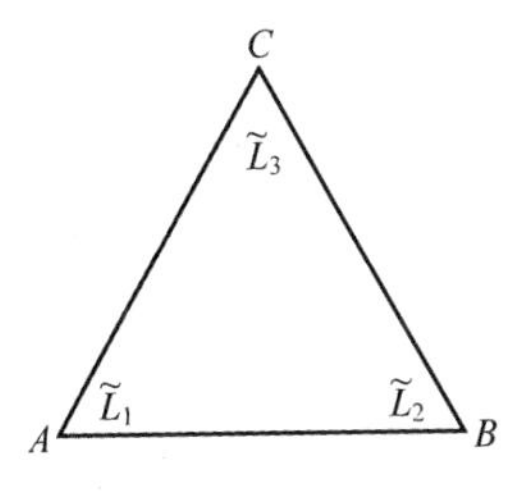

图4.2　三角形几何模型

在图4.2所示的 ΔABC 中，观测了3个内角，$n=3$，必要观测个数 $t=2$，多余观测个数 $r=n-t=3-2=1$，存在条件方程为

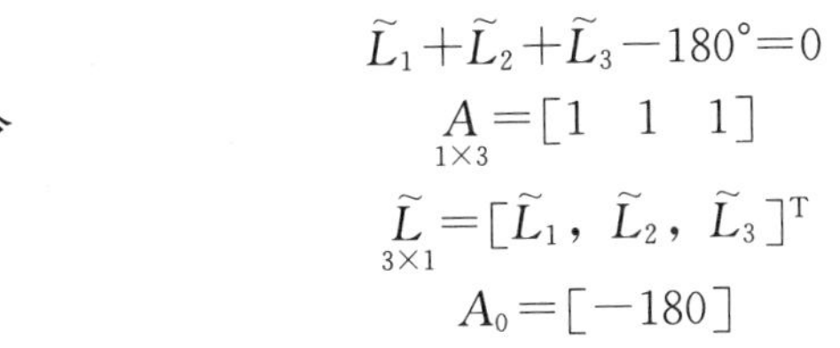

$$\tilde{L}_1+\tilde{L}_2+\tilde{L}_3-180°=0$$

令

$$\underset{1\times3}{A}=[1\quad 1\quad 1]$$

$$\underset{3\times1}{\tilde{L}}=[\tilde{L}_1,\ \tilde{L}_2,\ \tilde{L}_3]^{\mathrm{T}}$$

$$A_0=[-180]$$

则上式为

$$A\tilde{L}+A_0=0 \tag{4-6}$$

一般而言，如果有 n 个观测值 $\underset{n\times 1}{L}$，必要观测个数为 t，则应列出 $r=n-t$ 个条件方程，即

$$F(\tilde{L})=0 \tag{4-7}$$

如果条件方程为线性形式，则可以直接写为

$$A\tilde{L}+A_0=0 \tag{4-8}$$

将$\tilde{L}=L+\Delta$ 代入式(4－8)，并令

$$W=AL+A_0$$

则式(4－8)为

$$A\Delta+W=0 \tag{4-9}$$

式(4－8)或式(4－9)即为条件平差的函数模型。以此模型为基础的平差计算称为条件平差法。

4.3.2　间接平差函数模型

由前所述，一个几何模型可以由 t 个独立的必要观测量唯一地确定下来，因此，平差时若把这 t 个量都选作参数，即 $u=t$(这是独立参数的上限)，那么通过这 t 个独立参数就能唯一地确定该几何模型，换句话说，模型中的所有量都一定是这 t 个独立参数的函数，每个观测量也都可以表达为所选 t 个独立参数的函数。

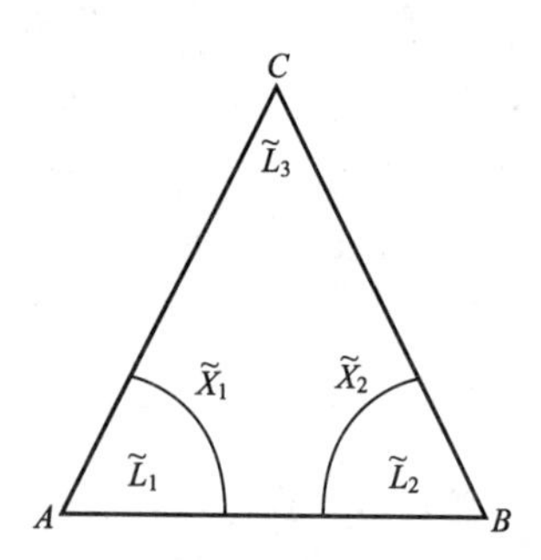

图 4.3　确定三角形形状的参数

选择几何模型中 t 个独立量为平差参数，将每一个观测量表达成所选参数的函数，共列出 n 个这种函数关系式，称为观测方程，以此作为平差的函数模型的平差方法称为间接平差法，又称为参数平差法。

在图 4.3 所示的△ABC 中，观测了 3 个内角 L_1、L_2、L_3，$n=3$，$t=2$，$r=n-t=1$，平差时选∠A、∠B 为平差参数$\tilde{X}_1$、$\tilde{X}_2$，即$\tilde{X}=(\tilde{X}_1、\tilde{X}_2)^{\mathrm{T}}$，$u=2$，共需列出 $r+u=3$ 个函数关系式，列立方法是将每一个观测量表达成所选参数的函数，由图 4.3 知

$$\begin{cases}\tilde{L}_1=\tilde{X}_1\\ \tilde{L}_2=\tilde{X}_2\\ \tilde{L}_3=-\tilde{X}_1-\tilde{X}_2-180^\circ\end{cases} \tag{4-10}$$

观测方程的个数恰好等于观测值的个数。

令　$\tilde{X}=(\tilde{X}_1\quad \tilde{X}_2)^{\mathrm{T}}$，$\tilde{L}=(\tilde{L}_1\quad \tilde{L}_2\quad \tilde{L}_3)^{\mathrm{T}}$

$$B=\begin{bmatrix}1 & 0\\ 0 & 1\\ -1 & -1\end{bmatrix},\quad d=\begin{bmatrix}0\\ 0\\ 180^\circ\end{bmatrix}$$

则式(4－10)可写为

$$\underset{3\times1}{\tilde{L}}=\underset{3\times2}{B}\underset{2\times1}{\tilde{X}}+\underset{3\times1}{d} \tag{4-11}$$

一般而言，如果某一平差问题中，观测值个数为 n，必要观测个数为 t，多余观测个数为 $r=n-t$，再增选 u 个独立参数 $\underset{u\times1}{\tilde{X}}$，$u=t$，则总共应列出 $c=u+r=u+n-t=t+n-t=n$ 个函数关系式，其一般形式为

$$\underset{n\times1}{\tilde{L}}=F(\tilde{X})$$

如果这种表达式为线性的，一般为

$$\underset{n\times1}{\tilde{L}}=\underset{n\times t}{B}\underset{t\times1}{\tilde{X}}+\underset{n\times1}{d} \tag{4-12}$$

将 $\tilde{L}=L+\Delta$ 代入式(4-12)，并令

$$l=L-d \tag{4-13}$$

则式(4-12)可写为

$$\Delta=B\tilde{X}-l \tag{4-14}$$

式(4-12)或式(4-14)就是间接平差的函数模型。其中式(4-12)称为观测方程。

4.3.3 附有参数的条件平差函数模型

在平差问题中，设观测值个数为 n，必要观测个数为 t，则可以列出 $r=n-t$ 个条件方程，现又增设了 u 个独立量作为未知参数，且 $0<u<t$，每增加一个参数应增加一个条件方程，因此，共需列出 $c(c=r+u)$ 个条件方程，以含有参数的条件方程为平差函数模型的平差方法，称为附有参数的条件平差法。

在图4.3所示的△ABC 中，观测了3个内角 L_1、L_2、L_3，$n=3$，$t=2$，$r=n-t=1$，平差时选∠A 为平差参数 $\tilde{X}$，即 $u=1$，此时条件方程个数应为 $c=u+r=1+1=2$ 个，可写成

$$\tilde{L}_1+\tilde{L}_2+\tilde{L}_3-180^\circ=0$$

$$\tilde{L}_1-\tilde{X}=0$$

令

$$A=\begin{bmatrix}1 & 1 & 1\\1 & 0 & 0\end{bmatrix},\quad B=\begin{bmatrix}0\\-1\end{bmatrix},\quad A_0=\begin{bmatrix}-180^\circ\\0\end{bmatrix}$$

则上式可写成

$$A\tilde{L}+B\tilde{X}+A_0=0$$

一般而言，在某一平差问题中，观测值个数为 n，必要观测个数为 t，多余观测个数为 $r=n-t$，再增选 u 个独立参数，$0<u<t$，则总共应列出 $c=r+u$ 个条件方程，其一般形式为

$$\underset{3\times2}{F}(\tilde{L},\ \tilde{X})=0 \tag{4-15}$$

如果条件方程是线性的，其形式为

$$\underset{c\times n}{A}\underset{n\times1}{\tilde{L}}+\underset{c\times u}{B}\underset{u\times1}{\tilde{X}}+\underset{c\times1}{A_0}=0 \tag{4-16}$$

将$\widetilde{L}=L+\Delta$代入式(4-16)，并令

$$W=AL+A_0$$

则得

$$A\Delta+B\widetilde{X}+W=0 \tag{4-17}$$

式(4-15)或式(4-16)为附有参数的条件平差的函数模型，其特点是观测量$\widetilde{L}$和参数$\widetilde{X}$同时作为模型中的未知量参与平差，是一种间接平差与条件平差的混合模型。此平差问题，由于增选了u个参数，条件方程总数由r个增加到$c=r+u$个，平差自由度即多余观测个数不变，仍为$r(r=c-u)$。

4.3.4 附有限制条件的间接平差的函数模型

如果在某平差问题中，选取$u>t$个参数，其中包含t个独立参数，则多选的$s=u-t$个参数必定是t个独立参数的函数，即在u个参数之间存在着s个函数关系式。方程的总数$c=r+u=r+t+s=n+s$个，建立模型时，除了列立n个观测方程外，还要增加参数之间满足的s个约束参数的条件方程，以此作为平差函数模型的平差方法称为附有条件的间接平差。

一般而言，附有限制条件的间接平差可组成下列方程

$$\begin{cases}\underset{n\times1}{\widetilde{L}}=F(\underset{u\times1}{\widetilde{X}})\\ \underset{s\times1}{\Phi}(\widetilde{X})=0\end{cases}$$

线性形式的函数模型为

$$\underset{n\times1}{\widetilde{L}}=\underset{n\times u}{B}\underset{u\times1}{\widetilde{X}}+\underset{n\times1}{d} \tag{4-18}$$

$$\underset{s\times u}{C}\underset{u\times1}{\widetilde{X}}+\underset{s\times1}{W_x}=0 \tag{4-19}$$

将$\widetilde{L}=L+\Delta$代入式(4-18)，并令

$$l=L-d$$

则式(4-18)和式(4-19)可写为

$$\Delta=B\widetilde{X}-l \tag{4-20}$$

$$C\widetilde{X}+W_x=0 \tag{4-21}$$

这就是附有条件的间接平差的函数模型。其中式(4-21)称为限制条件方程。该平差问题的自由度仍是$r=n-t=n-(u-s)$。

4.3.5 附有限制条件的条件平差的函数模型

上面几种模型的建立，对参数的选择都提出了相应的要求，如条件平差$u=0$；附有参数的条件平差$0<u<t$，且要求参数间独立；间接平差$u=t$，也要求参数间独立；附有条件的间接平差$u>t$，要求包含t个独立参数。

附有限制条件的条件平差的基本思想是：对于一个平差问题，若增选了u个参数，不

论 $u<t$、$u=t$ 或 $u>t$，每增加一个参数则肯定相应地增加 1 个方程，故方程的总数为 $r+u$ 个。如果在 u 个参数中所选的独立参数小于 t，而且有 s 个是不独立的，或者说在这 u 个参数中存在着 s 个函数关系式，则应列出 s 个形如式(4-21)的限制条件方程，除此之外再列出 $c=r+u-s$ 个形如式(4-17)的一般条件方程，形成如下的函数模型

$$\begin{cases} \underset{c\times1}{F}(\tilde{L},\ \tilde{X})=0 \\ \underset{s\times1}{\Phi}(\tilde{X})=0 \end{cases}$$

若为线性形式，则为

$$\underset{c\times n}{A}\,\underset{n\times1}{\tilde{L}}+\underset{c\times u}{B}\,\underset{u\times1}{\tilde{X}}+\underset{c\times1}{A_0}=0 \tag{4-22}$$

$$\underset{s\times u}{C}\,\underset{u\times1}{\tilde{X}}+\underset{s\times1}{W_x}=0 \tag{4-23}$$

考虑到 $\tilde{L}=L+\Delta$，则

$$\begin{cases} A\Delta+B\tilde{X}+W=0 \\ C\tilde{X}+W_x=0 \end{cases} \tag{4-24}$$

式(4-24)就是附有限制条件的条件平差的函数模型。

【例 4-1】 在图 4.4 所示的水准网中，A、B 点为已知水准点，P_1、P_2 点为待定水准点，观测高差为 h_1、h_2、h_3、h_4。

试按下面不同情况，分别列出相应的平差函数模型。

(1) 按条件平差法。

(2) 选 P_1、P_2 点高程为未知参数 $\tilde{X}_1$、$\tilde{X}_2$ 时。

(3) 仅选 P_1 点高程为未知参数 $\tilde{X}$ 时。

(4) 选 h_1、h_2、h_3 的平差值为未知参数 $\tilde{X}_1$、$\tilde{X}_2$、$\tilde{X}_3$ 时。

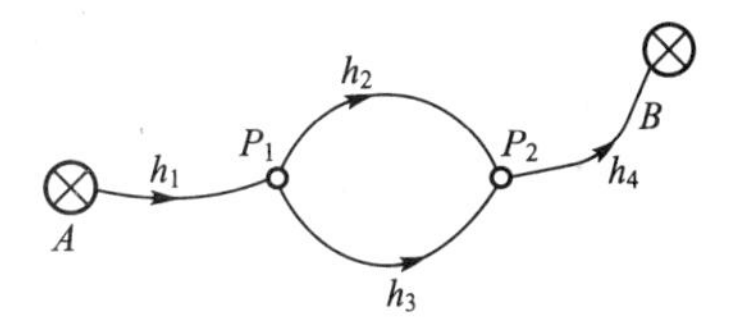

图 4.4 水准网示意图

(5) 选 h_2、h_3 的平差值为未知参数 $\tilde{X}_1$、$\tilde{X}_2$ 时。

解： 本题 $n=4$，$t=2$，则 $r=n-t=4-2=2$。

(1) 按条件平差法应列出 2 个条件方程，它们可以是

$$\tilde{h}_2-\tilde{h}_3=0$$

$$\tilde{h}_1+\tilde{h}_2+\tilde{h}_4+H_A-H_B=0$$

(2) 此时参数个数 $u=t=2$，且不相关，属于间接平差，函数模型为

$$\tilde{h}_1=\tilde{X}_1-H_A$$

$$\tilde{h}_2=-\tilde{X}_1+\tilde{X}_2$$

$$\tilde{h}_3=-\tilde{X}_1+\tilde{X}_2$$

$$\tilde{h}_4=-\tilde{X}_2+H_B$$

(3) $u=1<t$，属于附有参数的条件平差，方程个数为 $r+u=3$

$$\tilde{h}_2-\tilde{h}_3=0$$

$$\tilde{h}_1+\tilde{h}_2+\tilde{h}_4+H_A-H_B=0$$

$$\tilde{h}_1-\tilde{X}+H_A=0$$

(4) $u=3>t$ 且包含 2 个独立参数，属于附有条件的间接平差，限制条件方程个数为 $s=u-t=1$，观测方程个数为 4 个。函数模型为

$$\tilde{h}_1=\tilde{X}_1$$

$$\tilde{h}_2=\tilde{X}_2$$

$$\tilde{h}_3=\tilde{X}_3$$

$$\tilde{h}_4=-\tilde{X}_1-\tilde{X}_2-H_A+H_B$$

限制条件方程为

$$\tilde{X}_2-\tilde{X}_3=0$$

(5) $u=t=2$ 但相关，属于附有限制条件的条件平差。方程总个数为 $r+u=4$ 个，应列 1 个限制条件方程和 3 个一般条件方程。函数模型为

$$\tilde{h}_2-\tilde{h}_3=0$$

$$\tilde{h}_1+\tilde{h}_4+\tilde{X}_1+H_A-H_B=0$$

$$\tilde{h}_1+\tilde{h}_4+\tilde{X}_2+H_A-H_B=0$$

$$\tilde{X}_1-\tilde{X}_2=0$$

4.4 函数模型的线性化

4.3 节介绍了 5 种经典平差方法的函数模型，都是在线性情况下，如果是非线性形式，在进行平差计算时，必须首先将非线性方程按泰勒公式展开，取至一次项，转换成线性方程。

设有函数

$$\underset{c\times 1}{F}=F(\underset{n\times 1}{\tilde{L}},\ \underset{u\times 1}{\tilde{X}}) \tag{4-25}$$

为了线性化，取$\tilde{X}$的充分近似值 X^0，使

$$\tilde{X}=X^0+\tilde{x} \tag{4-26}$$

同时考虑到 $\tilde{L}=L+\Delta$

$\tilde{x}$和 Δ 均要求是微小量，将函数在近似值处作泰勒展开，略去二次和二次以上各项，于是有

$$F=F(L+\Delta,\ X^0+\tilde{x})=F(L,\ X^0)+\left.\frac{\partial F}{\partial \tilde{L}}\right|_{L,X^0}\Delta+\left.\frac{\partial F}{\partial \tilde{X}}\right|_{L,X^0}\tilde{x}$$

若令

$$A=\left.\frac{\partial F}{\partial \widetilde{L}}\right|_{L,X^0}=\begin{bmatrix}\frac{\partial F_1}{\partial \widetilde{L}_1} & \frac{\partial F_1}{\partial \widetilde{L}_2} & \cdots & \frac{\partial F_1}{\partial \widetilde{L}_n}\\ \frac{\partial F_2}{\partial \widetilde{L}_1} & \frac{\partial F_2}{\partial \widetilde{L}_2} & \cdots & \frac{\partial F_2}{\partial \widetilde{L}_n}\\ \cdots & \cdots & \cdots & \cdots\\ \frac{\partial F_c}{\partial \widetilde{L}_1} & \frac{\partial F_c}{\partial \widetilde{L}_2} & \cdots & \frac{\partial F_c}{\partial \widetilde{L}_n}\end{bmatrix}_{L,X^0}$$

$$B=\left.\frac{\partial F}{\partial \widetilde{X}}\right|_{L,X^0}=\begin{bmatrix}\frac{\partial F_1}{\partial \widetilde{X}_1} & \frac{\partial F_1}{\partial \widetilde{X}_2} & \cdots & \frac{\partial F_1}{\partial \widetilde{X}_u}\\ \frac{\partial F_2}{\partial \widetilde{X}_1} & \frac{\partial F_2}{\partial \widetilde{X}_2} & \cdots & \frac{\partial F_2}{\partial \widetilde{X}_u}\\ \cdots & \cdots & \cdots & \cdots\\ \frac{\partial F_c}{\partial \widetilde{X}_1} & \frac{\partial F_c}{\partial \widetilde{X}_2} & \cdots & \frac{\partial F_c}{\partial \widetilde{X}_u}\end{bmatrix}_{L,X^0}$$

则函数$\underset{c\times 1}{F}$的线性形式为

$$F=F(L,\ X^0)+A\Delta+B\widetilde{x} \tag{4-27}$$

1. 条件平差法

$$\underset{r\times 1}{F}(\widetilde{L})=\underset{r\times 1}{F}(L)+\underset{r\times n}{A}\ \underset{n\times 1}{\Delta}=\underset{r\times 1}{0} \tag{4-28}$$

式中：$A=\left.\frac{\partial F}{\partial \widetilde{L}}\right|_{L}$，令 $W=F(L)$

则式(4-28)变为

$$A\Delta+W=0 \tag{4-29}$$

式(4-29)即为条件平差的线性函数模型。

2. 附有参数的条件平差

$$\underset{c\times 1}{F}(\widetilde{L},\ \widetilde{X})=F(L,\ X^0)+\underset{c\times n}{A}\ \underset{n\times 1}{\Delta}+\underset{c\times u}{B}\ \underset{u\times 1}{\widetilde{x}}=\underset{c\times 1}{0}$$

式中：A、B即式(4-27)，令

$$W=F(L,\ X^0)$$

则有

$$A\Delta+B\widetilde{x}+W=0 \tag{4-30}$$

式(4-30)即为附有参数条件平差的线性函数模型。

3. 间接平差法

$$\underset{n\times 1}{\widetilde{L}}=F(\widetilde{X})=L+\Delta=\underset{n\times 1}{F}(X^0)+\underset{n\times t}{B}\ \underset{t\times 1}{\widetilde{x}}$$

式中：$B=\left.\frac{\partial F}{\partial \widetilde{X}}\right|_{X^0}$。

令 $l=L-F(X^0)$ 则有

$$\Delta=B\tilde{x}-l \tag{4-31}$$

式(4－31)即为间接平差线性化后的函数模型。

4. 附有限制条件的间接平差

$$\underset{n\times1}{\tilde{L}}=F(\tilde{X})$$

$$\underset{s\times1}{\Phi}(\tilde{X})=0$$

因为

$$\Phi(\tilde{X})=\Phi(X^0)+\left.\frac{\partial\Phi}{\partial\tilde{X}}\right|_{X^0}\tilde{x} \tag{4-32}$$

令

$$W_x=\Phi(X^0)$$

则线性化后的模型为

$$\begin{cases}l+\Delta=B\tilde{x}\\C\tilde{x}+W_X=0\end{cases} \tag{4-33}$$

式中

$$C=\left.\frac{\partial\Phi}{\partial\tilde{X}}\right|_{X^0}=\begin{bmatrix}\frac{\partial\Phi_1}{\partial\tilde{X}_1} & \frac{\partial\Phi_1}{\partial\tilde{X}_2} & \cdots & \frac{\partial\Phi_1}{\partial\tilde{X}_u}\\ \frac{\partial\Phi_2}{\partial\tilde{X}_1} & \frac{\partial\Phi_2}{\partial\tilde{X}_2} & \cdots & \frac{\partial\Phi_2}{\partial\tilde{X}_u}\\ \vdots & \vdots & \vdots & \vdots\\ \frac{\partial\Phi_s}{\partial\tilde{X}_1} & \frac{\partial\Phi_s}{\partial\tilde{X}_2} & \cdots & \frac{\partial\Phi_s}{\partial\tilde{X}_u}\end{bmatrix}_{X^0}$$

式(4－33)即为附有限制条件的间接平差线性化后的函数模型。

5. 附有限制条件的条件平差

$$\begin{cases}\underset{c\times1}{F}(\tilde{L},\ \tilde{X})=0\\ \underset{s\times1}{\Phi}(\tilde{X})=0\end{cases} \tag{4-34}$$

根据式(4－30)和式(4－32)，可知式(4－34)线性化后的模型为

$$\begin{cases}A\Delta+B\tilde{x}+W=0\\C\tilde{x}+W_x=0\end{cases} \tag{4-35}$$

式中：$W=F(L,\ X^0)$；$W_x=\Phi(X^0)$。

式(4－35)即为附有限制条件的条件平差线性化后的函数模型。

4.5 测量平差的数学模型

平差的数学模型不仅考虑函数模型，还考虑随机模型，因为带有误差的观测量是一种随机变量，所以平差的数学模型同时包含函数模型和随机模型两个部分，在研究任何平差方法时必须同时考虑，这是测量平差的主要特点。

函数模型在4.3节，4.4节中作了介绍，下面来介绍随机模型。

4.5.1 随机模型

随机模型是描述平差问题中的随机量(如观测量)及其相互间统计相关性质的模型。

观测不可避免地带有偶然误差，使观测结果具有随机性，从概率统计学的观点来看，观测量是一个随机量，描述随机变量的精度指标是方差，描述两个随机变量之间相关性的是协方差，方差、协方差是随机变量的主要统计性质。

对于观测向量 $L=(L_1, L_2, \cdots, L_n)^T$，随机模型是指 L 的方差－协方差阵，简称方差阵或协方差阵。观测向量 L 的方差阵为

$$\underset{n\times n}{D}=\sigma_0^2\underset{n\times n}{Q}=\sigma_0^2\underset{n\times n}{P^{-1}} \tag{4-36}$$

式中：D 为 L 的协方差阵；Q 为 L 的协因数阵；P 为 L 的权阵；σ_0^2为单位权方差。

L 的随机性是由其误差 Δ 的随机性所决定的，Δ 是随机量。Δ 的方差就是 L 的方差，即 $D_L=D_\Delta=D$。式(4－36)称为平差的随机模型。

以上讨论是基于平差函数模型中只有 L(即 Δ)是随机量，而模型中的参数是非随机量的情况，这是本书研究平差中最为普遍的情形。

4.5.2 数学模型

平差的数学模型包含函数模型和随机模型两个部分，前面都加以介绍了。

以上讨论的平差函数模型都是用真误差 Δ(观测量真值$\tilde{L}=L+\Delta$)和未知量真值$\tilde{x}$($\tilde{X}=X^0+\tilde{x}$)表达的。真值是未知的，通过平差可求出 Δ 和$\tilde{x}$的最佳估值，称为平差值。$\tilde{L}$的平差值记为$\hat{L}$，$\tilde{X}$的平差值记为$\hat{X}$。定义为

$$\hat{L}=L+V$$

$$\hat{X}=X^0+\hat{x}$$

V 是 Δ 的平差值，称为 L 的改正数，简称改正数，在讨论 V 的统计性质时，又称 V 为残差。$\hat{x}$为$\tilde{x}$的平差值，它是 X^0的改正数。

在以下各章节阐述基本平差方法的原理时，平差的函数模型一般将用平差值代以真值列出。在这种情况下，各种平差方法的数学模型如下。

(1) 条件平差

$$\begin{cases} AV+W=0 \\ D=\sigma_0^2Q=\sigma_0^2P^{-1} \end{cases} \tag{4-37}$$

(2) 间接平差

$$\begin{cases} V=B\hat{x}-l \\ D=\sigma_0^2Q=\sigma_0^2P^{-1} \end{cases} \tag{4-38}$$

(3) 附有参数的条件平差

$$\begin{cases} AV+B\hat{x}+W=0 \\ D=\sigma_0^2 Q=\sigma_0^2 P^{-1} \end{cases} \tag{4-39}$$

(4) 附有限制条件的间接平差

$$\begin{cases} V=B\hat{x}-l \\ C\hat{x}+W_X=0 \\ D=\sigma_0^2 Q=\sigma_0^2 P^{-1} \end{cases} \tag{4-40}$$

(5) 附有限制条件的条件平差

$$\begin{cases} AV+B\hat{x}+W=0 \\ C\hat{x}+W_x=0 \\ D=\sigma_0^2 Q=\sigma_0^2 P^{-1} \end{cases} \tag{4-41}$$

4.5.3　高斯-马尔柯夫模型(G-M 模型)

G-M 模型是测量平差中最基本、最典型、应用最广的一种线性模型。其数学模型为

$$\begin{aligned} \widetilde{L}=L+\Delta=B\widetilde{X}，E(\Delta)=0 \\ D(L)=D(\Delta)=\sigma_0^2 Q=\sigma_0^2 P^{-1} \end{aligned} \tag{4-42}$$

式中：B 阵为已知的 $n\times t$ 阶系数矩阵(B 阵由控制网的网形决定，也称为设计矩阵)，且设 B 阵为列满秩阵，即 $\mathrm{rg}(B)=t$；$\widetilde{X}$ 为 $t\times 1$ 维未知参数向量；L 为 $n\times 1$ 维随机观测向量。此外，还要求观测值权阵 P 阵为正定矩阵。

G-M 函数模型还有一层含义：观测误差 Δ 中仅含有偶然误差，即 $E(\Delta)=0$。由该 G-M 模型的函数可直接得到间接平差的数学模型。

高斯利用似然函数由该模型导出最小二乘法，并随后指出该模型可以得到参数的最佳估值；马尔柯夫利用最佳线性无偏估计求该模型的参数，因此，将该模型称为高斯-马尔柯夫模型。式(4-42)的高斯-马尔柯夫线性模型也称为 G-M 基本模型，后来人们对该基本模型进行了各种推广和扩展，以满足不同条件下的平差需求。

4.5.4　n、r、t、c、u、s 的含义和关系

有关 n、r、t、c、u、s 的含义在前几节都作了介绍，在这里对其含义和关系进行系统总结。

1. 含义

n：表示观测值的个数，如对图 4.3 进行了角度测量，分别为 L_1、L_2、L_3，则 $n=3$。

t：必要观测个数，由几何模型唯一确定，与实际观测量无关。必要元素之间为函数独立量，简称独立量。平差的前提就是要求 $n>t$。

r：多余观测个数，由观测值的个数和必要观测数唯一确定，也称为自由度。

c：条件方程的个数，不包括约束方程。
u：所选参数的个数。
s：所选参数中不独立参数的个数。

2. 关系

(1) r 与 n、t 的关系

$$r=n-t$$

(2) c 与 r、u、n、s 的关系

c 由多余观测个数 r 和独立参数的个数唯一确定，当参数独立时，即

$$c=r+u=n-t+u \tag{4-43}$$

如果 u 中所选参数中独立参数为 t，则相关参数为 s，则式(4-43)可变为

$$c=r+(u-s)=n-t+t+s-s=n \tag{4-44}$$

$$u=t+s \tag{4-45}$$

本章小结

本章就测量平差的数学模型进行了介绍，主要包括测量平差的函数模型和随机模型。通过本章的学习一定要理解测量平差模型的两个组成部分，即函数模型和随机模型。对5种测量平差模型一定要掌握和理解其公式。

习　　题

1. 几何模型的必要元素与什么有关？必要元素就是必要观测数吗？为什么？

2. 必要观测值的特性是什么？在进行平差前，首先要确定哪些量？如何确定几何模型中的必要元素？试举例说明。

3. 在平差的函数模型中 n、t、r、u、s、c 等字母代表什么量？它们之间有什么关系？

4. 测量平差的函数模型和随机模型分别表示哪些量之间的什么关系？

5. 在图4.5中，A、B 点为已知水准点，P_1、P_2、P_3、P_4 为待定水准点，观测高差向量为 $L=[\tilde{h}_1, \tilde{h}_2, \tilde{h}_3, \tilde{h}_4, \tilde{h}_5, \tilde{h}_6, \tilde{h}_7, \tilde{h}_8]^{\mathrm{T}}$，试列出条件平差的平差函数模型(将条件方程写成真值之间的关系式)。

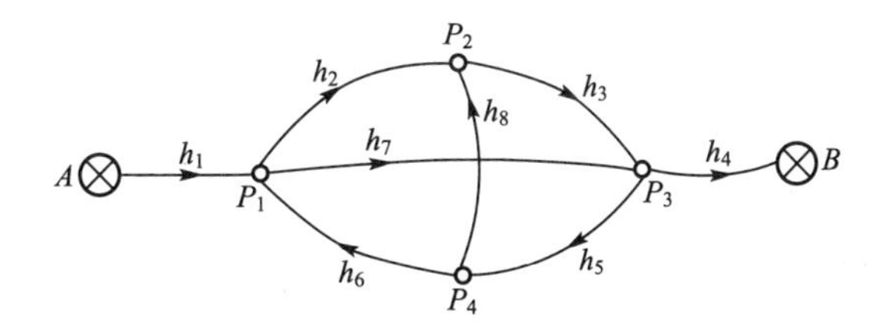

图4.5　水准网示意图

6. 为确定某航摄像片中一块梯形的面积，用卡规量得上底边长为 l_1，下底边长为 l_2，高为 h，并用求积仪量得面积为 S(图 4.6)，若设梯形面积为未知参数$\widetilde{X}$，试按附有参数的条件平差法列出平差函数模型。

7. 在图 4.7 所示的水准网中，A 为已知水准点，P_1、P_2、P_3为待定点，观测高差向量为 $\widetilde{L}=[\widetilde{h}_1, \widetilde{h}_2, \widetilde{h}_3, \widetilde{h}_4, \widetilde{h}_5]^T$，现选取 P_1、P_2、P_3 点高程为未知参数 $\widetilde{X}=[\widetilde{X}_1, \widetilde{X}_2, \widetilde{X}_3]^T$，试列出间接平差的函数模型。

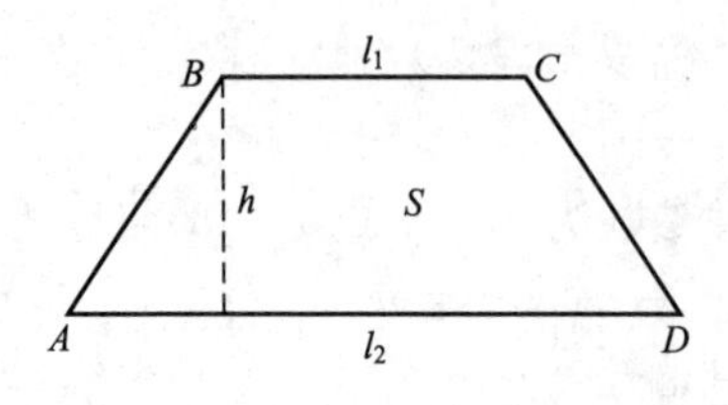

图 4.6 梯形 ABCD

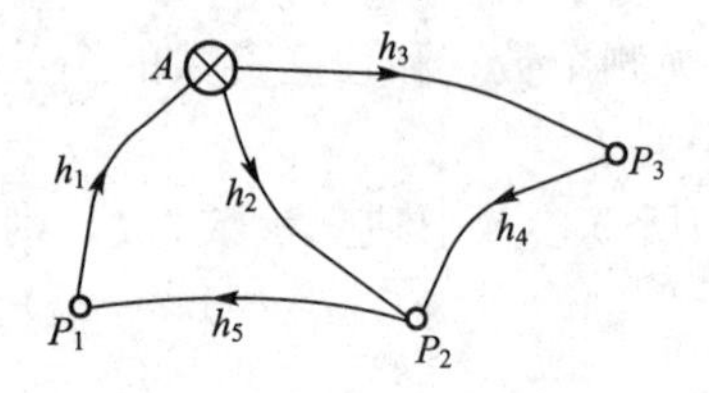

图 4.7 7 题图

8. 在图 4.8 所示的水准网中，A、B 点为已知水准点，P_1、P_2点为待定水准点，观测高差为 h_1、h_2、h_3、h_4。若设三段高差为未知参数$\widetilde{X}=[\widetilde{X}_1, \widetilde{X}_2, \widetilde{X}_3]^T$，试按附有限制条件的间接平差列出平差函数模型。

9. 在图 4.9 所示的水准网中，A、B 点为已知点，P_1、P_2、P_3点为待定点，观测高差为 $h_i(i=1, 2, 3, 4, 5, 6)$，若选 AP_1、P_1P_2及 P_2B 路线的三段高差为未知参数，$\widetilde{X}=[\widetilde{X}_1, \widetilde{X}_2, \widetilde{X}_3]^T$试按附有限制条件的条件平差列出条件方程和限制条件。

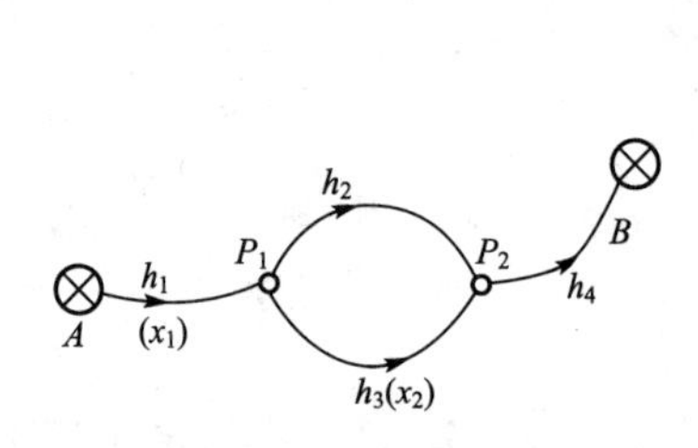

图 4.8 水准网示意图

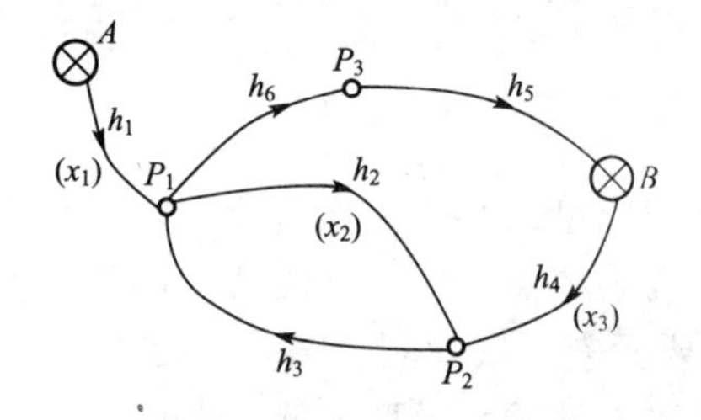

图 4.9 水准网示意图

10. 在下列非线性方程中，A、B 为已知值，L_i为观测值，$\widetilde{L}_i=L_i+\Delta_i$，写出其线性化的形式：

(1) $\widetilde{L}_1 \cdot \widetilde{L}_2-A=0$；

(2) $\widetilde{L}_1^2+\widetilde{L}_2^2-A^2=0$；

(3) $\dfrac{\sin\widetilde{L}_1\sin\widetilde{L}_3}{\sin\widetilde{L}_2\sin\widetilde{L}_4}-1=0$；

(4) $A\cdot\dfrac{\sin\widetilde{L}_3\sin(\widetilde{L}_4+\widetilde{L}_5)}{\sin\widetilde{L}_5\sin\widetilde{L}_6}-B=0$。

11. 指出下面所列方程属于基本平差法中的哪一类函数模型，并说明每个方程中的 n、t、r、u、c、s 等量各为多少(式中 A、B 为已知值)。

$$\begin{cases}\widetilde{L}_1+\widetilde{L}_5+\widetilde{L}_6=0\\ \widetilde{L}_2-\widetilde{L}_6+\widetilde{L}_7=0\\ \widetilde{L}_3+\widetilde{L}_4-\widetilde{L}_7=0\\ \widetilde{L}_5+\widetilde{X}-A=0\\ \widetilde{L}_4-\widetilde{X}+B=0\end{cases}\quad \begin{cases}\widetilde{L}_1=\widetilde{X}_1-A\\ \widetilde{L}_2=-\widetilde{X}_1+\widetilde{X}_2\\ \widetilde{L}_3=-\widetilde{X}_2+\widetilde{X}_3\\ \widetilde{L}_4=-\widetilde{X}_3+A\\ \widetilde{L}_5=-\widetilde{X}_1+\widetilde{X}_3\end{cases}\quad \begin{cases}\widetilde{L}_1=\widetilde{X}_2\\ \widetilde{L}_2=\widetilde{X}_1-\widetilde{X}_2\\ \widetilde{L}_3=-\widetilde{X}_1+\widetilde{X}_3\\ \widetilde{L}_4=-\widetilde{X}_3+A\\ \widetilde{X}_2-\widetilde{X}_3+B=0\end{cases}\quad \begin{cases}\widetilde{L}_1+\widetilde{L}_2+\widetilde{L}_3=0\\ \widetilde{L}_4+\widetilde{L}_5+\widetilde{L}_6=0\\ \widetilde{L}_7+\widetilde{L}_8+\widetilde{L}_9=0\\ \widetilde{L}_{10}+\widetilde{L}_{11}+\widetilde{L}_{12}=0\\ \widetilde{L}_1+\widetilde{L}_3+\widetilde{X}_4+\widetilde{L}_8+A=0\end{cases}$$

第5章 参数估计方法

教学目标

本章主要介绍参数估计的方法，也就是给第4章的平差数学模型附加一定的约束条件。通过本章的学习，应达到以下目标：

(1) 了解参数最优估计的性质；

(2) 了解最大似然估计的原理；

(3) 重点掌握最小二乘估计原理。

教学要求

知识要点	能力要求	相关知识
满足参数最优估计的的条件	(1) 了解参数估计的概念 (2) 掌握参数估计最优的条件 (3) 能运用参数最优估计的性质判断参数估计的性质	(1) 一致性的定义 (2) 无偏性的定义 (3) 有效性的定义
最大似然估计	(1) 了解最大似然估计的原理 (2) 了解最大似然估计的统计性质 (3) 了解最大似然估计的运用	(1) 最大似然估计 (2) 最大似然估计的似然函数的构建
最小二乘估计	(1) 重点掌握最小二乘估计原理 (2) 了解最小二乘估计与最大似然估计的关系	(1) 最小二乘估计 (2) 最小二乘估计的运用
有偏估计	了解有偏估计的概念	有偏估计的概念

基本概念

参数估计、有效性、一致性、无偏性、最小二乘估计、最大似然估计、有偏估计

引言

在测量工作中，观测了不同的数据，如何对这些数据进行处理？首要的任务是寻找出这些数据之间满足的各种关系，根据这些关系列出各种关系式，如观测了一个三角形的三个内角：L_1，L_2，L_3，则根据三角形内角之和为180°，应该有如下关系式：

$$L_1+L_2+L_3=180°$$

由于观测数据有误差，使得 $L_1+L_2+L_3\neq180°$。有什么准则或者是约束条件来消除误差使其满足三角形内角和 180°的条件？采用不同的准则或约束条件所得到的结果是不一样的。

本章就是介绍采用准则或约束条件的方法。

5.1 参数最优估计的性质

设有密度为 $f(x)$的母体分布，不限定是何种分布，$f(x)$中含有参数 θ，可记为 $f(x, \theta)$。现从母体中 $f(x, \theta)$抽取了子样，由这组子样的某个函数 t 来估计 $\hat{\theta}$，t 称为 θ 的估计量。子样的函数可有多种选择，在不同的估计量中，当然应选择具有良好统计性质的估计量。

子样函数 t 是一个统计量，故其有概率分布。如果在每次抽样中 t 的观测值皆接近于 θ，也就是说 t 的概率分布集中在 θ 的附近，每次估计的误差可以很小，则这个估计量显然是良好的。这是对良好估计量的基本要求，这个要求可以用下述的良好估计量的几个性质来表达。

1. 一致性

如果能找到一个估计量，不管子样容量 n 如何，它的概率分布集中在一点 θ 上，称为一点分布，则每次观测(抽样)皆可求出参数的真值，这自然是最好的。但实际上在随机实验中，对于有限的 n 不会有这种情况，只能要求当 $n\to\infty$时产生这种情况。因此，这里要求 t 概率性趋近于 θ，亦即

$$P(|t-\theta|>\varepsilon)\underset{n\to\infty}{\longrightarrow}0 \tag{5-1}$$

式中：ε 为任意小的正数。当 n 大时，则$|t-\theta|>\varepsilon$ 的概率很小，根据小概率原理可知，当 n 很大时，则可认为 t 等于 θ。

根据概率论中切比雪夫大数定律可知

$$E(t)\underset{n\to\infty}{\longrightarrow}\theta,\quad D(t)=E(t-\theta)^2\underset{n\to\infty}{\longrightarrow}0 \tag{5-2}$$

则 t 概率性趋近于 θ。这就是一致性估计量的条件。

2. 无偏性

无论 n 大或小，如果

$$E(t)=\theta \tag{5-3}$$

则称 t 为 θ 的无偏估计量。如果

$$E(t)\underset{n\to\infty}{\longrightarrow}\theta \tag{5-4}$$

则称 t 为渐进无偏的。有偏的一致估计量是渐进无偏的。

对于一个参数 θ 可以有无穷多个一致估计量，但其中只有一个是无偏的。

3. 有效性

如果有两个无偏估计量 t_1、t_2，且 $D(t_1)<D(t_2)$，则 t_1 显然比 t_2 好，因为 t_1 的概率分

布更集中在θ的附近。在所有的对同一参数的无偏估计量中具有最小方差的估计量仅有一个，亦即满足

$$E(t)=\theta,\ D(t)=\min \tag{5-5}$$

的t称为θ的有效估计量。从一致性、无偏条件可知，有效估计量也是一致性、无偏估计量。

对于线性模型的参数估计量，如果是有效估计量，就称为它是最优线性无偏估计量。

设有效估计量为t_0，其他无偏估计量为t，则有

$$D(t_0)/D(t)=e(t)\leqslant 1 \tag{5-6}$$

仅当$t=t_0$时，式(5-6)右端才取等号，$e(t)$称为无偏估计量的效率。当将两个无偏估计量t_1和t_2相比较时，则称

$$D(t_1)/D(t_2)=E(t_1-\theta)^2/E(t_2-\theta)^2 \tag{5-7}$$

为t_2相对于t_1的相对效率。如该比值大于1，则t_2比t_1有效。

如无偏或渐进无偏估计量t的效率$e(t)$，当$n\to\infty$时趋近于1，则称t为渐进有效估计量。

【例5-1】 子样均值$\bar{x}$是否是母体期望μ的无偏估计量？

解： 子样均值$\bar{x}=\frac{1}{n}(x_1+x_2+\cdots+x_n)$

则 $E(\bar{x})=\frac{1}{n}[E(x_1)+E(x_2)+\cdots+E(x_n)]$

$=\frac{1}{n}(\mu+\mu+\cdots+\mu)=\mu$

所以，子样均值$\bar{x}$是母体期望μ的无偏估计量。

【例5-2】 子样方差s^2是否是母体方差σ^2的无偏估计量？

解： 子样方差为$s^2=\frac{1}{n}\sum_{i=1}^{n}(x_i-\bar{x})^2$

其中：$\bar{x}=\frac{1}{n}(x_1+x_2+\cdots+x_n)$

$$\begin{aligned}
E(s^2)&=\frac{1}{n}E\Big[\sum_{i=1}^{n}(x_i-\bar{x})^2\Big]\\
&=\frac{1}{n}E\sum_{i=1}^{n}[(x_i-\mu)-(\bar{x}-\mu)]^2\\
&=\frac{1}{n}E\sum_{i=1}^{n}[(x_i-\mu)^2-2(x_i-\mu)(\bar{x}-\mu)+(\bar{x}-\mu)^2]\\
&=\frac{1}{n}\sum_{i=1}^{n}[E(x_i-\mu)^2-2(E(x_i)-\mu)(\bar{x}-\mu)+E(\bar{x}-\mu)^2]\\
&=\frac{1}{n}\sum_{i=1}^{n}[E(x_i-\mu)^2-2(\bar{x}-\mu)(\bar{x}-\mu)+E(\bar{x}-\mu)^2]\\
&=\frac{1}{n}\sum_{i=1}^{n}[\sigma^2-E(\bar{x}-\mu)^2]=\frac{1}{n}\sum_{i=1}^{n}\Big[\sigma^2-\frac{1}{n^2}E(n\bar{x}-n\mu)^2\Big]
\end{aligned}$$

$$E(n\bar{x}-n\mu)^2=E[(x_1-\mu)+(x_2-\mu)+\cdots+(x_n-\mu)]^2$$
$$=E\ [(x_1-\mu)^2+E(x_2-\mu)^2+\cdots+(x_n-\mu)^2+2(x_1-\mu)(x_2-\mu)$$
$$+\cdots+2(x_{n-1}-\mu)(x_n-\mu)]\ =n\sigma^2$$

所以有 $$E(s^2)=\frac{1}{n}\sum_{i=1}^{n}\left[\sigma^2-\frac{1}{n^2}n\sigma^2\right]=\frac{1}{n}\sum_{i=1}^{n}\left[\sigma^2-\frac{1}{n}\sigma^2\right]$$
$$=\frac{1}{n}(n\sigma^2-\sigma^2)$$
$$=\frac{n-1}{n}\sigma^2$$

由于 $E(s^2)=\frac{n-1}{n}\sigma^2\neq\sigma^2$，所以子样方差 s^2 不是母体方差 σ^2 的无偏估计量。

测量中常用的子样无偏方差(简称方差)的计算式为

$$\hat{\sigma}^2=\frac{n}{n-1}s^2=\frac{1}{n-1}\sum_{i=1}^{n}(x_i-\bar{x})^2=\frac{[vv]}{n-1}$$

则 $E(\hat{\sigma}^2)=\frac{n}{n-1}E(s^2)=\frac{n}{n-1}\cdot\frac{n-1}{n}\sigma^2=\sigma^2$，所以 $\hat{\sigma}^2$ 为母体方差 σ^2 的无偏估计量，故称其为子样无偏方差。

【例 5-3】 设对期望为 μ、方差为 σ^2 的母体 X 进行了 $n(n>2)$ 次抽样观测，得 n 个子样 x_1，x_2，…，x_n，现分别用任意一个子样 x_i、子样均值 $\bar{x}$、子样中位数 $x_{中}$ 这 3 种方法对母体期望 μ 进行估计。问哪一种方法能得到最优估计量?

解： 从无偏性考虑，$E(x_i)=\mu$，$E(\bar{x})=\mu$，$E(x_{中})=\mu$，故这 3 种方法都是无偏的，所以估计量仅有无偏性要求是不够的。

从 3 种估计方法的方差考虑，$D(x_i)=\sigma^2$，$D(\bar{x})=\frac{\sigma^2}{n}$，$D(x_{中})=\sigma^2$ 或 $D(x_{中})=\frac{\sigma^2}{2}$，可见在 3 种估计方法中子样均值估计法的方差最小，即该法具有最优性。

5.2 最大似然估计

一种较好地估计母体分布中的参数的方法是最大似然估计方法，简称最或然法，也叫最大似然法。按此法所估计的参数称为最或然值。

最大似然法不仅可以估计母体数学期望，也可估计母体密度函数中的其他参数。无论母体分布是连续型或离散型的，是正态的或其他分布，最大似然法全都适用。在测量数据的处理中，最大似然法是最常用的估计方法。测量误差服从正态分布时，便可导出测量平差所熟知的最小二乘法。

1. 原理

设从密度函数为 $f(x,\theta)$ 的母体中抽取了子样 x_1，x_2，…，x_n，欲由此估计未知参数 θ，因各子样独立，故它们同时出现的概率为

$$f(x_1,\theta)f(x_2,\theta)\cdots f(x_n,\theta)\mathrm{d}x_1\mathrm{d}x_2\cdots\mathrm{d}x_n$$

定义：$L=L(x_1, x_2, \cdots, x_n, \theta)=f(x_1, \theta)f(x_2, \theta)\cdots f(x_n, \theta)$为或然函数，它是$x_1, x_2, \cdots, x_n, \theta$的函数。需要强调的是：$\theta$是变量，或然函数是$\theta$的函数。如果$L$很小，则概率$L\mathrm{d}x_1\mathrm{d}x_2\cdots\mathrm{d}x_n$很小。按小概率事件原理，在一次抽样中$x_1, x_2, \cdots, x_n$不应出现，因而由$L$求出的$\theta$应认为是不可能事件。最大或然法是以使或然函数成为最大值的参数之值作为该参数的估计量，称为最或然估计量。

因$\ln L$与L同时达到最大值，为了便于计算，使用

$$\frac{\partial}{\partial\theta}\ln L=0 \tag{5-8}$$

来求最或然估计量。式(5-8)称为或然方程。

2. 最或然估计量的统计性质

用极大或然法得到的最或然估计量有若干良好统计性质，其中最主要的是：它是渐进有效估计量，它是渐进正态的。

3. 直接观测的参数估计

1）先讨论同精度直接观测

设变量X为$N(\xi, \sigma)$，其中ξ和σ为未知参数。现由一组子样$x_1, x_2, \cdots, x_n$来求ξ和σ的最或然估计量。

或然函数为

$$L=\prod_{i=1}^{n}\frac{1}{\sigma\sqrt{2\pi}}\exp\left[-\frac{1}{2}(x_i-\xi)^2\sigma^{-2}\right] \tag{5-9}$$

由此得

$$\ln L=-\sum_{1}^{n}\ln\sqrt{2\pi}-\prod_{1}^{n}\ln\sigma-\prod_{i=1}^{n}\frac{1}{2}(x_i-\xi)^2\sigma^{-2} \tag{5-10}$$

或然方程为

$$\frac{\partial}{\partial\xi}\ln L=\sum_{i=1}^{n}(x_i-\xi)\sigma^{-2}=0 \tag{5-11}$$

$$\frac{\partial}{\partial\sigma}\ln L=\sum_{i=1}^{n}\left[-\frac{1}{\sigma}+\frac{1}{\sigma^3}(x_i-\xi)^2\right]=0 \tag{5-12}$$

解方程(5-11)得

$$\sum_{i=1}^{n}x_i-n\xi=0\Rightarrow\xi=\frac{1}{n}\sum_{i=1}^{n}x_i=\bar{x}$$

所以$\bar{x}$是期望ξ的估计量。

解方程(5-12)得

$$-n+\frac{1}{\sigma^2}\sum_{i=1}^{n}(x_i-\xi)^2=0\Rightarrow\sum_{i=1}^{n}(x_i-\xi)^2-n\sigma^2=0 \tag{5-13}$$

ξ以估计量$\bar{x}$代入式(5-13)，可得

$$\sigma^2=\frac{1}{n}\sum_{i=1}^{n}(x_i-\bar{x})^2=s^2$$

以$[vv]$代换$\sum_{i=1}^{n}(x_i-\bar{x})^2$，两端开方可得

$$\sigma=s=\sqrt{\frac{[vv]}{n}}$$

当母体为正态时，$\bar{x}$为ξ的有效估计量；s^2为渐进有效估计量，但有偏。

2）讨论不同精度直接观测的参数估计

设对真值为ξ的某量进行n次观测，得x_1，x_2，…，x_n，但由于每次观测所用方法不同或其他原因，各子样值x_i的中误差σ_i不同，$i=1$，2，…，n。各中误差σ_i是未知的，但是每次观测的权p_i是已知的，权与σ_i的关系定义为

$$D^2(x_i)=\sigma_i^2=\frac{\sigma^2}{p_i}$$

式中：σ为单位权($p=1$时)中误差，$p_i>0$。今欲对ξ和σ进行估计，从而也可对各σ_i进行估计。

此时，抽取各x_i的母体不尽相同：同均值，但不同方差。

先估计ξ。x_i的母体密度为

$$f_i(x_i)=\frac{\sqrt{p_i}}{\sigma}\exp\left\{-\frac{1}{2}(x-\xi)^2\sigma^{-2}\right\}$$

由此得

$$L=\frac{\sqrt{p_1\cdots p_n}}{\sigma^n(2\pi)^{\frac{n}{2}}}\exp\left\{-\frac{1}{2}\sigma^{-2}\sum_{i=1}^{n}p_i(x_i-\xi)^2\right\}$$

所以有

$$\ln L=\ln(p_1\cdots p_n)^{\frac{1}{2}}-\frac{n}{2}\ln\sigma^2-\frac{n}{2}\ln 2\pi-\frac{1}{2\sigma^2}\sum_{i=1}^{n}p_i(x_i-\xi)^2 \tag{5-14}$$

$$\frac{\partial}{\partial\xi}\ln L=\frac{1}{\sigma^2}\sum_{i=1}^{n}p_i(x_i-\xi)=0$$

求解可得

$$\sum_{i=1}^{n}p_ix_i-\xi\sum_{i=1}^{n}p_i=0\Rightarrow\xi=\frac{p_1x_1+p_2x_2+\cdots+p_nx_n}{p_1+p_2+\cdots+p_n}=\frac{[px]}{[p]}=\tilde{x}$$

式中：$\tilde{x}$是带权平均值的记号。由正态分布可加性定理可知，$\tilde{x}$是正态的。

因为子样值(随机变量)x_i的均值为ξ，各x_i互独立，所以

$$D^2(\tilde{x})=\frac{1}{[p]^2}D^2[px]=\frac{1}{[p]^2}\sum_{i=1}^{n}[p_i^2D^2(x_i)]$$

$$=\frac{1}{[p]^2}\sum_{i=1}^{n}p_i^2\frac{\sigma^2}{p_i}=\sigma^2\frac{[p]}{[p]^2}=\frac{\sigma^2}{[p]}$$

因$p_i>0$，当$n\to\infty$时$D^2(\tilde{x})\to 0$，故$\tilde{x}$为一致估计量。

现估计σ^2。由式(5-14)可得

$$\frac{\partial}{\partial(\sigma^2)}\ln L=-\frac{n}{2\sigma^2}+\frac{1}{2\sigma^4}\sum_{i=1}^{n}p_i(x_i-\xi)^2=0$$

求解可得

$$-n\sigma^2+\sum_{i=1}^{n}p_i(x_i-\xi)^2=0$$

以估计量$\tilde{x}$代替ξ，可得

$$\sigma^2=\frac{1}{n}\sum_{i=1}^{n}p_i(x_i-\tilde{x})^2=\frac{1}{n}[pvv]=s^2$$

5.3 最小二乘估计

自从高斯于1794年提出按最小二乘准则估计未知参数以来，测量平差中一直采用最小二乘准则或最小二乘原理估计未知参数。它是测量中求未知参数估值最普遍、最主要的方法，在其他科学领域中也有广泛的应用。

1. 最小二乘估计准则

一个平差问题一旦选定了数学模型，进行平差时，就要以这个模型为基础。由于测量值含有误差，在有了多余观测的情况下，也就是观测值的个数n总是大于待估参数的个数t，因而使待估参数的解不定，也就是观测值与选定的数学模型不相适应。平差的任务就是想办法使观测值适应模型。为了使观测值适应数学模型，必须对观测值进行处理，处理后的观测值称为估值，设原观测向量为L，处理后的观测向量为$\hat{L}$，两者之差

$$V=L-\hat{L} \tag{5-15}$$

称为改正数或称残差。

估值$\hat{L}$满足数学模型，但要知道$\hat{L}$，首先要求出V，使$\hat{L}$满足数学模型的残差向量V可能有很多。为了得到唯一的残差向量V，就必须有一个准则，可用的准则很多，在测量中通常用最小二乘准则，即

$$V^{\mathrm{T}}PV=\min \tag{5-16}$$

式中：P为权阵，它是适当选定的对称正定阵。

根据最小二乘准则求观测向量的估值$\hat{L}$的平差方法，称为最小二乘平差。

式(5-16)表明，在考虑权阵P的情况下，尽量使$\hat{L}$接近于L或者使残差向量V尽可能的小。由此可见，数学模型和观测向量L在平差中的重要性。数学模型是平差的基础，对于给定的观测向量L，按最小二乘准则进行平差，使平差值$\hat{L}$尽量接近L，这就是平差问题的实质。

应当指出，上面给出的最小二乘准则，并不需要观测向量L具有任何统计信息，而且P可以任意选定。但是，测量平差中要求的估值是最优估值，为了获得最优估值，则要求

$$E(\Delta)=0 \tag{5-17}$$

$$P=D_{LL}^{-1}=D_{\Delta\Delta}^{-1} \tag{5-18}$$

式(5-17)表示L中不含系统误差和粗差，即观测向量L是无偏的，式(5-18)表明权阵P

应由 L 或 Δ 的协方差阵确定。

平差时，当观测值等权时，其权阵 $P=I$，按

$$V^{\mathrm{T}}PV=V^{\mathrm{T}}V=\sum_{i=1}^{n}v_i^2=v_1^2+v_2^2+\cdots+v_n^2=\min \text{平差}$$

当观测值不等权但相互独立时，其权阵 P 为对角阵，按

$$V^{\mathrm{T}}PV=\sum_{i=1}^{n}pv_i^2=p_1v_1^2+p_2v_2^2+\cdots+p_nv_n^2=\min \text{平差}$$

当观测值之间相关时，其权阵 P 为非对角阵，仍按 $V^{\mathrm{T}}PV=\min$ 原则平差，此时进行的平差称为相关平差。

2. 最小二乘估计与极大似然估计

极大似然估计和最小二乘估计都是点估计的方法，下面研究两者之间的关系。

设有观测向量及其期望和方差阵为

$$L=\begin{bmatrix}L_1\\L_2\\\vdots\\L_n\end{bmatrix},\quad E(L)=\begin{bmatrix}E(L_1)\\E(L_2)\\\vdots\\E(L_n)\end{bmatrix},\quad D_{LL}=\begin{bmatrix}\sigma_1^2 & \sigma_{12} & \cdots & \sigma_{1n}\\\sigma_{21} & \sigma_2^2 & \cdots & \sigma_{2n}\\\vdots & \vdots & \vdots & \vdots\\\sigma_{n1} & \sigma_{n2} & \cdots & \sigma_n^2\end{bmatrix}$$

其中，观测向量服从正态分布，即 $L_i\sim N(E(L_i),\sigma_i^2)$。

由极大似然准则可知，其似然函数为

$$G=\frac{1}{(2\pi)^{\frac{n}{2}}\,|D_{LL}|^{\frac{1}{2}}}\exp\left\{-\frac{1}{2}(L-E(L))^{\mathrm{T}}D_{LL}^{-1}(L-E(L))\right\} \tag{5-19}$$

极大似然准则的应用方法是在似然函数达到最大($G=\max$)时对参数进行估计。参数可以是分布中的期望 $E(L)$ 和方差 D_{LL}，此法得到的是渐进有效的参数估计量。

当要求 $G=\max$ 时，有

$$(L-E(L))^{\mathrm{T}}D_{LL}^{-1}(L-E(L))=\min$$

式中：$L-E(L)=\Delta$，Δ 是真误差，其估值是改正数 V，所以，上式等价于

$$V^{\mathrm{T}}PV=\sigma_0^{-2}V^{\mathrm{T}}PV=\min$$

由于 σ_0^{-2} 是常数，所以 $G=\max$ 可与下式等价

$$V^{\mathrm{T}}PV=\min$$

所以，当观测值为正态随机变量时，可以从极大似然准则推导出最小二乘准则，从以上两个准则出发的平差结果将完全一致。由于平差中最小二乘法与极大似然法得到的估值相同，所以参数的最小二乘估值通常也称为最或然值，因此平差值也就是最或然值。

3. 实例分析

【例 5-4】 设对某量 X 进行 n 次观测，得独立观测值为 $\underset{n\times 1}{L}$，其权阵为 $\underset{n\times n}{P}$，试按最小二乘准则求该量的估值。

解： 设该量的估值为 $\hat{X}$，则改正数为

$$v_i = \hat{X} - L_i$$

设　$V = [v_1, v_2, \cdots, v_n]^{\mathrm{T}}$

为了在 $V^{\mathrm{T}}PV = \min$ 原则下求 $\hat{X}$，可用 $V^{\mathrm{T}}PV$ 对 $\hat{X}$ 求一阶偏导数，并令其为零，即

$$\frac{\partial(V^{\mathrm{T}}PV)}{\partial \hat{X}} = \frac{\partial\left(\sum_{i=1}^{n} p_i v_i^2\right)}{\partial \hat{X}} = 2\sum_{i=1}^{n} p_i v_i \frac{\partial v_i}{\partial \hat{X}} = 2\sum_{i=1}^{n} p_i v_i = 0$$

将 $v_i = \hat{X} - L_i$ 代入上式可得

$$\sum_{i=1}^{n} p_i v_i = \sum_{i=1}^{n} p_i (\hat{X} - L_i) = \left(\sum_{i=1}^{n} p_i\right)\hat{X} - \sum_{i=1}^{n} (p_i L_i) = 0$$

即有

$$\hat{X} = \frac{\sum_{i=1}^{n} p_i L_i}{\sum_{i=1}^{n} p_i} = \frac{[pL]}{[p]} \tag{5-20}$$

当 $P = I$ 时，由式(5-20)可得

$$\hat{X} = \frac{[L]}{n} \tag{5-21}$$

式(5-20)和式(5-21)是测量平差中已非常熟悉的观测值的加权平均值和算术平均值，可见它们也都是最小二乘估值。

5.4 有偏估计与稳健估计

5.4.1 有偏估计

以上讨论的最大似然估计和最小二乘估计都属于无偏估计，即估计量的期望等于被估计量。

1955 年，Stein 提出有偏估计，以此为开端，近 50 年来，先后提出了许多有偏估计，其中主要有岭估计、广义岭估计、Stein 估计、主成分估计和特征根估计等。

有偏估计的基本思想是使估计量 $\hat{X}$ 的均方误差

$$\mathrm{MSE} = \mathrm{tr}(D_{\hat{X}\hat{X}}) + \beta^{\mathrm{T}}\beta$$

中的方差 $\mathrm{tr}(D_{\hat{X}\hat{X}})$ 和偏差 β 都要小，或适当增大 β，以减小 $\mathrm{tr}(D_{\hat{X}\hat{X}})$。

关于有偏估计，请参阅相关书籍。

5.4.2 稳健估计(Robust 估计)

虽然稳健性这种统计思想在统计文献中由来已久，并且从 20 世纪 20 年代就开始受到

统计学家的重视，但“稳健性”一词只是到了1953年才由包可斯(G·E·P·Box)第一次明确提出来。

估计参数是从一定的数学模型出发的，但是在实际中，模型与理论上的要求严格符合的情况可以说是没有的。这种情况自然地引起一个要求，即所使用的估计方法，应具备一定的“抗干扰性”。所谓稳健估计，就是保证所估计的参数不受或少受模型误差特别是粗差影响的一种参数估计方法。这种估计方法在测量平差中主要用来处理粗差，由于这种方法具有抗干扰性，故而取名为稳健估计。

稳健估计方法的内容较多，将在本书第11章详细探讨。

本章小结

本章主要介绍了最小二乘估计和最大似然估计，通过本章的学习应了解最小二乘估计是应用比较广泛的估计方法，但是随着测量平差的发展，更多的参数估计方法也会得到应用。

习题

1. 什么是参数估计？为什么说测量平差实质上就是参数估计？
2. 母体、子样和统计量是些什么量？各有什么特点？
3. 最小二乘法与极大似然估计有什么关系？
4. 什么是最优无偏估值？最小二乘估值是否是最优无偏估值？为什么？
5. 设X服从正态分布$N(\mu, \sigma^2)$，$(x_1, x_2, \cdots, x_n)$是在X中抽取的一组子样，试证：$\overline{X}=\frac{1}{n}\sum_{i=1}^{n}x_i$以及$Z=\frac{1}{2}(\max x_i+\min x_i), 1\leqslant i\leqslant n$都是$E(X)$的无偏估值，另外，两者中哪一个更有效？
6. 设有n个独立观测值L_i，其概率密度函数均为$f(L_i)=\frac{1}{\sigma\sqrt{2\pi}}\mathrm{e}^{-\frac{(L_i-\mu)^2}{2\sigma^2}}$，即具有相同的期望与方差。试求观测值期望和方差的极大似然估值。

第6章 条件平差

教学目标

本章是全书的重点，一定要理解和掌握。本章主要介绍条件平差、附有参数的条件平差和附有限制条件的条件平差的原理及其应用。通过本章的学习，应达到以下目标：

(1) 重点掌握条件平差的基本原理；

(2) 重点掌握条件平差精度评定的公式和运用；

(3) 重点掌握条件方程列立；

(4) 重点掌握条件平差在测量中的应用；

(5) 掌握附有参数的条件平差的原理与应用；

(6) 掌握附有限制条件的条件平差的原理与应用；

(7) 会推导条件平差估值的统计性质。

教学要求

知识要点	能力要求	相关知识
条件平差的基本原理	(1) 掌握条件平差的基础方程以及求解 (2) 熟悉条件平差的计算步骤 (3) 熟悉推导条件平差的公式	(1) 基础方程的列立与求解 (2) 法方程 (3) 改正数方程 (4) 联系系数 (5) 实例分析
条件平差的精度评定	(1) 掌握并理解 $V^{T}PV$ 的几种计算方法 (2) 掌握单位权方差的估值公式 (3) 掌握并推导协因数阵计算 (4) 掌握平差值函数的中误差计算	(1) $V^{T}PV$ 的几种计算方法 (2) 单位权方差估值的推导 (3) 协因数阵的推导 (4) 平差值函数的中误差的计算 (5) 实例分析
条件方程的列立	(1) 重点掌握条件方程数的确定 (2) 重点掌握条件方程的类型 (3) 能熟练列立各类条件方程 (4) 熟练掌握导线网的条件方程的列立	(1) 条件方程数的确定 (2) 图形条件方程 (3) 圆周条件方程 (4) 极条件方程 (5) 方位角条件方程 (6) 边长条件方程 (7) 纵横坐标附合条件方程 (8) 实例分析
条件平差的应用	(1) 掌握条件平差在测量中的应用 (2) 重点掌握条件平差在导线网中的应用	(1) 条件平差的计算 (2) 导线网的条件平差的计算 (3) 实例分析

（续）

知识要点	能力要求	相关知识
附有参数的条件平差	(1) 掌握附有参数条件平差的基本原理 (2) 能推导附有参数条件平差的公式 (3) 了解附有参数的条件平差的条件	(1) 附有参数的基础方程合求解 (2) 精度评定的公式推导 (3) 附有参数的条件平差的运用 (4) 条件方程个数的确定及条件方程的列立 (5) 实例分析
附有限制条件的条件平差	(1) 掌握附有限制条件的条件平差的基本原理 (2) 能推导附有限制条件的条件平差的公式 (3) 了解附有限制条件的条件平差的条件	(1) 附有限制条件的基础方程和求解 (2) 精度评定的公式推导 (3) 附有限制条件的条件平差的运用 (4) 条件方程个数的确定及条件方程的列立 (5) 实例分析
条件平差估值的统计性质	(1) 掌握条件平差的统计性质 (2) 能证明条件平差的统计性质	(1) $\hat{L}$、$\hat{X}$无偏估计的证明 (2) $\hat{L}$、$\hat{X}$具有最小方差的证明 (3) 单位权估值 $\hat{\sigma}^2$ 是 σ^2 的无偏估计的证明

基本概念

法方程、改正数方程、联系系数 K、图形条件、圆周条件、极条件、方位角条件、坐标条件

引言

在测量工作中，为了能及时发现错误和提高测量精度，常作多余观测，这就产生了平差问题。如果平差模型只选择观测值和部分参数，以条件方程为其函数模型，在最小二乘原理准则下求解，并用来评价其精度以及观测值的函数的精度，这就是本章所要研究的内容。

6.1 条件平差的基本原理

在第4章已给出了条件平差的数学模型为

$$\begin{cases} AV+W=0 \\ D=\sigma_0^2 Q=\sigma_0^2 P^{-1} \end{cases} \tag{6-1}$$

条件平差就是在满足 r 个条件方程的情况下，求解满足最小二乘法($V^{\mathrm{T}}PV=\min$)的 V 值，在数学中就是求函数的条件极值问题。

6.1.1 基础方程及其解

设在某个测量作业中，有 n 个观测值 $\underset{n\times 1}{L}$，均含有相互独立的偶然误差，相应的权阵为 $\underset{n\times n}{P}$，改正数为 $\underset{n\times 1}{V}$，平差值为 $\underset{n\times 1}{\hat{L}}$，表示为

$$L=\begin{bmatrix}L_1\\L_2\\\vdots\\L_n\end{bmatrix}\quad V=\begin{bmatrix}v_1\\v_2\\\vdots\\v_n\end{bmatrix}\quad P=\begin{bmatrix}p_1 & & & \\ & p_2 & & \\ & & \ddots & \\ & & & p_n\end{bmatrix}\quad \hat{L}=\begin{bmatrix}\hat{L}_1\\\hat{L}_2\\\vdots\\\hat{L}_n\end{bmatrix}$$

式中：$\underset{n\times n}{P}$ 为对角阵

$$\hat{L}=L+V \tag{6-2}$$

在这 n 个观测值中，有 t 个必要观测数，多余观测数为 r。

可以列出 r 个平差值线性条件方程

$$\begin{cases}a_1\hat{L}_1+a_2\hat{L}_2+\cdots+a_n\hat{L}_n+a_0=0\\b_1\hat{L}_1+b_2\hat{L}_2+\cdots+b_n\hat{L}_n+b_0=0\\\cdots\\r_1\hat{L}_1+r_2\hat{L}_2+\cdots+r_n\hat{L}_n+r_0=0\end{cases} \tag{6-3}$$

式中：a_i，b_i，…，$r_i(i=1,2,\cdots,n)$为各平差值条件方程式中的系数；a_0，b_0，…，r_0 为各平差值条件方程式中的常数项。

将式(6-2)代入式(6-3)，得相应的改正数条件方程式

$$\begin{cases}a_1v_1+a_2v_2+\cdots+a_nv_n+w_a=0\\b_1v_1+b_2v_2+\cdots+b_nv_n+w_b=0\\\cdots\\r_1v_1+r_2v_2+\cdots+r_nv_n+w_r=0\end{cases} \tag{6-4}$$

式中：w_a，w_b，…，w_r称为改正数条件方程的闭合差(或不符值)，即

$$\begin{cases}w_a=a_1L_1+a_2L_2+\cdots+a_nL_n+a_0\\w_b=b_1L_1+b_2L_2+\cdots+b_nL_n+b_0\\\cdots\\w_r=r_1L_1+r_2L_2+\cdots+r_nL_n+r_0\end{cases} \tag{6-5}$$

令 $\underset{r\times n}{A}=\begin{bmatrix} a_1 & a_2 & \cdots & a_n \\ b_1 & b_2 & \cdots & b_n \\ \vdots & \vdots & \vdots & \vdots \\ r_1 & r_2 & \cdots & r_n \end{bmatrix}$ $\underset{r\times 1}{A_0}=\begin{bmatrix} a_0 \\ b_0 \\ \vdots \\ r_0 \end{bmatrix}$ $\underset{r\times 1}{W}=\begin{bmatrix} w_1 \\ w_2 \\ \vdots \\ w_r \end{bmatrix}$

则式(6-3)、式(6-4)和式(6-5)可用矩阵形式表示如下

$$A\hat{L}+A_0=0 \tag{6-6}$$

$$AV+W=0 \tag{6-7}$$

$$W=AL+A_0 \tag{6-8}$$

按求函数极值的拉格朗日乘数法，引入乘系数 $\underset{r\times 1}{K}=[k_a, k_b, \cdots, k_r]^{\mathrm{T}}$(又称为联系数向量)，构成函数

$$\Phi=V^{\mathrm{T}}PV-2K^{\mathrm{T}}(AV+W) \tag{6-9}$$

为引入最小二乘法，将 Φ 对 V 求一阶导数，并令其为零

$$\frac{\mathrm{d}\Phi}{\mathrm{d}V}=\frac{\partial(V^{\mathrm{T}}PV)}{\partial V}-2\frac{\partial(K^{\mathrm{T}}AV)}{\partial V}=2V^{\mathrm{T}}P-2K^{\mathrm{T}}A=0$$

两边转置，得

$$PV=A^{\mathrm{T}}K$$

将上式两边左乘权逆阵 P^{-1}，得

$$V=P^{-1}A^{\mathrm{T}}K=QA^{\mathrm{T}}K \tag{6-10}$$

此式称为改正数方程，其纯量形式为

$$v_i=\frac{1}{p_i}(a_ik_a+b_ik_b+\cdots+r_ik_r) \quad (i=1, 2, \cdots, n) \tag{6-11}$$

将式(6-10)代入式(6-7)，得

$$AP^{-1}A^{\mathrm{T}}K+W=0 \quad 或 \quad AQA^{\mathrm{T}}K+W=0 \tag{6-12}$$

此式称为联系数法方程，是条件平差的法方程，简称法方程，其纯量形式为

$$\begin{cases} \left[\frac{aa}{p}\right]k_a+\left[\frac{ab}{p}\right]k_b+\cdots+\left[\frac{ar}{p}\right]k_r+w_a=0 \\ \left[\frac{ab}{p}\right]k_a+\left[\frac{bb}{p}\right]k_b+\cdots+\left[\frac{br}{p}\right]k_r+w_b=0 \\ \cdots \\ \left[\frac{ar}{p}\right]k_a+\left[\frac{br}{p}\right]k_b+\cdots+\left[\frac{rr}{p}\right]k_r+w_r=0 \end{cases} \tag{6-13}$$

令

$$N_{aa}=AQA^{\mathrm{T}}=AP^{-1}A^{\mathrm{T}}$$

则有

$$N_{aa}K+W=0 \tag{6-14}$$

法方程数阵 N_{aa} 的秩

$$rg(N_{aa})=rg(AQA^{\mathrm{T}})=rg(A)=r$$

即 N_{aa} 是一个 r 阶的满秩方阵，且可逆。由此可得联系数 K 的唯一解

$$K=-N_{aa}^{-1}W \tag{6-15}$$

将式(6-15)代入式(6-10)，可计算出 V，再将 V 代入式(6-2)，即可计算出所求的观测值的最或然值。

通过观测值的平差值 $\hat{L}$，可以进一步计算一些未知量(如待定点的高程、纵横坐标以及边的长度、某一方向的方位角等)的最或然值。

由上述推导可看出，K、V 及 $\hat{L}$ 都是由式(6-7)和式(6-10)解算出的，因此把式(6-7)和式(6-10)合称为条件平差的基础方程。

6.1.2 计算步骤

综上所述，按条件平差的计算步骤可归结为以下几步。

(1) 根据实际问题，确定出总观测值的个数 n、必要观测值的个数 t 及多余观测个数 $r=n-t$，从而确定出条件方程个数。

(2) 列出条件方程式(6-7)，确保条件方程的独立性。

(3) 根据条件方程的系数、闭合差及观测值的协因数阵组成法方程式(6-14)，法方程的个数等于多余观测数 r。

(4) 依据式(6-15)计算出联系数 K。

(5) 将 K 代入式(6-10)计算出观测值改正数 V；并依据式(6-2)计算出观测值的平差值 $\hat{L}$。

(6) 为了检查平差计算的正确性，把平差值 $\hat{L}$ 代入式(6-6)，看其是否满足方程。

(7) 精度估计(将在6.2节中介绍)。

6.1.3 实例分析

【例6-1】 设平面三角形的三内角观测值为

$$L=\begin{bmatrix}L_1\\L_2\\L_3\end{bmatrix}=\begin{bmatrix}62°17'52''\\33°52'19''\\83°49'43''\end{bmatrix}$$

试按条件平差法求各观测角的最或然值。

解：由于只有一个多余观测值，$r=n-t=3-2=1$，因此只有一个条件方程式

$$\hat{L}_1+\hat{L}_2+\hat{L}_3-180°=0$$

相应的改正数条件方程式为

$$v_1+v_2+v_3+w=0$$

$$w=L_1+L_2+L_3-180°=-6''$$

条件方程用矩阵表示为

$$\begin{bmatrix}1 & 1 & 1\end{bmatrix}\begin{bmatrix}v_1\\v_2\\v_3\end{bmatrix}-6=0$$

即 $A=\begin{bmatrix}1 & 1 & 1\end{bmatrix}$。

各观测值为等精度观测，则

$$P=I$$

$$N_{aa}=AP^{-1}A^{\mathrm{T}}=3$$

故法方程为

$$3k_a-6=0$$

可得

$$k_a=2$$

代入改正数方程，得

$$V=QA^{\mathrm{T}}K=\begin{bmatrix}2''\\2''\\2''\end{bmatrix}$$

由此得各角最或然值

$$\hat{L}=\begin{bmatrix}\hat{L}_1\\\hat{L}_2\\\hat{L}_3\end{bmatrix}=\begin{bmatrix}L_1\\L_2\\L_3\end{bmatrix}+\begin{bmatrix}v_1\\v_2\\v_3\end{bmatrix}=\begin{bmatrix}62°17'54''\\33°52'21''\\83°49'45''\end{bmatrix}$$

检核 $\hat{L}_1+\hat{L}_2+\hat{L}_3-180°=0$。计算结果正确。

【例 6-2】 水准网如图 6.1 所示，设各观测值的每千米高差中误差相同，观测高差及路线见表 6-1，试用条件平差法求各高差的平差值。

表 6-1 观测高差及路线长

编号	路线长/km	观测高差/m
1	10	2.42
2	5	16.14
3	5	50.56
4	5	18.62
5	5	34.35

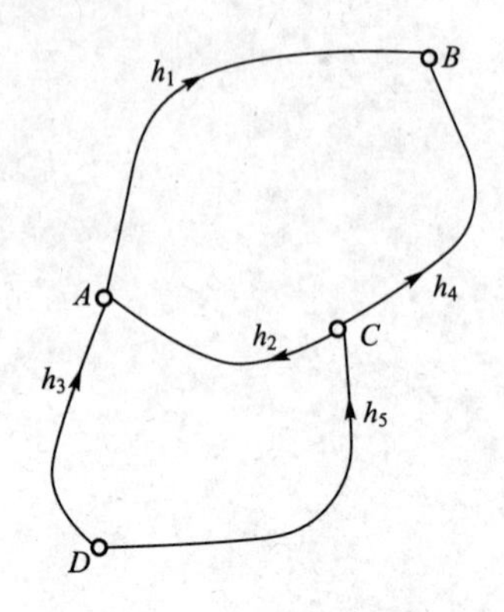

图 6.1　水准网示意图

解：此例 $n=5$，$t=3$，故 $r=2$，可列出两个条件方程

$$\begin{cases}\hat{h}_1+\hat{h}_2-\hat{h}_4=0\\ -\hat{h}_2+\hat{h}_3-\hat{h}_5=0\end{cases}$$

以 $\hat{h}_i=h_i+v_i$ 代入上式，经过计算可得条件方程最后形式为

$$\begin{bmatrix}1 & 1 & 0 & -1 & 0\\ 0 & -1 & 1 & 0 & 1\end{bmatrix}\begin{bmatrix}v_1\\ v_2\\ v_3\\ v_4\\ v_5\end{bmatrix}+\begin{bmatrix}-6\\ 7\end{bmatrix}=0$$

取 5km 高差的权为 1，即 $p_i=\dfrac{5}{S_i}$，则有

$$\frac{1}{p_1}=2,\ \frac{1}{p_2}=1,\ \frac{1}{p_3}=1,\ \frac{1}{p_4}=1,\ \frac{1}{p_5}=1$$

法方程组成与解算

$$N_{aa}=AP^{-1}A^{\mathrm{T}}=\begin{bmatrix}1 & 1 & 0 & -1 & 0\\ 0 & -1 & 1 & 0 & -1\end{bmatrix}\begin{bmatrix}2 & & & & \\ & 1 & & & \\ & & 1 & & \\ & & & 1 & \\ & & & & 1\end{bmatrix}\begin{bmatrix}1 & 0\\ 1 & -1\\ 0 & 1\\ -1 & 0\\ 0 & -1\end{bmatrix}=\begin{bmatrix}4 & -1\\ -1 & 3\end{bmatrix}$$

所以法方程为

$$\begin{bmatrix}4 & -1\\ -1 & 3\end{bmatrix}K+\begin{bmatrix}-6\\ 7\end{bmatrix}=0$$

$$\therefore\qquad K=-N_{aa}^{-1}W=-\frac{1}{11}\begin{bmatrix}3 & 1\\ 1 & 4\end{bmatrix}\begin{bmatrix}-6\\ 7\end{bmatrix}=\begin{bmatrix}1\\ -2\end{bmatrix}$$

由此求得改正数和高差平差值为

$$V=P^{-1}A^{\mathrm{T}}K=\begin{bmatrix}2 & & & & \\ & 1 & & & \\ & & 1 & & \\ & & & 1 & \\ & & & & 1\end{bmatrix}\begin{bmatrix}1 & 0\\ 1 & -1\\ 0 & 1\\ -1 & 0\\ 0 & -1\end{bmatrix}\begin{bmatrix}1\\ -2\end{bmatrix}=\begin{bmatrix}2\\ 3\\ -2\\ -1\\ 2\end{bmatrix}(\mathrm{cm})$$

$$\hat{h}=h+V=\begin{bmatrix}2.44\\ 16.17\\ 50.54\\ 18.61\\ 34.37\end{bmatrix}(\mathrm{m})$$

式中：改正数以 cm 为单位；高差以 m 为单位。

用平差值重新列出平差值条件方程，得

$$2.44+16.17-18.61=0$$

$$-16.17+50.54-34.37=0$$

所以计算正确。

6.2 条件平差的精度评定

测量平差的目的之一是要评定测量成果的精度。任何一个完整的平差过程，都应包括精度评定。精度评定由两个部分组成：单位权中误差 $\hat{\sigma}_0^2$ 的计算及平差值函数($\hat{\varphi}=f^T\hat{L}$)的协因数 $Q_{\hat{\varphi}\hat{\varphi}}$ 及其中误差 $\hat{\sigma}_{\hat{\varphi}}$ 的计算等。

6.2.1 V^TPV 计算

V^TPV 的计算有如下几种计算公式。

(1) 直接计算。纯量形式为

$$V^TPV=[pvv]=p_1v_1^2+p_2v_2^2+\cdots+p_nv_n^2 \tag{6-16}$$

(2) 用法方程系数阵 N_{aa}、联系系数 K 计算

$$V^TPV=(QA^TK)^TP(QA^TK)=K^TAQPQA^TK=K^TAQA^TK=K^TN_{aa}K \tag{6-17}$$

(3) 用闭合差 W、联系数 K 计算

$$V^TPV=V^TP(QA^TK)=V^TA^TK=(AV)^TK=-W^TK \tag{6-18}$$

(4) 用闭合差 W、法方程系数阵 N_{aa} 计算

$$\begin{aligned}V^TPV&=V^TP(QA^TK)=V^TA^TK=(AV)^TK\\&=-W^TK=-W^T(-N_{aa}W)=W^TN_{aa}W\end{aligned} \tag{6-19}$$

6.2.2 单位权方差的估值公式

对式(6-8)取数学期望，得

$$E(W)=AE(L)+A_0$$

可见条件方程闭合差的数学期望等于将观测值的数学期望代入闭合差公式计算的结果，而由条件平差概念可知，条件方程式是观测值的真值应该满足的函数关系式，将观测值的真值代入条件方程时，闭合差一定为零，若视数学期望为真值，应有

$$E(W)=AE(L)+A_0=0$$

于是，式(6-8)可变为

$$W=AL+A_0-AE(L)-A_0=A(L-E(L))=A(L-\widetilde{L})=A\Delta \tag{6-20}$$

式中：Δ为观测值的真误差向量。将式(6-20)代入式(6-19)得

$$V^{\mathrm{T}}PV=\Delta^{\mathrm{T}}A^{\mathrm{T}}PA\Delta$$

$$V^{\mathrm{T}}PV=\mathrm{tr}(A^{\mathrm{T}}N_{aa}^{-1}A\Delta\Delta^{\mathrm{T}})$$

上式取数学期望

$$\begin{aligned}E(V^{\mathrm{T}}PV)&=\mathrm{tr}(A^{\mathrm{T}}N_{aa}^{-1}AE(\Delta\Delta^{\mathrm{T}}))=\mathrm{tr}(A^{\mathrm{T}}N_{aa}^{-1}AD_{LL})\\&=\mathrm{tr}(A^{\mathrm{T}}N_{aa}^{-1}A\sigma_0^2P^{-1})=\sigma_0^2\mathrm{tr}(A^{\mathrm{T}}N_{aa}^{-1}AP^{-1})\\&=\sigma_0^2\mathrm{tr}(AP^{-1}A^{\mathrm{T}}N_{aa}^{-1})=\sigma_0^2\mathrm{tr}(N_{aa}N_{aa}^{-1})=\sigma_0^2\mathrm{tr}(\underset{r\times r}{I})\\&=r\sigma_0^2\end{aligned}$$

即得单位权方差与单位权中误差的计算公式

$$\hat{\sigma}_0^2=\frac{V^{\mathrm{T}}PV}{r} \tag{6-21}$$

$$\hat{\sigma}_0=\sqrt{\frac{V^{\mathrm{T}}PV}{r}} \tag{6-22}$$

6.2.3 协因数阵的计算

条件平差的基本向量 L、W、K、V、$\hat{L}$都可以表达成随机向量 L 的函数

$$\begin{aligned}&L=L\\&W=AL+A_0\\&K=-N_{aa}^{-1}W=-N_{aa}^{-1}AL-N_{aa}^{-1}A_0\\&V=QA^{\mathrm{T}}K=-QA^{\mathrm{T}}N_{aa}^{-1}AL-QA^{\mathrm{T}}N_{aa}^{-1}A_0\\&\hat{L}=L+V=(I-QA^{\mathrm{T}}N_{aa}^{-1}A)L-QA^{\mathrm{T}}N_{aa}^{-1}A_0\end{aligned}$$

将向量 L、W、K、V、$\hat{L}$组成列向量，并以 Z 表示为

$$Z=\begin{bmatrix}L\\W\\K\\V\\\hat{L}\end{bmatrix}=\begin{bmatrix}I\\A\\-N_{aa}^{-1}A\\-QA^{\mathrm{T}}N_{aa}^{-1}A\\I-QA^{\mathrm{T}}N_{aa}^{-1}A\end{bmatrix}L+\begin{bmatrix}0\\A_0\\-N_{aa}^{-1}A_0\\-QA^{\mathrm{T}}N_{aa}^{-1}A_0\\-QA^{\mathrm{T}}N_{aa}^{-1}A_0\end{bmatrix} \tag{6-23}$$

式中等号右端第二项是与观测值无关的常数项阵，按协因数传播律，得 Z 的协因数阵为

$$Q_{ZZ}=\begin{bmatrix} Q_{LL} & Q_{LW} & Q_{LK} & Q_{LV} & Q_{L\hat{L}} \\ Q_{WL} & Q_{WW} & Q_{WK} & Q_{WV} & Q_{W\hat{L}} \\ Q_{KL} & Q_{KW} & Q_{KK} & Q_{KV} & Q_{K\hat{L}} \\ Q_{VL} & Q_{VW} & Q_{VK} & Q_{VV} & Q_{V\hat{L}} \\ Q_{\hat{L}L} & Q_{\hat{L}W} & Q_{\hat{L}K} & Q_{\hat{L}V} & Q_{\hat{L}\hat{L}} \end{bmatrix}$$

$$=\begin{bmatrix} Q & QA^{\mathrm{T}} & -QA^{\mathrm{T}}N_{aa}^{-1} & QA^{\mathrm{T}}N_{aa}^{-1}AQ & Q-QA^{\mathrm{T}}N_{aa}^{-1}AQ \\ AQ & N_{aa} & -I & -AQ & 0 \\ -N_{aa}^{-1}AQ & -I & N_{aa}^{-1} & N_{aa}^{-1}AQ & 0 \\ -QA^{\mathrm{T}}N_{aa}^{-1}AQ & -QA^{\mathrm{T}} & QA^{\mathrm{T}}N_{aa}^{-1} & QA^{\mathrm{T}}N_{aa}^{-1}AQ & 0 \\ Q-QA^{\mathrm{T}}N_{aa}^{-1}AQ & 0 & 0 & 0 & Q-QA^{\mathrm{T}}N_{aa}^{-1}AQ \end{bmatrix} \tag{6-24}$$

由式(6－24)可知，平差值$\hat{L}$与闭合差W、联系数K、改正数V是不相关的统计量，又由于它们都是服从正态分布的向量，所以$\hat{L}$与W、K、V也是相互独立的向量。

6.2.4 平差值函数的中误差

在条件平差中，平差计算后，首先得到的是各个观测量的平差值。例如，水准网中的高差观测值的平差值，测角网中的观测角度的平差值，导线网中的角度观测值和各导线边长观测值的平差值等。而进行测量的目的是要得到待定水准点的高程值、未知点的坐标值、三角网的边长值及方位角值等，并且评定其精度。这些值都是关于观测值平差值的函数。

设有平差值函数

$$\hat{\varphi}=f(\hat{L}_1, \hat{L}_2, \cdots, \hat{L}_n) \tag{6-25}$$

对式(6－25)全微分得

$$\mathrm{d}\hat{\varphi}=\left(\frac{\partial f}{\partial \hat{L}_1}\right)_0 \mathrm{d}\hat{L}_1+\left(\frac{\partial f}{\partial \hat{L}_2}\right)_0 \mathrm{d}\hat{L}_2+\cdots+\left(\frac{\partial f}{\partial \hat{L}_n}\right)_0 \mathrm{d}\hat{L}_n \tag{6-26}$$

式中：$\left(\frac{\partial f}{\partial \hat{L}_i}\right)_0$表示用$L_i$代替偏导数中的$\hat{L}_i$，令其系数值为$f_i$，则式(6－26)为

$$\mathrm{d}\hat{\phi}=f_1\mathrm{d}\hat{L}_1+f_2\mathrm{d}\hat{L}_2+\cdots+f_n\mathrm{d}\hat{L}_n \tag{6-27}$$

式(6－27)称为权函数式。将式(6－27)写成矩阵形式

$$\mathrm{d}\hat{\phi}=f^{\mathrm{T}}\mathrm{d}\hat{L}=[f_1 \quad f_2 \quad \cdots \quad f_n]\begin{bmatrix} \mathrm{d}\hat{L}_1 \\ \mathrm{d}\hat{L}_2 \\ \vdots \\ \mathrm{d}\hat{L}_n \end{bmatrix} \tag{6-28}$$

由此可得

$$Q_{\hat{\varphi}\hat{\varphi}}=f^{\mathrm{T}}Q_{\hat{L}\hat{L}}f \tag{6-29}$$

式中：$Q_{\hat{L}\hat{L}}$为平差值$\hat{L}$的协因数阵。由式(6-24)可得

$$Q_{\hat{L}\hat{L}}=Q-QA^{\mathrm{T}}N_{aa}^{-1}AQ$$

代入式(6-29)可得

$$Q_{\hat{\phi}\hat{\phi}}=f^{\mathrm{T}}Qf-(AQf)^{\mathrm{T}}N_{aa}^{-1}AQf \tag{6-30}$$

式(6-30)即为平差值函数的协因数表达式。

平差值函数的方差为

$$D_{\hat{\phi}\hat{\phi}}=\sigma_0^2Q_{\hat{\phi}\hat{\phi}} \tag{6-31}$$

6.3 条件方程

条件方程是观测值平差值消除不符值应满足的数学条件，条件方程若有错误，将导致平差结果不正确。所以正确地建立条件方程式是确定观测值及其函数最优估值的首要工作。

6.3.1 条件方程数的确定

列条件方程的基本要求是足数且函数独立。对一个平差问题而言，必须而且也只能列出个数等于多余观测数的独立的条件方程。

(1) 若条件方程不足数，则平差后观测值平差值将不能满足漏列的条件方程，达不到完全消除不符值的目的。

(2) 若条件方程足数，但线性相关(即至少一个条件方程可由其余条件方程导出)，则相当于不足数。

(3) 若列出的条件方程多于多余观测数，则必然线性相关，其中独立的条件方程数小于或等于多余观测数r。如果是前者，则平差结果不能完全消除不符值，如果是后者，则平差结果正确，但徒然增大了计算工作量。

平差前首先要确定多余观测数，由于多余观测数r等于$n-t$(观测值数与必要观测数之差)，所以知道了必要观测数，即知道了多余观测数。下面就讨论几种典型控制网的必要观测数的确定问题。

(1) 高程控制网：控制网的目的是确定未知点的高程，根据确定一个未知数需要一个独立观测值的原则，因此必要观测数等于未知点数。在没有已知点的水准网中，必须假定一个点的高程为已知，才能据此确定其余点的高程，这种情况下，必要观测数t等于$n-1$(总点数减1)。由于假定高程的点在平差中是已知点，所以还是归结为：必要观测数等于未知点数。

(2) 平面控制网：确定一个平面控制网所需最低限度的已知数据为两个已知点或一个

已知点、一条已知边(指纯测角网，有观测边的网型可不要)、一条边的已知坐标方位角。这些已知数据称为平面控制网的必要已知数据(水平控制网基准)。一个已知点固定平面控制网，使其不能平移；一条边的方位角固定平面控制网的方位，使其不能旋转，一条已知边固定平面控制网尺度，使其不能缩放。仅仅具有最低限度已知数据的控制网，称为自由网。顾名思义，自由网即控制网条件方程纯粹由观测值及图形内部结构决定。

下面首先根据控制网已知数据的情况，讨论必要观测数的确定。

(1) 网中有两个以上已知点。此时网中有足够起算数据，根据确定一个未知数需要一个观测值的原则，设网中未知点数为 p，而确定一个未知点需要确定两个未知数(x、y 坐标)，所以必要观测数 $t=2p$。

(2) 网中少于两个已知点。此时至少一个点的坐标必须是已知的，若没有就必须假定一个已知点。一个方位角必须是已知的，或假定的。如果控制网是三角网形式，没有观测边不能计算，一条已知边或至少一条观测边是必需的。根据这一条边是已知值还是观测值，必要观测数分别如下所示。

① 这条边视为已知值，此时网中一个已知点、一条边的已知坐标方位角、一条已知边，等价于有两个已知点，设网中总点数为 m，必要观测数 $t=2p=2(m-1)$。

② 这条边视为必要观测值，必要观测数为①的情况加 1，所以 $t=2(m-1)+1=2m-1$。

对于以上两种情况，若增加多余的已知边或已知方位角(指在已有足够起算数据情况下增加至少有一个端点为待定点的已知边或已知方位角)，则必要观测数应减去这些多余已知边和已知方位角数目。这是因为由于有了这条已知边(或已知方位角)，若已知一个端点坐标，确定另一端点坐标，只需要一个观测值，所以必要观测数要减 1。

6.3.2 典型的条件方程

多余观测数确定以后，独立条件方程的数目就确定了，但具体的列法并不唯一，基本的原则是优选简单的条件方程。

高程控制网的条件方程形式较简单，只有两类；附合条件或环闭合条件，在前面已经加以介绍，因此本节只介绍平面控制网的测角网和导线网典型条件方程。

1. 测角网典型条件方程

1) 图形条件方程

图形条件又叫三角形内角和条件，或三角形闭合差条件。在三角网中，一般对三角形的每个内角都进行了观测。根据平面几何知识，三角形的 3 个内角的平差值的和应为 180°，如图 6.2 中的△ABP，其内角平差值的和应满足下述关系

$$\hat{L}_1+\hat{L}_2+\hat{L}_3-180°=0 \tag{6-32}$$

此即为三角形内角和条件方程。由于三角形是组成三角网的最基本的几何图形，因此，通常称三角形内角和条件为图形条件。因此图形条件也是三角网的最基本、最常见的条件方程形式。

与式(6-32)相对应的改正数条件方程为

$$v_1+v_2+v_3+w=0$$

$$w=L_1+L_2+L_3-180°$$

2）水平条件方程

水平条件又称圆周条件，这种条件方程一般见于中点多边形中。如图 6.2 所示，在中点 P 上设观测站时，周围的 5 个角度都要观测。这 5 个观测值的平差值之和应等于 360°，即

$$\hat{L}_3+\hat{L}_6+\hat{L}_9+\hat{L}_{12}+\hat{L}_{15}-360°=0 \tag{6-33}$$

相应的改正数条件方程为

$$v_3+v_6+v_9+v_{12}+v_{15}+w=0$$

$$w=L_3+L_6+L_9+L_{12}+L_{15}-360°$$

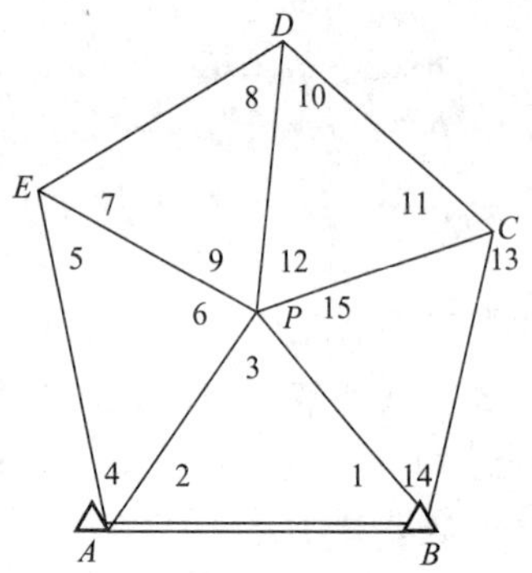

3）极条件方程

极条件是一种边长条件，一般见于中点多边形和大地四边形中。先看中点多边形的情况。如图 6.2 所示，中心 P 点为顶点，有 5 条边，从其中任一条边开始依次推算其他各边的长度，最后又回到起始边，则起始边长度的平差值应与推算值的长度相等。

在图 6.2 所示的三角网中，应用正弦定理，以 BP 边为起算边，依次推算 AP、EP、DP、CP，最后回到起算边 BP，得到下式

图 6.2　中点多边形

$$\hat{S}_{BP}=\hat{S}_{BP}\frac{\sin\hat{L}_1\sin\hat{L}_4\sin\hat{L}_7\sin\hat{L}_{10}\sin\hat{L}_{13}}{\sin\hat{L}_2\sin\hat{L}_5\sin\hat{L}_8\sin\hat{L}_{11}\sin\hat{L}_{14}}$$

整理得

$$\frac{\sin\hat{L}_1\sin\hat{L}_4\sin\hat{L}_7\sin\hat{L}_{10}\sin\hat{L}_{13}}{\sin\hat{L}_2\sin\hat{L}_5\sin\hat{L}_8\sin\hat{L}_{11}\sin\hat{L}_{14}}-1=0 \tag{6-34}$$

式(6-34)即为平差值的极条件方程。为得到其改正数条件方程形式，可用泰勒级数对式(6-34)左边展开并取至一次项

$$\frac{\sin\hat{L}_1\sin\hat{L}_4\sin\hat{L}_7\sin\hat{L}_{10}\sin\hat{L}_{13}}{\sin\hat{L}_2\sin\hat{L}_5\sin\hat{L}_8\sin\hat{L}_{11}\sin\hat{L}_{14}}-1=\frac{\sin L_1\sin L_4\sin L_7\sin L_{10}\sin L_{13}}{\sin L_2\sin L_5\sin L_8\sin L_{11}\sin L_{14}}-1$$

$$+\frac{\sin L_1\sin L_4\sin L_7\sin L_{10}\sin L_{13}}{\sin L_2\sin L_5\sin L_8\sin L_{11}\sin L_{14}}\cot L_1\,\frac{v_1}{\rho''}-\frac{\sin L_1\sin L_4\sin L_7\sin L_{10}\sin L_{13}}{\sin L_2\sin L_5\sin L_8\sin L_{11}\sin L_{14}}\cot L_2\,\frac{v_2}{\rho''}$$

$$+\frac{\sin L_1\sin L_4\sin L_7\sin L_{10}\sin L_{13}}{\sin L_2\sin L_5\sin L_8\sin L_{11}\sin L_{14}}\cot L_4\,\frac{v_4}{\rho''}-\frac{\sin L_1\sin L_4\sin L_7\sin L_{10}\sin L_{13}}{\sin L_2\sin L_5\sin L_8\sin L_{11}\sin L_{14}}\cot L_5\,\frac{v_5}{\rho''}$$

$$+\frac{\sin L_1\sin L_4\sin L_7\sin L_{10}\sin L_{13}}{\sin L_2\sin L_5\sin L_8\sin L_{11}\sin L_{14}}\cot L_7\,\frac{v_7}{\rho''}-\frac{\sin L_1\sin L_4\sin L_7\sin L_{10}\sin L_{13}}{\sin L_2\sin L_5\sin L_8\sin L_{11}\sin L_{14}}\cot L_8\,\frac{v_8}{\rho''}$$

$$+\frac{\sin L_1\sin L_4\sin L_7\sin L_{10}\sin L_{13}}{\sin L_2\sin L_5\sin L_8\sin L_{11}\sin L_{14}}\cot L_{10}\frac{v_{10}}{\rho''}-\frac{\sin L_1\sin L_4\sin L_7\sin L_{10}\sin L_{13}}{\sin L_2\sin L_5\sin L_8\sin L_{11}\sin L_{14}}\cot L_{11}\frac{v_{11}}{\rho''}$$

$$+\frac{\sin L_1\sin L_4\sin L_7\sin L_{10}\sin L_{13}}{\sin L_2\sin L_5\sin L_8\sin L_{11}\sin L_{14}}\cot L_{13}\frac{v_{13}}{\rho''}-\frac{\sin L_1\sin L_4\sin L_7\sin L_{10}\sin L_{13}}{\sin L_2\sin L_5\sin L_8\sin L_{11}\sin L_{14}}\cot L_{14}\frac{v_{14}}{\rho''}=0$$

化简，即得极条件的改正数条件方程

$$\begin{aligned}&\mathrm{ctg}L_1v_1-\mathrm{ctg}L_2v_2+\mathrm{ctg}L_4v_4-\mathrm{ctg}L_5v_5+\mathrm{ctg}L_7v_7-\mathrm{ctg}L_8v_8\\&\quad+\mathrm{ctg}L_{10}v_{10}-\mathrm{ctg}L_{11}v_{11}+\mathrm{ctg}L_{13}v_{13}-\mathrm{ctg}L_{14}v_{14}+w=0\end{aligned}\tag{6-35}$$

$$w=\rho''\left(1-\frac{\sin L_2\sin L_5\sin L_8\sin L_{11}\sin L_{14}}{\sin L_1\sin L_4\sin L_7\sin L_{10}\sin L_{13}}\right)$$

在大地四边形中的极条件方程与中点多边形稍有不同。如图6.3所示，可以取D点为极点，以BD为起始边，依次推算AD、CD再回到BD边。仿照中点多边形的极条件方程，由正弦定理，得大地四边形的极条件平差值方程为

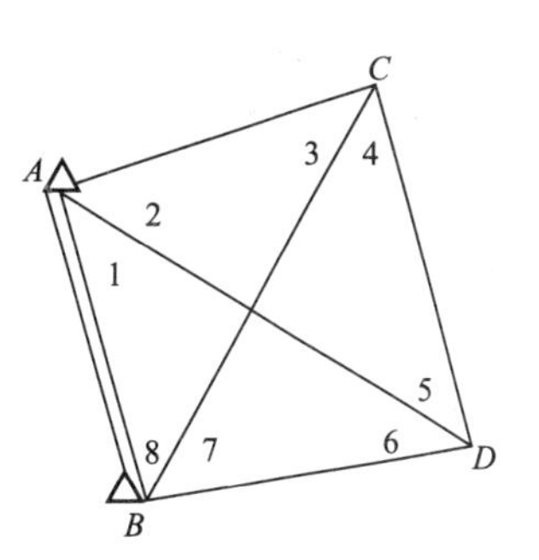

图6.3 大地四边形

$$\frac{\sin(\hat{L}_7+\hat{L}_8)\sin\hat{L}_2\sin\hat{L}_4}{\sin\hat{L}_1\sin(\hat{L}_3+\hat{L}_4)\sin\hat{L}_7}-1=0$$

整理得

$$\frac{\sin\hat{L}_2\sin\hat{L}_4\sin(\hat{L}_7+\hat{L}_8)}{\sin\hat{L}_1\sin(\hat{L}_3+\hat{L}_4)\sin\hat{L}_7}-1=0$$

相应的改正数条件方程

$$\begin{aligned}&-\mathrm{ctg}L_1v_1+\mathrm{ctg}L_2v_2-\mathrm{ctg}(L_3+L_4)v_3+(\mathrm{ctg}L_4-\mathrm{ctg}(L_3+L_4))v_4\\&\quad+(\mathrm{ctg}(L_7+L_8)-\mathrm{ctg}L_7)v_7+\mathrm{ctg}(L_7+L_8)v_8+w=0\end{aligned}\tag{6-36}$$

$$w=\rho''\left(1-\frac{\sin L_1\sin(L_3+L_4)\sin L_7}{\sin L_2\sin L_4\sin(L_7+L_8)}\right)$$

4）方位角条件方程

方位角条件，严格地说是方位角附合条件，是指从一个已知方位角出发，推算至另一个已知方位角后，所得推算值应与原已知值相等。

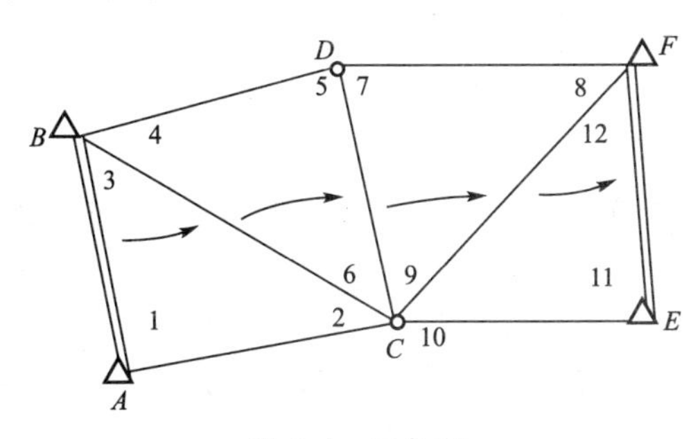

图6.4 三角网

如图6.4所示，从4个已知点可以反算出AB和EF两边的边长值和方位角值，这些值也可看作已知值，作为起算数据用。

设AB边的已知方位角为$\widetilde{T}_{AB}$，EF边的已知方位角为$\widetilde{T}_{EF}$。如果从AB向EF推算，推算路线如图6.4所示，设EF方位角的推算值的最或然值为$\hat{T}_{EF}$，近似值为T_{EF}。则方位角附合条件方程为

$$\hat{T}_{EF}-\widetilde{T}_{EF}=0\tag{6-37}$$

式中：$\hat{T}_{EF}=\widetilde{T}_{AB}-\hat{L}_3+\hat{L}_6+\hat{L}_9-\hat{L}_{12}\pm3\cdot180°$

代入式(6－37)后，整理得

$$-\hat{L}_3+\hat{L}_6+\hat{L}_9-\hat{L}_{12}+\overline{T}_{AB}-\overline{T}_{EF}\pm 3\cdot 180°=0$$

其相应的改正数条件方程

$$-v_3+v_6+v_9-v_{12}+w_T=0 \tag{6-38}$$

$$w_T=-L_3+L_6+L_9-L_{12}+\widetilde{T}_{AB}-\widetilde{T}_{EF}\pm 3\cdot 180°$$

5）边长条件方程

边长条件，严格地说是边长附合条件，是指从一个已知边长出发，推算至另一个已知边长后，所得推算值应与原已知值相等。

图 6.4 所示的三角网中，设 AB 边的已知长度为$\widetilde{S}_{AB}$，EF 边的已知长度为$\widetilde{S}_{EF}$。如果沿图 6.4 所示的推算路线，从 AB 向 EF 推算，得 EF 边长推算值的最或然值为$\hat{S}_{EF}$，近似值为 S_{EF}。则边长附合条件方程为

$$\hat{S}_{EF}-\widetilde{S}_{EF}=0 \tag{6-39}$$

其中

$$\hat{S}_{EF}=\overline{S}_{AB}\frac{\sin\hat{L}_1\sin\hat{L}_4\sin\hat{L}_7\sin\hat{L}_{10}}{\sin\hat{L}_2\sin\hat{L}_5\sin\hat{L}_8\sin\hat{L}_{11}}$$

代入式(6－39)，并将边长条件整理为

$$\frac{\overline{S}_{AB}\sin\hat{L}_1\sin\hat{L}_4\sin\hat{L}_7\sin\hat{L}_{10}}{\overline{S}_{EF}\sin\hat{L}_2\sin\hat{L}_5\sin\hat{L}_8\sin\hat{L}_{11}}-1=0$$

仿照极条件式，将上式左边用泰勒级数展开，取至一次项，整理后得其改正数条件方程

$$\begin{aligned}\mathrm{ctg}L_1v_1-\mathrm{ctg}L_2v_2+\mathrm{ctg}L_4v_4-\mathrm{ctg}L_5v_5+\mathrm{ctg}L_7v_7-\mathrm{ctg}L_8v_8\\+\mathrm{ctg}L_{10}v_{10}-\mathrm{ctg}L_{11}v_{11}+w_S=0\end{aligned} \tag{6-40}$$

$$w_S=\rho''\left(1-\frac{\widetilde{S}_{EF}\sin L_2\sin L_5\sin L_8\sin L_{11}}{\widetilde{S}_{AB}\sin L_1\sin L_4\sin L_7\sin L_{10}}\right)$$

6）坐标条件方程

坐标条件方程，是指从一个已知点出发，推算至另一个已知点后，所得推算值应与该点的已知坐标值相等。

图 6.4 所示的三角网中，设 B 点的已知坐标为($\widetilde{x}_B$，$\widetilde{y}_B$)，E 点的已知坐标为($\widetilde{x}_E$，$\widetilde{y}_E$)。如果沿图 6.4 所示的路线，从 $B\rightarrow C\rightarrow E$ 进行推算，得 E 点坐标推算值的最或然值为($\hat{x}_E$，$\hat{y}_E$)，近似值为(x_E，y_E)。则坐标条件方程为

$$\begin{cases}\hat{x}_E-\widetilde{x}_E=0\\ \hat{y}_E-\widetilde{y}_E=0\end{cases} \tag{6-41}$$

而

$$\hat{x}_E=\tilde{x}_M B+\Delta\hat{x}_{BC}+\Delta\tilde{x}_{CE}=\tilde{x}_B+\hat{S}_{BC}\cos\hat{T}_{BC}+\hat{S}_{CE}\cos\hat{T}_{CE} \tag{6-42}$$

其中

$$\hat{S}_{BC}=\tilde{S}_{AB}\frac{\sin\hat{L}_1}{\sin\hat{L}_2} \tag{6-43}$$

$$\hat{S}_{CE}=\tilde{S}_{AB}\frac{\sin\hat{L}_1\sin\hat{L}_4\sin\hat{L}_7\sin\hat{L}_{12}}{\sin\hat{L}_2\sin\hat{L}_5\sin\hat{L}_8\sin\hat{L}_{11}} \tag{6-44}$$

$$\hat{T}_{BC}=\tilde{T}_{AB}-\hat{L}_3\pm180^\circ \tag{6-45}$$

$$\hat{T}_{CE}=\tilde{T}_{AB}-\hat{L}_3+\hat{L}_6+\hat{L}_9+\hat{L}_{10}\pm2\cdot180^\circ \tag{6-46}$$

将式(6-42)~式(6-46)代入式(6-41)，然后用泰勒级数展开，取至一次项，整理后得

$$\begin{aligned}&\frac{(x_E-x_B)(\mathrm{ctg}L_1v_1-\mathrm{ctg}L_2v_2)}{\rho''}+\frac{(x_E-x_C)(\mathrm{ctg}L_4v_4-\mathrm{ctg}L_5v_5)}{\rho''}\\&+\frac{(x_E-x_C)(\mathrm{ctg}L_7v_7-\mathrm{ctg}L_8v_8)}{\rho''}+\frac{(x_E-x_C)(\mathrm{ctg}L_{12}v_{12}-\mathrm{ctg}L_{11}v_{11})}{\rho''}\\&+\frac{(y_E-y_B)v_3}{\rho''}-\frac{(y_E-y_C)v_6}{\rho''}-\frac{(y_E-y_C)v_9}{\rho''}-\frac{(y_E-y_C)v_{10}}{\rho''}+w_x=0\end{aligned} \tag{6-47}$$

$$w_x=(x_E-\tilde{x}_E)$$

同理可写出横坐标改正数条件方程

$$\begin{aligned}&\frac{(y_E-y_B)(\mathrm{ctg}L_1v_1-\mathrm{ctg}L_2v_2)}{\rho''}+\frac{(y_E-y_C)(\mathrm{ctg}L_4v_4-\mathrm{ctg}L_5v_5)}{\rho''}\\&+\frac{(y_E-y_C)(\mathrm{ctg}L_7v_7-\mathrm{ctg}L_8v_8)}{\rho''}+\frac{(y_E-y_C)(\mathrm{ctg}L_{12}v_{12}-\mathrm{ctg}L_{11}v_{11})}{\rho''}\\&+\frac{(x_E-x_B)v_3}{\rho''}-\frac{(x_E-x_C)v_6}{\rho''}-\frac{(x_E-x_C)v_9}{\rho''}-\frac{(x_E-x_C)v_{10}}{\rho''}+w_y=0\end{aligned} \tag{6-48}$$

$$w_y=(y_E-\tilde{y}_E)$$

坐标附合条件方程，尤其是改正数条件方程，形式上虽然比较复杂，但也非常具有规律性。

以上6种条件方程及其改正数条件方程的类型和形式，基本上涵盖了测角型三角网条件方程的基本形式。需要说明的是，三角网布设形式极其多样，条件方程的形式也较为繁杂，但关键是要掌握其基本形式，并能融会贯通灵活运用。

图6.5是一个三角网，A、B、E、F是已知点，C、D是待定点，等精度观测了所有内角值，已知数据和观测数据见表6-2。试列出用条件平差法时的改正数条件方程。

表 6-2　已知数据和观测数据

已知坐标/m		已知方位角	已知边长/m
B (183120.420 ，29502560.540) E (181740.210 ，29505455.940)		$T_{AB}=32°20'14.9''$ $T_{EF}=355°53'42.6''$	$S_{AB}=2501.118$ $S_{EF}=2582.529$
角度观测值			
$\beta_1=46°21'56.1''$ $\beta_2=74°59'41.4''$ $\beta_3=58°38'17.2''$	$\beta_4=62°21'42.4''$ $\beta_5=67°39'43.6''$ $\beta_5=49°58'38.9''$	$\beta_1=58°03'46.6''$ $\beta_2=53°15'16.1''$ $\beta_3=68°40'54.3''$	$\beta_1=91°43'54.0''$ $\beta_2=47°21'49.9''$ $\beta_3=40°54'08.1''$

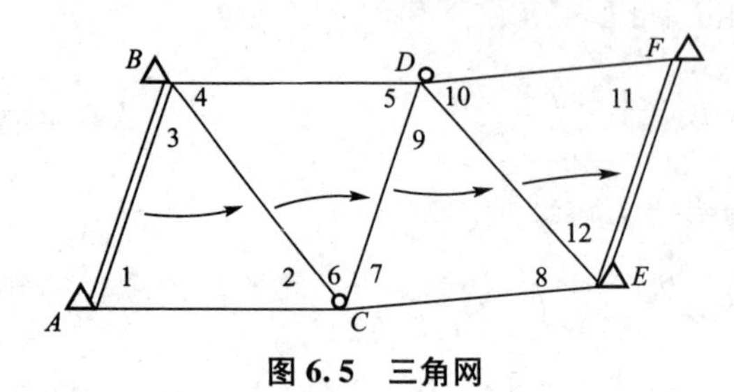

图 6.5　三角网

解：这是一个非自由测角三角网。

观测值总数：$n=12$

必要观测数：$t=14$

多余观测数：$r=n-t=8$

即有 8 个条件方程，而网中共有：4 个图形条件、4 个坐标附合条件、1 个方位角条件和 1 个边长附条件可选。由于坐标条件较为复杂，为计算方便，选 4 个图形条件、1 个方位角条件、1 个边长条件和 2 个坐标条件。运算线路如图 6.5 所示。

因为角度的观测精度相同，取 $Q=P^{-1}=I$。

首先，根据观测值，利用余切公式计算有关近似坐标

$$C(181440.319,\quad 29503390.921)$$

$$D(183084.184,\quad 29504111.735)$$

$$E(181740.109,\quad 29505456.041)$$

图形条件方程

$$v_1+v_2+v_3+w_1=0$$

$$v_4+v_5+v_6+w_2=0$$

$$v_7+v_8+v_9+w_3=0$$

$$v_{10}+v_{11}+v_{12}+w_4=0$$

方位角条件方程

$$-v_3+v_6-v_9+v_{12}+w_5=0$$

边长条件方程

$$\frac{\bar{S}_{AB}\sin\hat{L}_1\sin\hat{L}_4\sin\hat{L}_7\sin\hat{L}_{10}}{\bar{S}_{EF}\sin\hat{L}_2\sin\hat{L}_5\sin\hat{L}_8\sin\hat{L}_{11}}-1=0$$

其改正数形式

$$\cot L_1 v_1-\cot L_2 v_2+\cot L_4 v_4-\cot L_5 v_5+\cot L_7 v_7-\cot L_8 v_8+\cot L_{10} v_{10}-\cot L_{11} v_{11}+w_6=0$$

纵横坐标条件方程

$$\frac{(x_E-x_B)(\cot L_1 v_1-\cot L_2 v_2)}{\rho''}+\frac{(x_E-x_C)(\cot L_4 v_4-\cot L_5 v_5)}{\rho''}$$

$$+\frac{(x_E-x_D)(\cot L_7 v_7-\cot L_8 v_8)}{\rho''}+\frac{(y_E-y_B)}{\rho''}v_3-\frac{(y_E-y_C)}{\rho''}v_6+\frac{(y_E-y_D)}{\rho''}v_9+w_7=0$$

$$\frac{(y_E-y_B)(\cot L_1 v_1-\cot L_2 v_2)}{\rho''}+\frac{(y_E-y_C)(\cot L_4 v_4-\cot L_5 v_5)}{\rho''}$$

$$+\frac{(y_E-y_D)(\cot L_7 v_7-\cot L_8 v_8)}{\rho''}+\frac{(x_E-x_B)}{\rho''}v_3-\frac{(x_E-x_C)}{\rho''}v_6+\frac{(x_E-x_D)}{\rho''}v_9+w_8=0$$

其中闭合差项为

$$w_1=L_1+L_2+L_3-180°=-5.3$$

$$w_2=L_4+L_5+L_6-180°=4.9$$

$$w_3=L_7+L_8+L_9-180°=-2.5$$

$$w_4=L_{10}+L_{11}+L_{12}-180°=-8.0$$

$$w_5=-L_3+L_6+L_9-L_{12}+\tilde{T}_{AB}-\tilde{T}_{EF}\pm 3\cdot 180°=7.8$$

$$w_6=\rho''\left(1-\frac{\tilde{S}_{EF}\sin L_2\sin L_5\sin L_8\sin L_{11}}{\tilde{S}_{AB}\sin L_1\sin L_4\sin L_7\sin L_{10}}\right)=23.270$$

$$w_7=(x_E-\tilde{x}_E)=-10.1\text{cm}$$

$$w_8=(y_E-\tilde{y}_E)=10.1\text{cm}$$

2. 导线网典型条件方程

导线网包括单一附合导线、单一闭合导线和结点导线网，是目前较为常用的控制测量布设方式之一，其观测值有长度观测值和角度观测值。本节主要讨论单一导线的平差计算，先讨论单一附合导线问题。

1) 单一附合导线条件平差

如图 6.6 所示，在这个导线中有 4 个已知点、$n-1$ 个未知点、$n+1$ 个水平角观测值和 n 条边长观测值，总观测值数为 $2n+1$。从中可以分析，要确定一个未知点的坐标，必须测一条导线边和一个水平角，即需要两个观测值；要确定全部 $n-1$ 个未知点，则需观测 $n-1$ 个导线边和 $n-1$ 个水平角，即必要观测值数 $t=2n-2$；则多余观测个数 $r=2n+1-t=3$。也就是说，在单一附合导线中，只有 3 个条件方程。下面讨论其条件方程式及改正数条件方程式的写法。

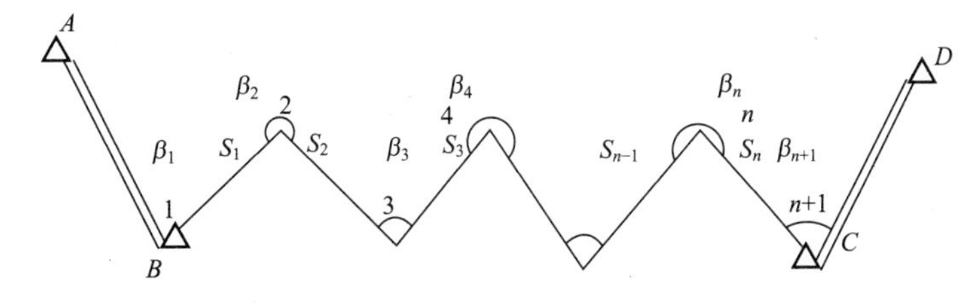

图 6.6 单一附合导线

设AB边方位角已知值为$T_{AB}=T_0$，CD边方位角已知值为T_{CD}、计算值为T_{n+1}，B点坐标的已知值为$(\bar{x}_B,\ \bar{y}_B)$或者$(x_1,\ y_1)$，C点坐标的已知值为$(\bar{x}_C,\ \bar{y}_C)$、计算值为$(x_{n+1},\ y_{n+1})$。3个条件中，有一个方位角附合条件、两个坐标附合条件。

方位角附合条件：从起始方位角推算至终边的方位角平差值应等于其已知值，即

$$\hat{T}_{n+1}-T_{CD}=0 \tag{6-49}$$

纵横坐标附合条件：从起始点推算至终点所得到的坐标平差值应与终点的已知坐标值相等，即

$$\hat{x}_{n+1}-\bar{x}_C=0 \tag{6-50}$$

$$\hat{y}_{n+1}-\bar{y}_C=0 \tag{6-51}$$

(1) 方位角附合条件式。

$$\hat{T}_{n+1}=T_0+[\hat{\beta}_i]_1^{n+1}\pm(n+1)\cdot180°=T_0+[\beta_i+v_{\beta_i}]_1^{n+1}\pm(n+1)\cdot180°$$

则式(6-49)可写为

$$\hat{T}_{n+1}-T_{CD}=T_0+[\beta_i+v_{\beta_i}]_1^{n+1}\pm(n+1)\cdot180°-T_{CD}=0$$

整理得

$$[v_{\beta_i}]_1^{n+1}+w_T=0 \tag{6-52}$$

其中

$$w_T=T_0+[\beta_i]_1^{n+1}\pm(n+1)\cdot180°-T_{CD}$$

(2) 纵坐标附合条件式。

终点C坐标平差值表示为

$$\hat{x}_{n+1}=\bar{x}_B+[\Delta\hat{x}_i]_1^n \tag{6-53}$$

而第i边的坐标增量为

$$\Delta\hat{x}_i=\hat{S}_i\cos\hat{T}_i \tag{6-54}$$

式中

$$\hat{S}_i=S_i+v_{S_i}$$

$$\begin{aligned}\hat{T}_i&=T_0+[\hat{\beta}_j]_i^i\pm i\cdot180°=T_0+[\beta_j+v_{\beta_i}]_1^i\pm i\cdot180°\\&=[v_{\beta_i}]_1^i+[\beta_j]_1^i+T_0\pm i\cdot180°=[v_{\beta_i}]_1^i+T_i\end{aligned}$$

其中T_i是第i边的近似坐标方位角

$$T_i=[\beta_j]_1^i+T_0\pm i\cdot180° \tag{6-55}$$

则式(6-54)可表示为

$$\Delta\hat{x}_i=(S_i+v_{S_i})\cos([v_{\beta_j}]_1^i+T_i)$$

上式按泰勒级数展开，取至一次项，得

$$\Delta\hat{x}_i=\Delta x_i+\cos T_i\cdot v_{S_i}-\frac{\Delta y_i}{\rho''}[v_{\beta_j}]_1^i \tag{6-56}$$

式中：$\Delta x_i=S_i\cos T_i$是由观测值计算出的近似坐标增量。

将式(6-56)代入式(6-53)，并按v_{β_i}合并同类项得

$$\hat{x}_C=\bar{x}_B+\left[\Delta x_i+\cos T_i\cdot v_{S_i}-\frac{\Delta y_i}{\rho''}[v_{\beta_i}]_1^i\right]_1^n=x_{n+1}+[\cos T_i\cdot v_{S_i}]_1^n-\frac{1}{\rho''}[(y_n-y_i)v_{\beta_i}]_1^n$$

代入式(6-50)，整理得

$$[\cos T_i\cdot v_{S_i}]_1^n-\frac{1}{\rho''}[(y_n-y_i)v_{\beta_i}]_1^n+x_{n+1}-x_C=0$$

上式即为纵坐标条件方程式，也可写为统一形式

$$[\cos T_i\cdot v_{S_i}]_1^n-\frac{1}{\rho''}[(y_{n+1}-y_i)v_{\beta_i}]_1^n+w_x=0 \tag{6-57}$$

$$w_x=x_{n+1}-\bar{x}_C \tag{6-58}$$

(3) 横坐标附合条件式。

可以仿照纵坐标条件推导过程，写出横坐标条件式

$$[\sin T_i\cdot v_{S_i}]_1^n+\frac{1}{\rho''}[(x_{n+1}-x_i)v_{\beta_i}]_1^n+w_y=0 \tag{6-59}$$

$$w_y=y_{n+1}-\bar{y}_C \tag{6-60}$$

为使计算方便，保证精度，在实际运算中，S、x、y常以m为单位，w、v_S、v_β以cm为单位，则式(6-57)和式(6-59)写为

$$[\cos T_i\cdot v_{S_i}]_1^n-\frac{1}{2062.65}[(y_{n+1}-y_i)v_{\beta_i}]_1^n+w_x=0 \tag{6-61}$$

$$[\sin T_i\cdot v_{S_i}]_1^n+\frac{1}{2062.65}[(x_{n+1}-x_i)v_{\beta_i}]_1^n+w_y=0 \tag{6-62}$$

2) 单一闭合导线条件平差

单一闭合导线是单一附合导线的特殊情况，只要将图6.6中的B和C、A和D分别重合，就可得到图6.7所示的闭合导线。

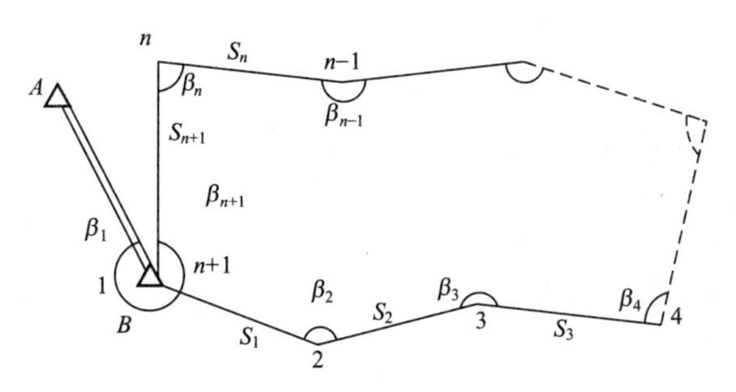

图6.7 闭合导线

图6.7中有一个已知点和$n-1$个待定点，观测了n个转折角和$n+1$条导线边。为了定向，还观测了一个连接角β_1。不难分析，闭合导线中也只有3个多余观测值，产生3个

条件式。由于没有多余起算数据，因此没有附合条件，只有闭合条件，这一点是与单一附合导线不同的。

(1) 多边形内角和闭合条件。由于导线网构成了多边形，其 $n+1$ 个转折角的平差值应满足多边形内角和条件

$$[\hat{\beta}_i]_2^{n+1}-(n-2)\cdot 180°=0 \tag{6-63}$$

写成转折角改正数条件方程形式

$$[v_{\beta_i}]_2^{n+1}+w_\beta=0 \tag{6-64}$$

其中

$$w_\beta=[\beta_i]_2^{n+1}-(n-2)\cdot 180° \tag{6-65}$$

(2) 坐标增量闭合条件。从 B 点开始，依次计算每一条边的纵横坐标增量的平差值，其总和应分别满足如下关系

$$[\Delta\hat{x}_i]_1^n=0 \tag{6-66}$$

$$[\Delta\hat{y}_i]_1^n=0 \tag{6-67}$$

参照单一附合导线纵横坐标附合条件推导方法，可以得出坐标闭合条件的改正数条件方程式

$$[\cos T_i\cdot v_{S_i}]_1^{n+1}-\frac{1}{\rho''}[(y_{n+1}-y_i)v_{\beta_i}]_1^n+w_x=0 \tag{6-68}$$

$$[\sin T_i\cdot v_{S_i}]_1^{n+1}+\frac{1}{\rho''}[(x_{n+1}-x_i)v_{\beta_i}]_1^n+w_y=0 \tag{6-69}$$

$$w_x=x_{n+1}-\bar{x}_B \tag{6-70}$$

$$w_y=y_{n+1}-\bar{y}_B \tag{6-71}$$

如果 S、x、y 常以 m 为单位，w、v_S、v_β以 cm 为单位，则式(6－68)和式(6－69)可写为

$$[\cos T_i\cdot v_{S_i}]_1^{n+1}-\frac{1}{2062.65}[(y_{n+1}-y_i)v_{\beta_i}]_1^n+w_x=0 \tag{6-72}$$

$$[\sin T_i\cdot v_{S_i}]_1^{n+1}+\frac{1}{2062.65}[(x_{n+1}-x_i)v_{\beta_i}]_1^n+w_y=0 \tag{6-73}$$

(3) 边角权的确定及单位权中误差。导线网中，既有角度又有边长，两者的量纲不同，观测精度一般情况下也不相等。在依据最小二乘法进行平差时，应合理地确定边角权之间的关系。为统一确定角度和边长观测值的权，可以采用以下方法。

取角度观测值的权及中误差为：p_β、$\hat{\sigma}_\beta$；取边长观测值的权及中误差为：p_S、$\hat{\sigma}_S$；取常数 $\hat{\sigma}_0$，则角度及边长观测值的权为

$$p_\beta=\frac{\hat{\sigma}_0^2}{\hat{\sigma}_\beta^2},\quad p_S=\frac{\hat{\sigma}_0^2}{\hat{\sigma}_S^2}$$

一般情况下，可以认为同一导线网中测角精度相等，但是由于导线边长变化较大使得

测边精度不等。可以取 $\hat{\sigma}_0=\hat{\sigma}_\beta$，则有

$$p_\beta=1,\quad p_S=\frac{\hat{\sigma}_\beta^2}{\hat{\sigma}_S^2} \tag{6-74}$$

式中：$\hat{\sigma}_\beta$以 s 为单位，p_β无量纲。在实际计算边长的权时，为使边长观测值的权与角度观测值的权相差不至于过大，应合理选取测边中误差的单位，如果 $\hat{\sigma}_S$的单位为 cm，则 p_S的量纲为((″)/cm²)；而在平差计算中，$\hat{\sigma}_S$的单位与改正数 v_S 的单位要一致，均以 cm 为单位。

按此方法确定的权，在平差之后还应进行统计假设检验。检验通过后才能说明其合理性，否则，应作修正再进行平差和统计假设检验。

由于导线网中，既有角度又有边长，单位权中误差应按式(6－75)计算

$$\hat{\sigma}_0=\sqrt{\frac{[pvv]}{r}}=\sqrt{\frac{[p_Sv_Sv_S]+[p_\beta v_\beta v_\beta]}{r}} \tag{6-75}$$

如前所述，由于在计算边角权时，通常取测角中误差作为单位权中误差(即 $m_0=m_\beta$)，所以在按式(6－75)算出的单位权中误差的同时，实际上也就计算出了测角中误差。测边中误差可按式(6－76)计算

$$\hat{\sigma}_S=\hat{\sigma}\sqrt{\frac{1}{p_S}} \tag{6-76}$$

6.4 条件平差的应用

【例 6－3】 如图 6.8 所示，A 和 P 点为等级三角点，PA 方向的方位角已知，在测站 P 上等精度测得的各方向的夹角观测值如下

$T_{PA}=48°24'36''$； $L_1=57°32'16''$； $L_2=73°03'08''$； $L_3=126°51'28''$； $L_4=104°33'20''$

试用条件平差法，计算各观测值的平差值、PC 方向的方位角 T_{PC}及 T_{PC}的精度 $\hat{\sigma}_{T_{PC}}$。

解：本题中 $n=4$，$t=3$，则条件方程个数为$r=n-t=1$ 。

因为是等精度观测，取观测值权阵

$$P=I=\begin{bmatrix}1&&&\\&1&&\\&&1&\\&&&1\end{bmatrix}$$

由 $A\hat{L}+A_0=0$，列出平差值条件方程的纯量形式

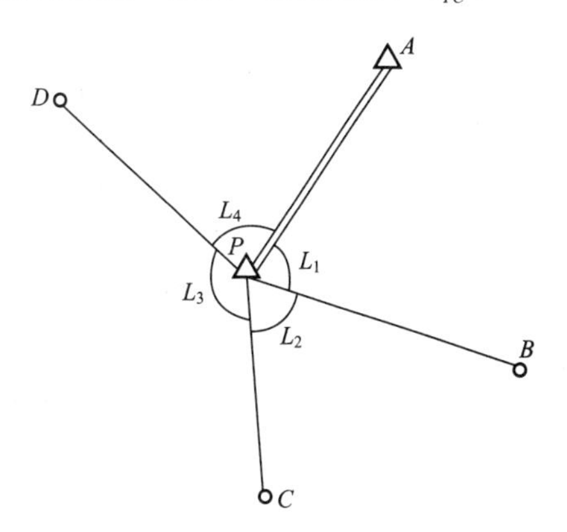

图 6.8 测站 P 示意图

$$\hat{L}_1+\hat{L}_2+\hat{L}_3+\hat{L}_4-360°=0$$

其矩阵形式为

$$[1\quad 1\quad 1\quad 1]\begin{bmatrix}\hat{L}_1\\ \hat{L}_2\\ \hat{L}_3\\ \hat{L}_4\end{bmatrix}-360°=0$$

由 $W=AL+A_0$，计算闭合差

$$W=AL+A_0=[1\quad 1\quad 1\quad 1]\begin{bmatrix}57°32'16''\\ 73°03'08''\\ 126°51'28''\\ 104°33'20''\end{bmatrix}-360°=12''$$

由 $AV+W=0$，写出改正数条件方程式

$$[1\quad 1\quad 1\quad 1]\begin{bmatrix}v_1\\ v_2\\ v_3\\ v_4\end{bmatrix}+12''=0$$

其纯量形式为

$$v_1+v_2+v_3+v_4+12''=0$$

根据 $AP^{-1}A^{\mathrm{T}}K+W=0$，写出法方程

$$4\,k_a+12''=0$$

由 $K=-N_{aa}^{-1}W$，计算联系数

$$k_a=-3''$$

由 $V=P^{-1}A^{\mathrm{T}}K$，计算各改正数

$$V=P^{-1}A^{\mathrm{T}}K=-3\times\begin{bmatrix}1 & & & \\ & 1 & & \\ & & 1 & \\ & & & 1\end{bmatrix}[1\quad 1\quad 1\quad 1]=\begin{bmatrix}-3\\ -3\\ -3\\ -3\end{bmatrix}('')$$

由$\hat{L}=L+V$，计算观测值平差值

$$\begin{bmatrix}\hat{L}_1\\ \hat{L}_2\\ \hat{L}_3\\ \hat{L}_4\end{bmatrix}=\begin{bmatrix}L_1+v_1\\ L_2+v_2\\ L_3+v_3\\ L_4+v_4\end{bmatrix}=\begin{bmatrix}57°32'33''\\ 73°03'05''\\ 126°51'25''\\ 104°33'17''\end{bmatrix}$$

则单位权中误差

$$V^{T}PV=[-3\quad -3\quad -3\quad -3]\begin{bmatrix}1&&&\\&1&&\\&&1&\\&&&1\end{bmatrix}\begin{bmatrix}-3\\-3\\-3\\-3\end{bmatrix}=36$$

$$\hat{\sigma}_0=\sqrt{\frac{V^{T}PV}{r}}=\sqrt{\frac{36}{1}}=6''$$

PC 边的方位角：$T_{PC}=T_{PA}+\hat{L}_1+\hat{L}_2=178°59'54''$

其矩阵式为

$$T_{PC}=[1\quad 1\quad 0\quad 0]\begin{bmatrix}\hat{L}_1\\\hat{L}_2\\\hat{L}_3\\\hat{L}_4\end{bmatrix}+48°24'36''$$

其中系数阵为

$$f=[1\quad 1\quad 0\quad 0]^{T}$$

计算 PC 边的协因数

$$Q_{T_{PC}}=f^{T}Qf-f^{T}QA^{T}N_{aa}^{-1}AQf$$

$$=[1\quad 1\quad 0\quad 0]\begin{bmatrix}1\\1\\0\\0\end{bmatrix}-\frac{1}{4}[1\quad 1\quad 0\quad 0]\begin{bmatrix}1\\1\\1\\1\end{bmatrix}[1\quad 1\quad 1\quad 1]\begin{bmatrix}1\\1\\0\\0\end{bmatrix}$$

$$=2-\frac{1}{4}\times 2\times 2=2-1=1$$

则 PC 边方位角的中误差为

$$\hat{\sigma}_{T_{PC}}=\hat{\sigma}_0\sqrt{Q_{T_{PC}}}=6''$$

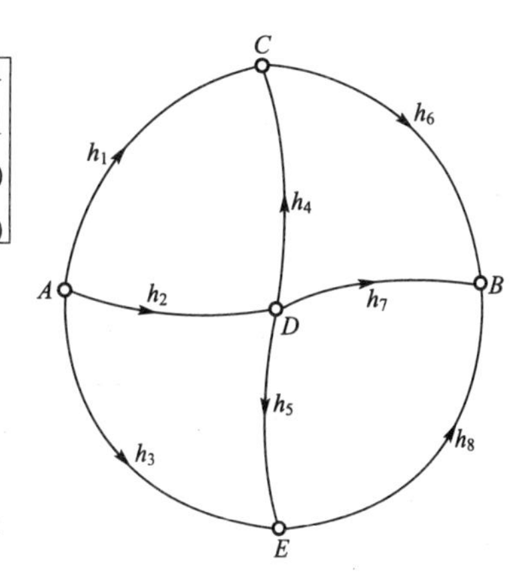

图 6.9 水准网

【例 6-4】 图 6.9 为一水准网，A、B 为两个高程已知点，C、D、E、F 分别为待定点。已知高程值和高差观测值见表 6-3，计算各待定点的高程平差值。

表 6-3 已知高程值和高差观测值

已知高程值			
H_A=31.100m		H_B=34.165m	
高差观测值			
h_1=+1.001m	S_1=1km	h_5=+0.504m	S_1=2km
h_2=+1.002m	S_1=2km	h_6=+0.060m	S_1=2km
h_3=+1.064m	S_1=2km	h_7=+0.560m	S_1=2.5km
h_4=+0.500m	S_1=1km	h_8=+1.000m	S_1=2.5km

解：水准网中总观测个数 $n=8$，必要观测数 $t=4$，多余观测 $r=n-t=4$。

平差值条件方程式 $A\hat{h}+A_0=0$ 为

$$\hat{h}_2-\hat{h}_4-\hat{h}_5=0$$
$$\hat{h}_2-\hat{h}_3+\hat{h}_6=0$$
$$\hat{h}_3-\hat{h}_4-\hat{h}_7=0$$
$$\hat{h}_1+\hat{h}_3+\hat{h}_8+H_A-H_B=0$$

改正数条件方程式 $AV+W=0$ 为

$$\begin{cases} v_2-v_4-v_5+w_1=0 \\ v_2-v_3+v_6+w_2=0 \\ v_3-v_4-v_7+w_3=0 \\ v_1+v_3+v_8+w_4=0 \end{cases}$$

由条件方程得

$$A=\begin{bmatrix} 0 & 1 & 0 & -1 & -1 & 0 & 0 & 0 \\ 0 & 1 & -1 & 0 & 0 & 1 & 0 & 0 \\ 0 & 0 & 1 & -1 & 0 & 0 & -1 & 0 \\ 1 & 0 & 1 & 0 & 0 & 0 & 0 & 1 \end{bmatrix}$$

令 $C=1$，观测值的权倒数

$$P^{-1}=\begin{bmatrix} 1 &&&&&&& \\ & 2 &&&&&& \\ && 2 &&&&& \\ &&& 1 &&&& \\ &&&& 2 &&& \\ &&&&& 2 && \\ &&&&&& 2.5 & \\ &&&&&&& 2.5 \end{bmatrix}$$

$$W=Ah+A_0=\begin{bmatrix} h_2-h_4-h_5 \\ h_2-h_3+h_6 \\ h_3-h_4-h_7 \\ h_1+h_3+h_8+H_A-H_B \end{bmatrix}=\begin{bmatrix} -2 \\ -2 \\ 4 \\ 0 \end{bmatrix}$$

$$N_{aa}=AP^{-1}A^{\mathrm{T}}=\begin{bmatrix} 5 & 2 & 1 & 0 \\ 2 & 6 & -2 & -2 \\ 1 & -2 & 5.5 & 2 \\ 0 & -2 & 2 & 5.5 \end{bmatrix} \quad K=-N_{aa}^{-1}W=\begin{bmatrix} 0.6426 \\ -0.1061 \\ -1.0010 \\ -0.3254 \end{bmatrix}$$

$$V=P^{-1}A^{\mathrm{T}}K=\begin{bmatrix}-0.3\\-1.1\\-1.1\\0.4\\-1.3\\-0.2\\2.5\\-0.8\end{bmatrix},\quad \hat{h}=h+V=\begin{bmatrix}1.001\\1.000\\1.063\\0.500\\0.503\\0.060\\0.562\\0.001\end{bmatrix}$$

【例 6-5】 图 6.10 所示为四等附合导线，测角中误差 $\hat{\sigma}_\beta=2.5''$，测边所用全站仪的标称精度公式 $\hat{\sigma}_s=5\text{mm}+5\text{ppm}D_{\text{km}}$。已知数据和观测值见表 6-4。试按条件平差法对此导线进行平差，并评定 3 号点的点位精度。

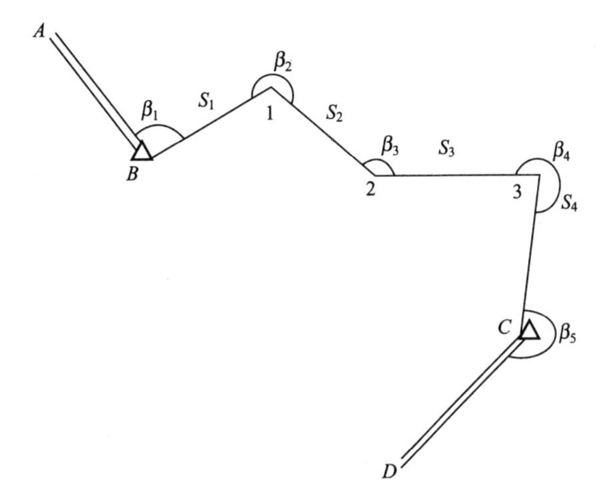

图 6.10 四等附合导线

解： 未知导线点个数为 3，导线边数为 4，观测角个数为 5，总观测个数为 $n=4+5=9$，必要观测个数为 $t=6$，所以多余观测个数 $r=n-t=3$，因此列 3 个条件方程个数。

近似计算导线边长、方位角和各导线点坐标，见表 6-5。

表 6-4 已知数据和观测数据

已知坐标/m	已知方位角
B(187396.252，29505530.009) C(184817.605，29509341.482)	$T_{AB}=161°44'07.2''$ $T_{CD}=249°30'27.9''$
导线边长观测值/m	**转折角度观测值**
$S_1=1474.444$ $S_2=1424.717$ $S_3=1749.322$ $S_4=1950.412$	$\beta_1=85°30'21.1''$ $\beta_2=254°32'32.2''$ $\beta_3=131°04'33.3''$ $\beta_4=272°20'20.2''$ $\beta_5=244°18'30.0''$

表 6-5　近似坐标和方位角

近似坐标/m	近似方位角
2(187966.645，29506889.655) 3(186847.276，29507771.035) 4(186760.011，29509518.179) 5(184817.621，29509341.465)	$T_1=67°14'28.3''$ $T_2=141°47'00.5''$ $T_3=92°51'33.8''$ $T_4=185°11'54.0''$ $T_5=249°30'24.0''$

(1) 组成改正数条件方程及第 3 点平差后坐标函数式。

改正数条件方程闭合差项

$$w_1=T_5-T_{CD}=-3.9''$$

$$w_2=x_4-\tilde{x}_C=1.6\text{cm}$$

$$w_3=y_4-\tilde{y}_C=-1.7\text{cm}$$

改正数条件方程

$$[v_{\beta_i}]_1^5+w_1=0$$

$$[\cos T_i\cdot v_{S_i}]_1^4-\frac{1}{2062.65}[(y_5-y_i)v_{\beta_i}]_1^4+w_2=0$$

$$[\sin T_i\cdot v_{S_i}]_1^4+\frac{1}{2062.65}[(x_5-x_i)v_{\beta_i}]_1^4+w_3=0$$

即

$$v_{\beta_1}+v_{\beta_2}+v_{\beta_3}+v_{\beta_4}+v_{\beta_5}-3.9=0$$

$$0.3868v_{S_1}-0.7857v_{S_2}-0.0499v_{S_3}-0.9959v_{S_4}-1.8479v_{\beta_1}-1.1887v_{\beta_2}-0.7614v\beta_3+0.0857v_{\beta_4}+1.6=0$$

$$0.9221v_{S_1}+0.6186v_{S_2}+0.9988v_{S_3}-0.0906v_{S_4}=1.2502v_{\beta_1}-1.5267v_{\beta_2}-0.9804v_{\beta_3}-0.9417v_{\beta_4}-1.7=0$$

$$A=\begin{bmatrix}0 & 0 & 0 & 0 & 1 & 1 & 1 & 1 & 1\\ 0.3868 & -0.7857 & -0.0499 & -0.9959 & -1.8479 & -1.1887 & -0.9714 & 0.0857 & 0\\ 0.9221 & 0.6186 & 0.9988 & -0.0906 & -1.2502 & -1.5267 & -0.9840 & -0.9417 & 0\end{bmatrix}$$

$$W=[-3.9\quad 1.6\quad -1.7]^{\mathrm{T}}$$

第 3 点平差后坐标函数式

$$\hat{x}_3=x_1+\Delta\hat{x}_1+\Delta\hat{x}_2=x_1+\hat{s}_1\cos\hat{T}_1+\hat{s}_2\cos\hat{T}_2$$

$$\hat{y}_3=y_1+\Delta\hat{y}_1+\Delta\hat{y}_2=y_1+\hat{s}_1\sin\hat{T}_1+\hat{s}_2\sin\hat{T}_2$$

全微分得

$$\mathrm{d}\hat{x}_3=[\cos\hat{T}_i\mathrm{d}\hat{s}_i]_1^2+\frac{1}{\rho''}[(y_3-y_i)\mathrm{d}\hat{\beta}_i]_1^2$$

$$d\hat{y}_3=[\sin\hat{T}_i d\hat{s}_i]_1^2+\frac{1}{\rho''}[(x_3-x_i)d\hat{\beta}_i]_1^2$$

$$f_{x_3}=[0.3868\quad -0.7857\quad 0\quad 0\quad 1.0865\quad 0.4273\quad 0\quad 0\quad 0]^T$$

$$f_{y_3}=[0.9211\quad 0.6186\quad 0\quad 0\quad -0.2662\quad -0.5427\quad 0\quad 0\quad 0]^T$$

(2) 确定边角观测值的权。

设单位权中误差 $\hat{\sigma}_0=\hat{\sigma}_\beta=2.5''$。

根据提供的标称精度公式 $\hat{\sigma}_D=5\text{mm}+5\text{ppm}\cdot D_{\text{km}}$计算测边中误差。

根据式(6－74)，测角观测值的权为 $P_\beta=1$ 。

为不使测边观测值的权与测角观测值的权相差过大，在计算测边观测值权时，取测边中误差和边长改正值的单位均为厘米(cm)。

$$P_D=\frac{\hat{\sigma}_0^2}{\hat{\sigma}_D^2}(('')^2/\text{cm}^2)$$

则可得观测值的权阵为

$$P=\begin{bmatrix}4.1&&&&&&&&\\&4.3&&&&&&&\\&&3.3&&&&&&\\&&&3&&&&&\\&&&&1&&&&\\&&&&&1&&&\\&&&&&&1&&\\&&&&&&&1&\\&&&&&&&&1\end{bmatrix}$$

(3) 组成法方程，计算联系数、改正数及观测值平差值，得

$$K=-N_{aa}^{-1}W=-(AP^{-1}A^T)W=[3.2440\quad -1.0599\quad 3.4591]^T$$

$$V=P^{-1}A^TK$$
$$=[0.6861\quad 0.6965\quad 1.0739\quad 0.2463\quad 0.8328\quad -0.8321\quad 0.6118\quad 0.0425\quad 3.2440]^T$$

$$\begin{bmatrix}\hat{S}_1\\\hat{S}_2\\\hat{S}_3\\\hat{S}_4\\\hat{\beta}_1\\\hat{\beta}_2\\\hat{\beta}_3\\\hat{\beta}_4\\\hat{\beta}_5\end{bmatrix}=\begin{bmatrix}1474.460\\1424.731\\1749.342\\1950.417\\85°30'22.4''\\254°32'30.7''\\131°04'34.6''\\272°20'20.5''\\244°18'36.5''\end{bmatrix}$$

进一步计算各导线点的坐标平差值，得

1 （187966.644， 29506889.663）

2 （186847.270， 29507771.048）

3 （186760.000， 29509518.201）

（4）精度评定

① 单位权中误差。

$$\hat{\sigma}_0=\sqrt{\frac{V^{\mathrm{T}}PV}{r}}=2.6''$$

② 点位中误差。

权倒数

$$Q_{\hat{x}_3}=f_{x_3}^{\mathrm{T}}P^{-1}f_{x_3}-f_{x_3}^{\mathrm{T}}P^{-1}A^{\mathrm{T}}N^{-1}AP^{-1}f_{x_3}=0.6154$$

$$Q_{\hat{y}_3}=f_{y_3}^{\mathrm{T}}P^{-1}f_{y_3}-f_{y_3}^{\mathrm{T}}P^{-1}A^{\mathrm{T}}N^{-1}AP^{-1}f_{y_3}=0.2788$$

点位中误差

$$\hat{\sigma}_{\hat{x}_3}=\hat{\sigma}_0\sqrt{Q_{\hat{x}_3}}=4.16\mathrm{cm}，\hat{\sigma}_{\hat{y}_3}=\hat{\sigma}_0\sqrt{Q_{\hat{y}_3}}=1.88\mathrm{cm}$$

$$\hat{\sigma}_3=\sqrt{\hat{\sigma}_{\hat{x}_3}^2+\hat{\sigma}_{\hat{y}_3}^2}=2.46\mathrm{cm}$$

【例 6-6】 图 6.11 所示的测角网中，A、B、C、D 均为待定点，等精度观测了 5 个角度，其观测值分别为 $\beta_1=40°00'20''$，$\beta_2=100°00'30''$，$\beta_3=50°00'20''$，$\beta_4=120°00'00''$，$\beta_5=50°00'20''$。其中，A 角为固定值 $90°00'00''$，试按条件平差法求各角平差值及平差值的协因数阵。

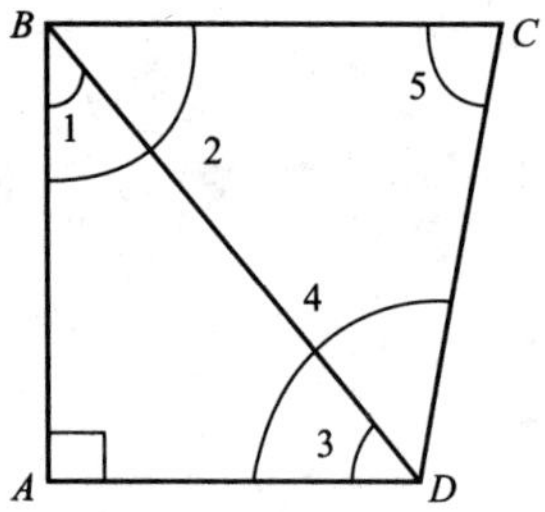

图 6.11 测角网

解： $n=5$，由于没有已知点，而且 A 角为直角，所以 $t=3$，故 $c=r=n-t=2$，列立两个条件方程为

$$\hat{\beta}_2+\hat{\beta}_4+\hat{\beta}_5-270°=0$$

$$\hat{\beta}_1+\hat{\beta}_2-90°=0$$

改正数条件方程式 $AV+W=0$ 为

$$v_2+v_4+v_5+50=0$$

$$v_1+v_3+40=0$$

写成矩阵形式为

$$\begin{bmatrix}0&1&0&1&1\\1&0&1&0&0\end{bmatrix}\begin{bmatrix}v_1\\v_2\\v_3\\v_4\\v_5\end{bmatrix}+\begin{bmatrix}50\\40\end{bmatrix}=0$$

式中：闭合差单位为(″)。

由于是同精度观测，所以 $P=I$。

$$N_{aa}=AP^{-1}A^{\mathrm{T}}=\begin{bmatrix}0&1&0&1&1\\1&0&1&0&0\end{bmatrix}\begin{bmatrix}1&&&&\\&1&&&\\&&1&&\\&&&1&\\&&&&1\end{bmatrix}\begin{bmatrix}0&1\\1&0\\0&1\\1&0\\1&0\end{bmatrix}=\begin{bmatrix}3&0\\0&2\end{bmatrix}$$

$$K=-N_{aa}^{-1}W=-\frac{1}{6}\begin{bmatrix}2&0\\0&3\end{bmatrix}\begin{bmatrix}50\\40\end{bmatrix}=-\frac{1}{6}\begin{bmatrix}100\\120\end{bmatrix}$$

$$V=P^{-1}A^{\mathrm{T}}K=-\frac{1}{6}\begin{bmatrix}1&&&&\\&1&&&\\&&1&&\\&&&1&\\&&&&1\end{bmatrix}\begin{bmatrix}0&1\\1&0\\0&1\\1&0\\1&0\end{bmatrix}\begin{bmatrix}100\\120\end{bmatrix}=-\frac{1}{6}\begin{bmatrix}120\\100\\120\\100\\100\end{bmatrix}(″)$$

$$\hat{\beta}=\beta+V=[40°00'00.00''\quad 100°00'13.33''\quad 50°00'00.00''\quad 119°59'43.33''\quad 50°00'03.34'']^{\mathrm{T}}$$

由式(6-24)可知

$$Q_{\hat{\beta}\hat{\beta}}=Q-QA^{\mathrm{T}}N_{aa}^{-1}AQ=\frac{1}{6}\times\begin{bmatrix}3&0&-3&0&0\\0&4&0&-2&-2\\-3&0&3&0&0\\0&-2&0&4&-2\\0&-2&0&-2&4\end{bmatrix}$$

6.5 附有参数的条件平差

6.5.1 平差原理

设条件平差中有观测值 n 个，必要观测值 t 个，多余观测数 r 个，取 u 个非观测量作为参数(设为$\hat{x}$)，则要列出的条件方程数为

$$c=r+u \tag{6-77}$$

附有参数的条件平差的数学模型为

$$\begin{cases} A\Delta + B\tilde{x} + W = 0 \\ AV + B\hat{x} + W = 0 \\ D = \sigma_0^2 Q = \sigma_0^2 P^{-1} \end{cases} \tag{6-78}$$

其中
$$W = AL + BX^0 + A_0$$

还应按照函数极值的拉格朗日乘数法，先组建函数

$$\Phi = V^T PV - 2K^T(AV + B\hat{x} - W)$$

为求 Φ 的极小值，将 Φ 分别对 V 和$\hat{x}$求一阶导数，并令其为零

$$\frac{d\Phi}{dV} = \frac{\partial(V^T PV)}{\partial V} - 2\frac{\partial(K^T AV)}{\partial V} = 2V^T P - 2K^T A = 0$$

$$\frac{d\Phi}{d\hat{x}} = -2\frac{\partial(K^T B\hat{x})}{\partial \hat{x}} = -2K^T B = 0$$

将以上两式转置，得

$$PV = A^T K \tag{6-79}$$

$$B^T K = 0 \tag{6-80}$$

由式(6-79)得改正数方程

$$V = P^{-1} A^T K = QA^T K \tag{6-81}$$

从而可得附有参数的条件平差的基础方程为

$$\begin{cases} AV + B\hat{x} + W = 0 \\ V = P^{-1} A^T K \\ B^T K = 0 \end{cases} \tag{6-82}$$

将改正数方程代入条件方程后，得

$$AP^{-1} A^T K + B\hat{x} + W = 0 \tag{6-83}$$

式(6-83)和式(6-80)称为附有参数的条件平差的法方程。取 $N_{aa} = AP^{-1}A^T = AQA^T$，不难知道 $rg(N_{aa}) = rg(A) = c$，N_{aa} 为对称可逆方阵，式(6-83)写为

$$N_{aa} K + B\hat{x} + W = 0$$

则

$$K = -N_{aa}^{-1}(W + B\hat{x}) \tag{6-84}$$

将式(6-84)代入式(6-82)，得

$$B^T N_{aa}^{-1}(W + B\hat{x}) = 0$$

$$B^T N_{aa}^{-1} W + B^T N_{aa}^T B\hat{x} = 0 \tag{6-85}$$

令
$$N_{bb} = B^T N_{aa}^{-1} B$$

可知 $rg(N_{bb}) = rg(B^T N_{aa}^{-1} B) = rg(B) = u$，且 $N_{bb}^T = N_{bb}$，因此 N_{bb} 是 u 阶可逆对称方阵，由式(6-85)可得

$$N_{bb}\hat{x}+B^{T}N_{aa}^{-1}W=0 \tag{6-86}$$

解之得

$$\hat{x}=-N_{bb}^{-1}B^{T}N_{aa}^{-1}W \tag{6-87}$$

将式(6-87)代入式(6-84)，可计算出 K，然后把 K 代入式(6-82)，得

$$V=-QA^{T}K=-QA^{T}N_{aa}^{-1}(W+B\hat{x}) \tag{6-88}$$

即可直接计算出观测值的改正数 V。

再由$\hat{L}=L+V$，$\hat{X}=X^{0}+\hat{x}$分别计算出观测值平差值和非观测量的最或然值。

6.5.2 精度评定

1. 单位权中误差计算

附有参数的条件平差的单位权方差和中误差的计算，仍使用下述公式计算

$$\hat{\sigma}_0^2=\frac{V^{T}PV}{r}=\frac{V^{T}PV}{c-u} \tag{6-89}$$

$$\sigma_0=\sqrt{\frac{V^{T}PV}{r}}=\sqrt{\frac{V^{T}PV}{c-u}}$$

2. 协因数阵

首先写出各基本向量的表达式

$$L=L$$

$$W=AL+BX^{0}+A_0$$

$$\hat{X}=X^{0}+\hat{x}=X^{0}-N_{bb}^{-1}B^{T}N_{aa}^{-1}W$$

$$K=-N_{aa}^{-1}W-N_{aa}^{-1}B\hat{x}$$

$$V=QA^{T}K$$

$$\hat{L}=L+V$$

令 $Z=[L\quad W\quad \hat{X}\quad K\quad V\quad \hat{L}]^{T}$，把 W、$\hat{X}$、K、V，$\hat{L}$都变换为 L 的函数，按照协因数传播律，可得到其协因数阵。

$$Q_{ZZ}=\begin{bmatrix} Q_{LL} & Q_{LW} & Q_{L\hat{X}} & Q_{LK} & Q_{LV} & Q_{L\hat{L}} \\ Q_{WL} & Q_{WW} & Q_{W\hat{X}} & Q_{WK} & Q_{WV} & Q_{W\hat{L}} \\ Q_{\hat{X}L} & Q_{\hat{X}W} & Q_{\hat{X}\hat{X}} & Q_{\hat{X}K} & Q_{\hat{X}V} & Q_{\hat{X}\hat{L}} \\ Q_{KL} & Q_{KW} & Q_{K\hat{X}} & Q_{KK} & Q_{KV} & Q_{K\hat{L}} \\ Q_{VL} & Q_{VW} & Q_{V\hat{X}} & Q_{VK} & Q_{VV} & Q_{V\hat{L}} \\ Q_{\hat{L}L} & Q_{\hat{L}W} & Q_{\hat{L}\hat{X}} & Q_{\hat{L}K} & Q_{\hat{L}V} & Q_{\hat{L}\hat{L}} \end{bmatrix}$$

$$
=\begin{bmatrix}
Q & QA^T & -QA^TN_{aa}^{-1}BN_{bb}^{-1} & -QA^TQ_{KK} & -Q_{VV} & Q-Q_{VV} \\
AQ & N_{aa} & -BN_{bb}^{-1} & -N_{aa}Q_{KK} & -N_{aa}Q_{KK}AQ & BN_{bb}^{-1}B^TN_{aa}^{-1}AQ \\
-N_{bb}^{-1}B^TN_{aa}^{-1}AQ & -N_{bb}^{-1}B^T & N_{bb}^{-1} & 0 & 0 & -N_{bb}^{-1}B^TN_{aa}^{-1}AQ \\
-Q_{KK}AQ & -Q_{KK}N_{aa} & 0 & Q_{KK} & Q_{KK}AQ & 0 \\
-Q_{VV} & -QA^TQ_{KK}N_{aa} & 0 & QA^TQ_{KK} & QA^TQ_{KK}AQ & 0 \\
Q-Q_{VV} & QA^TN_{aa}^{-1}BN_{bb}^{-1}B^T & -QA^TN_{aa}^{-1}BN_{bb}^{-1} & 0 & 0 & Q-Q_{VV}
\end{bmatrix}
$$

$$(N_{aa}=AQA^T,\quad N_{bb}=B^TN_{aa}^{-1}B,\quad Q_{KK}=N_{aa}^{-1}-N_{aa}^{-1}BN_{bb}^{-1}B^TN_{aa}^{-1}) \tag{6-90}$$

3. 平差值函数中误差计算

同条件平差一样，在附有参数的条件平差中，要评定一个量的精度，首先要将该量表达成关于观测量平差值和参数平差值的函数形式，再依据协因数传播律，计算该量的协因数，最后计算出其方差或中误差。

设平差后一个量关于观测值与参数平差值的函数为

$$\hat{\phi}=f(\hat{L},\ \hat{X})=f(\hat{L}_1,\ \hat{L}_2,\ \cdots,\ \hat{L}_n;\ \hat{X}_1,\ \hat{X}_2,\ \cdots,\ \hat{X}_n) \tag{6-91}$$

对其全微分，得权函数式

$$\mathrm{d}\hat{\varphi}=F_l^T\mathrm{d}\hat{L}+F_x^T\mathrm{d}\hat{X} \tag{6-92}$$

其中 $F_l^T=\begin{bmatrix}\frac{\partial f}{\partial \hat{L}_1} & \frac{\partial f}{\partial \hat{L}_2} & \cdots & \frac{\partial f}{\partial \hat{L}_n}\end{bmatrix}_{L,X^0}$，$F_x^T=\begin{bmatrix}\frac{\partial f}{\partial \hat{X}_1} & \frac{\partial f}{\partial \hat{X}_2} & \cdots & \frac{\partial f}{\partial \hat{X}_n}\end{bmatrix}_{L,X^0}$

根据协因数传播律，得函数的协因数为

$$Q_{\hat{\varphi}\hat{\varphi}}=F_l^TQ_{\hat{L}\hat{L}}F_l+F_l^TQ_{\hat{L}\hat{X}}F_x+F_x^TQ_{\hat{X}\hat{L}}F_l+F_x^TQ_{\hat{X}\hat{X}}F_x \tag{6-93}$$

式中：$Q_{\hat{L}\hat{L}}$、$Q_{\hat{L}\hat{X}}$、$Q_{\hat{X}\hat{L}}$、$Q_{\hat{X}\hat{X}}$等均可从式(6-90)获得。

函数 $\hat{\varphi}$ 的中误差为

$$D_{\hat{\varphi}\hat{\varphi}}=\sigma_0^2Q_{\hat{\varphi}\hat{\varphi}}$$

即

$$\hat{\sigma}_{\hat{\varphi}}^2=\hat{\sigma}_0^2Q_{\hat{\varphi}\hat{\varphi}}=\hat{\sigma}_0^2\frac{1}{p_{\hat{\varphi}}}$$

$$\hat{\sigma}_{\hat{\varphi}}=\sigma_0\sqrt{Q_{\hat{\varphi}\hat{\varphi}}}=\hat{\sigma}_0\sqrt{\frac{1}{p_{\hat{\varphi}}}} \tag{6-94}$$

6.5.3 平差应用

【例6-7】 图6.12所示的三角网中，A、B为已知点，其坐标为$A(1000.00,\ 0.00)$，$B(1000.00,\ 1732.00)$(单位：m)，BD边的边长为$S_{BD}=1000.0\text{m}$。各角值均为等精度观测(取$Q_{LL}=I$)，观测值分别为

$$L_1=60°00'03'' \quad L_2=60°00'02'' \quad L_3=60°00'04''$$

$$L_4=59°59'57'' \quad L_5=59°59'56'' \quad L_6=59°59'59''$$

取$\angle BAD$的最或然值为未知数$\hat{X}$。

试用附有参数的条件平差法对该网进行平差，并求$\angle CAB$平差后最或然值的中误差。

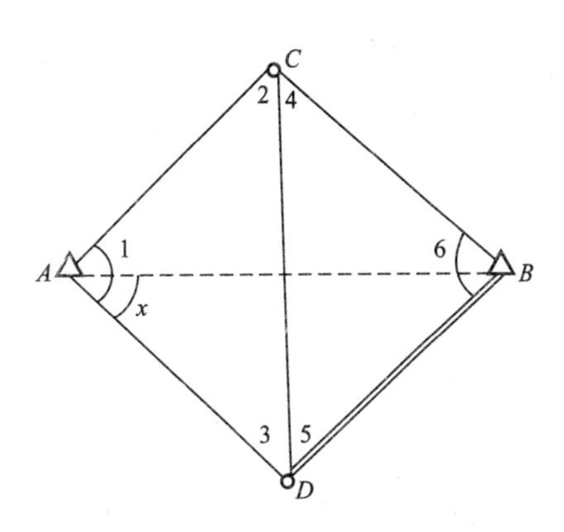

图 6.12 三角网

解：本题中，总观测数$n=6$，必要观测数$t=3$，附加一个未知参数$u=1$，

则

$$r=n-t=3, \quad c=r+u=4$$

可以写出图形条件2个、极条件1个、固定边条件1个，分列出最或然值条件方程如下

$$\hat{L}_1+\hat{L}_2+\hat{L}_3-180°=0$$

$$\hat{L}_4+\hat{L}_5+\hat{L}_6-180°=0$$

$$\frac{\sin(\hat{L}_1-\hat{X})\sin(\hat{L}_3+\hat{L}_5)\sin\hat{L}_4}{\sin(\hat{L}_2+\hat{L}_4)\sin\hat{L}_5\sin\hat{X}}-1=0$$

$$\frac{S_{AB}\sin\hat{X}}{S_{BD}\sin(\hat{L}_3+\hat{L}_5)}-1=0$$

取$\hat{X}=X^0+\hat{x}$，由固定边条件可计算其近似值$X^0=30°00'00''$

将最或然值条件方程中的非线性式线性化，并计算出改正数条件方程

$$v_1+v_2+v_3+9=0$$

$$v_4+v_5+v_6-8=0$$

$$1.732v_1+0.5773v_2-0.5774v_3+1.1547v_4-0.5774v_5+1.1546\hat{x}+5.196=0$$

$$0.5774v_3+0.5774v_5+1.7321\hat{x}-6.0507=0$$

$$A=\begin{bmatrix} 1 & 1 & 1 & 0 & 0 & 0 \\ 0 & 0 & 0 & 1 & 1 & 1 \\ 1.732 & 0.5773 & -0.5774 & 1.1547 & -0.5774 & 0 \\ 0 & 0 & 0.5774 & 0 & 0.5774 & 0 \end{bmatrix} \quad B=\begin{bmatrix} 0 \\ 0 \\ 1.1546 \\ 1.7321 \end{bmatrix}$$

$$W=\begin{bmatrix} 9 \\ -8 \\ 5.196 \\ -6.0507 \end{bmatrix}, \quad N_{aa}=AQA^{\mathrm{T}}=\begin{bmatrix} 3.0 & 0 & -3.46 & 0.58 \\ 0 & 3.0 & 0.58 & 0.58 \\ -3.46 & 0.58 & 38.34 & -3.67 \\ 0.58 & 0.58 & -3.67 & 0.67 \end{bmatrix}$$

$$N_{bb}=B^{T}N_{aa}^{-1}B=27.5743$$

$$\hat{x}=-N_{bb}^{-1}N_{aa}^{-1}W=2.8193$$

$$K=-N_{aa}^{-1}(W+B\hat{x})=[-2.5662\quad 2.7286\quad -0.9661\quad 0.6440]^{T}$$

$$V=QA^{T}K=[-4.23\quad -3.12\quad -1.63\quad 1.64\quad 3.66\quad 2.73]^{T}$$

$$\hat{L}=L+V=[59°59'58.8''\quad 59°59'58.9''\quad 60°00'2.4''\quad 59°59'58.6''\quad 59°59'59.7''\quad 61°00'1.7'']$$

$$\hat{X}=X^{0}+\hat{x}=30000'2.8''$$

平差值函数式：$F=\hat{L}_1-\hat{X}=\hat{L}_1-\hat{x}-X^{0}$

$$F_l=[1\quad 0\quad 0\quad 0\quad 0\quad 0]^{T},\quad F_x=[-1]^{T}\quad Q_{\hat{X}\hat{X}}=N_{bb}^{-1}=0.0363$$

$$Q_{\hat{L}\hat{L}}=Q-QA^{T}(N_{aa}^{-1}-N_{aa}^{-1}BN_{bb}^{-1}B^{T}N_{aa}^{-1})AQ$$

$$=\begin{bmatrix} 0.3877 & -0.3612 & 0.0265 & -0.2371 & 0.2232 & 0.0139 \\ -0.3612 & 0.6639 & -0.3027 & -0.0237 & 0.0223 & 0.0014 \\ 0.0265 & -0.3027 & 0.3292 & 0.2608 & -0.2455 & -0.0153 \\ -0.2371 & -0.0237 & 0.2608 & 0.4651 & -0.1436 & -0.3215 \\ 0.2232 & 0.0223 & -0.2455 & -0.1436 & 0.4881 & -0.3445 \\ 0.0139 & 0.0014 & -0.0153 & -0.3215 & -0.3445 & 0.6660 \end{bmatrix}$$

$$Q_{\hat{X}\hat{L}}=-N_{bb}^{-1}B^{T}N_{aa}^{-1}AQ=[-0.0656\quad 0.0935\quad -0.0279\quad -0.0391\quad -0.0809\quad 0.1199]$$

$$Q_{\hat{L}\hat{X}}=-QA^{T}N_{aa}^{-1}BN_{bb}^{-1}$$

$$=[-0.0656\quad 0.0935\quad -0.0279\quad -0.0391\quad -0.0809\quad 0.1144]^{T}$$

则 $Q_{\hat{\varphi}\hat{\varphi}}=F_l^{T}Q_{\hat{L}\hat{L}}F_l+F_l^{T}Q_{\hat{L}\hat{X}}F_x+F_x^{T}Q_{\hat{X}\hat{L}}F_l+F_x^{T}Q_{\hat{X}\hat{X}}F_x=0.5551$

$$\hat{\sigma}_{\hat{\varphi}}=\hat{\sigma}_0\sqrt{Q_{\hat{\varphi}\hat{\varphi}}}=2.7''$$

6.6 附有限制条件的条件平差

但在很多情况下，即使选了 u 个参数，其中独立参数小于 t，且有 s 个是不独立的。在这种情况下，就应该采用附有限制条件的条件平差方法来处理。

6.6.1 平差原理

在第 4 章中介绍过附有限制条件的条件平差的函数模型和随机模型。其函数模型为

$$\underset{c\times n}{A}\underset{n\times 1}{\tilde{L}}+\underset{c\times u}{B}\underset{u\times 1}{\tilde{X}}+\underset{c\times 1}{A_0}=0 \tag{6-95}$$

$$\underset{s\times u}{C}\underset{u\times 1}{\tilde{X}}+\underset{s\times 1}{C_0}=0 \tag{6-96}$$

无论是线性模型还是非线性模型，按照第 4 章介绍的线性化方法和结论，以 Δ 和$\tilde{x}$的估值 V 和$\hat{x}$代入式(6-96)，则有

$$
\begin{aligned}
&AV+B\hat{x}+W=0 \\
&C\hat{x}+W_x=0
\end{aligned}
\tag{6-97}
$$

式中：$W=AL+BX^0+A_0$；$W_x=CX^0+C_0$。

按照最小二乘准则，要求 $V^{\mathrm{T}}PV=\min$，为此，按求条件极值的方法组成新的函数

$$
\Phi=V^{\mathrm{T}}PV-2K^{\mathrm{T}}(AV+B\hat{x}+W)-2K_S^{\mathrm{T}}(C\hat{x}+W_x) \tag{6-98}
$$

为求其极小值，将式(6－98)分别对 V 和 $\hat{x}$ 求一阶偏导数并令其为零，得

$$
\frac{\partial\Phi}{\partial V}=2V^{\mathrm{T}}P-2K^{\mathrm{T}}A=0
$$

$$
\frac{\partial\Phi}{\partial\hat{x}}=-2K^{\mathrm{T}}B-2K_S^{\mathrm{T}}C=0
$$

两边转置整理后，有

$$
\begin{cases}
PV-A^{\mathrm{T}}K=0 \\
B^{\mathrm{T}}K+C^{\mathrm{T}}K_S=0
\end{cases}
\tag{6-99}
$$

式(6－97)和式(6－99)联合称为附有限制条件的条件平差的基础方程。其中共包括 $n+u+c+s$ 个方程，$n+u+c+s$ 个未知量，它们分别是

$$
\underset{n\times1}{V},\ \underset{u\times1}{\hat{x}},\ \underset{c\times1}{K},\ \underset{s\times1}{K_S}
$$

方程的个数和待定量的个数相同，可唯一确定各未知数。

解算此基础方程，通常先解式(6－99)第一式，得

$$
V=QA^{\mathrm{T}}K=P^{-1}A^{\mathrm{T}}K \tag{6-100}
$$

式(6－100)称为改正数方程。

将式(6－100)代入式(6－97)第一式，有

$$
AP^{-1}A^{\mathrm{T}}K+B\hat{x}+W=0 \tag{6-101}
$$

令

$$
N_{aa}=AP^{-1}A^{\mathrm{T}}
$$

则上式变为

$$
N_{aa}K+B\hat{x}+W=0
$$

联立式(6－101)、式(6－99)、式(6－97)第二式，得

$$
\begin{cases}
N_{aa}K+B\hat{x}+W=0 \\
B^{\mathrm{T}}K+C^{\mathrm{T}}K_S=0 \\
C\hat{x}+W_x=0
\end{cases}
\tag{6-102}
$$

式(6－102)称为附有条件的条件平差的法方程，其系数矩阵对称，所以仍是一个对称线性方程组。其中 N_{aa} 是 c 阶的可逆对称方阵。以 N_{aa}^{-1} 左乘式(6－101)可得

$$
K=-N_{aa}^{-1}(W+B\hat{x}) \tag{6-103}
$$

再以 $B^{\mathrm{T}}N_{aa}^{-1}$ 左乘式(6－101)并减去式(6－99)的第二式，得

$$
B^{\mathrm{T}}N_{aa}^{-1}B\hat{x}-C^{\mathrm{T}}K_S+B^{\mathrm{T}}N_{aa}^{-1}W=0 \tag{6-104}
$$

令 $$N_{bb}=B^{T}N_{aa}^{-1}B,\ W_e=B^{T}N_{aa}^{-1}W$$

则式(6-104)式可写成

$$N_{bb}\hat{x}-C^{T}K_S+W_e=0 \tag{6-105}$$

式中：$rg(N_{bb})=rg(B^{T}N_{aa}^{-1}B)=rg(B)=u$，且 $N_{bb}^{T}=(B^{T}N_{aa}^{-1}B)^{T}=B^{T}N_{aa}^{-1}B=N_{bb}$，即 N_{bb} 是 u 阶对称满秩方阵，是可逆阵。于是由式(6-105)可得

$$\hat{x}=N_{bb}^{-1}(C^{T}K_S-W_e) \tag{6-106}$$

将式(6-106)代入式(6-97)第二式得

$$CN_{bb}^{-1}C^{T}K_S-CN_{bb}^{-1}W_e+W_x=0 \tag{6-107}$$

令 $$N_{cc}=CN_{bb}^{-1}C^{T}$$

则式(6-107)可写成

$$N_{cc}K_S-CN_{bb}^{-1}W_e+W_x=0 \tag{6-108}$$

因为 $rg(N_{cc})=rg(CN_{bb}^{-1}C^{T})=rg(C)=s$，且 $N_{cc}^{T}=(CN_{bb}^{-1}C^{T})^{T}=CN_{bb}^{-1}C^{T}=N_{cc}$，故 N_{cc} 是一 s 阶的满秩对称方阵，是可逆阵。则由式(6-108)可得

$$K_S=-N_{cc}^{-1}(W_x-CN_{bb}^{-1}W_e) \tag{6-109}$$

将式(6-109)代入式(6-106)，经整理得

$$\hat{x}=-(N_{bb}^{-1}-N_{bb}^{-1}C^{T}N_{cc}^{-1}CN_{bb}^{-1})W_e-N_{bb}^{-1}C^{T}N_{cc}^{-1}W_x \tag{6-110}$$

由式(6-100)和式(6-103)可得

$$V=-QA^{T}N_{aa}^{-1}(W+B\hat{x}) \tag{6-111}$$

将式(6-110)代入式(6-111)可得

$$V=-QA^{T}N_{aa}^{-1}(W+BN_{bb}^{-1}C^{T}N_{cc}^{-1}CN_{bb}^{-1}W_e-BN_{bb}^{-1}W_e-BN_{bb}^{-1}C^{T}N_{cc}^{-1}W_x) \tag{6-112}$$

由式(6-112)可得

$$\begin{aligned}\hat{L}&=L+V\\&=L-QA^{T}N_{aa}^{-1}(W+BN_{bb}^{-1}C^{T}N_{cc}^{-1}CN_{bb}^{-1}W_e-BN_{bb}^{-1}W_e-BN_{bb}^{-1}C^{T}N_{cc}^{-1}W_x)\end{aligned} \tag{6-113}$$

6.6.2 精度评定

1. 单位权方差估值的计算公式

附有限制条件的条件平差法单位权方差估值的计算仍然是用 $V^{T}PV$ 除以它的自由度 r，即

$$\hat{\sigma}_0^2=\frac{V^{T}PV}{r}=\frac{V^{T}PV}{c-u+s} \tag{6-114}$$

其中，$V^{T}PV$ 的计算，可以利用观测值的改正数及其权阵直接计算，在不能直接知道改正数的情况下，也可以使用下面推导的公式进行计算。

由式(6－100)知

$$V=P^{-1}A^{T}K$$

则

$$V^{T}PV=V^{T}P(P^{-1}A^{T}K)=V^{T}A^{T}K=(AV)^{T}K$$

而 $AV+B\hat{x}+W=0$，所以

$$V^{T}PV=-(W+B\hat{x})^{T}K=-W^{T}K-\hat{x}^{T}B^{T}K$$

因为 $B^{T}K+C^{T}K_{S}=0$，则有

$$V^{T}PV=-W^{T}K+\hat{x}^{T}C^{T}K_{S}=-W^{T}K+(C\hat{x})^{T}K_{S}$$

考虑到 $C\hat{x}+W_{x}=0$，有

$$V^{T}PV=-(W^{T}K+W_{x}^{T}K_{S})$$

若将 $K=-N_{aa}^{-1}(W+B\hat{x})$代入上式，得

$$V^{T}PV=W^{T}N_{aa}^{-1}(W+B\hat{x})-W_{x}^{T}K_{S}=W^{T}N_{aa}^{-1}W+W^{T}N_{aa}^{-1}B\hat{x}-W_{x}^{T}K_{S}$$

由于 $W_{e}=B^{T}N_{aa}^{-1}W$，则

$$V^{T}PV=W^{T}N_{aa}^{-1}W+W_{e}^{T}\hat{x}-W_{x}^{T}K_{S} \tag{6-115}$$

2. 各种向量的协因数阵

为了评定某些量的精度和研究向量之间的相关性，要用到它们的协因数阵以及它们之间的互协因数阵。在附有限制条件的条件平差中，基本向量有 L、W、$\hat{X}$、K、K_S、V、$\hat{L}$，现已知观测值 L 的协因数阵 $Q_{LL}=Q=P^{-1}$，为求其他量的协因数阵和互协因数阵，最基本的思路是把它们表达成已知协因数阵的线性函数，然后根据协因数传播律进行求解。

向量的基本表达式如下

$$L=IL$$

$$W=AL+BX^{0}+A^{0}=AL+W^{0}$$

$$\hat{X}=X^{0}-(N_{bb}^{-1}-N_{bb}^{-1}C^{T}N_{cc}^{-1}CN_{bb}^{-1})W_{e}-N_{bb}^{-1}C^{T}N_{cc}^{-1}W_{x}$$

$$K=-N_{aa}^{-1}(W+B\hat{x})=-N_{aa}^{-1}W-N_{aa}^{-1}B\hat{x}$$

$$K_{S}=-N_{cc}^{-1}W_{x}+N_{cc}^{-1}CN_{bb}^{-1}W_{e}$$

$$V=QA^{T}K$$

$$\hat{L}=L+V$$

根据协因数传播律，可得各向量的自协因数阵和两两向量之间的互协因数阵，见表6－6。

表 6-6　各向量的协因数阵

	L	W	$\hat{X}$	K	K_S	V	$\hat{L}$
L	Q	Q_{WL}^{T}	$Q_{\hat{X}L}^{\mathrm{T}}$	Q_{KL}^{T}	$Q_{K_SL}^{\mathrm{T}}$	Q_{VL}^{T}	$Q_{\hat{L}L}^{\mathrm{T}}$
W	AQ	N_{aa}	$Q_{\hat{X}W}^{\mathrm{T}}$	Q_{KW}^{T}	$Q_{K_SW}^{\mathrm{T}}$	Q_{VW}^{T}	$Q_{\hat{L}W}^{\mathrm{T}}$
$\hat{X}$	$-Q_{\hat{X}\hat{X}}B^{\mathrm{T}}\cdot N_{aa}^{-1}AQ$	$-Q_{\hat{X}\hat{X}}B^{\mathrm{T}}$	$Q_{\hat{X}\hat{X}}$	0	0	0	$Q_{\hat{L}\hat{X}}^{\mathrm{T}}$
K	$-Q_{KK}AQ$	$-Q_{KK}N_{aa}$	0	$N_{aa}^{-1}-N_{aa}^{-1}\cdot BQ_{\hat{X}\hat{X}}B^{\mathrm{T}}N_{aa}^{-1}$	$Q_{K_SK}^{\mathrm{T}}$	Q_{VK}^{T}	$Q_{\hat{L}K}^{\mathrm{T}}$
K_S	$N_{cc}^{-1}CN_{bb}^{-1}\cdot B^{\mathrm{T}}N_{aa}^{-1}AQ$	$N_{cc}^{-1}C\cdot N_{bb}^{-1}B^{\mathrm{T}}$	0	$-N_{cc}^{-1}CN_{bb}^{-1}\cdot B^{\mathrm{T}}N_{aa}^{-1}$	N_{cc}^{-1}	$Q_{VK_S}^{\mathrm{T}}$	$Q_{\hat{L}K_S}^{\mathrm{T}}$
V	$-Q_{VV}$	$-QA^{\mathrm{T}}\cdot Q_{KK}N_{aa}$	0	QAQ_{KK}	$-QA^{\mathrm{T}}N_{aa}^{-1}\cdot BN_{bb}^{-1}C^{\mathrm{T}}N_{cc}^{-1}$	$QA^{\mathrm{T}}Q_{KK}\cdot AQ$	$Q_{\hat{L}V}^{\mathrm{T}}$
$\hat{L}$	$Q-Q_{VV}$	$QA^{\mathrm{T}}N_{aa}^{-1}\cdot BQ_{\hat{X}\hat{X}}B^{\mathrm{T}}$	$-QA^{\mathrm{T}}\cdot N_{aa}^{-1}B\cdot Q_{\hat{X}\hat{X}}$	0	0	0	$Q-Q_{VV}$

（$Q_{\hat{X}\hat{X}}=N_{bb}^{-1}-N_{bb}^{-1}C^{\mathrm{T}}N_{cc}^{-1}CN_{bb}^{-1}$）

3. 实例分析

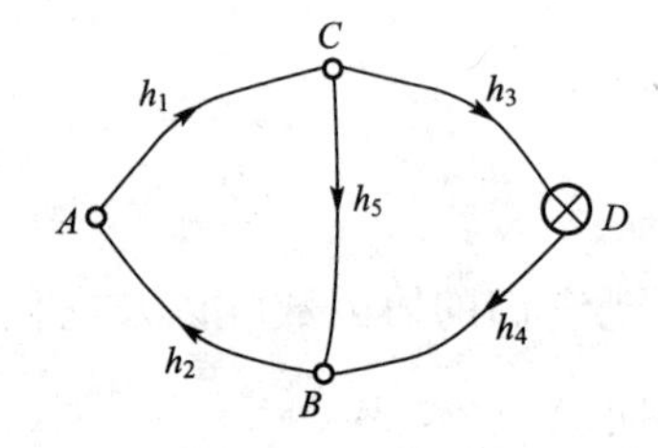

图 6.13　水准网

【例 6-8】 图 6.13 所示的水准网中，设已知点 D 点的高程为 $H_D=15.100\mathrm{m}$，各段水准路线的观测高差为 $h=[1.359，2.009，0.363，1.012，0.657]^{\mathrm{T}}\mathrm{m}$，且各路线长度相等，每千米的观测精度相同，若设 A 点高程的平差值与 A、D 点间高差平差值为未知参数 $\hat{X}_1$ 和 $\hat{X}_2$，并取其近似值为 $X_1^0=14.104\mathrm{m}$，$X_2^0=0.996\mathrm{m}$。

(1) 试列出条件方程和限制条件方程；

(2) 求参数平差值和观测值平差值；

(3) 求未知参数的中误差。

解： 本题 $n=5$，$t=3$，$r=n-t=2$，$u=2$，其中 $s=1$，则 $c=r+u-s=4-1=3$。

(1) 列立一般条件方程和限制条件方程

$$v_1-v_2+v_5+7=0$$

$$v_2-v_4+\hat{x}_1+1=0$$

$$v_1-v_3-\hat{x}_2=0$$

$$\hat{x}_1+\hat{x}_2=0$$

写成矩阵的形式

$$\underset{3\times5}{A}\,\underset{5\times1}{V}+\underset{3\times2}{B}\,\underset{2\times1}{\hat{x}}+\underset{3\times1}{W}=0$$

$$\underset{1\times2}{C}\underset{2\times1}{\hat{x}}+\underset{1\times1}{W_x}=0$$

代入数据得

$$\begin{bmatrix}1 & -1 & 0 & 0 & 1\\0 & 1 & 0 & -1 & 0\\1 & 0 & -1 & 0 & 0\end{bmatrix}\begin{bmatrix}v_1\\v_2\\v_3\\v_4\\v_5\end{bmatrix}+\begin{bmatrix}0 & 0\\1 & 0\\0 & -1\end{bmatrix}\begin{bmatrix}\hat{x}_1\\\hat{x}_2\end{bmatrix}+\begin{bmatrix}7\\1\\0\end{bmatrix}=0$$

$$(1\quad 1)\begin{pmatrix}\hat{x}_1\\\hat{x}_2\end{pmatrix}+0=0$$

由于各水准路线长度相等，所以观测值的权阵 $P=I$。

(2) 计算 N_{aa}、N_{aa}^{-1}、N_{bb}、N_{bb}^{-1}、N_{cc}、N_{cc}^{-1}、W_e

$$N_{aa}=AQA^{\mathrm{T}}=AA^{\mathrm{T}}=\begin{bmatrix}3 & -1 & 1\\-1 & 2 & 0\\1 & 0 & 2\end{bmatrix}$$

$$N_{aa}^{-1}=\frac{1}{8}\begin{bmatrix}4 & 2 & -2\\2 & 5 & -1\\-2 & -1 & 5\end{bmatrix}$$

$$N_{bb}=B^{\mathrm{T}}N_{aa}^{-1}B=\frac{1}{8}\begin{bmatrix}5 & 1\\1 & 5\end{bmatrix},\quad N_{bb}^{-1}=\frac{1}{3}\begin{bmatrix}5 & -1\\-1 & 5\end{bmatrix}$$

$$N_{cc}=CN_{bb}^{-1}C^{\mathrm{T}}=\frac{8}{3},\quad N_{cc}^{-1}=\frac{3}{8},\quad W_e=B^{\mathrm{T}}N_{aa}^{-1}W=\frac{1}{8}\begin{bmatrix}19\\15\end{bmatrix}$$

(3) 计算$\hat{x}$和改正数 V

$$K_S=-N_{cc}^{-1}(W_x-CN_{bb}^{-1}W_e)=\frac{17}{8}$$

$$\hat{x}=N_{bb}^{-1}(C^{\mathrm{T}}K_S-W_e)=\begin{pmatrix}-0.5\\+0.5\end{pmatrix}(\mathrm{mm})$$

$$V=-QA^{\mathrm{T}}N_{aa}^{-1}(W+B\hat{x})=(-1.625\quad 1.625\quad -2.215\quad 2.215\quad -3.750)^{\mathrm{T}}(\mathrm{mm})$$

(4) 求参数平差值和观测值平差值

$$\hat{X}=X^0+\hat{x}=(14.1035\quad 0.9965)^{\mathrm{T}}(\mathrm{m})$$

$$\hat{L}=L+V=(1.3574\quad 2.0106\quad 0.3609\quad 1.0141\quad 0.6532)^{\mathrm{T}}(\mathrm{m})$$

(5) 精度评定

单位权中误差

$$\hat{\sigma}_0=\sqrt{\frac{V^{\mathrm{T}}PV}{c-u+s}}=\sqrt{\frac{28.375}{2}}=3.77(\mathrm{mm})$$

未知参数的协因数阵为

$$Q_{\hat{X}\hat{X}}=N_{bb}^{-1}-N_{bb}^{-1}C^{\mathrm{T}}N_{cc}^{-1}CN_{bb}^{-1}=\begin{bmatrix}1 & -1\\ -1 & 1\end{bmatrix}$$

参数的中误差

$$\hat{\sigma}_{\hat{X}_2}=\hat{\sigma}_{\hat{X}_1}=\hat{\sigma}_0\sqrt{Q_{\hat{X}_1\hat{X}_1}}=3.77(\mathrm{mm})$$

6.7 条件平差估值的统计性质

在5.1节已经说明了有关参数的估计最优性质的几个判定标准，即无偏性、一致性和有效性。本节就3种平差方法即条件平差法、附有参数的条件平差法和附有限制的条件平差法证明：按最小二乘原理进行平差计算所求得的结果具有上述最优性质。由于附有参数的条件平差法和条件平差都是附有限制条件平差法的特例，因此只对附有限制条件平差法进行证明。

6.7.1 估计量$\hat{L}$和$\hat{X}$均为无偏估计

要证明$\hat{L}$和$\hat{X}$是无偏估计，就是要证明

$$E(\hat{L})=\tilde{L}\quad 和\quad E(\hat{X})=\tilde{X}\tag{6-116}$$

因为$\hat{X}=X^0+\hat{x}$，$\tilde{X}=X^0+\tilde{x}$，故要证明$E(\hat{X})=\tilde{X}$，也就是要证明

$$E(\hat{x})=\tilde{x}\tag{6-117}$$

对式(4-24)取数学期望，并由于$E(\Delta)=0$，$\tilde{x}$为真值$\tilde{X}$与X^0之差，X^0取定后，$\tilde{x}$即为一定值。于是得

$$E(W)=-AE(\Delta)-BE(\tilde{x})=-B\tilde{x}\tag{6-118}$$

$$E(W_x)=-CE(\tilde{x})=-C\tilde{x}\tag{6-119}$$

对式(6-110)取期望，由于$W_e=B^{\mathrm{T}}N_{aa}^{-1}W$，则有

$$\begin{aligned}E(\hat{x})&=-Q_{\hat{X}\hat{X}}B^{\mathrm{T}}N_{aa}^{-1}E(W)-N_{bb}^{-1}C^{\mathrm{T}}N_{cc}^{-1}E(W_x)\\&=Q_{\hat{X}\hat{X}}B^{\mathrm{T}}N_{aa}^{-1}B\tilde{x}+N_{bb}^{-1}C^{\mathrm{T}}N_{cc}^{-1}C\tilde{x}\\&=(N_{bb}^{-1}-N_{bb}^{-1}C^{\mathrm{T}}N_{cc}^{-1}CN_{bb}^{-1})N_{bb}\tilde{x}+N_{bb}^{-1}C^{\mathrm{T}}N_{cc}^{-1}C\tilde{x}\\&=\tilde{x}-N_{bb}^{-1}C^{\mathrm{T}}N_{cc}^{-1}C\tilde{x}+N_{bb}^{-1}C^{\mathrm{T}}N_{cc}^{-1}C\tilde{x}=\tilde{x}\end{aligned}\tag{6-120}$$

再对式(6-111)取数学期望，得

$$E(V)=-QA^{\mathrm{T}}N_{aa}^{-1}(E(W)+BE(\hat{x}))=-QA^{\mathrm{T}}N_{aa}^{-1}(-B\tilde{x}+B\tilde{x})=0 \quad (6-121)$$

所以有

$$E(\hat{L})=E(L)+E(V)=\tilde{L} \quad (6-122)$$

这就证明了$\hat{L}$和$\hat{X}$是$\tilde{L}$和$\tilde{X}$的无偏估计量。

6.7.2 估计量$\hat{X}$具有最小方差

参数$\hat{X}$的协方差阵可由下式求出

$$D_{\hat{X}\hat{X}}=\hat{\sigma}_0^2 Q_{\hat{X}\hat{X}}$$

$D_{\hat{X}\hat{X}}$中主对角线元素就是各$\hat{X}_i(i=1,2,\cdots,u)$的方差，要证明参数估值的方差最小，根据矩阵迹的定义，也就是要证明

$$\mathrm{tr}(D_{\hat{X}\hat{X}})=\min \text{ 或 } \mathrm{tr}(Q_{\hat{X}\hat{X}})=\min \quad (6-123)$$

由式(6－110)知，$\hat{x}$是$W_e(=B^{\mathrm{T}}N_{aa}^{-1}W)$和$W_x$的线性函数，也即是条件方程常数项$W$和限制条件方程常数项$W_x$的线性函数。现假设存在另一个$\hat{x}'$，它也是$W$和$W_x$的线性函数，即设

$$\hat{x}'=H_1W+H_2W_x \quad (6-124)$$

式中：H_1、H_2为待定系数阵。问题是H_1、H_2应等于什么才能使$\hat{x}'$既无偏、方差又最小，即$\mathrm{tr}(Q_{\hat{x}'\hat{x}'})=\min$。

首先要满足无偏性，则必须使

$$E(\hat{x}')=H_1E(W)+H_2E(W_x)=-H_1B\tilde{x}-H_2C\tilde{x}$$
$$=-(H_1B+H_2C)\tilde{x}=\tilde{x}$$

显然只有当

$$H_1B+H_2C=I \quad (6-125)$$

时，$\hat{x}'$才是$\tilde{x}$的无偏估计量。

对式(6－124)应用协因数传播律，且W_x为非随机量，得

$$Q_{\hat{x}'\hat{x}'}=H_1Q_{ww}H_1^{\mathrm{T}}$$

现在的问题是要求出既能满足式(6－125)，又能使$Q_{\hat{x}'\hat{x}'}$的迹达到极小的H_1、H_2矩阵。这就是一个条件极值问题，为此组成新的函数

$$\Phi=\mathrm{tr}(H_1Q_{WW}H_1^{\mathrm{T}})+\mathrm{tr}(2(H_1B+H_2C+I)K^{\mathrm{T}})$$

式中：K^{T}为联系数向量。为求Φ的极小值，须将上式对H_1、H_2求一阶导数并令其为零，得

$$\frac{\partial\Phi}{\partial H_1}=2H_1Q_{WW}+2KB^{\mathrm{T}}=0,\quad \frac{\partial\Phi}{\partial H_2}=2KC^{\mathrm{T}}=0 \quad (6-126)$$

因为 $Q_{WW}=N_{aa}$，故由式(6-126)的第一式可得

$$H_1=-KB^{\mathrm{T}}N_{aa}^{-1} \tag{6-127}$$

代入式(6-125)得

$$KB^{\mathrm{T}}N_{aa}^{-1}B-H_2C=I \tag{6-128}$$

考虑到 $N_{bb}=B^{\mathrm{T}}N_{aa}^{-1}B$，则

$$K=(H_2C+I)N_{bb}^{-1} \tag{6-129}$$

将上式代入式(6-126)的第二式，有

$$(H_2C+I)N_{bb}^{-1}C^{\mathrm{T}}=0 \tag{6-130}$$

由于 $N_{cc}=CN_{bb}^{-1}C^{\mathrm{T}}$，可解得

$$H_2=-N_{bb}^{-1}C^{\mathrm{T}}N_{cc}^{-1} \tag{6-131}$$

将式(6-131)回代到式(6-129)，整理得

$$K=N_{bb}^{-1}-N_{bb}^{-1}C^{\mathrm{T}}N_{cc}^{-1}CN_{bb}^{-1} \tag{6-132}$$

再将式(6-132)回代到式(6-127)，得

$$H_1=-(N_{bb}^{-1}-N_{bb}^{-1}C^{\mathrm{T}}N_{cc}^{-1}CN_{bb}^{-1})B^{\mathrm{T}}N_{aa}^{-1} \tag{6-133}$$

将式(6-133)和式(6-131)代入式(6-124)，得

$$\hat{x}'=-(N_{bb}^{-1}-N_{bb}^{-1}C^{\mathrm{T}}N_{cc}^{-1}CN_{bb}^{-1})B^{\mathrm{T}}N_{aa}^{-1}W-N_{bb}^{-1}C^{\mathrm{T}}N_{cc}^{-1}W_x \tag{6-134}$$

将式(6-134)与式(6-110)比较可知：$\hat{x}'=\hat{x}$，$\hat{x}'$即为$\hat{x}$。由于$\hat{x}'$是在无偏和方差最小的条件下导出的，这说明由最小二乘准则估计求得的$\hat{x}$也是最优无偏估计量，故估计量$\hat{X}=X^0+\hat{x}$的方差最小。

6.7.3 估计量$\hat{L}$具有最小方差

由式(6-113)知，观测值估值$\hat{L}$的计算公式为

$$\hat{L}=L+V=L-QA^{\mathrm{T}}N_{aa}^{-1}(W+B\hat{x}) \tag{6-135}$$

将式(6-110)代入式(6-135)，经整理后得

$$\hat{L}=L-QA^{\mathrm{T}}N_{aa}^{-1}[(I-BQ_{\hat{X}\hat{X}}B^{\mathrm{T}}N_{aa}^{-1})W+BN_{bb}^{-1}C^{\mathrm{T}}N_{cc}^{-1}W_x] \tag{6-136}$$

即$\hat{L}$是 L、W、W_x的线性函数。

要证明$\hat{L}$具有最小方差，也就是要证明

$$\mathrm{tr}(D_{\hat{L}\hat{L}})=\min \quad 或 \quad \mathrm{tr}(Q_{\hat{L}\hat{L}})=\min \tag{6-137}$$

现假设有另一函数

$$\hat{L}'=L+G_1W+G_2W_x \tag{6-138}$$

式中：G_1、G_2 为待定系数。对式(6-138)取数学期望，得

$$E(\hat{L}')=E(L)+G_1E(W)+G_2E(W_x)=\tilde{L}+G_1B\tilde{x}+G_2C\tilde{x}$$

$$=\tilde{L}+(G_1B+G_2C)\tilde{x}$$

因此，若$\hat{L}'$为无偏估计量，则必须满足

$$G_1B+G_2C=0 \tag{6-139}$$

根据协因数传播律，且 W_x 为非随机量，得

$$Q_{\hat{L}'\hat{L}'}=Q+Q_{LW}G_1^{\mathrm{T}}+G_1Q_{WL}+G_1Q_{WW}G_1^{\mathrm{T}} \tag{6-140}$$

要在满足式(6-139)的情况下求 $\mathrm{tr}(Q_{\hat{L}'\hat{L}'})=\min$，为此组成新的函数

$$\Phi=\mathrm{tr}(Q_{\hat{L}'\hat{L}'})+\mathrm{tr}(2(G_1B+G_2C)K^{\mathrm{T}}) \tag{6-141}$$

为使 Φ 极小，将其对 G_1、G_2 求一阶偏导数，并令其为零

$$\left.\begin{aligned}&\frac{\partial\Phi}{\partial G_1}=2Q_{LW}+2G_1Q_{WW}+2KB^{\mathrm{T}}=0\\&\frac{\partial\Phi}{\partial G_2}=2KC^{\mathrm{T}}\end{aligned}\right. \tag{6-142}$$

由 $Q_{LW}=QA^{\mathrm{T}}$，$Q_{WW}=N_{aa}$，以及式(6-142)中的第一式解得

$$G_1=-(QA^{\mathrm{T}}+KB^{\mathrm{T}})N_{aa}^{-1} \tag{6-143}$$

代入式(6-139)得

$$-QA^{\mathrm{T}}N_{aa}^{-1}B-KB^{\mathrm{T}}N_{aa}^{-1}B+G_2C=0$$

因 $N_{bb}=B^{\mathrm{T}}N_{aa}^{-1}B$，由上式可得

$$K=-QA^{\mathrm{T}}N_{aa}^{-1}BN_{bb}^{-1}+G_2CN_{bb}^{-1} \tag{6-144}$$

代入式(6-142)中的第二式，则有

$$-QA^{\mathrm{T}}N_{aa}^{-1}BN_{bb}^{-1}C^{\mathrm{T}}+G_2CN_{bb}^{-1}C^{\mathrm{T}}=0$$

因 $N_{cc}=CN_{bb}^{-1}C^{\mathrm{T}}$，故可解得

$$G_2=QA^{\mathrm{T}}N_{aa}^{-1}BN_{bb}^{-1}C^{\mathrm{T}}N_{cc}^{-1} \tag{6-145}$$

将式(6-145)回代到式(6-144)，得

$$K=-QA^{\mathrm{T}}N_{aa}^{-1}B(N_{bb}^{-1}-N_{bb}^{-1}C^{\mathrm{T}}N_{cc}^{-1}CN_{bb}^{-1})=-QA^{\mathrm{T}}N_{aa}^{-1}BQ_{\hat{X}\hat{X}} \tag{6-146}$$

再将式(6-146)回代到式(6-143)，整理后得

$$G_1=-QA^{\mathrm{T}}N_{aa}^{-1}(I-BQ_{\hat{X}\hat{X}}B^{\mathrm{T}}N_{aa}^{-1}) \tag{6-147}$$

将式(6-145)、式(6-147)代入式(6-138)，整理后得

$$\hat{L}'=L-QA^{\mathrm{T}}N_{aa}^{-1}[(I-BQ_{\hat{X}\hat{X}}B^{\mathrm{T}}N_{aa}^{-1})W+BN_{bb}^{-1}C^{\mathrm{T}}N_{cc}^{-1}W_x] \tag{6-148}$$

对照式(6-148)和式(6-136)知，两者完全相同，$\hat{L}'$即为$\hat{L}$。由于$\hat{L}'$是在无偏和方差最小的条件下导出的，这说明由最小二乘准则估计求得的$\hat{L}$也是最优无偏估计量，故估计量$\hat{L}$的方差最小。

综合前面的证明知，按最小二乘准则求得的$\hat{L}$、$\hat{X}$都是最优无偏估计量。

6.7.4 单位权方差估值$\hat{\sigma}_0^2$是σ_0^2的无偏估计量

在本章的平差方法中，单位权方差的估值都是用$V^{\mathrm{T}}PV$除以各自的自由度，即

$$\hat{\sigma}_0^2=\frac{V^{\mathrm{T}}PV}{r} \tag{6-149}$$

自由度即为多余观测个数，现在要证明

$$E(\hat{\sigma}_0^2)=\sigma_0^2 \tag{6-150}$$

由数理统计学可知，若有服从任一分布的q维随机向量$\underset{q\times 1}{Y}$，已知其数学期望为$\underset{q\times q}{\eta}$，方差阵为$\underset{q\times q}{D_{YY}}$，则根据式(2-31)可得

$$E(Y^{\mathrm{T}}BY)=\mathrm{tr}(BD_{YY})+\eta^{\mathrm{T}}B\eta \tag{6-151}$$

式中：B为任一q阶的对称可逆阵。

现用V向量代替式(6-151)中的Y向量，则其中η应换为$E(V)$，D_{YY}应换为D_{VV}，B阵可以换成权阵P，于是有

$$E(V^{\mathrm{T}}PV)=\mathrm{tr}(PD_{VV})+E(V)^{\mathrm{T}}PE(V) \tag{6-152}$$

前面已经证明$E(V)=0$，而$D_{VV}=\sigma_0^2Q_{VV}$，于是有

$$E(V^{\mathrm{T}}PV)=\sigma_0^2\mathrm{tr}(PQ_{VV}) \tag{6-153}$$

由$Q_{VV}=QA^{\mathrm{T}}(N_{aa}^{-1}-N_{aa}^{-1}BQ_{\hat{X}\hat{X}}B^{\mathrm{T}}N_{aa}^{-1})AQ$代入式(6-153)，且$PQ=I$，$AQA^{\mathrm{T}}=N_{aa}$，$B^{\mathrm{T}}N_{aa}^{-1}B=N_{bb}$，则得

$$\begin{aligned}E(V^{\mathrm{T}}PV)&=\sigma_0^2\mathrm{tr}[PQA^{\mathrm{T}}(N_{aa}^{-1}-N_{aa}^{-1}BQ_{\hat{X}\hat{X}}B^{\mathrm{T}}N_{aa}^{-1})AQ]\\&=\sigma_0^2\mathrm{tr}[AQA^{\mathrm{T}}(N_{aa}^{-1}-N_{aa}^{-1}BQ_{\hat{X}\hat{X}}B^{\mathrm{T}}N_{aa}^{-1})]\\&=\sigma_0^2\mathrm{tr}[\underset{cc}{I}-Q_{\hat{X}\hat{X}}B^{\mathrm{T}}N_{aa}^{-1}B]\\&=\sigma_0^2[c-\mathrm{tr}(Q_{\hat{X}\hat{X}}N_{bb})]\end{aligned} \tag{6-154}$$

而$Q_{\hat{X}\hat{X}}=N_{bb}^{-1}-N_{bb}^{-1}C^{\mathrm{T}}N_{cc}^{-1}CN_{bb}^{-1}$，则有

$$\begin{aligned}\mathrm{tr}(Q_{\hat{X}\hat{X}}N_{bb})&=\mathrm{tr}(\underset{u\times u}{I}-N_{bb}^{-1}C^{\mathrm{T}}N_{cc}^{-1}C)=u-\mathrm{tr}(N_{cc}N_{cc}^{-1})\\&=u-\mathrm{tr}(\underset{s\times s}{I})=u-s\end{aligned}$$

代入式(6-154)有

$$E(V^{\mathrm{T}}PV)=\sigma_0^2(c-u+s) \text{ 或 } E\left(\frac{V^{\mathrm{T}}PV}{c-u+s}\right)=\sigma_0^2 \tag{6-155}$$

式(6-155)也可以写成

$$E\left(\frac{V^{\mathrm{T}}PV}{c-u+s}\right)=E\left(\frac{V^{\mathrm{T}}PV}{r}\right)=E(\hat{\sigma}_0^2)=\sigma_0^2 \tag{6-156}$$

故结论得证。说明单位权方差估值 $\hat{\sigma}_0^2$ 是 σ_0^2 的无偏估计量。

本章小结

本章就条件平差、附有参数的条件平差和附有限制条件的条件平差的基本原理与应用进行了介绍。一定要重点掌握条件平差的条件方程的列立以及求解，学会运用条件方程解决具体的测量工程问题，对于附有参数的条件平差以及附有限制条件的条件平差要掌握其基本原理，并能推导其公式。

本章是全书的重点，要学好本章知识，一定要大量练习才行，因此书上精选的习题要全部做完。

本章的难点是条件方程的列立。

习　　题

1. 何谓一般条件方程？何谓限制条件方程？它们之间有什么区别？

2. 某平差问题有 15 个同精度观测值，必要观测数等于 8，现取 8 个参数，且参数之间有一个限制条件。若按附有限制条件的条件平差法进行平差，应列出多少个条件方程和限制条件方程？其法方程有几个？

3. 设某一平差问题的观测值个数为 n，必要观测数为 t，若按条件平差法进行平差，其条件方程、法方程及改正数方程的个数各为多少？

4. 指出图 6.14 中各水准网条件方程的个数(水准网中 P_i 表示待定点，h_i 表示观测高差)。

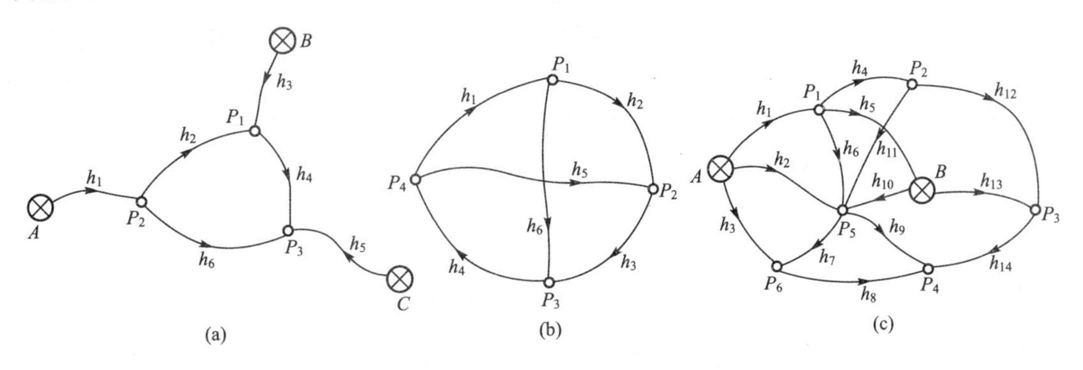

图 6.14　水准网

5. 指出图 6.15 中各测角网按条件平差时条件方程的总数及各类条件的个数(图 6.15 中 P_i为待定点坐标，$\widetilde{S}_i$为已知边，$\widetilde{\alpha}_i$为已知方位角)。

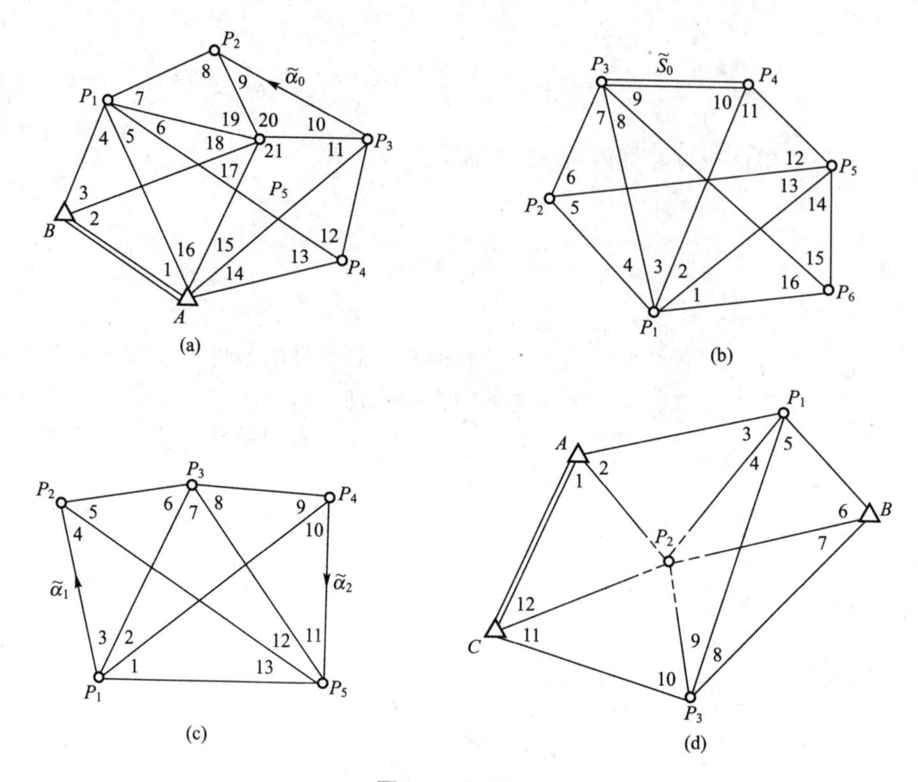

图 6.15 测角网

6. 设某平差问题是按条件平差法进行的，其法方程为

$$\begin{bmatrix}10 & -2\\-2 & 4\end{bmatrix}\begin{bmatrix}k_1\\k_2\end{bmatrix}+\begin{bmatrix}6\\6\end{bmatrix}=0$$

试求：(1) 单位权中误差 $\hat{\sigma}_0$；

(2) 若已知一平差函数式 $F=f^{\mathrm{T}}\hat{L}$，并计算得 $[ff/p]=44$，$[af/p]=16$，$[bf/p]=4$，试求该平差值函数的权倒数$\frac{1}{p_F}$及其中误差 $\hat{\sigma}_F$。

7. 试按条件平差法求证在单一水准路线(图 6.16)中，平差后高程最弱点在水准路线中央。

8. 已知条件式为 $AV+W=0$，其中 $W=AL+A_0$，A_0 为常数，观测值协因数阵为 $Q_{LL}=P^{-1}$，现有函数式 $F=f^{\mathrm{T}}(L+V)$。

(1) 试求：Q_{FF}；

(2) 试证：V 和 F 是互不相关的。

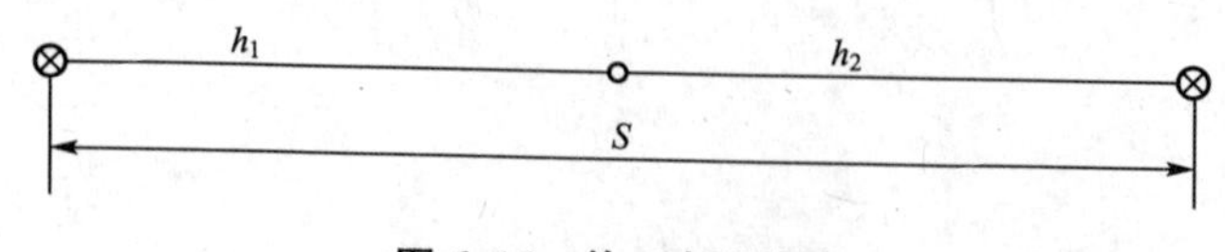

图 6.16 单一水准路线

9. 图 6.17 所示的水准网中，A、B 两点为高程已知，各观测高差及路线长度见表 6-7。用条件平差法计算求知点的高程平差值及 p_2 和 p_3 之间平差后高差值 $\hat{h}_7$ 的中误差。

表 6-7 已知数据

高差观测值/m	对应线路长度/km	已知点高程/m
$h_1=1.359$	1	$H_1=35.000$ $H_2=36.000$
$h_2=2.009$	1	
$h_3=0.363$	2	
$h_4=-0.640$	2	
$h_5=0.657$	1	
$h_6=1.000$	1	
$h_7=1.650$	2	

10. 图 6.18 所示的中点三边形，其内角观测值为等精度独立观测值(表 6-8)，计算各观测角值的平差值及 CD 边长平差后的相对中误差。

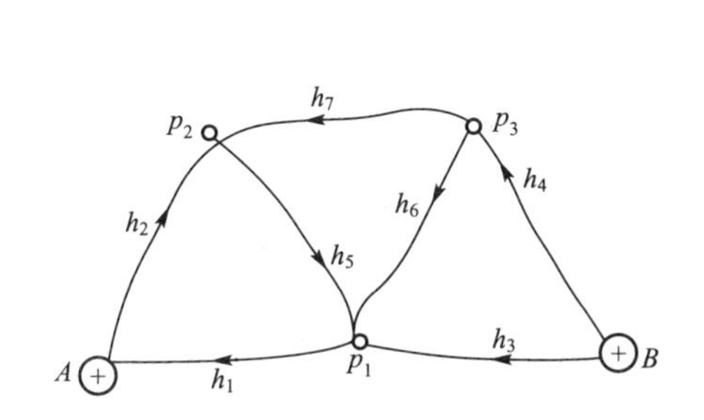

图 6.17 水准网示意图

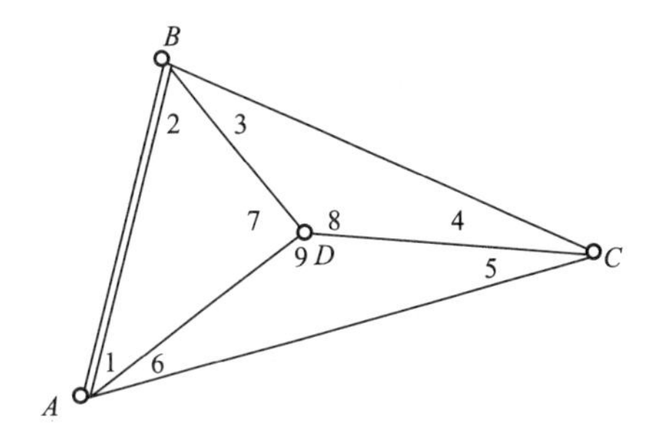

图 6.18 中点三边形

表 6-8 观测数据表

观测值	观测值	观测值
$L_1=30°52'\ 39.2''$	$L_3=33°40'\ 54.8''$	$L_5=23°45'\ 12.5''$
$L_2=42°16'\ 41.2''$	$L_4=20°58'\ 26.4''$	$L_6=28°26'\ 07.9''$
$L_7=106°50'\ 42.7''$	$L_8=125°20'\ 37.6''$	$L_9=127°48'\ 41.5''$

11. 图 6.19 所示的单一附合导线，起算数据和观测值见表 6-9，测角中误差为 $3''$，测边标称精度为 $5\text{mm}+5\text{ppm}D_{\text{km}}$，按条件平差法计算各导线点的坐标平差值，并评定 3 点平差后的点位精度。

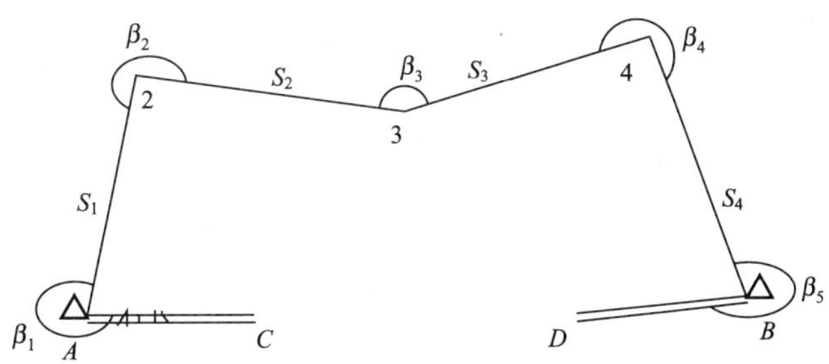

图 6.19 附合导线示意图

表 6-9　观测数据和已知数据表

已知坐标/m	已知方位角
A (6556.947 , 4101.735) B (8748.155 , 6667.647)	$T_{AC}=49°30'13.4''$ $T_{BD}=229°30'13.4''$
导线边长观测值/m	转折角度观测值
$S_1=1628.524$ $S_2=1293.480$ $S_3=1229.421$ $S_4=1511.185$	$\beta_1=291°45'\ 27.8''$ $\beta_2=275°16'\ 43.8''$ $\beta_3=128°49'\ 32.3''$ $\beta_4=274°57'\ 18.2''$ $\beta_5=289°10'\ 52.9''$

12. 有三角网(图 6.20)，其中 B、C 为已知点，A、D、E 为待定点，观测角 $L_i(i=1,2,\cdots,10)$，(1)试写出 AD 边的权函数式；(2)设观测值同精度，且 $Q_{LL}=I$，已知方位角 α_{BC} 无误差，试求平差后 α_{BE} 的权倒数。

13. 有独立测边网(图 6.21)，边长观测值见表 6-10。试按条件平差法求出改正数 V_{S_i} 以及边长平差值(已知 $Q_S=I$)。

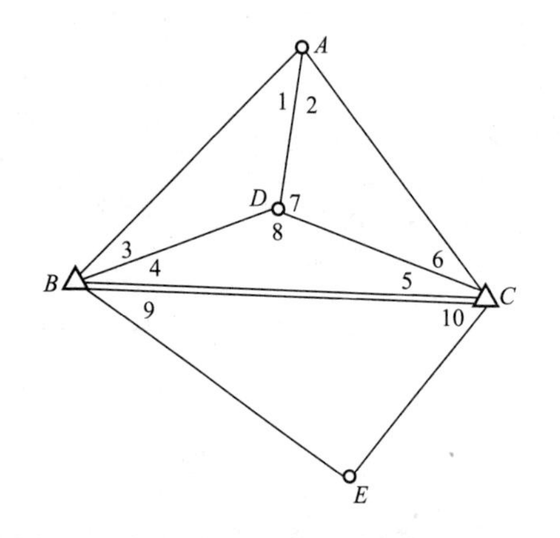

图 6.20　三角网示意图

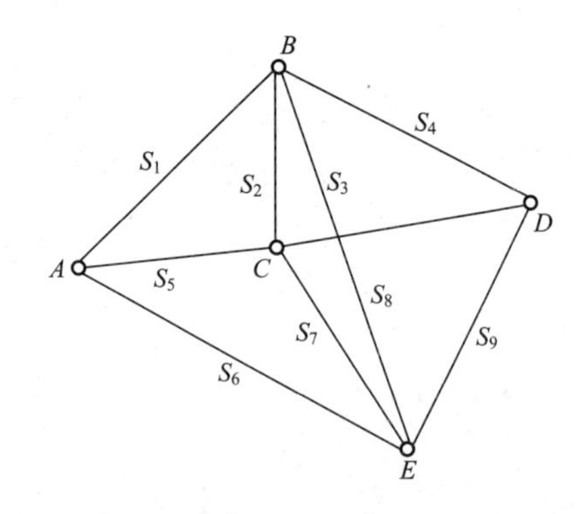

图 6.21　测边网

表 6-10　观测数据表

编号	观测值/m	编号	观测值/m
1	3110.398	5	1712.624
2	2004.401	6	3813.557
3	3921.397	7	2526.140
4	3608.712	8	3583.582

14. 图 6.22 水准网中，A 为已知点，高程为 $H_A=10.000\text{m}$，$P_1\sim P_4$ 为待定点，观测高差及路线长度见表 6-11。

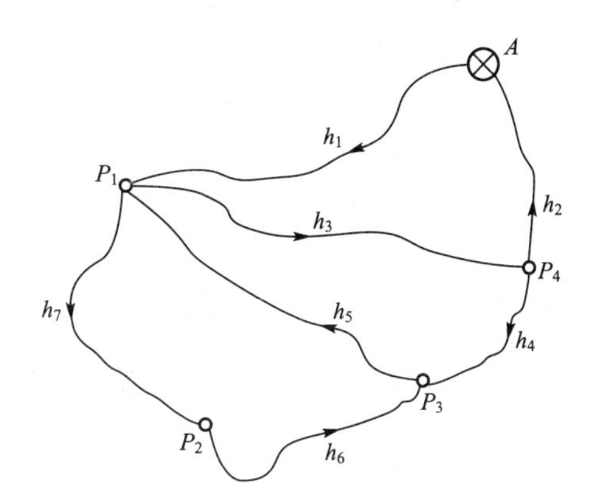

图 6.22 水准网示意图

表 6-11 观测数据表

高差	观测值/m	路线	长度/km
1	1.270	1	2
2	−3.380	2	2
3	2.114	3	1
4	1.613	4	2
5	−3.721	5	1
6	2.931	6	2
7	0.782	7	2

若设 $P2$ 点高程平差值为参数，求：(1)列出条件方程；(2)列出法方程；(3)求出观测值的改正数及平差值；(4)平差后单位权方差及 $P2$ 点高程平差值中误差。

15. 某平差问题有 12 个同精度观测值，必要观测数 $t=6$，现选取 2 个独立的参数参与平差，应列出多少个条件方程？

16. 水准网如图 6.23 所示，A 为已知点，高程为 $H_A=10.000\text{m}$，同精度观测了 5 条水准路线，观测值为 $h_1=7.251\text{m}$，$h_2=0.312\text{m}$，$h_3=-0.097\text{m}$，$h_4=1.654\text{m}$，$h_5=0.400\text{m}$，若设 AC 间高差平差值 $\hat{h}_{AC}$ 为参数 $\hat{X}$，试按附有参数的条件平差法：

(1) 列出条件方程；

(2) 列出法方程；

(3) 求出待定点 C 的最或高程。

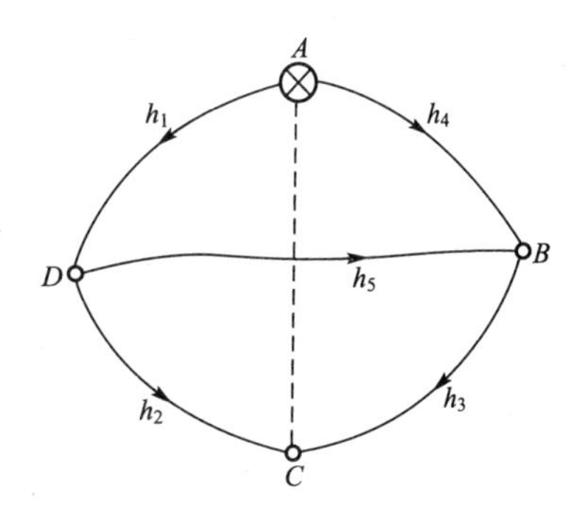

图 6.23 水准网示意图

17. 在条件平差中，试证明估计量 $\hat{L}$ 具有无偏性。

18. 在图 6.24 的单一附合水准路线中，已知 A、B 点高程为 $H_A=10.258\text{m}$，$H_B=15.127\text{m}$，P_1、P_2 点为待定点，观测高差及路线长度为

$h_1=2.154\text{m}$，$S_1=2\text{km}$；$h_2=1.678\text{m}$，$S_2=3\text{km}$；$h_3=1.031\text{m}$，$S_3=4\text{km}$

若选 P_1 点高程及 AP_1 路线上高差平差值为未知参数 $\hat{X}_1$ 和 $\hat{X}_2$，试按附有限制条件的条件平差：

(1) 试列出条件方程和未知数间的限制条件；

(2) 试求待定点 P_1 及 P_2 点的高差平差值及各路线上的高差平差值。

19. 图 6.25 所示的水准网中，A 点为已知点，B、C、D、E 为待定点，已知 B、E 两点间的高差 $\Delta H_{BE}=1.000\text{m}$，各水准路线的观测高差及距离见表 6-12。

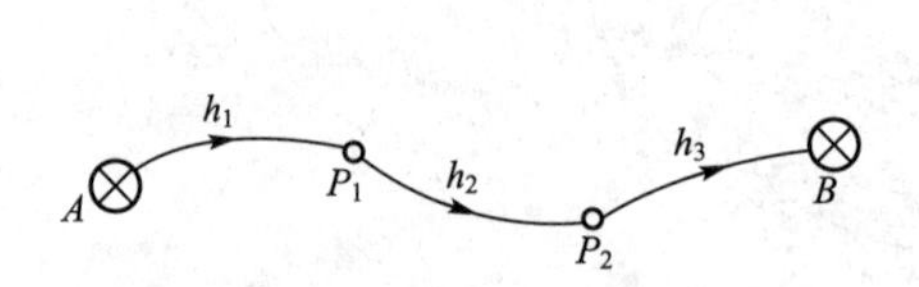

图 6.24 水准网示意图

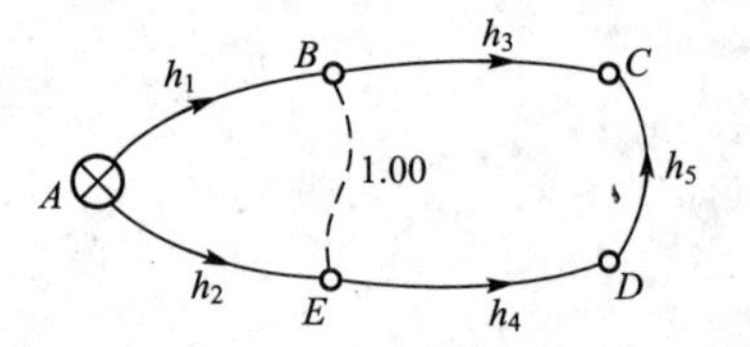

图 6.25 水准网示意图

现选 B、E 两点的高程为未知参数，其近似值设为

$$X_1^0 30.201\text{m}, \quad X_2^0=30.208\text{m}$$

试按附有限制条件的条件平差：

(1) 列出条件方程和限制条件方程；

(2) 列出法方程；

(3) 求协因数阵 $\hat{x}$、$\hat{X}$、V、$\hat{L}$；

(4) 求协因数阵 $Q_{\hat{X}\hat{X}}$ 和 Q_{VV}。

表 6-12 观测高差和路线长度数据表

路线号	观测高差 h/m	路线长度 S/km	已知数据
1	4.342	1.5	
2	2.140	1.2	
3	1.210	0.9	$H_A=25.859\text{m}$
4	−2.354	1.5	$\Delta H_{BE}=1.00\text{m}$
5	5.349	1.8	

20. 已知附有参数的条件方程为(观测值等精度)

$$\begin{cases} v_1+v_3-\hat{x}+2=0 \\ v_3-v_4+3=0 \\ v_2+\hat{x}-3=0 \end{cases}$$

试求：(1) 该题的 n、t、r、u、c 各为多少

(2) 未知数 $\hat{x}$ 及改正数 v_1、v_2、v_3。

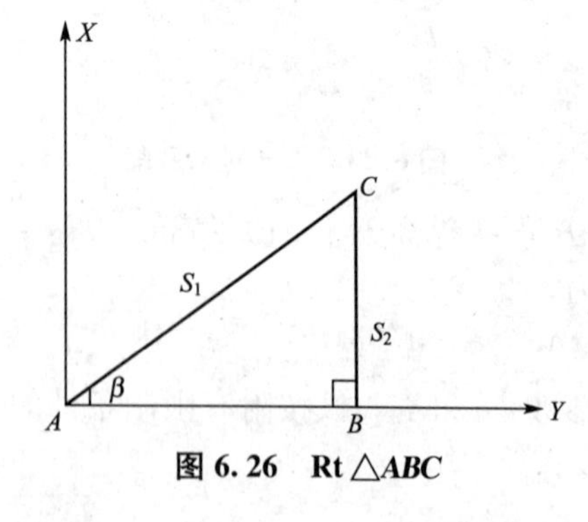

图 6.26 Rt△ABC

21. 在附有参数的条件平差当中，试证明：

(1) 未知数向量 X 与改正数向量 V 是互不相关的；

(2) 平差值函数 $\Phi=f^{\mathrm{T}}\hat{L}+f_X^{\mathrm{T}}X+f_0$ 与改正数向量 V 是互不相关的。

22. 图 6.26 所示的 Rt△ABC 中，为确定 C 点坐标观测了边长 S_1、S_2 和角度 β，得观测值见表 6-13，试按条件平差法求：(1)观测值的平差值；(2)C 点坐标的估值。

表 6-13 观测值数据表

	观测值	中误差
β	45°00′00″	10″
S_1	215.465m	2cm
S_2	152.311m	3cm

23. 在图 6.27 所示的△ABC 中，测得下列观测值

$\beta_1=52°30'20''$； $\beta_2=56°18'20''$； $\beta_3=71°11'40''$； $S_1=135.622$m； $S_2=119.168$m

设测角中误差为 10″，边长观测值的中误差为 2.0cm。试求：

(1) 按条件平差法列出条件方程；

(2) 计算观测角度和边长的平差值。

24. 已知附有参数的条件方程为

$$v_1-\hat{x}-4=0$$

$$v_2+v_4-\hat{x}-2=0$$

$$v_3-v_4-5=0$$

试求等精度观测值 L_i 的改正数 $v_i(i=1,2,\cdots,7)$及参数$\hat{x}$。

25. 图 6.28 是某施工放样的水准网图，A 为已知点，$H_A=125.850$m。$P_1\sim P_4$ 为待定点。已知 P_1、P_2 两点间的高差为−80m，网中 5 条路线的观测高差及其方差见表 6-14。

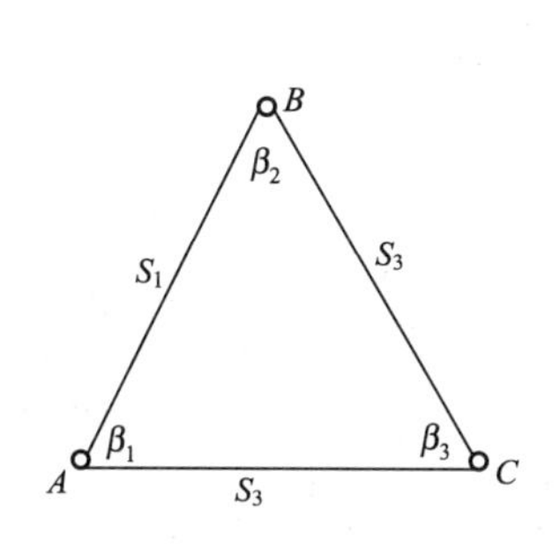

图 6.27 △ABC

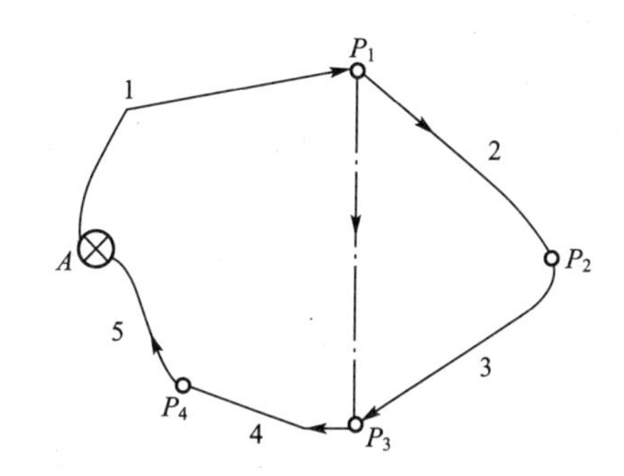

图 6.28 水准网

表 6-14 观测高差数据及其方差表

路线	L/m	σ_i^2/mm²
1	−5.860	4.0
2	−35.531	6.0
3	−44.470	6.0
4	50.783	8.0
5	35.083	8.0

(1) 列出条件方程和限制条件；

(2) 求 P_1、P_2 两点高程的平差值 $\hat{H}_{P_1}$、$\hat{H}_{P_2}$；

(3) 求观测值的改正数 V 及平差值$\hat{L}$；

(4) 求 P_3 点高程的平差值的方差。

26. 在单一附合导线(图 6.29)上观测了 4 个左角和 3 条边长，B、C 为已知点，P_1、P_2 为待定导线点，已知起算数据为：

$$X_B=203020.348\text{m},\quad Y_B=-59049.801\text{m}$$

$$X_C=203059.503\text{m},\quad Y_C=-59796.549\text{m}$$

$$\alpha_{AB}=226°44'59'',\quad \alpha_{CD}=324°46'03''$$

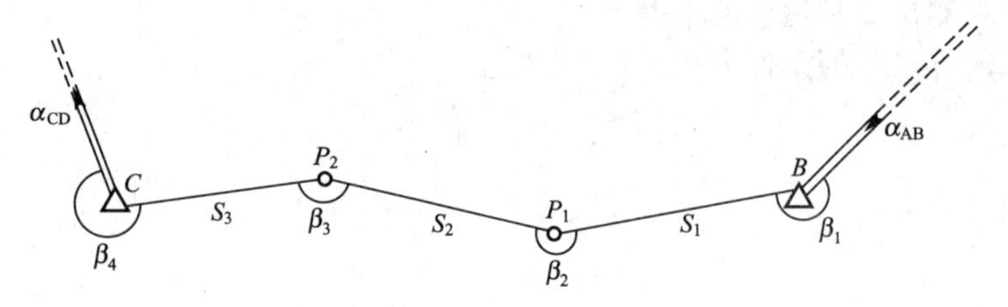

图 6.29　单一附合导线

观测值见表 6－15。

观测值的测角中误差 $\sigma_\beta=5''$，边长中误差 $\sigma_{S_i}=0.5\sqrt{S_i}$(mm)($S_i$ 以 m 为单位)。试按条件平差法求：

(1) 列出条件方程式；

(2) 组成法方程；

(3) 求联系系数 K 及改正数 V、平差值$\hat{L}$。

表 6－15　观测值数据表

角号	观测角	边号	边长/m
β_1	230°32′37″	S_1	204.952
β_2	180°00′42″	S_2	200.130
β_3	170°39′22″	S_3	345.153
β_4	236°48′37″		

27. 有闭合导线如图 6.30 所示，A、B 为已知点，P_1～P_5 为待定导线点，观测 6 条边长和 7 个左转折角，已知测角中误差 $\sigma_\beta=6''$，边长中误差按 $\sigma_{S_i}=0.5\sqrt{S_i}$mm 计算($S_i$ 以 m 为单位)，起算数据为

$$X_A=803.632\text{m}\quad Y_A=471.894\text{m}$$

$$X_B=923.622\text{m}\quad Y_B=450.719\text{m}$$

观测值见表 6－16。

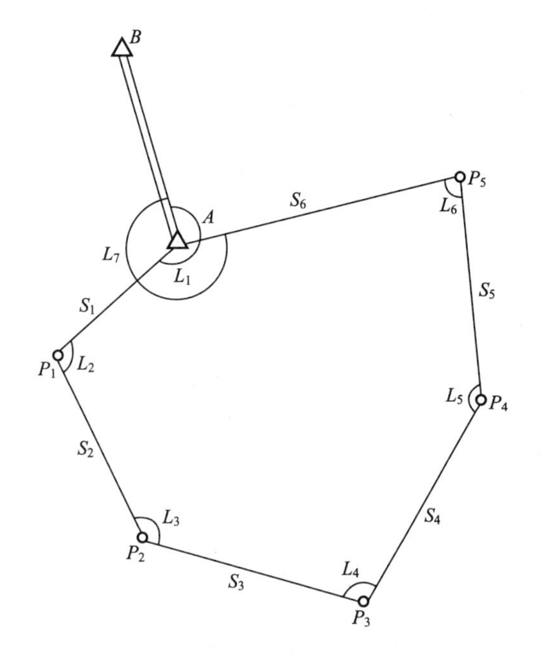

图 6.30 闭合导线

表 6-16 观测值数据表

角号 β_i	观测角值	边号	观测边长/m
1	230°28′50″	1	99.432
2	109°50′40″	2	107.938
3	132°18′50″	3	119.875
4	124°02′35″	4	121.970
5	110°57′51″	5	153.739
6	99°49′56″	6	139.452
7	272°31′11″		

试按条件平差求：

(1) 列条件方程；

(2) 求导线点 $P_1 \sim P_5$ 的坐标平差值及点位精度；

(3) 求出联系数 K、观测值改正数 V 及平差值 $\hat{L}$。

28. 有一闭合导线网如图 6.31 所示，A、B 为已知点，$P_1 \sim P_5$ 为待定导线点，已知点数据为

$$X_A = 730.024\text{m} \quad Y_A = 270.230\text{m}$$

$$X_B = 881.272\text{m} \quad Y_B = 181.498\text{m}$$

观测了 11 个角和 7 条边长，观测值见表 6-17。

观测值的测角中误差 $\sigma_\beta = 4''$，边长中误差按 $\sigma_{S_i} = 0.5\sqrt{S_i}$ mm 计算（S_i 以 m 为单位）。试按条件平差法：

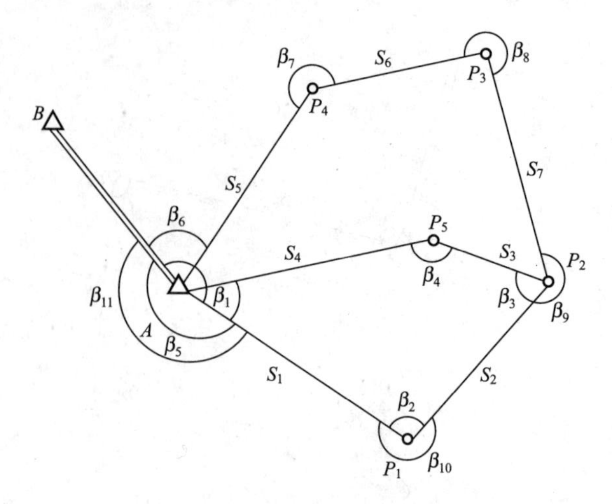

图 6.31　闭合导线网

(1) 列出条件方程；

(2) 写出法方程；

(3) 求出联系数 K、观测值改正数 V 及平差值 $\hat{L}$。

表 6-17　观测值数据表

角号 β_i	观测角值	S_i	观测边长/m
1	152°33′00″	1	208.421
2	110°47′48″	2	252.692
3	48°48′25″	3	178.188
4	147°22′50″	4	217.980
5	260°28′01″	5	224.689
6	58°48′18″	6	192.105
7	237°22′56″	7	188.105
8	249°09′40″		
9	258°00′02″		
10	249°12′20″		
11	207°26′51″		

29. 图 6.32 所示的附合导线网中，A、C 为已知点，P_1、P_2、P_3 为待定点，已知数据为

$$X_A=735.066 \quad Y_A=272.247$$

$$X_C=772.374 \quad Y_C=648.350$$

$$\alpha_{BA}=150°35'33'' \quad \alpha_{CD}=18°53'55''$$

观测值数据见表 6-18。

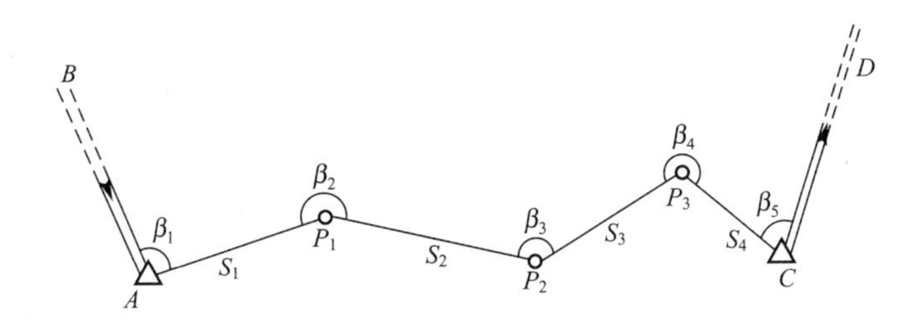

图 6.32 附合导数

表 6-18 观测值数据表

角号	观测角值 β_i	S_i	观测边长/m
1	73°56′21″	1	87.702
2	234°35′40″	2	114.388
3	148°27′57″	3	124.335
4	234°31′43″	4	102.397
5	76°46′29″		

已知观测值的测角中误差 $\sigma_\beta=5''$，边长中误差按 $\sigma_{S_i}=0.5\sqrt{S_i}$ mm，现选 P_2 点坐标平差值为参数 $\hat{X}$、$\hat{Y}$，试按附有参数的条件平差法求：(1)条件方程；(2)法方程；(3)观测值的改正数及平差值；(4)P_2 点坐标平差值。

30. 在单△ABC 中，按同精度测得 L_1、L_2 及 L_3，试求：

(1) 平差后角的权 P_A；

(2) 在求平差后 A 角的权 P_A时，若设 $F_1=\hat{L}_1$ 或 $F_2=180-\hat{L}_2-\hat{L}_3$，最后求得的 P_{F_1} 与 P_{F_2}是否相等？为什么？

(3) 求 A 角平差前与平差后的权之比；

(4) 求平差后三角形内角和的权倒数；

(5) 平差后三内角之和的权倒数等于零，这是为什么？

第7章 间接平差

教学目标

本章是全书的重点，一定要理解和掌握。本章主要介绍间接平差和附有限制条件的间接平差的原理及其应用。通过本章的学习，应达到以下目标：

(1) 重点掌握间接平差的基本原理；

(2) 重点掌握误差方程的列立；

(3) 重点掌握间接平差的精度评定公式及其应用；

(4) 重点掌握间接平差在测量中的应用；

(5) 掌握附有限制条件的间接平差的原理与应用；

(6) 了解间接平差与条件平差的关系；

(7) 会推导间接平差估值的统计性质；

(8) 了解各种平差方法的共性与特性。

教学要求

知识要点	能力要求	相关知识
间接平差的基本原理	(1) 重点掌握间接平差的基础方程以及求解 (2) 熟悉间接平差的计算步骤 (3) 熟悉推导间接平差的公式	(1) 基础方程的列立与求解 (2) 误差方程的列立 (3) 法方程 (4) 实例分析
误差方程的列立	(1) 掌握确定待定参数的个数的方法 (2) 掌握列立误差方程时要注意的问题 (3) 能会误差方程的线性化 (4) 掌握各种几何模型的误差方程的列立	(1) 参数选择个数的确定 (2) 误差方程线性化 (3) 测角坐标网的误差方程的列立 (4) 测边坐标网的误差方程的列立 (5) 导线网的误差方程的列立 (6) 实例分析
间接平差的精度评定	(1) 掌握单位权方差的估值公式 (2) 掌握并推导协因数阵计算 (3) 掌握平差值函数的中误差计算	(1) 单位权方差估值的推导 (2) 协因数阵的推导 (3) 参数函数的中误差的计算 (4) 实例分析
间接平差的应用	(1) 掌握间接平差在测量中的应用 (2) 重点掌握间接平差在导线网中的应用	(1) 间接平差的计算 (2) 导线网的间接平差的计算 (3) 实例分析

（续）

知识要点	能力要求	相关知识
附有限制条件的间接平差	（1）掌握附有限制条件的间接平差的基本原理 （2）能推导附有限制条件的间接平差的公式 （3）了解附有限制条件的间接平差的条件	（1）基础方程和求解 （2）精度评定的公式推导 （3）附有限制条件的间接平差的运用 （4）误差方程个数的确定及误差方程的列立 （5）实例分析
间接平差与条件平差的关系	（1）了解条件平差与间接平差的关系 （2）能推导间接平差与条件平差的关系公式 （3）掌握条件方程与误差方程之间的转换	（1）法矩阵之间关系的推导 （2）系数阵 A、B 之间关系的推导 （3）l、W 之间关系的推导 （4）条件方程向误差方程转换 （5）误差方程向条件方程转换
间接平差估值的统计性质	（1）掌握间接平差的统计性质 （2）能证明间接平差的统计性质	（1）$\hat{L}$、$\hat{X}$无偏估计的证明 （2）$\hat{L}$、$\hat{X}$具有最小方差的证明 （3）单位权估值 $\hat{\sigma}^2$ 是 σ^2 的无偏估计的证明
各种平差方法的共性与特性	（1）了解各种平差方法的特点 （2）了解各种平差方法的共性	（1）各种平差方法的共性 （2）各种平差方法的特点

基本概念

法方程、误差方程、基础方程

引言

在测量工作中，为了能及时发现错误和提高测量精度，常作多余观测，这就产生了平差问题。如果平差模型只选择的独立参数与必要观测数一数，以误差方程为其函数模型，在最小二乘原理准则下求解，并用来评价其精度以及观测值的函数的精度，这就是本章所要研究的内容。

7.1 间接平差的基本原理

在第4章已经给出了间接平差的函数模型为

$$\hat{L}=B\hat{X}+d \tag{7-1}$$

平差时，一般对参数$\hat{X}$都要取近似值 X^0，令

$$X=X^0+\hat{x} \tag{7-2}$$

式(7-2)代入式(7-1)，并令

$$l=L-(BX^0+d)=L-L^0 \tag{7-3}$$

$L^0=BX^0+d$ 为观测值的近似值，所以 l 是观测值与其近似值之差，由此可得误差方程

$$V=B\hat{x}-l \tag{7-4}$$

式中：l 为误差方程常数项，当参数不取近似值时，$l=L-d$。由于 l 与 L 只差一个常数，故其精度相同，即 $D_l=D_L=D$，$Q_{ll}=Q_{LL}=Q$，所以 l 也称为观测值。

间接平差的准则为

$$V^{\mathrm{T}}PV=\min \tag{7-5}$$

间接平差根据最小二乘法误差方程中的待定参数 $\hat{x}$，在数学中是求多元函数的极值问题。

7.1.1 基础方程及其解

设平差问题中有 n 个观测值 L，已知其协因数阵 $Q=P^{-1}$，必要观测数为 t，选定 t 个独立参数 $\hat{X}$，其近似值为 $\hat{X}=X^0+\hat{x}$。按具体平差问题，可列出 n 个观测值方程为

$$L_i+v_i=a_i\hat{X}_1+b_i\hat{X}_2+\cdots+t_i\hat{X}_t+d_i \quad (i=1,2,\cdots,n) \tag{7-6}$$

令

$$\underset{n\times1}{L}=[L_1 \quad L_2 \quad \cdots \quad L_n]^{\mathrm{T}}$$

$$\underset{n\times1}{V}=[v_1 \quad v_2 \quad \cdots \quad v_n]^{\mathrm{T}}$$

$$\underset{n\times1}{\hat{X}}=[\hat{X}_1 \hat{X}_2 \quad \cdots \quad \hat{X}_n]^{\mathrm{T}}$$

$$\underset{n\times1}{d}=[d_1 \quad d_2 \quad \cdots \quad d_n]^{\mathrm{T}}$$

$$\underset{n\times1}{l}=[l_1 \quad l_2 \quad \cdots \quad l_n]^{\mathrm{T}}$$

$$\underset{n\times1}{X^0}=[X_1^0 \quad X_2^0 \quad \cdots \quad X_n^0]^{\mathrm{T}}$$

$$\underset{n\times1}{L^0}=[L_1^0 \quad L_2^0 \quad \cdots \quad L_n^0]^{\mathrm{T}}$$

$$\underset{n,t}{B}=\begin{bmatrix} a_1 & b_1 & \cdots & t_1 \\ a_2 & b_2 & \cdots & t_2 \\ \vdots & \vdots & \vdots & \vdots \\ a_n & b_n & \cdots & t_n \end{bmatrix}$$

则观测值方程的矩阵形式为

$$L+V=B\hat{X}+d \tag{7-7}$$

令

$$\hat{X}=X^0+\hat{x}$$
$$l=L-(BX^0+d) \tag{7-8}$$

式中：X^0 为参数的充分近似值，于是可得误差方程式为

$$V=B\hat{x}-l$$

按最小二乘原理，上式的$\hat{x}$必须满足 $V^{\mathrm{T}}PV=\min$ 的要求，因为 t 个参数为独立量，故可按数学上求函数自由极值的方法，得

$$\frac{\partial V^{\mathrm{T}}PV}{\partial\hat{x}}=2V^{\mathrm{T}}P\frac{\partial V}{\partial\hat{x}}=V^{\mathrm{T}}PB=0$$

转置后得

$$B^{\mathrm{T}}PV=0 \tag{7-9}$$

式(7-4)和式(7-9)中的待求量是 n 个 V 和 t 个$\hat{x}$，而方程个数也是 $n+t$ 个，有唯一解，称此两式为间接平差的基础方程。

解此基础方程，一般是将式(7-4)代入式(7-9)，以便先消去 V，得

$$B^{\mathrm{T}}PB\hat{x}-B^{\mathrm{T}}Pl=0 \tag{7-10}$$

令

$$\underset{t\times t}{N_{BB}}=B^{\mathrm{T}}PB,\quad \underset{t\times 1}{W}=B^{\mathrm{T}}PL$$

上式可简写成

$$N_{BB}\hat{x}-W=0 \tag{7-11}$$

式中：系数阵 N_{BB} 为满秩矩阵，即 $rg(N_{BB})=t$；$\hat{x}$有唯一解。式(7-11)称为间接平差的法方程。解之得

$$\hat{x}=N_{BB}^{-1}W \tag{7-12}$$

或

$$\hat{x}=(B^{\mathrm{T}}PB)^{-1}B^{\mathrm{T}}Pl \tag{7-13}$$

将求出的$\hat{x}$代入误差方程式(7-4)，即可求得改正数 V，从而平差结果为

$$\hat{L}=L+V,\quad \hat{X}=X^0+\hat{x} \tag{7-14}$$

当 P 为对角阵时，即观测值之间相互独立，则法方程式(7-11)的纯量形式为

$$\begin{cases}[paa]\hat{x}_1+[pab]\hat{x}_2+\cdots+[pat]\hat{x}_t=[pal]\\ [pab]\hat{x}_1+[pbb]\hat{x}_2+\cdots+[pbt]\hat{x}_t=[pbl]\\ \cdots\\ [pat]\hat{x}_1+[pbt]\hat{x}_2+\cdots+[ptt]\hat{x}_t=[ptl]\end{cases} \tag{7-15}$$

7.1.2 计算步骤

(1) 根据平差问题的性质，选择 t 个独立量作为参数。

(2) 将每一个观测量的平差值分别表达成所选参数的函数，若函数非线性要将其线性化，列出误差方程(7-4)。

(3) 由误差方程系数 B 和自由项 l 组成法方程(7-11)，法方程个数等于参数的个数 t。

(4) 解法方程，求出参数 $\hat{x}$，计算参数的平差值 $\hat{X}=X^0+\hat{x}$。

(5) 由误差方程计算 V，求出观测量平差值 $\hat{L}=L+V$。

(6) 评定精度。

7.1.3 实例分析

【例 7-1】 在图 7.1 所示的水准网中，A、B、C 为已知水准点，高差观测值及路线长度如下：$h_1=1.003\text{m}$，$h_2=0.501\text{m}$，$h_3=0.503\text{m}$，$h_4=0.505\text{m}$；$S_1=1\text{km}$，$S_2=2\text{km}$，$S_3=2\text{km}$，$S_4=1\text{km}$。已知 $H_A=11.000\text{m}$，$H_B=11.5000\text{m}$，$H_C=12.008\text{m}$，试用间接平差法求 P_1 及 P_2 点的高程平差值。

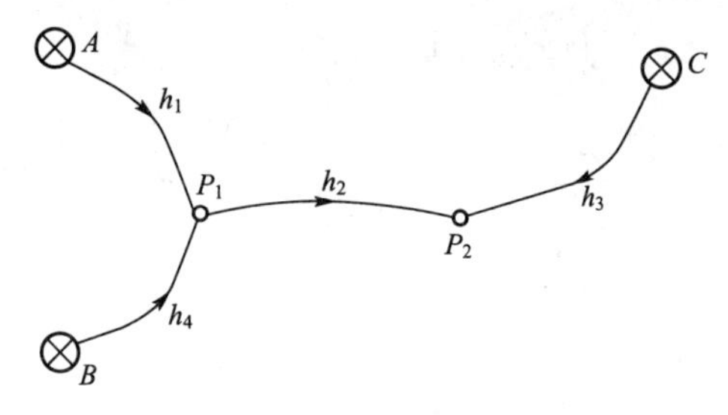

图 7.1 水准网示意图

解：(1) 按题意知必要观测数 $t=2$，选取 P_1、P_2 两点高程 $\hat{X}_1$、$\hat{X}_2$ 为参数，取未知参数的近似值为 $X_1^0=H_A+h_1=12.003\text{m}$、$X_2^0=H_C+h_3=12.511\text{m}$，令 2km 观测为单位权观测，则 $P_1=2$，$P_2=1$，$P_3=1$，$P_4=2$。

(2) 根据图形列观测值方程，计算误差方程式如下

$$v_1=\hat{x}_1-(h_1-X_1^0+H_A)$$

$$v_2=-\hat{x}_1+\hat{x}_2-(h_2-X_2^0+X_1^0)$$

$$v_3=\hat{x}_2-(h_3-X_2^0+H_C)$$

$$v_4=\hat{x}_1-(h_4-X_1^0+H_B)$$

代入具体数值，并将改正数以(mm)为单位，则有

$$v_1=\hat{x}_1-0$$

$$v_2=-\hat{x}_1+\hat{x}_2-(-7)$$

$$v_3=\hat{x}_2-0$$

$$v_4=\hat{x}_1-2$$

可得 B、P、l 矩阵如下

$$B=\begin{bmatrix}1 & 0\\-1 & 1\\0 & 1\\1 & 0\end{bmatrix}\quad P=\begin{bmatrix}2 & 0 & 0 & 0\\0 & 1 & 0 & 0\\0 & 0 & 1 & 0\\0 & 0 & 0 & 2\end{bmatrix}\quad l=\begin{bmatrix}0\\-7\\0\\2\end{bmatrix}$$

(3) 由误差方程系数 B 和自由项 l 组成法方程得

$$\begin{bmatrix} 5 & -1 \\ -1 & 2 \end{bmatrix}\begin{bmatrix} \hat{x}_1 \\ \hat{x}_2 \end{bmatrix}-\begin{bmatrix} 11 \\ -7 \end{bmatrix}=0$$

(4) 解算法方程，求出参数$\hat{x}$，计算参数的平差值$\hat{X}=X^0+\hat{x}$。

解得

$$\begin{bmatrix} \hat{x}_1 \\ \hat{x}_2 \end{bmatrix}=\begin{bmatrix} 5 & -1 \\ -1 & 2 \end{bmatrix}^{-1}\begin{bmatrix} 11 \\ -7 \end{bmatrix}=\frac{1}{9}\begin{bmatrix} 2 & 1 \\ 1 & 5 \end{bmatrix}\begin{bmatrix} 11 \\ -7 \end{bmatrix}=\begin{bmatrix} 1.7 \\ -2.7 \end{bmatrix}(\text{mm})$$

$$\begin{bmatrix} \hat{X}_1 \\ \hat{X}_2 \end{bmatrix}=\begin{bmatrix} X_1^0 \\ X_2^0 \end{bmatrix}+\begin{bmatrix} \hat{x}_1 \\ \hat{x}_2 \end{bmatrix}=\begin{bmatrix} 12.003 \\ 12.511 \end{bmatrix}(\text{m})+\begin{bmatrix} 1.7 \\ -2.7 \end{bmatrix}(\text{mm})=\begin{bmatrix} 12.0047 \\ 12.5083 \end{bmatrix}(\text{m})$$

(5) 由误差方程计算 V，求出观测量平差值 $\hat{h}=h+V$

$$\begin{bmatrix} v_1 \\ v_2 \\ v_3 \\ v_4 \end{bmatrix}=\begin{bmatrix} 1 & 0 \\ -1 & 1 \\ 0 & 1 \\ 1 & 0 \end{bmatrix}\begin{bmatrix} 1.7 \\ -2.7 \end{bmatrix}-\begin{bmatrix} 0 \\ -7 \\ 0 \\ 2 \end{bmatrix}=\begin{bmatrix} 1.7 \\ -4.4 \\ -2.7 \\ 1.7 \end{bmatrix}-\begin{bmatrix} 0 \\ -7 \\ 0 \\ 2 \end{bmatrix}=\begin{bmatrix} 1.7 \\ 2.6 \\ -2.7 \\ -0.3 \end{bmatrix}(\text{mm})$$

$$\begin{bmatrix} \hat{h}_1 \\ \hat{h}_2 \\ \hat{h}_3 \\ \hat{h}_4 \end{bmatrix}=\begin{bmatrix} h_1 \\ h_2 \\ h_3 \\ h_4 \end{bmatrix}+\begin{bmatrix} v_1 \\ v_2 \\ v_3 \\ v_4 \end{bmatrix}=\begin{bmatrix} 1.003 \\ 0.501 \\ 0.503 \\ 0.505 \end{bmatrix}(\text{m})+\begin{bmatrix} 1.7 \\ 2.7 \\ -2.7 \\ -0.3 \end{bmatrix}(\text{mm})=\begin{bmatrix} 1.0047 \\ 0.5037 \\ 0.5003 \\ 0.5047 \end{bmatrix}(\text{m})$$

7.2 误差方程

7.2.1 确定待定参数的个数

在间接平差中，待定参数的个数必须等于必要观测的个数 t，而且要求这 t 个参数必须是独立的，这样才可能将每个观测量表达成这 t 个参数的函数，而这种类型的函数式正是间接平差函数模型的基本形式。一个平差问题中，必要观测的个数取决于该问题本身的性质，与观测值的多少无关。现就常用的不同形式的控制网介绍如下。

1. 水准网(三角高程网)

水准网平差的主要目的是确定网中未知点的最或然高程。如果网中有高程已知的水准点，则 t 就等于待定点的个数；若无已知点，则等于全部点数减一，因为这一点的高程可以任意给定，以作为全网高程的基准，这并不影响网点高程之间的相对关系。

2. 三角网

三角网平差的目的是要确定三角点在平面坐标系中的坐标最或然值，当网中有两个或两个以上已知点坐标，则必要观测个数就等于未知点个数的两倍；当网中少于两个已知点时，则必要观测个数就等于总点个数的两倍减去 4。

3. 测边网(包括测边、边角同测、导线网)

当网中有两个或两个以上已知点坐标，则必要观测个数就等于未知点个数的两倍；当网中少于两个已知点时，则必要观测个数就等于总点个数的两倍减去 3。

7.2.2 列误差方程的注意事项

列误差方程时应该注意以下几点。

(1) 有 n 个观测值就会产生 n 个误差方程，它们是一一对应的。

(2) 通常将欲求的值设为参数。

(3) 一个误差方程里只能出现一个观测值的改正数，且该改正数只能出现在误差方程中等号的左端，等号右端应该完全由参数和常数构成，不能再出现任何其他观测值的改正数。

(4) 参数近似值 X^0 已经取定，求每个误差方程常数项 $l_i(i=1, 2, \cdots, n)$时就不能再变动。

(5) 由于用了参数近似值 X^0，各常数项 l_i的值通常会很小，为减少计算时截尾误差的影响，l_i应采用“大值小单位”原则：如 $l_i=0.016\text{m}$ 时，一般取 $l_i=16\text{mm}$；或 $l_i=0°00'19''$时，应取 $l_i=19''$。

7.2.3 误差方程线性化

取$\hat{X}$的充分近似值 X^0，$\hat{x}$是微小量，在按泰勒公式展开时只取至一次项，于是可对非线性平差值方程式线性化，将

$$\hat{L}_i=L_i+v_i=f_i(\hat{X}_1, \hat{X}_2, \cdots, \hat{X}_t)=f_i(X_1^0+\hat{x}_1, X_2^0+\hat{x}_2, \cdots, X_t^0+\hat{x}_t) \quad (7-16)$$

按泰勒公式展开得

$$v_i=\left(\frac{\partial f_i}{\partial \hat{X}_1}\right)_0 \hat{x}_1+\left(\frac{\partial f_i}{\partial \hat{X}_2}\right)_0 \hat{x}_2+\cdots+\left(\frac{\partial f_i}{\partial \hat{X}_t}\right)_0 \hat{x}_t-(L_i-f_i(X_1^0, X_2^0, \cdots, X_t^0)) \quad (7-17)$$

令
$$a_i=\left(\frac{\partial f_i}{\partial \hat{X}_1}\right)_0, \quad b_i=\left(\frac{\partial f_i}{\partial \hat{X}_2}\right)_0, \quad \cdots, \quad t_i=\left(\frac{\partial f_i}{\partial \hat{X}_t}\right)_0$$

$$l_i=L_i-f_i(X_1^0,\ X_2^0,\ \cdots,\ X_t^0)=L_i-L_i^0 \tag{7-18}$$

式中：L_i^0为相应函数的近似值，自由项l_i为观测值L_i减去其近似值L_i^0。由此式(7-17)可写为

$$v_i=a_i\hat{x}_1+b_i\hat{x}_2+\cdots+t_i\hat{x}_t-l_i \tag{7-19}$$

需要指出，线性化的误差方程式是个近似式，因为它略去了$\hat{x}_i$的二次以上的各项。当$\hat{x}_i$很小时，略去高次项是不会影响计算精度的。如果由于某种原因不能求得较为精确的参数的近似值，即$\hat{x}_i(i=1,\ 2,\ \cdots,\ t)$都很大，这样，平差值之间仍然会存在不符值。此时，就要把第一次平差结果作为参数的近似值再进行一次平差。

上面给出了非线性误差方程的线性化的一般方法，掌握了这个一般方法，就可以对一切非线性误差方程线性化。

7.2.4 测角网函数模型

1. 测角网坐标平差的误差方程

观测值为角度，参数为待定点坐标的平差问题，称为测角网坐标平差。先介绍坐标改正数与坐标方位角改正数之间的关系。

在图7.2中，j、k是两个待定点，它们的近似坐标为X_j^0、Y_j^0、X_k^0、Y_k^0。根据这些近似坐标可以计算j、k两点间的近似坐标方位角α_{jk}^0和近似边长S_{jk}^0。设这两点的近似坐标改正数为$\hat{x}_j$、$\hat{y}_j$、$\hat{x}_k$、$\hat{y}_k$，即

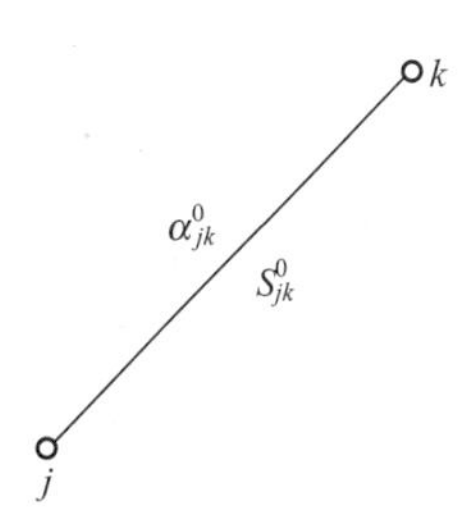

图7.2 线段jk

$$\hat{X}_j=X_j^0+\hat{x}_j,\ \hat{Y}_j=Y_j^0+\hat{y}_j$$

$$\hat{X}_k=X_k^0+\hat{x}_k,\ \hat{Y}_k=Y_k^0+\hat{y}_k$$

由近似坐标改正数引起的近似坐标方位角的改正数为$\delta\alpha_{jk}$，即

$$\hat{\alpha}_{jk}=\alpha_{jk}^0+\delta\alpha_{jk} \tag{7-20}$$

现求坐标改正数$\hat{x}_j$、$\hat{y}_j$、$\hat{x}_k$、$\hat{y}_k$与坐标方位角改正数$\delta\alpha_{jk}$之间的线性关系。

根据图7.2可以写出

$$\hat{\alpha}_{jk}=\arctan\frac{(Y_k^0+\hat{y}_k)-(Y_j^0+\hat{y}_j)}{(X_k^0+\hat{x}_k)-(X_j^0+\hat{y}_j)}$$

将上式右端按泰勒公式展开，得

$$\hat{\alpha}_{jk}=\arctan\frac{Y_k^0-Y_j^0}{X_k^0-X_j^0}+\left(\frac{\partial\hat{\alpha}_{jk}}{\partial\hat{X}_j}\right)_0\hat{x}_j+\left(\frac{\partial\hat{\alpha}_{jk}}{\partial\hat{Y}_j}\right)_0\hat{y}_j+\left(\frac{\partial\hat{\alpha}_{jk}}{\partial\hat{X}_k}\right)_0\hat{x}_k+\left(\frac{\partial\hat{\alpha}_{jk}}{\partial\hat{Y}_k}\right)_0\hat{y}_k$$

等式中右边第一项就是由近似坐标算得的近似坐标方位角α_{jk}^0，对照式(7-20)可知

$$\delta\alpha_{jk}=\left(\frac{\partial\hat{\alpha}_{jk}}{\partial\hat{X}_j}\right)_0\hat{x}_j+\left(\frac{\partial\hat{\alpha}_{jk}}{\partial\hat{Y}_j}\right)_0\hat{y}_j+\left(\frac{\partial\hat{\alpha}_{jk}}{\partial\hat{X}_k}\right)_0\hat{x}_k+\left(\frac{\partial\hat{\alpha}_{jk}}{\partial\hat{Y}_k}\right)_0\hat{y}_k \tag{7-21}$$

式中：$\left(\dfrac{\partial\hat{\alpha}_{jk}}{\partial\hat{X}_j}\right)_0=\dfrac{\dfrac{Y_k^0-Y_j^0}{(X_k^0-X_j^0)^2}}{1+\left(\dfrac{Y_k^0-Y_j^0}{X_k^0-X_j^0}\right)^2}=\dfrac{Y_k^0-Y_j^0}{(X_k^0-X_j^0)^2+(Y_k^0-Y_j^0)^2}=\dfrac{\Delta Y_{jk}^0}{(S_{jk}^0)^2}$。

同理可得

$$\left(\frac{\partial\hat{\alpha}_{jk}}{\partial\hat{Y}_j}\right)_0=-\frac{\Delta X_{jk}^0}{(S_{jk}^0)^2},\quad\left(\frac{\partial\hat{\alpha}_{jk}}{\partial\hat{X}_k}\right)_0=-\frac{\Delta Y_{jk}^0}{(S_{jk}^0)^2},\quad\left(\frac{\partial\hat{\alpha}_{jk}}{\partial\hat{Y}_k}\right)_0=\frac{\Delta X_{jk}^0}{(S_{jk}^0)^2}$$

将上列结果代入式(7－21)，并统一单位得

$$\delta\alpha_{jk}''=\frac{\rho''\Delta Y_{jk}^0}{(S_{jk}^0)^2}\hat{x}_j-\frac{\rho''\Delta X_{jk}^0}{(S_{jk}^0)^2}\hat{y}_j-\frac{\rho''\Delta Y_{jk}^0}{(S_{jk}^0)^2}\hat{x}_k+\frac{\rho''\Delta X_{jk}^0}{(S_{jk}^0)^2}\hat{y}_k \tag{7-22}$$

或写成

$$\delta\alpha_{jk}''=\frac{\rho''\sin\alpha_{jk}^0}{(S_{jk}^0)^2}\hat{x}_j-\frac{\rho''\cos\alpha_{jk}^0}{(S_{jk}^0)^2}\hat{y}_j-\frac{\rho''\sin\alpha_{jk}^0}{(S_{jk}^0)^2}\hat{x}_k+\frac{\rho''\cos\alpha_{jk}^0}{(S_{jk}^0)^2}\hat{y}_k \tag{7-23}$$

令

$$a_{jk}=\frac{\rho''\Delta Y_{jk}^0}{(S_{jk}^0)^2}=\frac{\rho''\sin\alpha_{jk}^0}{(S_{jk}^0)^2},\quad b_{jk}=-\frac{\rho''\Delta X_{jk}^0}{(S_{jk}^0)^2}=-\frac{\rho''\cos\alpha_{jk}^0}{(S_{jk}^0)^2}$$

则式(7－23)可写成

$$\delta\alpha_{jk}''=a_{jk}\hat{x}_j+b_{jk}\hat{y}_j-a_{jk}\hat{x}_k-b_{jk}\hat{y}_k \tag{7-24}$$

式(7－23)和式(7－24)就是坐标改正数与坐标方位角改正数间的一般关系式，称为坐标方位角改正数方程。其中$\delta\alpha$以秒为单位。平差计算时，可按不同的情况灵活应用上式。

(1) 若某边的两端均为待定点，则坐标改正数与坐标方位角改正数间的关系式就是式(7－23)。此时，$\hat{x}_j$与$\hat{x}_k$前的系数的绝对值相等；$\hat{y}_j$与$\hat{y}_k$前的系数的绝对值也相等。

(2) 若测站点j为已知点，则$\hat{x}_j=\hat{y}_j=0$，得

$$\delta\alpha_{jk}''=-\frac{\rho''\Delta Y_{jk}^0}{(S_{jk}^0)^2}\hat{x}_k+\frac{\rho''\Delta X_{jk}^0}{(S_{jk}^0)^2}\hat{y}_k \tag{7-25}$$

若照准点k为已知点，则$\hat{x}_k=\hat{y}_k=0$，得

$$\delta\alpha_{jk}''=\frac{\rho''\Delta Y_{jk}^0}{(S_{jk}^0)^2}\hat{x}_j-\frac{\rho''\Delta X_{jk}^0}{(S_{jk}^0)^2}\hat{y}_j \tag{7-26}$$

(3) 若某边的两个端点均为已知点，则$\hat{x}_j=\hat{y}_j=\hat{x}_k=\hat{y}_k=0$，得$\delta\alpha_{jk}''=0$。

(4) 同一边的正反坐标方位角的改正数相等，它们与坐标改正数的关系式也一样，这是因为

$$\delta\alpha''_{kj}=+\frac{\rho''\Delta Y_{kj}^0}{(S_{jk}^0)^2}\hat{x}_k-\frac{\rho''\Delta X_{kj}^0}{(S_{jk}^0)^2}\hat{y}_k-\frac{\rho''\Delta Y_{kj}^0}{(S_{jk}^0)^2}\hat{x}_j+\frac{\rho''\Delta X_{kj}^0}{(S_{jk}^0)^2}\hat{y}_j$$

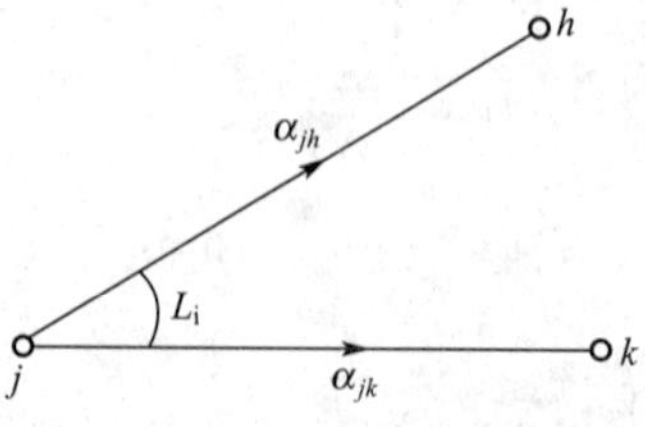

对照式(7－22)，且$\Delta Y_{jk}^0=-\Delta Y_{kj}^0$，$\Delta X_{jk}^0=-\Delta X_{kj}^0$，得$\delta\alpha_{jk}''=\delta\alpha_{kj}''$。据此，实际计算时，只要对每条待定边计算一个坐标方位角改正数方程即可。

图 7.3　测角示意图

对于角度观测值L_i(图 7.3)来说，其观测方程为

$$L_i+v_i=\hat{\alpha}_{jk}-\hat{\alpha}_{jh} \tag{7-27}$$

将$\hat{\alpha}=\alpha^0+\delta\alpha$代入，并令

$$l_i=L_i-(\alpha_{jk}^0-\alpha_{jh}^0)=L_i-L_i^0 \tag{7-28}$$

可得

$$v_i=\delta\alpha_{jk}-\delta\alpha_{jh}-l_i \tag{7-29}$$

然后根据这个角的 3 个端点 j、h、k 是已知点还是未知点而灵活运用式(7-22)，并以此代入式(7-29)，即得线性化后的误差方程。例如，j、h、k 点都是未知点时，式(7-29)为

$$v_i=\frac{\rho''\Delta Y_{jk}^0}{(S_{jk}^0)^2}\hat{x}_j-\frac{\rho''\Delta X_{jk}^0}{(S_{jk}^0)^2}\hat{y}_j-\frac{\rho''\Delta Y_{jk}^0}{(S_{jk}^0)^2}\hat{x}_k+\frac{\rho''\Delta X_{jk}^0}{(S_{jk}^0)^2}\hat{y}_k-$$

$$\left\{\frac{\rho''\Delta Y_{jh}^0}{(S_{jh}^0)^2}\hat{x}_j-\frac{\rho''\Delta X_{jh}^0}{(S_{jh}^0)^2}\hat{y}_j-\frac{\rho''\Delta Y_{jh}^0}{(S_{jh}^0)^2}\hat{x}_h+\frac{\rho''\Delta X_{jh}^0}{(S_{jh}^0)^2}\hat{y}_h\right\}-l_i$$

合并同类项最后可得

$$v_i=\rho''\left(\frac{\Delta Y_{jk}^0}{(S_{jk}^0)^2}-\frac{\Delta Y_{jh}^0}{(S_{jh}^0)^2}\right)\hat{x}_j-\rho''\left(\frac{\Delta X_{jk}^0}{(S_{jk}^0)^2}-\frac{\Delta X_{jh}^0}{(S_{jh}^0)^2}\right)\hat{y}_j-$$

$$\rho''\frac{\Delta Y_{jk}^0}{(S_{jk}^0)^2}\hat{x}_k+\rho''\frac{\Delta X_{jk}^0}{(S_{jk}^0)^2}\hat{y}_k+\rho''\frac{\Delta Y_{jh}^0}{(S_{jh}^0)^2}\hat{x}_h-\rho''\frac{\Delta Y_{jh}^0}{(S_{jh}^0)^2}\hat{y}_h-l_i \tag{7-30}$$

或 $v_i=(a_{jk}-a_{jh})\hat{x}_j+(b_{jk}-b_{jh})\hat{y}_j-a_{jk}\hat{x}_k-b_{jk}\hat{y}_k+a_{jh}\hat{x}_h+b_{jh}\hat{y}_h-l_i$

上式即为线性化后的观测角度的误差方程式，可以当作公式使用。

2. 列误差方程的步骤

综上所述，对于角度观测的三角网，采用间接平差，选择待定点的坐标为参数时，列误差方程的步骤如下。

(1) 计算各待定点的近似坐标 X^0、Y^0。

(2) 由待定点的近似坐标和已知点的坐标计算各待定边的近似坐标方位角 α^0 和近似边长 S^0。

(3) 列出各待定边的坐标方位角改正数方程，并计算其系数。

(4) 按照式(7-30)列出误差方程。

7.2.5 测边网模型

先讨论一般情况。在图 7.4 中，测得待定点间的边长 L_i，设待定点的坐标平差值 $\hat{X}_j$、$\hat{Y}_j$、$\hat{X}_k$ 和 $\hat{Y}_k$ 为参数，令

$$\hat{X}_j=X_j^0+\hat{x}_j,\quad \hat{Y}_j=Y_j^0+\hat{y}_j$$

$$\hat{X}_k=X_k^0+\hat{x}_k,\quad \hat{Y}_k=Y_k^0+\hat{y}_k$$

由图 7.4 可写出 L_i 的平差值方程为

$$\hat{L}_i=L_i+v_i=\sqrt{(\hat{X}_k-\hat{X}_j)^2+(\hat{Y}_k-\hat{Y}_j)^2} \tag{7-31}$$

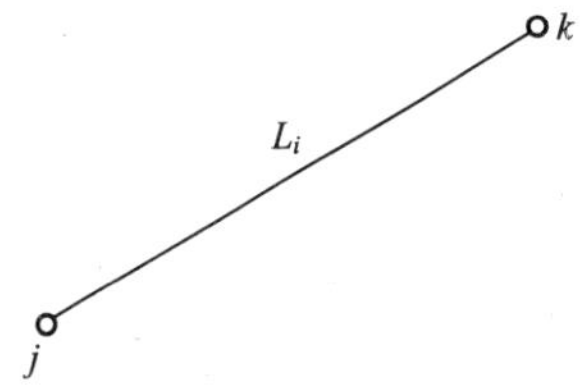

图 7.4 边长观测示意图

按泰勒公式展开，得

$$L_i+v_i=S_{jk}^0+\frac{\Delta X_{jk}^0}{S_{jk}^0}(\hat{x}_k-\hat{x}_j)+\frac{\Delta Y_{jk}^0}{S_{jk}^0}(\hat{y}_k-\hat{y}_j) \tag{7-32}$$

式中：$\Delta X_{jk}^0=X_k^0-X_j^0$；$\Delta Y_{jk}^0=Y_k^0-Y_j^0$；$S_{jk}^0=\sqrt{(X_k^0-X_j^0)^2+(Y_k^0-Y_j^0)^2}$。

再令

$$l_i=L_i-S_{jk}^0 \tag{7-33}$$

则由式(7-32)可得测边的误差方程为

$$v_i=-\frac{\Delta X_{jk}^0}{S_{jk}^0}\hat{x}_j-\frac{\Delta Y_{jk}^0}{S_{jk}^0}\hat{y}_j+\frac{\Delta X_{jk}^0}{S_{jk}^0}\hat{x}_k+\frac{\Delta Y_{jk}^0}{S_{jk}^0}\hat{y}_k-l_i \tag{7-34}$$

式中等号右边前4项之和是由坐标改正数引起的边长改正数。

式(7-34)就是测边坐标平差误差方程式的一般形式，它是在假设两端点都是待定点的情况下导出的。具体计算时，可按不同情况灵活运用。

(1) 若某边的两端点均为待定点，则式(7-34)就是该观测边的误差方程。式中，$\hat{x}_j$与$\hat{y}_k$的系数的绝对值相等，$\hat{y}_j$与$\hat{y}_k$的系数的绝对值也相等。常数项等于该边的观测值减其近似值。

(2) 若j为已知点，则$\hat{x}_j=\hat{y}_j=0$，得

$$v_i=\frac{\Delta X_{jk}^0}{S_{jk}^0}\hat{x}_k+\frac{\Delta Y_{jk}^0}{S_{jk}^0}\hat{y}_k-l_i \tag{7-35}$$

若k为已知点，则$\hat{x}_k=\hat{y}_k=0$，得

$$v_i=-\frac{\Delta X_{jk}^0}{S_{jk}^0}\hat{x}_j-\frac{\Delta Y_{jk}^0}{S_{jk}^0}\hat{y}_j-l_i \tag{7-36}$$

若j、k均为已知点，则该边为固定边(不观测)，故对该边不需要列误差方程。

(3) 某边的误差方程，按jk向列立或按kj向列立的结果相同。

7.2.6 导线网坐标平差的误差方程

在导线网中，有两类观测值，即边长观测值和角度观测值，所以导线网也是一种边角同测网。导线网中角度观测值的误差方程，其组成与测角网坐标平差的误差方程相同，边长观测的误差方程，其组成与测边网坐标平差的误差方程相同，因此导线网中观测值的误差方程列立与上述测角、测边网相同。在导线网中有边、角两类观测值，确定两类观测值的权的配比问题是平差中的重要环节，对于这一点在6.3节进行了讨论，这里就不重复了。

7.3 间接平差的精度评定

7.3.1 单位权中误差

间接平差与条件平差虽采用了不同的函数模型，但它们是在相同的最小二乘原理下进

行的，所以两法的平差结果总是相等的，这是因为在满足 $V^{\mathrm{T}}PV=\min$ 条件下的 V 是唯一确定的，故平差值 $\hat{L}=L+V$ 不因方法不同而异。

单位权方差 σ_0^2 的估值 $\hat{\sigma}_0^2$，计算式仍然是 $V^{\mathrm{T}}PV$ 除以其自由度，即

$$\hat{\sigma}_0^2=\frac{V^{\mathrm{T}}PV}{r}=\frac{V^{\mathrm{T}}PV}{n-t} \tag{7-37}$$

中误差为

$$\hat{\sigma}_0=\sqrt{\frac{V^{\mathrm{T}}PV}{n-t}} \tag{7-38}$$

可以将误差方程代入后再计算 $V^{\mathrm{T}}PV$，即

$$V^{\mathrm{T}}PV=(B\hat{x}-l)^{\mathrm{T}}PV=\hat{x}^{\mathrm{T}}B^{\mathrm{T}}PV-l^{\mathrm{T}}PV$$

由 $B^{\mathrm{T}}PV=0$，得 $V^{\mathrm{T}}PV$ 的计算式

$$\begin{aligned}V^{\mathrm{T}}PV&=-l^{\mathrm{T}}P(B\hat{x}-l)=l^{\mathrm{T}}Pl-l^{\mathrm{T}}PB\hat{x}=l^{\mathrm{T}}Pl-(B^{\mathrm{T}}Pl)^{\mathrm{T}}\hat{x}\\&=l^{\mathrm{T}}Pl-W^{\mathrm{T}}\hat{x}\end{aligned} \tag{7-39}$$

7.3.2 协因数阵

在间接平差中，基本向量为 $L(l)$、$\hat{X}(\hat{x})$、V 和 $\hat{L}$。已知 $Q_{LL}=Q$，根据前面的定义和有关说明知，$\hat{X}=X^0+\hat{x}$，$l=L-(BX^0+d)$，故 $Q_{\hat{X}\hat{X}}=Q_{\hat{x}\hat{x}}$，$Q_{ll}=Q_{LL}$。

下面推求各基本向量的自协因数阵和两两向量间的互协因数阵。

设 $Z=(L\quad X\quad V\quad \hat{L})^{\mathrm{T}}$，则 Z 的协因数阵为

$$Q_{ZZ}=\begin{bmatrix}Q_{LL} & Q_{L\hat{X}} & Q_{LV} & Q_{L\hat{L}}\\ Q_{\hat{X}L} & Q_{\hat{X}\hat{X}} & Q_{\hat{X}V} & Q_{\hat{X}\hat{L}}\\ Q_{VL} & Q_{V\hat{X}} & Q_{VV} & Q_{V\hat{L}}\\ Q_{\hat{L}L} & Q_{\hat{L}\hat{X}} & Q_{\hat{L}V} & Q_{\hat{L}\hat{L}}\end{bmatrix}$$

式中：对角线上子矩阵，就是各基本向量的自协因数阵，非对角线上子矩阵为两两向量间的互协因数阵。

现分别推求如下。其基本思想是把各量表达成协因数已知量的函数，上述各量的关系式为

$$\begin{aligned}&L=l+BX^0+d\\&\hat{x}=N_{BB}^{-1}B^{\mathrm{T}}Pl\\&\hat{X}=X^0+\hat{x}=X^0+N_{BB}^{-1}B^{\mathrm{T}}Pl\\&V=B\hat{x}-l=(BN_{BB}^{-1}B^{\mathrm{T}}P-I)l\\&\hat{L}=L+v=L+B\hat{x}-l=BN_{BB}^{-1}B^{\mathrm{T}}Pl+BX^0+d\end{aligned} \tag{7-40}$$

由式(7-40)可得

$$Z=\begin{pmatrix} I \\ N_{BB}^{-1}B^{\mathrm{T}}P \\ (BN_{BB}^{-1}B^{\mathrm{T}}P-I) \\ BN_{BB}^{-1}B^{\mathrm{T}}P \end{pmatrix} l+\begin{pmatrix} BX^0+d \\ 0 \\ X^0 \\ BX^0+d \end{pmatrix} \tag{7-41}$$

式(7-41)按协因数传播定律容易得出 Q_{ZZ}

$$Q_{ZZ}=\begin{bmatrix} Q & BN_{BB}^{-1} & BN_{BB}^{-1}B^{\mathrm{T}}-Q & BN_{BB}^{-1}B^{\mathrm{T}} \\ N_{BB}^{-1}B^{\mathrm{T}} & N_{BB}^{-1} & 0 & N_{BB}^{-1}B \\ BN_{BB}^{-1}B^{\mathrm{T}}-Q & 0 & Q-BN_{BB}^{-1}B^{\mathrm{T}} & 0 \\ BN_{BB}^{-1}B^{\mathrm{T}} & BN_{BB}^{-1} & 0 & BN_{BB}^{-1}B^{\mathrm{T}} \end{bmatrix} \tag{7-42}$$

由式(7-42)可知，平差值$\hat{X}$、$\hat{L}$与改正数 V 的互协因数阵为零，说明$\hat{L}$与 V，$\hat{X}$与 V 统计不相关，这是一个很重要的结论。

7.3.3 参数函数中的误差

在间接平差中，解法方程后首先求得的是 t 个参数。有了这些参数，便可根据它们来计算该平差问题中任一量的平差值(最或然值)。如在图 7.5 所示的水准网中，已知 A 点的高程为 H_A。若平差时选定 AP_1、AP_2、P_3P_1 这 3 条路线高差的平差值作为参数$\hat{X}_1$、$\hat{X}_2$、$\hat{X}_3$，则在平差后，不但求得了参数，即 AP_1、AP_2、P_3P_1 这 3 条路线高差的平差值，而且可以根据它们求出其他各观测高差或待定点高程的平差值。例如，P_3P_2 路线高差的平差值为

$$\hat{L}_5=-\hat{X}_1+\hat{X}_2+\hat{X}_3$$

P_3 点的高程平差值为

$$H_P=H_A+\hat{X}_1-\hat{X}_3$$

又如在图 7.6 中，求得 D 点坐标平差值$\hat{X}_D$和 $\hat{Y}_D$后，即要计算任何一边的边长或坐标方位角的平差值。如 AD 间边长平差值为

$$\hat{S}_{AD}=\sqrt{(\hat{X}_D-\hat{X}_A)^2+(\hat{Y}_D-\hat{Y}_A)^2}$$

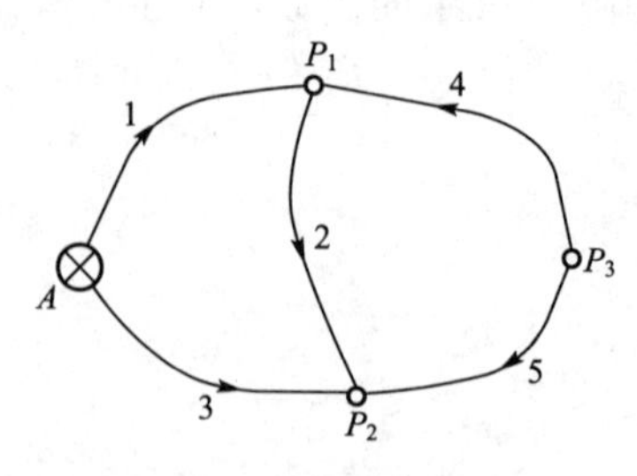

图 7.5 水准网示意图

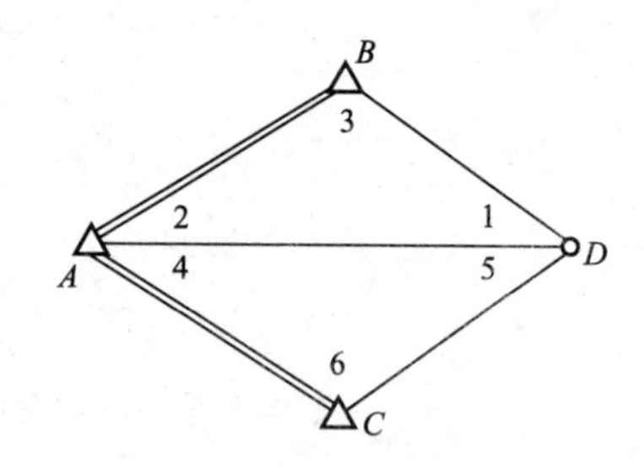

图 7.6 三角网

坐标方位角的平差值为

$$\hat{\alpha}_{AD}=\arctan\frac{\hat{Y}_D-\hat{Y}_A}{\hat{X}_D-\hat{X}_A}$$

通过以上举例可知，在间接平差中，任何一个量的平差值都可以由平差所选参数求得，或者说都可以表达为参数的函数。下面从一般情况来讨论如何求参数函数的中误差的问题。

假定间接平差问题中有 t 个参数，设参数的函数为

$$\hat{\varphi}=\Phi(\hat{X}_1,\ \hat{X}_2,\ \cdots,\ \hat{X}_t) \tag{7-43}$$

将$\hat{X}_i=X_i^0+\hat{x}_i(i=1,\ 2,\ \cdots,\ t)$代入上式后，按泰勒公式展开，取至一次项，得

$$\hat{\varphi}=\Phi(X_1^0,\ X_2^0,\ \cdots,\ X_t^0)+\left(\frac{\partial\Phi}{\partial\hat{X}_1}\right)_0\hat{x}_1+\left(\frac{\partial\Phi}{\partial\hat{X}_2}\right)_0\hat{x}_2+\cdots+\left(\frac{\partial\Phi}{\partial\hat{X}_t}\right)_0\hat{x}_t$$

式中：$\Phi(X_1^0,\ X_2^0,\ \cdots,\ X_t^0)$是参数函数的近似值，当近似值一经取定，它是一个已知的系数。

令

$$f_i=\left(\frac{\partial\Phi}{\partial\hat{X}_i}\right)_0$$

由此，上式可以写成

$$\hat{\varphi}=f_0+f_1\hat{x}_1+f_2\hat{x}_2+\cdots+f_t\hat{x}_t \tag{7-44}$$

或

$$\mathrm{d}\hat{\varphi}=f_1\hat{x}_1+f_2\hat{x}_2+\cdots+f_t\hat{x}_t \tag{7-45}$$

对于评定函数 $\hat{\varphi}$ 的精度而言，给出 $\hat{\varphi}$ 或 $\mathrm{d}\hat{\varphi}$ 是一样的。通常把式(7-45)称为参数函数的权函数式，简称权函数式。

令 $F=[f_1\quad f_2\quad\cdots\quad f_t]^{\mathrm{T}}$，则式(7-45)为

$$\mathrm{d}\hat{\varphi}=F^{\mathrm{T}}\hat{x} \tag{7-46}$$

由式(7-42)得 $Q_{\hat{X}\hat{X}}=N_{BB}^{-1}$，故函数 $\hat{\varphi}$ 的协因数为

$$Q_{\hat{\varphi}\hat{\varphi}}=F^{\mathrm{T}}Q_{\hat{X}\hat{X}}F=F^{\mathrm{T}}N_{BB}^{-1}F \tag{7-47}$$

设有函数向量 $\underset{m\times1}{\hat{\varphi}}$ 的权函数式为

$$\mathrm{d}\underset{m\times1}{\hat{\varphi}}=\underset{m\times t}{F^{\mathrm{T}}}\underset{t\times1}{\hat{x}} \tag{7-48}$$

即用来计算 m 个函数的精度，其协因数阵为

$$Q_{\hat{\varphi}\hat{\varphi}}=F^{\mathrm{T}}Q_{\hat{X}\hat{X}}F=F^{\mathrm{T}}N_{BB}^{-1}F \tag{7-49}$$

$Q_{\hat{X}\hat{X}}$是参数向量$\hat{X}=[\hat{X}_1\quad\hat{X}_2\quad\cdots\quad\hat{X}_t]^{\mathrm{T}}$的协因数阵，即

$$Q_{\hat{X}\hat{X}}=\begin{bmatrix} Q_{\hat{X}_1\hat{X}_1} & Q_{\hat{X}_1\hat{X}_2} & \cdots & Q_{\hat{X}_1\hat{X}_t} \\ Q_{\hat{X}_2\hat{X}_1} & Q_{\hat{X}_2\hat{X}_2} & \cdots & Q_{\hat{X}_2\hat{X}_t} \\ \vdots & \vdots & \vdots & \vdots \\ Q_{\hat{X}_t\hat{X}_1} & Q_{\hat{X}_t\hat{X}_2} & \cdots & Q_{\hat{X}_t\hat{X}_t} \end{bmatrix}$$

其中对角线元素$Q_{\hat{X}_i\hat{X}_i}$是参数$\hat{X}_i$的协因数，故$\hat{X}_i$的中误差为

$$\sigma_{\hat{X}_i}=\sigma_0\sqrt{Q_{\hat{X}_i\hat{X}_i}} \tag{7-50}$$

式(7-48)中函数$\hat{\varphi}$的协方差阵为

$$D_{\hat{\varphi}\hat{\varphi}}=\sigma_0^2 Q_{\hat{\varphi}\hat{\varphi}}=\sigma_0^2(F^{\mathrm{T}}N_{BB}^{-1}F) \tag{7-51}$$

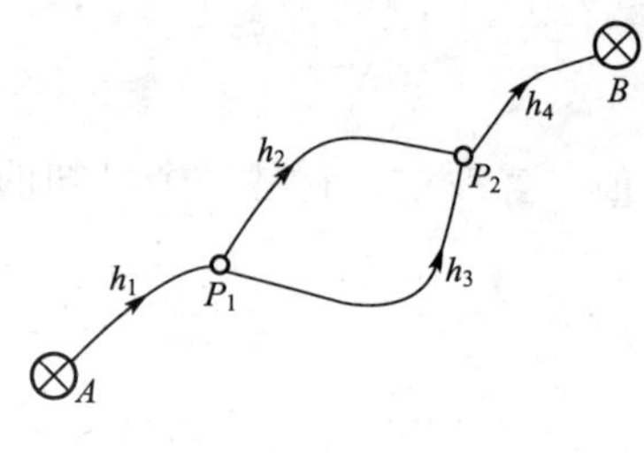

图 7.7 水准网

【例 7-2】 在图 7.7 中，A、B为已知水准点，高程为H_A、H_B，设为无误差，各观测的路线长度分别为$S_1=4\mathrm{km}$，$S_2=2\mathrm{km}$，$S_3=2\mathrm{km}$，$S_4=4\mathrm{km}$，试求P_1和P_2点平差高程的协因数。

解： 平差的参数选取P_1和P_2点高程，设为$\hat{X}_1$和$\hat{X}_2$，设$X_1^0=h_1+H_A$，$X_2^0=H_B-h_4$，按图 7.7 组成误差方程为

$$v_1=\hat{x}_1-l_1,\quad P_1=\frac{4}{4}=1$$

$$v_2=-\hat{x}_1+\hat{x}_2-l_2,\quad P_2=\frac{4}{2}=1$$

$$v_3=-\hat{x}_1+\hat{x}_2-l_3,\quad P_3=\frac{4}{2}=1$$

$$v_4=-\hat{x}_2-l_4,\quad P_4=\frac{4}{4}=1$$

定权时令$C=4$，即以 4km 观测高差为单位权观测值，因观测值相互独立，故$P_i=1/Q_{ii}$，相关协因数$Q_{ij}=0(i\neq j)$，由此得法方程为

$$5\hat{x}_1-4\hat{x}_2-W_1=0$$

$$-4\hat{x}_1+5\hat{x}_2-W_2=0$$

因为$Q_{\hat{X}\hat{X}}=N_{BB}^{-1}$，故有

$$Q_{\hat{X}\hat{X}}=\begin{bmatrix} 5 & -4 \\ -4 & 5 \end{bmatrix}^{-1}=\begin{bmatrix} 0.56 & 0.44 \\ 0.44 & 0.56 \end{bmatrix}$$

平差后P_1、P_2点高程的协因数分别为

$$Q_{\hat{X}_1\hat{X}_1}=0.56，Q_{\hat{X}_2\hat{X}_2}=0.56$$

$\hat{X}_1$ 与$\hat{X}_2$ 的协因数则为

$$Q_{\hat{X}_1\hat{X}_2}=0.44$$

7.4 间接平差的应用

在实际的测量数据处理中，间接平差方法是相对较为常用的。因为间接平差法的误差方程有较强的规律性，便于计算和编程。由于平差计算的运算量较大，因此，适于编程的处理方式是选择算法的一个重要因素。此外，观测方程可方便地描述实际情况。下面探讨间接平差法在测量中的一些实际应用，以加深对间接平差的理解。

【例 7-3】 对固定角内插点的平差问题(图 7.6)，平差时选待定点坐标平差值为参数 $\hat{X}_D$、$\hat{Y}_D$，设平差后求得参数及观测量的平差值为 $\hat{X}$、$\hat{L}$，法方程系数阵为 $N_{BB}=\begin{bmatrix}114.84 & -25.53\\ -25.53 & 86.57\end{bmatrix}$，平差后单位权中误差为 $\hat{\sigma}_0=1.7''$，现要求平差后 D 点坐标、$\overline{DA}$边的坐标方位角和边长的协因数及其中误差。

解：(1) 列出$\overline{DA}$边坐标方位角 $\hat{\alpha}_{DA}$ 的权函数式。已知

$$\hat{\alpha}_{DA}=\arctan\frac{Y_A-\hat{Y}_D}{X_A-\hat{X}_D}$$

式中：$(X_A，Y_A)$为 A 点已知坐标，对函数全微分得权函数式为

$$d\hat{\alpha}_{DA}=\frac{\rho''\Delta Y_{DA}^0}{(S_{DA}^0)^2\cdot 10}\hat{x}_D-\frac{\rho''\Delta X_{DA}^0}{(S_{DA}^0)^2\cdot 10}\hat{y}_D$$

式中：$d\hat{\alpha}_{DA}$的单位为秒($''$)，$\hat{x}_D$、$\hat{y}_D$的单位为分米(dm)。将具体数据代入，即得其权函数式为

$$d\hat{\alpha}_{DA}=-4.22\hat{x}_D+1.04\hat{y}_D$$

顺便指出，上式实际上就是 DA 边坐标方位角的改正数方程。由此可知，列误差方程时所用的坐标方位角改正数方程，可以直接用来作为坐标方位角的权函数式。

(2) 列出边长 $\hat{S}_{DA}$ 的权函数式。已知

$$\hat{S}_{DA}=\sqrt{(X_A-\hat{X}_D)^2+(Y_A-\hat{Y}_D)^2}$$

对函数进行全微分，得

$$d\hat{S}_{DA}=-\frac{\Delta X_{DA}^0}{S_{DA}^0\cdot 10}\hat{x}_D-\frac{\Delta Y_{DA}^0}{S_{DA}^0\cdot 10}\hat{y}_D$$

式中：$d\hat{S}_{DA}$的单位为 m，$\hat{x}_D$、$\hat{y}_D$的单位为 dm。将具体数据代入上式，得边长 $\hat{S}_{DA}$ 的权函数式为

$$d\hat{S}_{DA}=0.02\hat{x}_D+0.01\hat{y}_D$$

(3) 计算协因数。综合以上两个权函数式，写成矩阵形式为

$$d\hat{\varphi}=\begin{bmatrix} d\hat{\alpha}_{DA} \\ d\hat{S}_{DA} \end{bmatrix}=\begin{bmatrix} -4.22 & 1.04 \\ 0.02 & 0.10 \end{bmatrix}\begin{bmatrix} \hat{x}_D \\ \hat{y}_D \end{bmatrix}$$

按协因数传播定律得

$$Q_{\hat{\varphi}\hat{\varphi}}=\begin{bmatrix} -4.22 & 1.04 \\ 0.02 & 0.10 \end{bmatrix}\begin{bmatrix} Q_{\hat{X}_D\hat{X}_D} & Q_{\hat{X}_D\hat{Y}_D} \\ Q_{\hat{Y}_D\hat{X}_D} & Q_{\hat{Y}_D\hat{Y}_D} \end{bmatrix}\begin{bmatrix} -4.22 & 0.02 \\ 1.04 & 0.10 \end{bmatrix}$$

设平差后的法方程系数阵为

$$N_{BB}=\begin{bmatrix} 114.84 & -25.53 \\ -25.53 & 86.57 \end{bmatrix}$$

则有

$$Q_{\hat{X}\hat{X}}=\begin{bmatrix} Q_{\hat{X}_D\hat{X}_D} & Q_{\hat{X}_D\hat{Y}_D} \\ Q_{\hat{Y}_D\hat{X}_D} & Q_{\hat{Y}_D\hat{Y}_D} \end{bmatrix}=N_{BB}^{-1}=\begin{bmatrix} 0.0093 & 0.0027 \\ 0.0027 & 0.0124 \end{bmatrix}$$

于是

$$Q_{\hat{\varphi}\hat{\varphi}}=\begin{bmatrix} 0.1552 & -0.0006 \\ -0.0006 & 0.00014 \end{bmatrix}=\begin{bmatrix} Q_{\hat{\alpha}\hat{\alpha}} & Q_{\hat{\alpha}\hat{S}} \\ Q_{\hat{S}\hat{\alpha}} & Q_{\hat{S}\hat{S}} \end{bmatrix}$$

(4) 计算$\hat{X}_D$、$\hat{Y}_D$、$\hat{\alpha}_{DA}$和$\hat{S}_{DA}$的中误差。

$$\hat{\sigma}_{\hat{X}_D}=\hat{\sigma}_0\sqrt{Q_{\hat{X}_D\hat{X}_D}}=1.7\sqrt{0.0093}=0.16(\mathrm{dm})$$

$$\hat{\sigma}_{\hat{Y}_D}=\hat{\sigma}_0\sqrt{Q_{\hat{Y}_D\hat{Y}_D}}=1.7\sqrt{0.0124}=0.19(\mathrm{dm})$$

$$\hat{\sigma}_{\hat{\alpha}_{DA}}=\hat{\sigma}_0\sqrt{Q_{\hat{\alpha}\hat{\alpha}}}=1.7\sqrt{0.1552}=0.67''$$

$$\hat{\sigma}_{\hat{S}_{DA}}=\hat{\sigma}_0\sqrt{Q_{\hat{S}\hat{S}}}=1.7\sqrt{0.00014}=0.02(\mathrm{m})$$

【例 7-4】 对同一未知量进行多次直接观测，求该量的平差值并评定精度，称为直接平差。设对某量$\tilde{L}$进行了 n 次不等权独立观测，试用间接平差法求该量的平差值及平差值的权倒数。

解： 设观测值为 L_1，L_2，…，L_n，其各自对应的权为 p_1，p_2，…，p_n，设该量的平

差值为参数$\hat{X}$。则误差方程及有关矩阵为

$$\begin{cases} v_1=\hat{X}-L_1 \\ v_2=\hat{X}-L_2 \\ \quad\vdots \\ v_n=\hat{X}-L_n \end{cases}$$

令
$$B=\begin{bmatrix}1\\1\\\vdots\\1\end{bmatrix},\quad L=\begin{bmatrix}L_1\\L_2\\\vdots\\L_n\end{bmatrix}\quad P=\begin{bmatrix}p_1 & & & \\ & p_2 & & \\ & & \ddots & \\ & & & p_n\end{bmatrix}$$

在此说明：本题的误差方程均为线性，可不必进行线性化，所以参数可以不取近似值X^0而直接用$\hat{X}$进行计算，则误差方程的矩阵形式为

$$V=B\hat{X}-L$$

法方程的系数和常数项为

$$N_{BB}=B^{\mathrm{T}}PB=\sum_{i=1}^{n}p_i=[p],\quad W=B^{\mathrm{T}}PL=\sum_{i=1}^{n}p_iL_i=[pL]$$

所以参数解为

$$\hat{X}=N_{BB}^{-1}W=\frac{[pL]}{[p]}$$

从上面计算结果可看出：该量的平差值(最或然值)就是它的加权平均值，所以加权平均值(若等权时就是算术平均值)的计算规律符合最小二乘原则，即加权平均值(或算术平均值)也是最小二乘估值，它具备最小二乘估值在统计意义上的一切优良性质。

【例7-5】 如图7.8所示，A、B、C为已知点，P_1、P_2是待定点。同精度观测了6个角度L_1、L_2、L_3、L_4、L_5、L_6，测角中误差为2.5″，测量了4条边长S_7、S_8、S_9、S_{10}，起算数据见表7-1。观测结果及其中误差见表7-2。试按间接平差法求待定点P_1及P_2的坐标平差值及其点位精度。

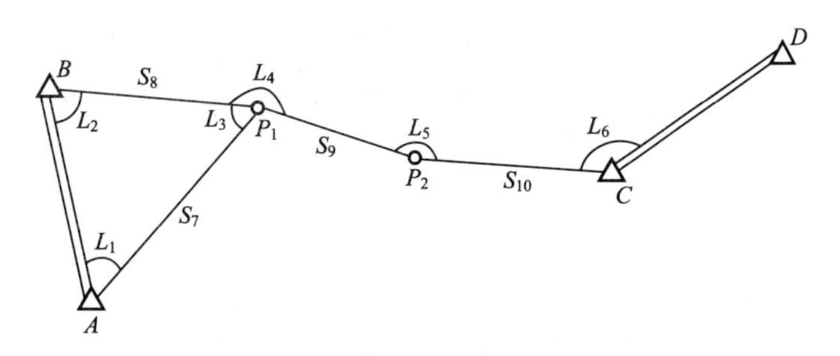

图7.8 导线示意图

表 7-1　起算数据表

点名	x/m	Y/m	S/m	坐标方位角/(°′″)
A	3143.237	5260.334	1484.781	
B	4609.361	5025.696		350　54　27.0
C	4157.197	8853.254	1000.000	
D	3822.911	9795.726		109　31　44.9

表 7-2　观测数据表

角度				边长		
编号	观测值/(°′″)	编号	观测值/(°′″)	编号	观测值 s/m	中误差/cm
1	44　05　44.8	5	201 57　34.0	7	2185.070	3.3
2	93　10　43.1	6	168 01　45.2	8	1522.853	2.3
3	42　43　27.2			9	1500.017	2.2
4	201 48　51.2			10	1009.021	1.5

解： 本题 $n=10$，即有 10 个误差方程，其中有 6 个角度误差方程，4 个边长误差方程。必要观测数 $t=2\times2=4$。现取待定点坐标平差值为参数，即 $\hat{X}=[\hat{X}_1\quad \hat{Y}_1\quad \hat{X}_2\quad \hat{Y}_2]^{\mathrm{T}}$。

(1) 计算待定点近似坐标。各点近似坐标按坐标增量计算，结果见表 7-3。

表 7-3　各点近似坐标

点名	观测角 β_i/(°′″)	坐标方位角 α^0/(°′″)	观测边长 S/m	近似坐标	
				X^0/m	Y^0/m
A		350　54　27.0		3143.237	5260.334
B	93　10　43.1			4609.361	5025.696
P_1		77　43　43.9	1522.853	4933.025	6513.756
D		109　31　44.9		3822.911	9795.726
C	168　01　45.2			4157.197	8853.254
P_2		301　29　59.7	1009.021	4684.408	7792.921

(2) 由已知点坐标和待定点近似坐标计算待定边的近似坐标方位角 α^0 和近似边长 S^0（表 7-4）。

表 7-4　近似坐标方位角和近似边长

方向	近似坐标方位角 α^0	近似边长 S^0/m
AP_1	35　00　15.4	2185.042
BP_1	77　43　43.9	1522.853
P_1P_2	99　32　27.8	1499.913
P_2C	121　29　59.7	1009.021

(3) 计算坐标方位角改正数方程的系数。计算时 S^0、ΔX^0、ΔY^0 均以 m 为单位，而 $\hat{x}$、

$\hat{y}$因其数值较小，采用 cm 为单位。有关系数值的计算见表 7 - 5、表 7 - 6。

表 7 - 5　dα 系数表

方向	ΔY^0/m	ΔX^0/m	$(S^0)^2$/m²	dα 的系数(秒/cm)			
				$\hat{x}_1$	$\hat{y}_1$	$\hat{x}_2$	$\hat{y}_2$
AP_1	1253.422	1789.788	477×10^4	−0.542	0.774		
BP_1	1488.060	323.664	232×10^4	−1.323	0.288		
P_1P_2	1479.165	−248.617	225×10^4	1.356	0.228	−1.356	−0.228
P_2C	860.333	−527.211	102×10^4			1.740	1.066

表 7 - 6　边长误差方程系数

方向	ΔX^0/m	ΔY^0/m	S^0/m	边长误差方程系数			
				$\hat{x}_1$	$\hat{y}_1$	$\hat{x}_2$	$\hat{y}_2$
AP_1	1789.788	1253.422	2185.042	0.8191	0.5736		
BP_1	323.664	1488.060	1522.853	0.2125	0.9772		
P_1P_2	−248.617	1479.165	1499.913	0.1658	−0.9862	−0.1658	0.9862
P_2C	−527.211	860.333	1009.021			0.5225	−0.8526

(4) 确定角和边的权。设单位权中误差 $\sigma_0=2.5''$，则角度观测值的权为

$$p_{\beta_i}=\frac{\sigma_0^2}{\sigma_\beta^2}=1$$

各导线边的权为

$$p_{S_i}=\frac{\sigma_0^2}{\sigma_{S_i}^2}=\frac{2.5^2}{\sigma_{S_i}^2}((")^2/\text{cm}^2)$$

计算结果见表 7 - 7。

表 7 - 7　误差方程系数

		$\hat{x}_1$	$\hat{y}_1$	$\hat{x}_2$	$\hat{y}_2$	l	p
角 β_i	1	−0.542	0.774			−3.6	1
	2	1.323	−0.288			0	1
	3	−0.781	−0.486			−1.3	1
	4	2.679	−0.060	−1.356	−0.228	7.3	1
	5	−1.356	−0.228	3.096	1.294	2.1	1
	6			−1.740	−1.066	0	1
边 S_i	7	0.8191	0.5736			2.8	0.57
	8	0.2125	0.9772			0	1.18
	9	0.1658	−0.9862	−0.1658	0.9862	10.4	1.29
	10			0.5225	−0.8526	0	2.78

(5) 法方程的组成和解算。由表 7 - 7 取得误差方程的系数项 B、常数项 l、组成法方程的系数项 N_{BB}、常数项 $B^{\mathrm{T}}Pl$，可得法方程为

$$\begin{bmatrix} 12.141 & 0.029 & -7.866 & -2.155 \\ 0.029 & 3.543 & -0.414 & -1.536 \\ -7.866 & -0.414 & 15.246 & 4.721 \\ -2.155 & -1.536 & 4.721 & 6.138 \end{bmatrix} \begin{bmatrix} \hat{x}_1 \\ \hat{y}_1 \\ \hat{x}_2 \\ \hat{y}_2 \end{bmatrix} - \begin{bmatrix} 23.207 \\ -15.387 \\ -5.622 \\ 14.284 \end{bmatrix} = 0$$

系数阵 $N_{BB}=B^{\mathrm{T}}PB$ 的逆阵为

$$N_{BB}^{-1}=\begin{bmatrix} 0.1240 & 0.0040 & 0.0660 & -0.0062 \\ 0.0040 & 0.3219 & -0.0191 & 0.0967 \\ 0.0660 & -0.0191 & 0.1227 & -0.0759 \\ -0.0062 & 0.0967 & -0.0759 & 0.2433 \end{bmatrix}$$

由 $\hat{x}=N_{BB}^{-1}B^{\mathrm{T}}Pl$ 算得参数改正数 $\hat{x}$

$$\begin{bmatrix} \hat{x}_1 \\ \hat{y}_1 \\ \hat{x}_2 \\ \hat{y}_2 \end{bmatrix} = \begin{bmatrix} 0.1240 & 0.0040 & 0.0660 & -0.0062 \\ 0.0040 & 0.3219 & -0.0191 & 0.0967 \\ 0.0660 & -0.0191 & 0.1227 & -0.0759 \\ -0.0062 & 0.0967 & -0.0759 & 0.2433 \end{bmatrix} \begin{bmatrix} 23.207 \\ -15.387 \\ -5.622 \\ 14.284 \end{bmatrix} = \begin{bmatrix} 2.4 \\ -3.4 \\ 0.1 \\ 2.3 \end{bmatrix} (\mathrm{cm})$$

(6) 平差值计算。

坐标平差值：$$\begin{bmatrix} \hat{X}_1 \\ \hat{Y}_1 \\ \hat{X}_2 \\ \hat{Y}_2 \end{bmatrix} = \begin{bmatrix} X_1^0 \\ Y_1^0 \\ X_2^0 \\ Y_2^0 \end{bmatrix} + \begin{bmatrix} \hat{x}_1 \\ \hat{y}_1 \\ \hat{x}_2 \\ \hat{y}_2 \end{bmatrix} = \begin{bmatrix} 4933.049 \\ 6513.722 \\ 4684.409 \\ 7992.944 \end{bmatrix} (\mathrm{m})$$

观测值的平差值根据 $V=B\hat{x}-l$ 得各改正数为

$$V=[-0.3 \quad 4.2 \quad 1.1 \quad -1.3 \quad -1.3 \quad -2.6 \quad -2.8 \quad -2.8 \quad -3.6 \quad -1.9]^{\mathrm{T}}$$

从而得平差值为 $\hat{L}=L+V$，见表 7-8。

表 7-8 观测值的平差值表

编号		观测值	平差值
角	1	44 05 44.8	44 05 44.5
	2	93 10 43.1	93 10 47.3
	3	42 43 27.2	42 43 28.3
	4	201 48 51.2	201 48 49.9
	5	201 57 34.0	201 57 32.7
	6	168 01 45.2	168 01 42.6

（续）

编号		观测值	平差值
边	7	2185.070	2185.042
	8	1522.853	1522.825
	9	1500.017	1499.981
	10	1009.021	1009.002

（7）精度计算。

① 单位权中误差，即测角中误差为 $\hat{\sigma}_0=\sqrt{\dfrac{V^{\mathrm{T}}PV}{r}}=\sqrt{\dfrac{69.5542}{10-4}}=3.4''$。

② P_1 和 P_2 点位精度。

$\hat{\sigma}_{\hat{X}_1}=\hat{\sigma}_0\sqrt{Q_{\hat{X}_1\hat{X}_1}}=3.4\sqrt{0.1240}=1.20(\mathrm{cm})$，$\hat{\sigma}_{\hat{Y}_1}=\hat{\sigma}_0\sqrt{Q_{\hat{Y}_1\hat{Y}_1}}=3.4\sqrt{0.3219}=1.93(\mathrm{cm})$

$\hat{\sigma}_{P_1}=\sqrt{\hat{\sigma}^2_{\hat{X}_1}+\hat{\sigma}^2_{\hat{Y}_1}}=\sqrt{1.20^2+1.93^2}=2.27(\mathrm{cm})$

$\hat{\sigma}_{\hat{X}_2}=\hat{\sigma}_0\sqrt{Q_{\hat{X}_2\hat{X}_2}}=3.4\sqrt{0.1227}=1.19(\mathrm{cm})$，$\hat{\sigma}_{\hat{Y}_2}=\hat{\sigma}_0\sqrt{Q_{\hat{Y}_2\hat{Y}_2}}=3.4\sqrt{0.2433}=1.68(\mathrm{cm})$

$\hat{\sigma}_{P_2}=\sqrt{\hat{\sigma}_{\hat{X}_2}+\hat{\sigma}_{\hat{Y}_2}}=\sqrt{2.27^2+1.68^2}=2.86(\mathrm{cm})$

【例7-6】 某精密工件的截面为圆形，现对它的半径、周长、面积值进行测量，设观测值及其相应的测量精度为 σ_r、σ_c、σ_s，要求求出半径的最佳估值。

解： 该题中，$n=3$，$t=1$，$r=n-t=2$，有两次多余观测。

平差参数设为 $\hat{X}=\hat{r}$，即参数设为半径观测值的平差值。参数近似值可取3个观测值算出的圆半径的平均值 $X^0=\dfrac{1}{3}\left(r+\dfrac{c}{2\pi}+\sqrt{\dfrac{s}{\pi}}\right)$，这样计算的目的是使得到的 X^0 更接近其平差值 $\hat{X}$。

观测值的观测方程为

$$\begin{cases}\hat{r}=\hat{X}\\ \hat{c}=2\pi\hat{X}\\ \hat{s}=\pi\hat{X}^2\end{cases}$$

在列观测方程时应注意：等式的右端应该用参数专用符号 $\hat{X}$ 表示，而不要写成如 $\hat{c}=2\pi\hat{r}$，因为 $\hat{c}$ 和 $\hat{r}$ 都代表观测值的平差值，而一个观测方程中不能同时出现两个观测值。

整理后的误差方程

$$\begin{cases}v_1=v_r=\hat{x}-(r-X^0)=\hat{x}-l_1\\ v_2=v_c=2\pi\hat{x}-(c-2\pi X^0)=2\pi\,\hat{x}-l_2\\ v_3=v_s=2\pi X^0\,\hat{x}-[s-\pi(X^0)^2]=2\pi X^0\,\hat{x}-l_3\end{cases}$$

设单位权中误差为σ_0，与σ_c、σ_r同单位，均以长度为单位。则观测值的权为

$$p_1=\frac{\sigma_0^2}{\sigma_r^2}，\ p_2=\frac{\sigma_0^2}{\sigma_c^2}，\ p_3=\frac{\sigma_0^2}{\sigma_s^2}$$

式中：p_1、p_2是没有单位的；p_3的单位是$\frac{1}{(长度单位)^2}$。

所以观测值的权阵为

$$P=\begin{bmatrix} p_1 & & \\ & p_2 & \\ & & p_3 \end{bmatrix}$$

在构造好误差方程和观测值的权阵后，就可以进行平差了，平差后将得到半径的最佳估值。

【例 7-7】 如图 7.9 所示的水准网中，观测值为 3 个高差：h_1、h_2、h_3，水准路线长度标于图 7.9 上，A、B为已知点，C、D为待定点，求：

(1) 平差后D点高程权倒数$Q_{\hat{H}_D}$；

(2) 平差后D点高程与第三段水准路线高差的相关权倒数$Q_{\hat{H}_D\hat{h}_3}$。

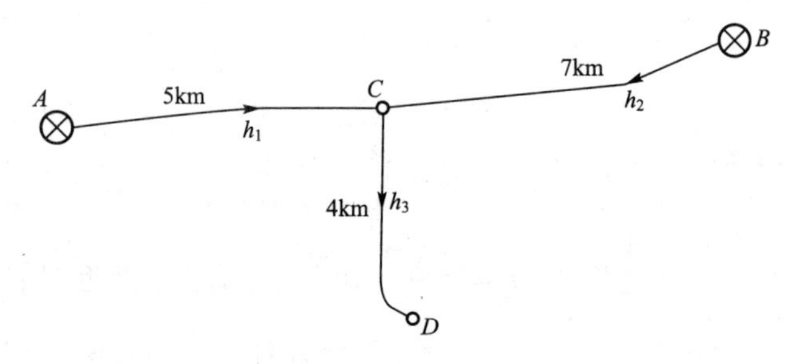

图 7.9 水准网示意图

解：该水准路线有两个待定点，所以$t=2$。但根据(2)所提出的问题，可设$\hat{X}_1=\hat{h}_3$，$\hat{X}_2=\hat{H}_D$。

这样可得观测方程为

$$\begin{cases} \hat{h}_1=\hat{H}_D-\hat{h}_3-H_A=-\hat{X}_1+\hat{X}_2-H_A \\ \hat{h}_2=\hat{H}_D-\hat{h}_3-H_B=-\hat{X}_1+\hat{X}_2-H_B \\ \hat{h}_3=\hat{X}_1 \end{cases}$$

误差方程为

$$v_1=-\hat{X}_1+\hat{X}_2-H_A-h_1$$

$$v_2=-\hat{X}_1+\hat{X}_2-H_B-h_2$$

$$v_3=\hat{X}_1-h_3$$

取水准路线长度 1km 为单位权，则可得观测值的权阵。
可得

$$B=\begin{bmatrix}-1 & 1\\ -1 & 1\\ 1 & 0\end{bmatrix},\quad P=\begin{bmatrix}\frac{1}{5} & & \\ & \frac{1}{7} & \\ & & \frac{1}{4}\end{bmatrix}$$

则

$$N_{BB}=B^{\mathrm{T}}PB=\begin{bmatrix}0.590 & -0.340\\ -0.340 & 0.340\end{bmatrix}\Rightarrow N_{BB}^{-1}=\begin{bmatrix}4.000 & 4.000\\ 4.000 & 6.941\end{bmatrix}$$

而

$$Q_{\hat{X}\hat{X}}=\begin{bmatrix}Q_{\hat{X}_1\hat{X}_1} & Q_{\hat{X}_1\hat{X}_2}\\ Q_{\hat{X}_2\hat{X}_1} & Q_{\hat{X}_2\hat{X}_2}\end{bmatrix}=\begin{bmatrix}Q_{\hat{h}_3\hat{h}_3} & Q_{\hat{h}_3\hat{H}_D}\\ Q_{\hat{H}_D\hat{h}_3} & Q_{\hat{H}_D\hat{H}_D}\end{bmatrix}=N_{BB}^{-1}=\begin{bmatrix}4.000 & 4.000\\ 4.000 & 6.941\end{bmatrix}$$

所以 $$Q_{\hat{H}_D}=6.941,\quad Q_{\hat{H}_D\hat{h}_3}=4.000。$$

从例 7－7 的计算可以看出：该题没有具体观测量的直接计算，即 h_1、h_2、h_3 的值是没有具体给出的，但这仅仅影响了常数项的计算，并不影响对参数的权倒数及其互协因数的求取，此时只要确定了单位权中误差 σ_0 的值，就可以估计待求参数的精度。间接平差的这个特点对控制网网形设计是非常有用的：在还未具体实施野外测量之前，在原有地形图上先设计控制网网形，得到设计矩阵 B 和权阵 P 的概略值，就可对控制网测量后的精度进行估算，若估算出精度过低，可在测量前对控制网进行调整。

【例 7－8】 在航测相片上有一长方形的水田(图 7.10)，用卡规量得水田的长 $L_1=50\text{cm}\pm0.6\text{cm}$，宽 $L_2=30\text{cm}\pm0.6\text{cm}$，又用求积仪量得该水田的面积 $L_3=1535\text{cm}^2\pm0.6\text{cm}^2$。试按间接平差法计算：

(1) 该水田面积的最小二乘估值；

(2) 若航测相片的比例尺为 1∶2000(无误差)，试求该水田的实际面积及其中误差。

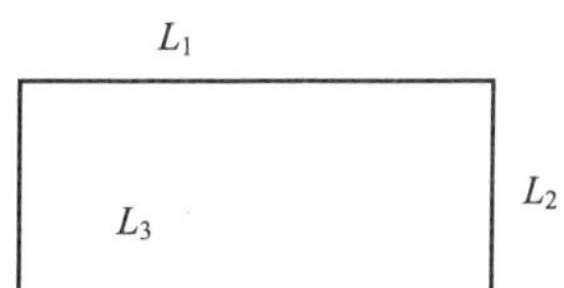

图 7.10 长方形水田

解：(1) 依据题意可知必要观测数：$t=2$。选参数：$\hat{X}_1=\hat{L}_1$，$\hat{X}_2=\hat{L}_2$。取 $X_1^0=L_1$，$X_2^0=L_2$。则有观测方程和误差方程为

$$\begin{cases}\hat{L}_1=\hat{X}_1\\ \hat{L}_2=\hat{X}_2\\ \hat{L}_3=\hat{X}_1\ \hat{X}_2\end{cases}\Rightarrow\begin{cases}v_1=\hat{x}_1\\ v_2=\hat{x}_2\\ v_3=30\hat{x}_1+50\hat{x}_2-35\end{cases}$$

取 L_1 的观测为单位权，则观测量的权阵和 B、l 为

$$P=\begin{bmatrix}1 & & \\ & 1 & \\ & & \frac{1}{100}\left(\frac{1}{\text{cm}^2}\right)\end{bmatrix},\ B=\begin{bmatrix}1 & 0\\ 0 & 1\\ 30 & 50\end{bmatrix},\ l=\begin{bmatrix}0\\ 0\\ 35\end{bmatrix}$$

根据间接平差可得

$$N_{BB}=B^{\mathrm{T}}PB=\begin{bmatrix}1 & 0 & 30\\ 0 & 1 & 50\end{bmatrix}\begin{bmatrix}1 & & \\ & 1 & \\ & & \frac{1}{100}\end{bmatrix}\begin{bmatrix}1 & 0\\ 0 & 1\\ 30 & 50\end{bmatrix}=\begin{bmatrix}10 & 15\\ 15 & 26\end{bmatrix}$$

$$N_{BB}^{-1}=\frac{1}{35}\begin{bmatrix}26 & -15\\ -15 & 10\end{bmatrix}$$

$$\hat{x}=N_{BB}^{-1}B^{\mathrm{T}}Pl=\frac{1}{35}\begin{bmatrix}26 & -15\\ -15 & 10\end{bmatrix}\begin{bmatrix}1 & 0 & 30\\ 0 & 1 & 50\end{bmatrix}\begin{bmatrix}1 & & \\ & 1 & \\ & & \frac{1}{100}\end{bmatrix}\begin{bmatrix}0\\ 0\\ 35\end{bmatrix}=\begin{bmatrix}0.3\\ 0.5\end{bmatrix}(\text{cm})$$

所以
$$X=X^0+\hat{x}=\begin{bmatrix}50.3\\ 30.5\end{bmatrix}(\text{cm})$$

因此
$$\hat{L}_3=\hat{X}_1\times\hat{X}_2=1534.15\text{cm}^2$$

(2) 设实际面积为 S，则

$$S=2000^2\times\hat{L}_3=6136600000\text{cm}^2=613660\text{m}^2=0.61366\text{km}^2$$

$$V=B\hat{x}-l=\begin{bmatrix}1 & 0\\ 0 & 1\\ 30 & 50\end{bmatrix}\begin{bmatrix}0.3\\ 0.5\end{bmatrix}-\begin{bmatrix}0\\ 0\\ 35\end{bmatrix}=\begin{bmatrix}0.3\\ 0.5\\ -1\end{bmatrix}$$

$$\hat{\sigma}_0=\sqrt{\frac{V^{\mathrm{T}}PV}{3-2}}=\sqrt{\frac{0.35}{1}}=0.592\text{cm}$$

$$Q_{\hat{L}\hat{L}}=BN_{BB}^{-1}B^{\mathrm{T}}=\frac{1}{35}\begin{bmatrix}26 & -15 & 30\\ -15 & 10 & 50\\ 30 & 50 & 3400\end{bmatrix}$$

所以

$$Q_{\hat{L}_3}=97.14$$

由于

$$S=2000\,\hat{L}_3$$

所以

$$Q_S = 2000^2 Q_{\hat{L}_3} = 3.8856 \times 10^8$$

则有

$$\hat{\sigma}_S = \hat{\sigma}_0 \sqrt{Q_S} = 0.592 \times 1.971 \times 10^4 = 11661.7\text{cm}^2$$

7.5 附有限制条件的间接平差

在进行间接平差时，所列误差方程式中未知数的个数应等于必要观测数，且未知数之间要相互独立。但有时实际问题中会遇到所选未知数个数多于必要观测个数的情况，即在平差中选取了 $u>t$ 个量作为参数，其中包含 t 个独立量，则参数间存在 $s=u-t$ 个限制条件。平差时列出 n 个观测方程和 s 个限制参数间关系的条件方程，以此为函数模型的平差方法，就是附有限制条件的间接平差。

图 7.11 所示的三角网中，A、B 是已知点，$P_1 \sim P_5$ 是待定点，观测了 18 个角度。此外，又高精度测量了边长 $S_{P_1P_2}$ 和方位角 $\alpha_{P_3P_4}$ 作为已知数据。这样该网的必要观测个数为 8 个参数($t=8$)，但本网按坐标平差时，只有选取 10 个未知数，即选取 5 个待定点纵横坐标的最或然值作为未知数，才能容易列出误差方程式，也就多选了两个未知数，因此产生两个条件方程式。这两个条件式就是用平差后坐标反算求得的边长 $\hat{S}_{P_1P_2}$ 和方位角 $\hat{\alpha}_{P_3P_4}$，应分别等于已知的边长 $S_{PP_{21}}$ 和方位角 $\alpha_{P_3P_4}$，即

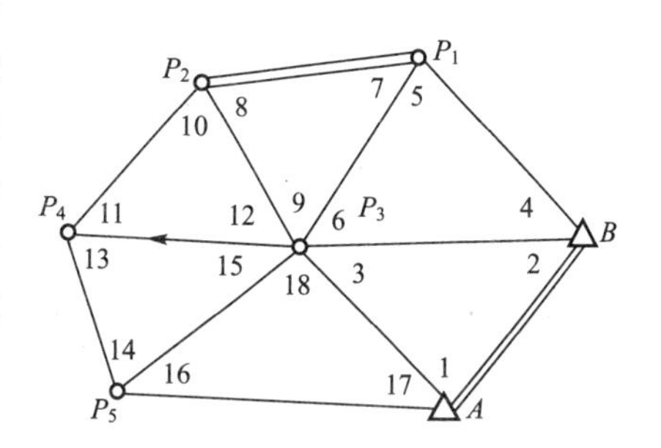

图 7.11 三角网示意图

$$S_{P_1P_2} = \sqrt{(\hat{X}_2 - \hat{X}_1)^2 + (\hat{Y}_2 - \hat{Y}_1)}$$

$$\alpha_{P_3P_4} = \arctan \frac{\hat{Y}_4 - \hat{Y}_3}{\hat{X}_4 - \hat{X}_3}$$

这样一来，平差该网时除有 18 个误差方程外，还有两个约束条件方程。这就需要将这些误差方程和条件方程联合起来应用最小二乘原理进行平差。

由此可见，附有限制条件的间接平差法中，约束条件方程是用于约束有函数关系的参数的；而条件平差中的条件方程，是用于约束有函数关系的观测值的。都为条件方程，但它们约束的对象各不相同。

7.5.1 平差原理

设有 n 个观测值 $\underset{n\times 1}{L}$，其权阵为 $\underset{n\times n}{P}$，选取 u 个参数 $\underset{u\times 1}{X}$，必要观测数为 t，参数之间约束条件个数 $s=u-t$。在实际各种类型的测量数据平差中，列出的观测方程和条件方程大多

是非线性的，因此必须先按泰勒公式将其化为线性形式。在第 4 章已给出了附有限制条件的间接平差数学模型为

$$\underset{n\times 1}{V}=\underset{n\times u}{B}\underset{u\times 1}{\hat{x}}-\underset{n\times 1}{l} \tag{7-52}$$

$$C\underset{u\times 1}{\hat{x}}+\underset{s\times 1}{W}=0 \tag{7-53}$$

$$D=\sigma_0^2 Q=\sigma_0^2 P^{-1}$$

其中

$$rg(B)=u,\quad rg(C)=s,\quad u<n,\quad s<u \tag{7-54}$$

即 B 为列满秩阵，C 为行满秩阵。在式(7-52)中，待求量是 n 个改正数和 u 个参数，而方程个数为 $n+s$，少于待求量的个数 $n+u$，且系数阵的秩等于其增广矩阵的秩，即

$$rg\begin{bmatrix}-I & B\\ 0 & C\end{bmatrix}=rg\left[\begin{array}{cc:c}-I & B & l\\ 0 & C & W_x\end{array}\right]=n+s \tag{7-55}$$

故是有无穷多组解的一组相容方程，为求其唯一解，可应用最小二乘原理。

附有限制条件的间接平差有两种解法。

解法一：利用约束条件(5-53)将多设的参数表示成独立参数的函数，并将该函数代入误差方程式(7-52)中，替换了多设的参数，使有约束变成无约束，然后用间接平差的方法求解。一般而言，当约束条件式很简单时，用此法效果比较好。当约束条件式比较多而且复杂时，用此法的效果就不好，应该用下面的解法二。

解法二：本节主要介绍此种方法。根据求条件极值的理论，组成函数

$$\Phi=V^{\mathrm{T}}PV+2K_S^{\mathrm{T}}(C\hat{x}+W_x) \tag{7-56}$$

式中：$\underset{s\times 1}{K_S}$是对应于限制条件方程的联系数向量，简称联系数。由式(7-52)知，V 是 $\hat{x}$ 的显函数，为求 Φ 的极小值，将其对 $\hat{x}$ 取偏导数并令其为零，则有

$$\frac{\partial\Phi}{\partial\hat{x}}=2V^{\mathrm{T}}P\frac{\partial V}{\partial\hat{x}}+2K_S^{\mathrm{T}}C=0$$

转置后

$$\underset{u\times n}{B^{\mathrm{T}}}\underset{n\times n}{P}\underset{n\times 1}{V}+\underset{u\times s}{C^{\mathrm{T}}}\underset{s\times 1}{K_S}=\underset{u\times 1}{0} \tag{7-57}$$

式(7-57)、式(7-52)和式(7-53)，构成了附有限制条件的间接平差的基础方程

$$\begin{cases}B^{\mathrm{T}}PV+C^{\mathrm{T}}K_S=0\\ V=B\hat{x}-l\\ C\hat{x}+W_x=0\end{cases} \tag{7-58}$$

在基础方程中，未知数 V、$\hat{x}$、K_S的数为 $n+u+s$，而方程的个数是 $n+u+s$，即方程个数等于未知数个数，故有唯一解。可将其中的第二式代入第一式，就得到了附有限制条件的间接平差法的法方程。

$$\begin{cases}B^{T}PB\hat{x}+C^{T}K_{S}-B^{T}Pl=0\\C\hat{x}+W_{x}=0\end{cases}\tag{7-59}$$

令　$N_{BB}=B^{T}PB$，　$W=B^{T}Pl$

则式(7－59)变换为

$$\begin{cases}N_{BB}\hat{x}+C^{T}K_{S}-W=0\\C\hat{x}+W_{x}=0\end{cases}\tag{7-60}$$

式(7－60)称为附有限制条件的间接平差法的法方程。由它可解出$\hat{x}$和 K_S。根据 7.1 节可知，N_{BB}为一满秩对称方阵，是可逆阵。用 CN_{BB}^{-1}左乘式(7－60)的第一式，并减去第二式得

$$CN_{BB}^{-1}C^{T}K_{S}-(CN_{BB}^{-1}W+W_{x})=0\tag{7-61}$$

若令
$$\underset{s\times s}{N_{CC}}=CN_{BB}^{-1}C^{T}$$

则式(7－61)也可以写成

$$N_{CC}K_{S}-(CN_{BB}^{-1}+W_{x})=0\tag{7-62}$$

式中：N_{CC}的秩为$rg(N_{CC})=rg(CN_{BB}^{-1}C^{T})=rg(C)=s$，且 $N_{CC}^{T}=(CN_{BB}^{-1}C^{T})^{T}=CN_{BB}^{-1}C^{T}$，故 N_{CC}为一 s 阶的满秩对称方阵，是可逆阵。于是

$$K_{S}=N_{CC}^{-1}(CN_{BB}^{-1}W+W_{x})\tag{7-63}$$

将式(7－63)代入式(7－60)第一式，经整理可得

$$\hat{x}=(N_{BB}^{-1}-N_{BB}^{-1}C^{T}N_{CC}^{-1}CN_{BB}^{-1})W-N_{BB}^{-1}C^{T}N_{CC}^{-1}W_{x}\tag{7-64}$$

由上式解得$\hat{x}$之后，代入式(7－63)可求得 V，最后即可求出

$$\hat{L}=L+V\tag{7-65}$$

$$\hat{X}=X^{0}+\hat{x}\tag{7-66}$$

在实际平差计算中，当列出误差方程和限制条件方程之后，即可计算 N_{BB}、N_{BB}^{-1}、N_{CC}、N_{CC}^{-1}，然后由式(7－64)计算$\hat{x}$，再代入误差方程(7－52)中计算 V，最后由式(7－65)和式(7－66)求得观测值和参数的平差值。

7.5.2 精度评定

精度评定仍是给出单位权方差的估值公式、推导协因数阵和平差参数的函数的协因数和中误差的公式。

1. 单位权方差的估值公式

附有限制条件的间接平差的单位权方差估值仍是 $V^{T}PV$ 除以其自由度，即

$$\hat{\sigma}_{0}^{2}=\frac{V^{T}PV}{r}=\frac{V^{T}PV}{n-u+s}\tag{7-67}$$

式中：$V^{\mathrm{T}}PV$ 可以用已经算出的 V 和已知的权阵 P 直接计算。此外，也可按以下导出的公式计算。

$$V^{\mathrm{T}}PV=(B\hat{x}-l)^{\mathrm{T}}PV=\hat{x}^{\mathrm{T}}B^{\mathrm{T}}PV-l^{\mathrm{T}}PV$$

根据式(7-57)，则有

$$V^{\mathrm{T}}PV=-\hat{x}^{\mathrm{T}}C^{\mathrm{T}}K_S-l^{\mathrm{T}}P(B\hat{x}-l)=l^{\mathrm{T}}Pl-\hat{x}^{\mathrm{T}}C^{\mathrm{T}}K_S-l^{\mathrm{T}}PB\hat{x}$$

又由式(7-53)，则上式可写成

$$V^{\mathrm{T}}PV=l^{\mathrm{T}}Pl+W_x^{\mathrm{T}}K_S-W^{\mathrm{T}}\hat{x} \tag{7-68}$$

2. 协因数阵

在附有限制条件的间接平差法中，基本向量为 L、W、$\hat{X}$、K_S、V 和 $\hat{L}$。由 $Q_{LL}=Q$，即可推求各基本向量的自协因数阵以及两两向量之间的互协因数阵。

因为平差值方程的形式是 $\hat{L}=F(\hat{X})$，误差方程的常数项 $l=L-F(X^0)$，其中 $F(X^0)$ 为常量，对精度计算无影响，故有

$$W=B^{\mathrm{T}}Pl=B^{\mathrm{T}}PL+W^0$$

式中：$W^0=-B^{\mathrm{T}}PF(X^0)$ 亦为常量。于是基本向量的表达式为

$$\begin{cases}L=IL\\ W=B^{\mathrm{T}}PL+W^0\\ \hat{X}=\hat{x}+X^0=X^0+(N_{BB}^{-1}-N_{BB}^{-1}C^{\mathrm{T}}N_{CC}^{-1}CN_{BB}^{-1})W+N_{BB}^{-1}C^{\mathrm{T}}N_{CC}^{-1}W_x\\ K_S=N_{CC}^{-1}CN_{BB}^{-1}W-N_{CC}^{-1}W_x\\ V=B\hat{x}-l\\ \hat{L}=L+V\end{cases} \tag{7-69}$$

把式(7-69)的各向量都化为 L 的函数，则可得

$$\begin{cases}L=IL\\ W=B^{\mathrm{T}}PL+W^0\\ \hat{X}=(N_{BB}^{-1}-N_{BB}^{-1}C^{\mathrm{T}}N_{CC}^{-1}CN_{BB}^{-1})B^{\mathrm{T}}PL+(N_{BB}^{-1}-N_{BB}^{-1}C^{\mathrm{T}}N_{CC}^{-1}CN_{BB}^{-1})W^0+X^0+N_{BB}^{-1}C^{\mathrm{T}}N_{CC}^{-1}W_x\\ K_S=N_{CC}^{-1}CN_{BB}^{-1}B^{\mathrm{T}}PL+N_{CC}^{-1}CN_{BB}^{-1}W^0-N_{CC}^{-1}W_x\\ V=[B(N_{BB}^{-1}-N_{BB}^{-1}C^{\mathrm{T}}N_{CC}^{-1}CN_{BB}^{-1})B^{\mathrm{T}}P-I]L+V^0\\ \hat{L}=L+V=B(N_{BB}^{-1}-N_{BB}^{-1}C^{\mathrm{T}}N_{CC}^{-1}CN_{BB}^{-1})B^{\mathrm{T}}PL+\hat{L}^0\end{cases}$$

式中：$V^0=\hat{L}^0=B(N_{BB}^{-1}-N_{BB}^{-1}C^{\mathrm{T}}N_{CC}^{-1}CN_{BB}^{-1})W^0+BN_{BB}^{-1}C^{\mathrm{T}}N_{CC}^{-1}W+BX^0+d$。

令 $Z=[L\quad W\quad K_S\quad \hat{X}\quad V\quad \hat{L}]^{\mathrm{T}}$ 根据协因数传播律可得

$$Q_{ZZ}=\begin{bmatrix} Q_{LL} & Q_{LW} & Q_{LK_S} & Q_{L\hat{X}} & Q_{LV} & Q_{L\hat{L}} \\ Q_{WL} & Q_{WW} & Q_{WK_S} & Q_{W\hat{X}} & Q_{WV} & Q_{W\hat{L}} \\ Q_{K_SL} & Q_{K_SW} & Q_{K_SK_S} & Q_{K_S\hat{X}} & Q_{K_SV} & Q_{K_S\hat{L}} \\ Q_{\hat{X}L} & Q_{\hat{X}W} & Q_{\hat{X}K_S} & Q_{\hat{X}\hat{X}} & Q_{\hat{X}V} & Q_{\hat{X}\hat{L}} \\ Q_{VL} & Q_{VW} & Q_{VK_S} & Q_{V\hat{X}} & Q_{VV} & Q_{V\hat{L}} \\ Q_{\hat{L}L} & Q_{\hat{L}W} & Q_{\hat{L}K_S} & Q_{\hat{L}\hat{X}} & Q_{\hat{L}V} & Q_{\hat{L}\hat{L}} \end{bmatrix}$$

$$=\begin{bmatrix} Q & B & BN_{BB}^{-1}C^{\mathrm{T}}N_{CC}^{-1} & BQ_{\hat{X}\hat{X}} & -Q_{VV} & Q-Q_{VV} \\ B^{\mathrm{T}} & N_{BB} & C^{\mathrm{T}}N_{CC}^{-1} & N_{BB}Q_{\hat{X}\hat{X}} & (Q_{\hat{X}\hat{X}}N_{BB}-I)^{\mathrm{T}}B^{\mathrm{T}} & N_{BB}Q_{\hat{X}\hat{X}}B^{\mathrm{T}} \\ N_{CC}^{-1}CN_{BB}^{-1}B^{\mathrm{T}} & N_{CC}^{-1}C & N_{CC}^{-1} & 0 & -N_{CC}^{-1}CN_{BB}^{-1}B^{\mathrm{T}} & 0 \\ Q_{\hat{X}\hat{X}}B^{\mathrm{T}} & Q_{\hat{X}\hat{X}}N_{BB} & 0 & Q_{\hat{X}\hat{X}} & 0 & Q_{\hat{X}\hat{X}}B^{\mathrm{T}} \\ -Q_{VV} & B(Q_{\hat{X}\hat{X}}N_{BB}-I) & -BN_{BB}^{-1}C^{\mathrm{T}}N_{CC}^{-1} & 0 & Q-BQ_{\hat{X}\hat{X}}B^{\mathrm{T}} & 0 \\ Q-Q_{VV} & BQ_{\hat{X}\hat{X}}N_{BB} & 0 & BQ_{\hat{X}\hat{X}} & 0 & Q-Q_{VV} \end{bmatrix} \tag{7-70}$$

式中：$Q_{\hat{X}\hat{X}}=N_{BB}^{-1}-N_{BB}^{-1}C^{\mathrm{T}}N_{CC}^{-1}CN_{BB}^{-1}$。

3. 平差参数函数的协因数

在附有限制条件的间接平差中，因在 u 个参数中包含了 t 个独立参数，故平差中所求任一量都能表达成这 u 个参数的函数。设某个量的平差值 $\hat{\varphi}$ 为

$$\hat{\varphi}=\Phi(\hat{X}) \tag{7-71}$$

对其全微分，得权函数式为

$$\mathrm{d}\hat{\varphi}=\left(\frac{\mathrm{d}\Phi}{\mathrm{d}\hat{X}}\right)_0\mathrm{d}\hat{X}=F^{\mathrm{T}}\mathrm{d}\hat{X} \tag{7-72}$$

式中：F 为

$$F^{\mathrm{T}}=\begin{bmatrix}\frac{\partial\Phi}{\partial\hat{X}_1} & \frac{\partial\Phi}{\partial\hat{X}_2} & \cdots & \frac{\partial\Phi}{\partial\hat{X}_u}\end{bmatrix}_0 \tag{7-73}$$

用 X^0 代入各偏导数中，即得各偏导数值，然后按式(7-74)计算其协因数：

$$Q_{\hat{\varphi}\hat{\varphi}}=F^{\mathrm{T}}Q_{\hat{X}\hat{X}}F \tag{7-74}$$

可根据式(7-70)得到 $Q_{\hat{X}\hat{X}}$ 的计算公式。于是函数 $\hat{\varphi}$ 的中误差为

$$\hat{\sigma}_{\hat{\varphi}}=\hat{\sigma}_0\sqrt{Q_{\hat{\varphi}\hat{\varphi}}} \tag{7-75}$$

【例 7-9】 方程为 $y=ax^2+b$ 的抛物线要与下面三点的数据拟合。已知数据见表 7-9。

表 7－9　已知数据表

点号	1^*	2^*	3^*
x	1	2	3
y	7.50	20.50	42.00

y 为观测值，其间互不相关且等权。现要求：

(1) 利用最小二乘原理，求出参数 a、b 的最佳估值及其协因数；

(2) 若该抛物线被强制要通过 2^*，参数 a、b 的最佳估值是多少？

解：(1) 本题中 $n=3$，$t=2$。该题中 x 被看成自变量，是常数；而 y 是观测值，有观测误差，所以误差方程为

$$v_i=\hat{y}_i-y_i=x_i^2\hat{a}+\hat{b}-y_i$$

式中：$\hat{y}_i$ 为用参数最佳估值 $\hat{a}$、$\hat{b}$ 及自变量 x_i 拟合出来的 i 点上 y 的估值；y_i 为 i 点上 y 的观测值。

误差方程为

$$\begin{cases}v_1=\hat{a}+\hat{b}-7.50\\ v_2=4\hat{a}+\hat{b}-20.50\\ v_3=9\hat{a}+\hat{b}-42.00\end{cases}$$

因为观测值为不相关且等权，设权阵 $P=I$。

$$B=\begin{bmatrix}1&1\\4&1\\9&1\end{bmatrix},\quad l=\begin{bmatrix}7.50\\20.50\\42.00\end{bmatrix}$$

法方程系数阵及常数项向量

$$N_{BB}=B^{\mathrm{T}}B=\begin{bmatrix}1&4&9\\1&1&1\end{bmatrix}\begin{bmatrix}1&1\\4&1\\9&1\end{bmatrix}=\begin{bmatrix}98&14\\14&3\end{bmatrix},\quad W=B^{\mathrm{T}}l=\begin{bmatrix}1&4&9\\1&1&1\end{bmatrix}\begin{bmatrix}7.50\\20.50\\42.00\end{bmatrix}=\begin{bmatrix}467.50\\70.00\end{bmatrix}$$

参数最佳估值为

$$\begin{bmatrix}\hat{a}\\ \hat{b}\end{bmatrix}=N_{BB}^{-1}W=\begin{bmatrix}0.0306&-0.1428\\-0.1428&1.0000\end{bmatrix}\begin{bmatrix}467.50\\70.00\end{bmatrix}=\begin{bmatrix}4.3095\\3.2410\end{bmatrix}$$

即抛物线的拟合方程为

$$\hat{y}=4.3095x^2+3.2410$$

最佳估值 $\hat{a}$、$\hat{b}$ 的协因数为

$$Q_{\hat{a}\hat{a}}=0.0306,\ Q_{\hat{b}\hat{b}}=1.0000$$的

(2) 当抛物线被强制要求通过点 2^* 时，即认为点 2^* 的 $y_2=20.50$ 没有观测误差。将与点 2^* 有关的值代入抛物线方程，有约束条件

$$4\hat{a}+\hat{b}-20.50=0$$

存在，即参数之间有了一个约束关系。说明在要求抛物线强制通过点 2^* 时，如果按间接平差的话，只需要设一个独立参数进行平差即可，但一个参数怎样设，误差方程如何列，还需要进行另一番考虑。因此，仍按(1)的做法，设 a、b 的平差值仍为参数，只不过两个参数之间是不独立的，因此 $n=3$，$t=1$，$u=2$，$s=1$。按附有限制条件的间接平差法进行平差，列出误差方程式和约束条件为

$$\begin{cases} v_1=\hat{a}+\hat{b}-7.50 \\ v_2=4\hat{a}+\hat{b}-20.50 \\ v_3=9\hat{a}+\hat{b}-42.00 \\ 4\hat{a}+\hat{b}-20.50=0 \end{cases} \tag{7-76}$$

解法一：利用约束条件，有

$$\hat{b}=20.50-4\hat{a}$$

代入误差方程，消除了多余的参数 $\hat{b}$，得误差方程

$$\begin{bmatrix} v_1 \\ v_3 \end{bmatrix}=\begin{bmatrix} -3 \\ 5 \end{bmatrix}\hat{a}-\begin{bmatrix} -13 \\ 21.5 \end{bmatrix},\ P=\begin{bmatrix} 1 & \\ & 1 \end{bmatrix}$$

按间接平差法，得

$$\hat{a}=\left([-3\quad 5]\begin{bmatrix} -3 \\ 5 \end{bmatrix}\right)^{-1}[-3\quad 5]\begin{bmatrix} -13 \\ 21.5 \end{bmatrix}=\frac{146.5}{34}=4.3088$$

代入约束条件方程，得参数 $\hat{b}$ 的估值

$$\hat{b}=3.2647$$

比较与(1)的结果，可见抛物线强制通过点 2^* 时，其参数估值是有变化的。

解法二：由式(7-76)，可得

$$C=[4\quad 1],\quad W_x=-20.50$$

$$N_{BB}^{-1}=\frac{1}{98}\begin{bmatrix} 3 & -14 \\ -14 & 98 \end{bmatrix},\ N_{CC}=[4\quad 1]\frac{1}{98}\begin{bmatrix} 3 & -14 \\ -14 & 98 \end{bmatrix}\begin{bmatrix} 4 \\ 1 \end{bmatrix}=\frac{34}{98},\quad N_{CC}^{-1}=\frac{98}{34}$$

所以

$$\begin{bmatrix}\hat{a}\\ \hat{b}\end{bmatrix}=(N_{BB}^{-1}-N_{BB}^{-1}C^{T}N_{CC}^{-1}CN_{BB}^{-1})W-N_{BB}^{-1}C^{T}N_{CC}^{-1}W_{x}$$

$$=\left(\frac{1}{98}\begin{bmatrix}3 & -14\\ -14 & 98\end{bmatrix}-\frac{1}{98}\begin{bmatrix}3 & -14\\ -14 & 98\end{bmatrix}\begin{bmatrix}4\\ 1\end{bmatrix}\frac{98}{34}\begin{bmatrix}4 & 1\end{bmatrix}\frac{1}{98}\begin{bmatrix}3 & -14\\ -14 & 98\end{bmatrix}\right)\begin{bmatrix}467.50\\ 70.00\end{bmatrix}$$

$$-\frac{1}{98}\begin{bmatrix}3 & -14\\ -14 & 98\end{bmatrix}\begin{bmatrix}4\\ 1\end{bmatrix}\frac{98}{34}(-20.50)$$

$$=\left(\frac{1}{98}\begin{bmatrix}3 & -14\\ -14 & 98\end{bmatrix}-\frac{1}{34\times 98}\begin{bmatrix}4 & -84\\ -84 & 1764\end{bmatrix}\right)\begin{bmatrix}467.50\\ 70.00\end{bmatrix}-\frac{1}{34}\begin{bmatrix}41.00\\ -861.00\end{bmatrix}$$

$$=\frac{1}{34}\left(\begin{bmatrix}1 & -4\\ -4 & 16\end{bmatrix}\right)\begin{bmatrix}467.50\\ 70.00\end{bmatrix}-\frac{1}{34}\begin{bmatrix}41.00\\ -861.0\end{bmatrix}=\frac{1}{34}\begin{bmatrix}187.5-41.00\\ 861.0-750\end{bmatrix}$$

$$=\frac{1}{34}\begin{bmatrix}146.50\\ 111.00\end{bmatrix}=\begin{bmatrix}4.3088\\ 3.2647\end{bmatrix}$$

答案与解法一的一致，得参数估值

$$\hat{a}=4.3088，\hat{b}=3.2647$$

这样，抛物线的拟合方程就为

$$\hat{y}=4.3088x^{2}+3.2647$$

7.6 间接平差与条件平差的关系

对于一个具体的平差问题，不可能因采用的平差方法不同而导致最后的平差结果产生差异，也就是最终的平差值和其精度估计与采用的平差方法无关。基于这一原则，可导出间接平差与条件平差的某些关系。

7.6.1 法矩阵之间的关系

条件平差的法方程的系数为

$$N_{aa}=A^{T}P^{-1}A=A^{T}QA \tag{7-77}$$

改正数 V 的计算公式为

$$V=-QA^{T}N_{aa}^{-1}W=QA^{T}N_{aa}^{-1}AV \tag{7-78}$$

间接平差的法方程系数为

$$N_{BB}=B^{T}PB \tag{7-79}$$

改正数 V 的计算公式为

$$V=B\hat{x}-l=BN_{BB}^{-1}B^{\mathrm{T}}Pl-l=(BN_{BB}^{-1}B^{\mathrm{T}}P-I)l \tag{7-80}$$

对于残差V来讲，两种平差方法应该相等，即有

$$(BN_{BB}^{-1}B^{\mathrm{T}}P-I)l=QA^{\mathrm{T}}N_{aa}^{-1}AV \tag{7-81}$$

由式(7-81)可得

$$\begin{aligned}&(BN_{BB}^{-1}B^{\mathrm{T}}P-I)(B\hat{x}-V)=QA^{\mathrm{T}}N_{aa}^{-1}AV\\&(BN_{BB}^{-1}B^{\mathrm{T}}PB\hat{x}-B\hat{x})-(BN_{BB}^{-1}B^{\mathrm{T}}P-I)V=QA^{\mathrm{T}}N_{aa}^{-1}AV\\&(BN_{BB}^{-1}N_{BB}\hat{x}-B\hat{x})+V=QA^{\mathrm{T}}N_{aa}^{-1}AV+BN_{BB}^{-1}B^{\mathrm{T}}PV\\&V=(QA^{\mathrm{T}}N_{aa}^{-1}A+BN_{BB}^{-1}B^{\mathrm{T}}P)V\end{aligned} \tag{7-82}$$

所以有

$$QA^{\mathrm{T}}N_{aa}^{-1}A+BN_{BB}^{-1}B^{\mathrm{T}}P=I \tag{7-83}$$

7.6.2 系数阵 *A*、*B* 之间的关系

把式(7-83)左乘A可得

$$AQA^{\mathrm{T}}N_{aa}^{-1}A+ABN_{BB}^{-1}B^{\mathrm{T}}P=A \tag{7-84}$$

根据式(7-77)则式(7-84)可得

$$A+ABN_{BB}^{-1}B^{\mathrm{T}}P=A \tag{7-85}$$

把式(7-85)右乘B可得

$$AB+ABN_{BB}^{-1}B^{\mathrm{T}}PB=AB \tag{7-86}$$

由式(7-79)可得

$$AB+ABN_{BB}^{-1}N_{BB}=AB$$

$$AB+AB=AB$$

所以

$$AB=0 \tag{7-87}$$

7.6.3 误差方程的常数项 *l* 与条件方程的闭合差 *W* 之间的关系

用A左乘式(7-80)可得

$$AV=A(BN_{BB}^{-1}B^{\mathrm{T}}P-I)l \tag{7-88}$$

由于$W=-AV$，$AB=0$，则根据式(7-88)可得

$$-W=ABN_{BB}^{-1}B^{\mathrm{T}}Pl-Al=-Al \tag{7-89}$$

所以

$$W=Al \tag{7-90}$$

7.6.4 间接平差中的 d 与条件平差中的 A_0 之间的关系

由本章可知

$$l=L-BX^0-d \tag{7-91}$$

由第 6 章可知

$$W=AL+A_0 \tag{7-92}$$

把式(7-91)和式(7-92)代入式(7-90)可得

$$AL+A_0=A(L-BX^0-d)$$

$$AL+A_0=AL-ABX^0-Ad$$

所以有

$$A_0=-Ad \tag{7-93}$$

7.6.5 条件方程向误差方程的转换

条件方程向误差方程转换的步骤如下。

(1) 确定出观测值的个数 n，观测值个数就是残差的个数。

(2) 根据条件方程的个数判断其必要观测个数 t，条件方程的个数就是多余观测个数 r，则 $t=n-r$。

(3) 设立 t 个独立的参数，一般独立参数的近似值设为相应的观测值。

(4) 列出 n 个误差方程。

【例 7-10】 某平差问题按条件平差时的条件方程为

$$\begin{cases} v_1-v_2+v_3+5=0 \\ v_3-v_4-v_5-2=0 \\ v_5-v_6-v_7+3=0 \\ v_1+v_4+v_7+4=0 \end{cases}$$

试将其改写成误差方程。

解： 残差数为 7，所以 $n=7$，有 4 个条件方程，因此 $r=4$，所以 $t=n-r=7-4=3$。

设 3 个独立参数，设 L_1、L_2、L_4 的平差值为参数，分别为 $\hat{X}_1$、$\hat{X}_2$、$\hat{X}_4$，其近似值分别为 $X_1^0=L_1$，$X_2^0=L_2$，$X_4^0=L_4$。

则误差方程为

$$v_1=\hat{x}_1$$

$$v_2=\hat{x}_2$$

$$v_3=-\hat{x}_1+\hat{x}_2-5$$

$$v_4=\hat{x}_4$$

$$v_5=\hat{x}_2-1$$

$$v_6=-\hat{x}_1+\hat{x}_2-\hat{x}_4-5$$

$$v_7=-\hat{x}_1-\hat{x}_4-4$$

7.6.6 误差方程转化为条件方程

误差方程转化为条件方程的步骤如下。

(1) 确定改正数 v_i的个数，则 n 为改正数的个数。

(2) 确定参数的个数，则 t 为参数的个数。

(3) 条件方程的个数为 $c=n-t$。

(4) 消除参数，得到独立的 c 个条件方程。

【例 7-11】 某平差问题，按间接平差法进行平差，其误差方程为

$$\begin{cases} v_1=\hat{x}_1-1 \\ v_2=\hat{x}_1-2 \\ v_3=\hat{x}_2+1 \\ v_4=\hat{x}_1+\hat{x}_2+2 \end{cases}$$

试将其改写成条件方程。

解： 改正数为 4，则 $n=4$；参数为 2，则 $t=2$，所以 $c=n-t=2$。

则条件方程为

$$v_1-v_2-1=0$$

$$v_1+v_3-v_4+2=0$$

7.7 间接平差估值的统计性质

对间接平差的结果，也要用数理统计的理论来讨论它们的统计性质。间接平差可以说是附有限制条件间接平差的特例，本节就以附有限制条件间接平差来探讨其估值的统计性质，其结论适合于间接平差。

7.7.1 估计量$\hat{X}$和$\hat{L}$具有无偏性

1. 估计量$\hat{X}$具有无偏性

要证明$\hat{X}$具有无偏性，也就是要证明：$E(\hat{X})=\tilde{X}$，因为$\hat{X}=X^0+\hat{x}$，$\tilde{X}=X^0+\tilde{x}$，故证明 $E(\hat{X})=\tilde{X}$，与证明 $E(\hat{x})=\tilde{x}$等价。

由前面知

$$\hat{x}=(N_{BB}^{-1}-N_{BB}^{-1}C^{\mathrm{T}}N_{CC}^{-1}CN_{BB}^{-1})W-N_{BB}^{-1}C^{\mathrm{T}}N_{CC}^{-1}W_x$$

等号两边取数学期望

$$\begin{aligned}E(\hat{x})&=E[(N_{BB}^{-1}-N_{BB}^{-1}C^{\mathrm{T}}N_{CC}^{-1}CN_{BB}^{-1})W-N_{BB}^{-1}C^{\mathrm{T}}N_{CC}^{-1}W_x]\\&=(N_{BB}^{-1}-N_{BB}^{-1}C^{\mathrm{T}}N_{CC}^{-1}CN_{BB}^{-1})E(W)-N_{BB}^{-1}C^{\mathrm{T}}N_{CC}^{-1}E(W_x)\end{aligned} \tag{7-94}$$

$$\begin{aligned}E(W)&=B^{\mathrm{T}}PE(l)=B^{\mathrm{T}}PE(L-BX^0-d)\\&=B^{\mathrm{T}}P(\widetilde{L}-BX^0-d)=B^{\mathrm{T}}P(\widetilde{L}-B\widetilde{X}+B\widetilde{x}-d)\end{aligned} \tag{7-95}$$

因为

$$\widetilde{L}=B\widetilde{X}+d$$

则式(7-95)变为

$$E(W)=B^{\mathrm{T}}PB\widetilde{x}=N_{BB}\widetilde{x} \tag{7-96}$$

又因为 $C\widetilde{x}+W_x=0$

则有 $W_x=-C\widetilde{x}$

所以

$$E(W_x)=-C\widetilde{x} \tag{7-97}$$

把式(7-97)和式(7-96)代入式(7-94)，则可得

$$\begin{aligned}E(\hat{x})&=(N_{BB}^{-1}-N_{BB}^{-1}C^{\mathrm{T}}N_{CC}^{-1}CN_{BB}^{-1})N_{BB}\widetilde{x}+N_{BB}^{-1}C^{\mathrm{T}}N_{CC}^{-1}C\widetilde{x}\\&=\widetilde{x}-N_{BB}^{-1}C^{\mathrm{T}}N_{CC}^{-1}\widetilde{x}+N_{BB}^{-1}C^{\mathrm{T}}N_{CC}^{-1}\widetilde{x}=\widetilde{x}\end{aligned} \tag{7-98}$$

所以未知数的估计量$\hat{X}$具有无偏性。

2. $\hat{L}$具有无偏性

要证明$\hat{L}$具有无偏性，也就是要证明：$E(\hat{L})=\widetilde{L}$

先证明改正数V的数学期望等于零。

因为 $V=B\hat{x}-l$

等号两边取数学期望，且由$E(l)=B\widetilde{x}$和式(7-98)，则

$$E(V)=BE(\hat{x})-E(l)=B\widetilde{x}-B\widetilde{x}=0 \tag{7-99}$$

所以改正数V的数学期望$E(V)=0$。

可知$\hat{L}=L+V$，两边取数学期望有

$$E(\hat{L})=E(L)+E(V) \tag{7-100}$$

根据式(7-99)，则式(7-100)有

$$E(\hat{L})=E(L)+E(V)=\widetilde{L} \tag{7-101}$$

所以$\hat{L}$具有无偏性。

7.7.2 $\hat{X}$的方差最小

由于 $\hat{X}=X^0+\hat{x}$，要证明$\hat{X}$的方差最小，也就是要证明$\hat{x}$的方差最小。因此本节就证明$\hat{x}$的方差最小来代替证明$\hat{X}$的方差最小。

参数估计量$\hat{x}$的方差阵为

$$D_{\hat{x}\hat{x}}=\hat{\sigma}_0^2 Q_{\hat{x}\hat{x}}$$

$D_{\hat{x}\hat{x}}$中对角线元素分别是各$\hat{x}_i(i=1,\ 2,\ \cdots,\ u)$的方差，要证明参数估计量的方差最小，根据迹的定义知，也就要证明

$$\mathrm{tr}(D_{\hat{x}\hat{x}})=\min \text{ 或 } \quad \mathrm{tr}(Q_{\hat{x}\hat{x}})=\min$$

由前面知道

$$\hat{x}=(N_{BB}^{-1}-N_{BB}^{-1}C^{\mathrm{T}}N_{CC}^{-1}CN_{BB}^{-1})W-N_{BB}^{-1}C^{\mathrm{T}}N_{CC}^{-1}W_x$$

可知$\hat{x}$是 W 和 W_x的线性函数。现在假设有 W 和 W_x的另一个线性函数 $\hat{x}'$，即设

$$\hat{x}'=H_1W+H_2W_x \tag{7-102}$$

式中：H_1、H_2 为待求的系数矩阵，问题是 H_1 和 H_2 应等于什么，才能使 $\hat{x}'$既是无偏而且方差最小，即其 $\mathrm{tr}(Q_{\hat{x}'\hat{x}'})=\min$。首先要满足无偏性，即须使

$$E(\hat{x}')=H_1E(W)+H_2E(W_x)=H_1B^{\mathrm{T}}PB\tilde{x}-H_2C\tilde{x}=(H_1N_{BB}-H_2C)\tilde{x}$$

显然只有当

$$H_1N_{BB}-H_2C=I \tag{7-103}$$

时，$\hat{x}'$才是$\tilde{x}$的无偏估计。应用协因数传播律，由式(7-102)中 W_x为非随机量(因 $W_x=\Phi(X^0)$)，得

$$Q_{\hat{x}'\hat{x}'}=H_1Q_{WW}H_1^{\mathrm{T}}$$

现在的问题是要求出 H_1 和 H_2，既能满足式(7-102)中的条件，又能使 $\mathrm{tr}(Q_{\hat{x}'\hat{x}'})=\min$。这是一个求极值的问题，为此组成函数

$$\Phi=\mathrm{tr}(H_1Q_{WW}H_1^{\mathrm{T}})+\mathrm{tr}(2(I+H_2C-H_1N_{BB})K^{\mathrm{T}})$$

式中：K^{T}为联系数向量。为求函数 Φ 极小值，需将上式对 H_1 和 H_2 求偏导数并令其为零，得

$$\frac{\partial\Phi}{\partial H_1}=2H_1Q_{WW}-2KN_{BB}^{\mathrm{T}}=0,\quad \frac{\partial\Phi}{\partial H_2}=2KC^{\mathrm{T}}=0 \tag{7-104}$$

由式(7-70)知，$Q_{WW}=N_{BB}$，故式(7-104)第一式可得

$$H_1=KN_{BB}^{\mathrm{T}}N_{BB}^{-1}=K \tag{7-105}$$

代入式(7-103)，得

$$KN_{BB}-H_2C=I \tag{7-106}$$

故得

$$K=(I+H_2C)N_{BB}^{-1} \tag{7-107}$$

代入式(7-104)第二式，则有

$$N_{BB}^{-1}C^{\mathrm{T}}+H_2CN_{BB}^{-1}C^{\mathrm{T}}=0 \tag{7-108}$$

因为

$$N_{CC}=CN_{BB}^{-1}C^{\mathrm{T}}$$

故由式(7-108)得

$$H_2=-N_{BB}^{-1}C^{\mathrm{T}}N_{CC}^{-1} \tag{7-109}$$

再将式(7-109)代入式(7-107)可得

$$K=(I-N_{BB}^{-1}C^{\mathrm{T}}N_{CC}^{-1}C)N_{BB}^{-1} \tag{7-110}$$

由式(7-105)可得

$$H_1=(I-N_{BB}^{-1}C^{\mathrm{T}}N_{CC}^{-1}C)N_{BB}^{-1}=N_{BB}^{-1}-N_{BB}^{-1}C^{\mathrm{T}}N_{CC}^{-1}CN_{BB}^{-1} \tag{7-111}$$

将式(7-111)和式(7-109)代入式(7-102)可得

$$\hat{x}'=(N_{BB}^{-1}-N_{BB}^{-1}C^{\mathrm{T}}N_{CC}^{-1}CN_{BB}^{-1})W-N_{BB}^{-1}C^{\mathrm{T}}N_{CC}^{-1}W_x$$

即得：$\hat{x}=\hat{x}'$，$\hat{x}'$是在无偏和方差最小的条件下导得的，因此，这说明$\hat{x}$也是无偏估计，而且方差最小(有效性)，故$\hat{X}$也是最优无偏估计。

7.7.3 估计量$\hat{L}$具有最小方差

要证明$\hat{L}$具有最小方差，也就是要证明

$$\mathrm{tr}(D_{\hat{L}\hat{L}})=\min \text{ 或 } \mathrm{tr}(Q_{\hat{L}\hat{L}})=\min$$

这一证明步骤类似于7.7.2节所述，故在下面的证明中不作过多解释。

因为

$$\begin{aligned}\hat{L}&=L+V=L+B\hat{x}-(L-BX^0-d)=B\hat{x}+L^0\\&=B(N_{BB}^{-1}-N_{BB}^{-1}C^{\mathrm{T}}N_{CC}^{-1}CN_{BB}^{-1})W-BN_{BB}^{-1}C^{\mathrm{T}}N_{CC}^{-1}W_x+L^0\end{aligned} \tag{7-112}$$

即$\hat{L}$是W、W_x、L^0的线性函数。现设有另一函数

$$\hat{L}=G_1W+G_2W_x+L^0 \tag{7-113}$$

其中G_1、G_2均为待定系数阵，对式(7-113)两边取期望，得

$$E(\hat{L}')=G_1E(W)+G_2E(W_x)-L^0=G_1N_{BB}\tilde{x}-G_2C\tilde{x}+L^0$$

又因为

$$\tilde{L}=B\tilde{X}+d=BX^0+d+B\tilde{x}=L^0+B\tilde{x} \tag{7-114}$$

若$\hat{L}'$是无偏估计，则必须有

$$G_1 N_{BB} - G_2 C = B \tag{7-115}$$

按协因数传播律，并考虑W_x和L^0是非随机量，由式(7-113)可得

$$Q_{\hat{L}'\hat{L}'} = G_1 Q_{WW} G_1^{\mathrm{T}} \tag{7-116}$$

要在满足式(7-116)的条件下求$\mathrm{tr}(Q_{\hat{L}\hat{L}})=\min$，为此组成函数

$$\Phi = \mathrm{tr}(Q_{\hat{L}'\hat{L}'}) + \mathrm{tr}(2(B + G_2 C - G_1 N_{BB})K^{\mathrm{T}}) \tag{7-117}$$

为使Φ极小，将其对G_1、G_2求偏导数并令其为零

$$\frac{\partial \Phi}{\partial G_1} = 2G_1 Q_{WW} - 2KN_{BB}^{\mathrm{T}} = G_1 N_{BB} - 2KN_{BB} = 0 \tag{7-118}$$

$$\frac{\partial \Phi}{\partial G_2} = KC^{\mathrm{T}} = 0 \tag{7-119}$$

由式(7-118)可得

$$G_1 = K \tag{7-120}$$

把式(7-120)代入式(7-115)可得

$$KN_{BB} = B + G_2 C \Rightarrow K = (B + G_2 C)N_{BB}^{-1} \tag{7-121}$$

把式(7-121)代入式(7-119)得

$$(B + G_2 C)N_{BB}^{-1}C^{\mathrm{T}} = 0 \Rightarrow BN_{BB}^{-1}C^{\mathrm{T}} + G_2 CN_{BB}^{-1}C^{\mathrm{T}} = 0 \Rightarrow G_2 = -BN_{BB}^{-1}C^{\mathrm{T}}N_{CC}^{-1} \tag{7-122}$$

把式(7-122)代入式(7-121)得

$$K = (B - BN_{BB}^{-1}C^{\mathrm{T}}N_{CC}^{-1}C)N_{BB}^{-1} \Rightarrow G_1 = (B - BN_{BB}^{-1}C^{\mathrm{T}}N_{CC}^{-1}C)N_{BB}^{-1} \tag{7-123}$$

把式(7-123)和式(7-122)代入式(7-113)可得

$$\hat{L}' = B(I - N_{BB}^{-1}C^{\mathrm{T}}N_{CC}^{-1}C)N_{BB}^{-1}W - BN_{BB}^{-1}C^{\mathrm{T}}N_{CC}^{-1}W_x + L^0 \tag{7-124}$$

所以$\hat{L}=\hat{L}'$，式(7-123)中$\hat{L}'$是在无偏和方差最小的条件下求得的，这说明$\hat{L}$也是无偏估计，且方差最小，即无偏最优估计。

7.7.4 单位权方差估值$\hat{\sigma}_0^2$具有无偏性

单位权方差σ_0^2的估计量为$\hat{\sigma}_0^2 = \frac{V^{\mathrm{T}}PV}{r} = \frac{V^{\mathrm{T}}PV}{n-u+s}$，只要证明$E(\hat{\sigma}_0^2)=\sigma_0^2$即可。

由数理统计学可知，若有服从任一分布的q维随机向量Y，已知数学期望为η，方差阵为D_{YY}，则Y向量的任一二次型的数学期望可以表达成

$$E(Y^{\mathrm{T}}BY) = \mathrm{tr}(BD_{YY}) + \eta^{\mathrm{T}}B\eta \tag{7-125}$$

可知：$E(V)=0$，　$Q_{VV} = Q - BQ_{\hat{X}\hat{X}}B^{\mathrm{T}} = Q - B(N_{BB}^{-1} - N_{BB}^{-1}C^{\mathrm{T}}N_{CC}^{-1}CN_{BB}^{-1})B^{\mathrm{T}}$

则有

$$
\begin{aligned}
E(V^{\mathrm{T}}PV)&=\mathrm{tr}(PD_{VV})=\sigma_0^2\mathrm{tr}(PQ_{VV})=\sigma_0^2\mathrm{tr}(P(Q-B(N_{BB}^{-1}-N_{BB}^{-1}C^{\mathrm{T}}N_{CC}^{-1}CN_{BB}^{-1}))B^{\mathrm{T}})\\
&=\sigma_0^2\mathrm{tr}(\underset{n\times n}{I}-PB(N_{BB}^{-1}-N_{BB}^{-1}C^{\mathrm{T}}N_{CC}^{-1}CN_{BB}^{-1})B^{\mathrm{T}})\\
&=n\sigma_0^2-\sigma_0^2\mathrm{tr}((N_{BB}^{-1}-N_{BB}^{-1}C^{\mathrm{T}}N_{CC}^{-1}CN_{BB}^{-1})B^{\mathrm{T}}PB)\\
&=n\sigma_0^2-\sigma_0^2\mathrm{tr}(\underset{u\times u}{I}N_{BB}^{-1}-N_{BB}^{-1}C^{\mathrm{T}}N_{CC}^{-1}C)=n\sigma_0^2-u\sigma_0^2+\sigma_0^2\mathrm{tr}(N_{BB}^{-1}C^{\mathrm{T}}N_{CC}^{-1}C)\\
&=n\sigma_0^2-u\sigma_0^2+\sigma_0^2\mathrm{tr}(CN_{BB}^{-1}C^{\mathrm{T}}N_{CC}^{-1})=n\sigma_0^2-u\sigma_0^2+\sigma_0^2\mathrm{tr}(N_{CC}N_{CC}^{-1})\\
&=(n-u)\sigma_0^2+\sigma_0^2\mathrm{tr}(\underset{s\times s}{I})=(n-u+s)\sigma_0^2
\end{aligned}
\tag{7-126}
$$

所以 $E\left(\dfrac{V^{\mathrm{T}}PV}{r}\right)=\dfrac{(n-u+s)\sigma_0^2}{r}=\sigma_0^2$

因此，$\hat{\sigma}_0^2$ 是 σ_0^2 的无偏估计。

7.8 各种平差方法的共性与特性

迄今为止已经介绍了 5 种不同的平差方法，不同的平差方法对应着形式不同的函数模型。对一个平差问题，不论采用何种模型，都具备如下共同之处，即模型中待求量的个数都多于其方程的个数，它们都是具有无穷多组解的相容方程组；都采用最小二乘准则作为约束条件，来求唯一的一组最优解；对同一个平差问题，无论采用哪种模型进行平差，其最后结果，包括任何一个量的平差值和精度都是相同的。

尽管如此，由于每种平差方法都有其自身的特点，所以，在实际应用时，应综合考虑计算工作量的大小、方程列立的难易程度、所要解决问题的性质和要求以及计算工具等因素，选择合适的平差方法。为此，应了解各种平差方法的特点。

条件平差法是一种不选任何参数的平差方法，通过列立观测值的平差值之间满足 r 个条件方程来建立函数模型，方程的个数为 $c=r$ 个，法方程的个数也为 r 个，通过平差可以直接求得观测值的平差值，是一种基本的平差方法。但该方法相对于间接平差而言，精度评定较为复杂，对于已知点较多的大型平面网，条件式较多而列立复杂、规律不明显。

附有参数的条件平差需要选择 u 个参数，且 $u<t$，参数之间要求必须独立，通过列立观测值之间或观测值与参数之间满足的条件方程来建立函数模型，方程的个数为 $c=r+u$ 个，法方程的个数为 $r+u$ 个。常适合于下述情况：需要求个别非直接观测量的平差值和精度时，可以将这些量设为参数；当条件方程式通过直接观测量难以列立时，可以增选非观测量作为参数，以解决列立条件式的困难。

间接平差需要选择 $u=t$ 个参数，而且要求这 t 个参数必须独立，模型建立的方法是将每一个观测值表示为所选参数的函数，方程的个数为 $c=r+u=n$ 个，法方程的个数为 t 个，通过解算法方程可以直接求得参数的平差值。最大的优点是方程的列立规律性强，便于用计算机编程解算；另外精度评定非常便利；再者，所选参数往往就是平差后所需要的成果。如水准网中选待定点高程作为参数，平面网中选待定点的坐标作为参数。由于 $r+t=n$，说明条件平差与间接平差的法方程个数之和等于观测值个数，因此，当某一平差问题的 r 与 t 相差较大时，若 $r<t$，通常采用条件平差；若 $r>t$，则采用间接平差，这样就可保证法方程的阶数较少。

附有条件的间接平差与间接平差类似，不同的是所选参数的个数$u>t$，但要求必须包含t个独立参数，不独立参数的个数为$s=u-t$个，因此，模型建立时，除按间接平差法对每一个观测值列立一个方程外，还要列出参数之间所满足的s个限制条件方程，方程的总数为$n+s$个，法方程的个数为$u+s$个。

附有条件的条件平差类似于附有参数的条件平差，不同的是所选部分参数不独立，或参数满足事先给定的条件。模型建立时，除列立观测值之间或观测值与参数之间满足的条件方程外，还要列出参数之间的限制条件，方程总数为$r+u$或$c+s$个。法方程的阶数为$c+u+s$个。

由此看来，各种平差方法各有特点，有些特点是其他方法难以代替的，没有哪一种方法比另一种方法更占绝对优势，因此，对于不同的平差问题，究竟采用哪一种模型，应具体问题具体分析。

本章小结

本章就间接平差和附有限制条件的间接平差的基本原理与应用进行了介绍。一定要重点掌握间接平差的误差方程的列立以及求解，学会运用间接方程解决具体的测量工程问题，对于附有限制条件的间接平差要掌握其基本原理，并能推导其公式。

间接平差目前是应用得最广泛的平差模型，一定要掌握间接平差的基本原理，并能熟练地运用间接平差解决测量工程问题。本章是全书的重点，要学好本章知识，一定要大量练习才行，因此书上精选的习题要全部做完。

本章的难点是误差方程的列立。

习题

1. 在间接平差中，误差方程为$V=B\hat{x}-l$。其中$l=L-(BX^0+d)$，观测值L的权阵为P，已知参数$\hat{X}=X^0+\hat{x}$的协因数阵$Q_{\hat{X}\hat{X}}=(B^{\mathrm{T}}PB)^{-1}=N_{BB}^{-1}$。现应用协因数传播律由误差方程得$Q_{VV}=BQ_{\hat{X}\hat{X}}B^{\mathrm{T}}=BN_{BB}^{-1}B^{\mathrm{T}}$。以上做法是否正确？为什么？

2. 在间接平差中，已知观测值的权阵为P。设参数平差值的函数$F=f^{\mathrm{T}}\hat{X}+f_0$，观测值平差值的函数$G=g^{\mathrm{T}}\hat{L}+g_0$，其中$f^{\mathrm{T}}$、$g^{\mathrm{T}}$为系数阵，$f_0$、$g_0$为常数。试求$Q_{FG}$。

3. 图7.12闭合水准网中，A为已知点，高程为$H_A=10.000\mathrm{m}$，P_1、P_2为高程未知点，观测高差及路线长度为

$h_1=1.352\mathrm{m}$，$S_1=2\mathrm{km}$；$h_2=-0.531\mathrm{m}$，$S_2=2\mathrm{km}$；$h_3=-0.826\mathrm{m}$，$S_3=1\mathrm{km}$

试用间接平差求各高差的平差值。

4. 图7.13中A、B、C为已知点，P为待定点，网中观测了3条边长$L_1\sim L_3$，起算数据及观测数据见表7-10、表7-11，现选待定点坐标平差值为参数，其坐标近似值为

(57578.93m，70998.26m)，试列出各观测边长的误差方程式。

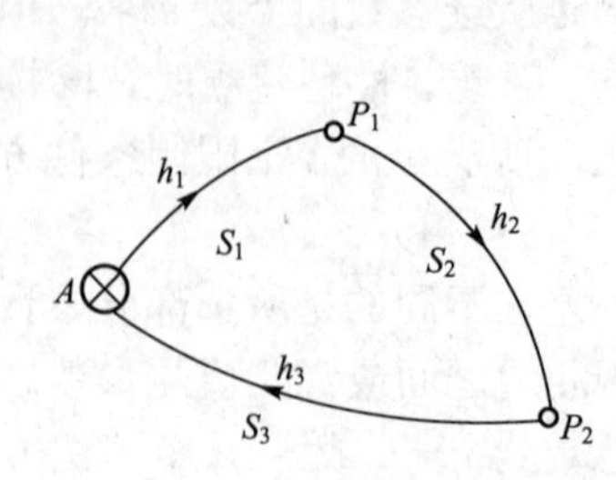

图 7.12　水准网示意图

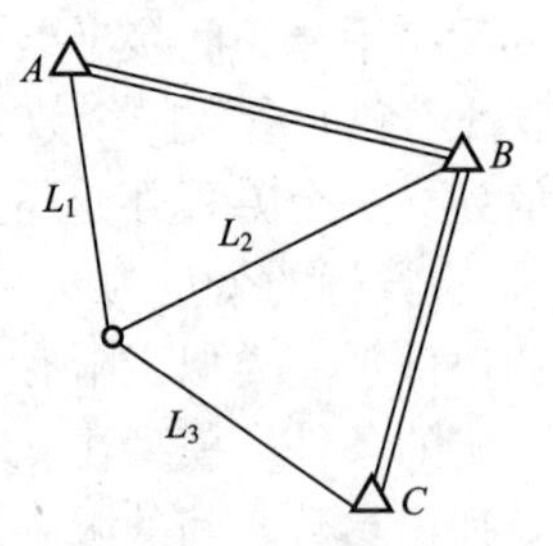

图 7.13　三角网示意图

表 7-10　已知坐标数据

点号	坐标	
	X/m	Y/m
A	60509.596	69902.525
B	58238.935	74300.086
C	51946.286	73416.515

表 7-11　边长观测数据

边号	L_1	L_2	L_3
观测值/m	3128.86	3367.20	6129.88

5．图 7.14 所示的水准网中，A、B 为已知点，$P_1 \sim P_3$ 为待定点，观测高差 $h_1 \sim h_5$，相应的路线长度为 4km、2km、2km、2km、4km，若已知平差后每千米观测高差中误差的估值为 3mm，试求 P_2 点平差后高差的中误差。

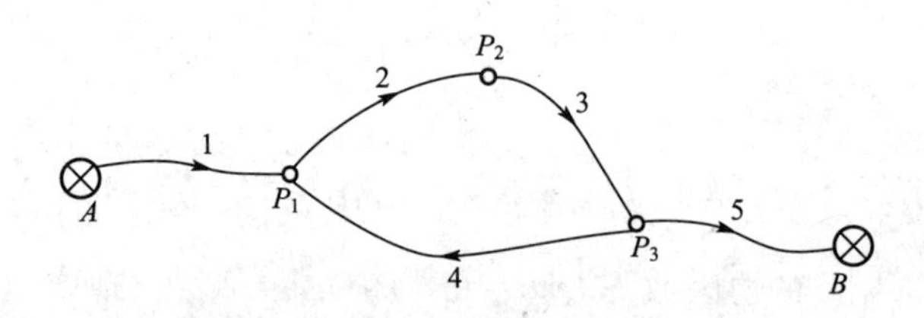

图 7.14　水准网示意图

6．在间接平差中，$\hat{X}$与$\hat{L}$，$\hat{L}$与V是否相关？试证明。

7．设由同精度观测值$\underset{3\times1}{L}$($P=I$)列出的误差方程为

$$V=\begin{bmatrix}1 & 0\\ -1 & 1\\ 0 & -1\end{bmatrix}\begin{bmatrix}\hat{x}_1\\ \hat{x}_2\end{bmatrix}-\begin{bmatrix}-1\\ 6\\ 1\end{bmatrix}$$

试按间接平差法求 $Q_{\hat{X}_2}$、Q_{v_3} 和 $Q_{\hat{L}\hat{L}}$。

8．对某水准网列出如下的误差方程

$$V=\begin{bmatrix}1 & 0 & 0\\0 & 1 & 0\\-1 & 1 & 0\\0 & 1 & -1\\1 & -1 & 1\end{bmatrix}\begin{bmatrix}\hat{x}_1\\\hat{x}_2\\\hat{x}_3\end{bmatrix}-\begin{bmatrix}0\\0\\8\\7\\-6\end{bmatrix}$$

试按间接平差法求：

(1) 未知参数$\hat{X}_1$ 的权倒数$\frac{1}{P_{\hat{X}_1}}$；

(2) 未知数函数 $\varphi=\hat{X}_1+\hat{X}_3$ 的权倒数$\frac{1}{P_\varphi}$。

9. 附有限制条件的间接平差中的限制条件与条件平差中的条件方程有何异同?

10. 附有限制条件的间接平差法适用于什么样的情况？解决什么样的平差问题？在水准测量平差中经常采用此平差方法吗?

11. 在图 7.15 所示的大地四边形中，A、B 为已知点，C 、D 为待定点，现选取 $L3$、$L4$、$L5$、$L6$、$L8$ 的平差值为参数，记为$\hat{X}_1$，$\hat{X}_2$，…，$\hat{X}_5$，列出误差方程和条件方程。

12. 图 7.16 所示的水准网中，A 为已知点，高程为 $H_A=10.000$m，观测高差及路线长度见表 7-12。

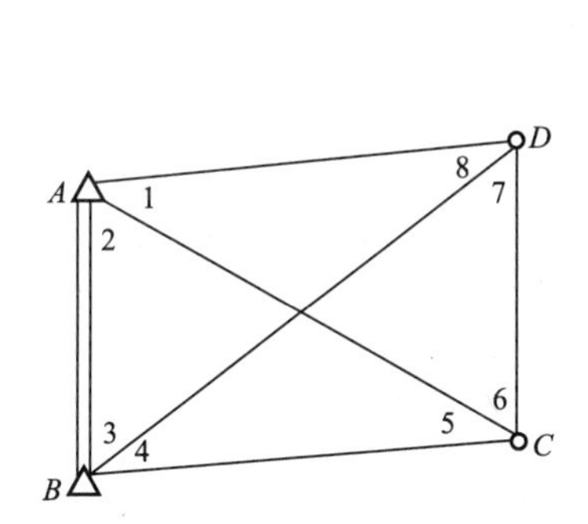

图 7.15 大地四边形

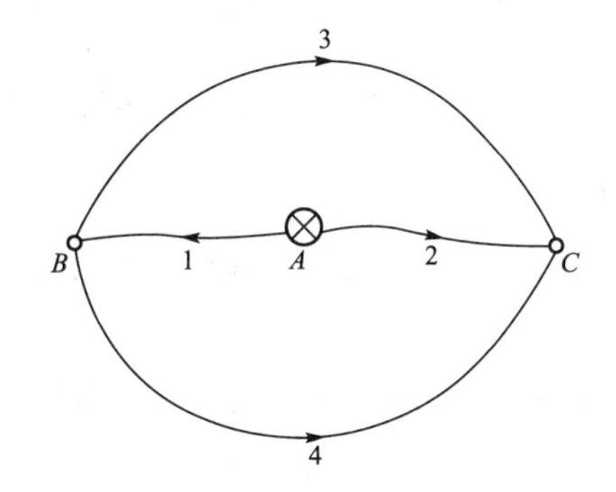

图 7.16 水准网示意图

表 7-12 观测高差及路线长度表

线路	h/m	S/km
1	2.563	1
2	−1.326	1
3	−3.885	2
4	−3.883	2

若设参数$\hat{X}=[\hat{X}_1 \quad \hat{X}_2 \quad \hat{X}_3]^T=[\hat{H}_B \quad \hat{h}_3 \quad \hat{h}_4]^T$，定权时 $C=2$km，试列出：

(1) 误差方程和限制条件；

(2) 法方程式。

13. 试证明在附有限制条件的间接平差中：(1)改正数向量 V 与平差值向量$\hat{L}$互不相

关；(2)联系数 K_s 与未知数的函数 $\hat{\varphi}=f^{\mathrm{T}}\hat{x}+f_0$ 互不相关。

14. 在直角多边形中(图 7.17)，测得三边之长为 L_1、L_2 及 L_3，试列出该图的误差方程式。

15. 在图 7.18 所示的水准网中，各路线的观测高差如下

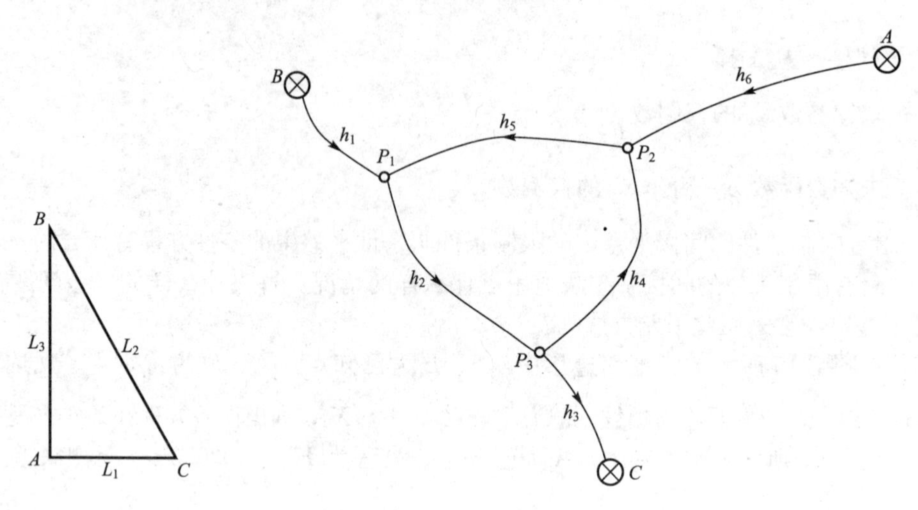

图 7.17 直角△*ABC*　　　　图 7.18 水准网

$$h_1=1.100\mathrm{m};\quad h_2=2.398\mathrm{m};\quad h_3=0.200\mathrm{m}$$

$$h_4=1.000\mathrm{m};\quad h_5=3.404\mathrm{m};\quad h_6=3.452\mathrm{m}$$

已知 $H_A=5.000\mathrm{m}$，$H_B=3.953\mathrm{m}$，$H_C=7.650\mathrm{m}$，若选择 $H_{P_1}=\hat{x}_1$，$H_{P_2}=\hat{x}_2$，$H_{P_3}=\hat{x}_3$，试列出误差方程式。

16. 试证明：在附有条件的间接平差法中

(1) 改正数向量 V 与平差值向量 $\hat{L}$ 是互不相关的；

(2) 联系数向量 K 与未知数的函数 $\varphi=f^{\mathrm{T}}X+f_0$ 也是互不相关的。

17. 设有误差方程 $v_i=\hat{x}-L_i$，已知观测值 $L_i(i=1,2,\cdots,n)$，精度相同，且权 $p_i=1$，按间接平差法求得参数 x 的估值为

$$\hat{x}=(B^{\mathrm{T}}B)^{-1}B^{\mathrm{T}}l=\frac{1}{n}\sum_{i=1}^{n}L_i$$

试证：(1) 未知参数估值 $\hat{x}$ 具有无偏性；

(2) 无偏估值 $\hat{x}$ 的方差最小。

18. 设未知数 x_1、x_2、x_3 间互相误差独立，试求未知数函数 $F=f_1x_1+f_2x_2+f_3x_3$ 的权倒数 $\frac{1}{p_F}$。

19. 用间接平差法证明测角单三角形闭合差平均分配法则的正确性。

20. 条件平差中的条件方程、带约束的间接平差中的约束条件、附合网条件平差中的强制附合条件，均是对某种特定对象进行约束。简单介绍以上 3 种平差方式中的条件式

(约束式)其约束对象各为什么？设立约束条件的目的是什么？

21. 为确定某一抛物线方程 $y^2=ax$，观测了 5 组数据(表 7－13)，且 x_i 无误差，y_i 为互相独立的等精度观测值，试求：

(1)该抛物线方程；(2)待定系数 $\hat{a}$ 的中误差。

表 7－13 坐标数据表

序号	x/cm	y/cm
1	1	1.90
2	2	2.70
3	3	3.35
4	4	3.80
5	5	4.32

22. 有一直线过某点，其坐标为$(x, y)=(5.515, 0.861)$，设此坐标测量值无误差。为了确定此直线方程，测量了直线上其他 5 个点的坐标，坐标值见表 7－14。试按附有限制条件的间接平差法求出直线方程。

表 7－14 坐标数据表

编号	1	2	3	4	5
x	6.881	9.351	11.914	13.644	15.103
y	1.345	2.206	3.116	3.717	4.237

23. 对某待定点坐标 X、Y 分别进行了 n 次独立观测(X_i, Y_i) $(i=1, 2, \cdots, n)$，已知 X_i、Y_i 是相关观测值，其协因数阵为

$$Q_{ii}=\begin{bmatrix} Q_{x_ix_i} & Q_{X_iY_i} \\ Q_{Y_iX_i} & Q_{Y_iY_i} \end{bmatrix}$$

试按间接平差法求待定点坐标的平差值及其协因数阵。

24. 某一平差问题有以下条件方程

$$v_1-v_2+v_3+5=0$$

$$v_3-v_4-v_5-2=0$$

$$v_5-v_6-v_7+3=0$$

$$v_1+v_4+v_7+4=0$$

试将其改写成误差方程。

25. 某一平差问题列有以下方程

$$v_1=-X_1+3$$

$$v_2=-X_2-1$$

$$v_3=-X_1+2$$

$$v_4=-X_2+1$$

$$v_5 = -X_1 + X_2 - 5$$

试将其改写成条件方程。

26. 在平面控制网中，应如何选取参数？

27. 条件方程和误差方程有何异同？误差方程有哪些特点？

28. 图7.19所示的水准网中，A、B为已知点，P_1、P_2、P_3为待定点，独立观测了8段路线的高差$h_1 \sim h_8$，路线长度$S_1 = S_2 = S_3 = S_4 = S_5 = S_6 = S_7 = 1\text{km}$，$S_8 = 2\text{km}$，试问平差后哪一点高程精度最高，相对于精度最低的点的精度之比是多少？

29. 在三角网(图7.20)中，A、B、C为已知点，D为待定点，观测了6个角度$L_1 \sim L_6$，设D点坐标参数$\hat{X} = [\hat{X}_D \quad \hat{Y}_D]^{\mathrm{T}}$，已列出其至已知点间的方位角误差方程

$$\delta\alpha_{DA} = -4.22\,\hat{x}_D + 1.04\,\hat{y}_D$$

$$\delta\alpha_{DB} = 0.30\,\hat{x}_D - 5.69\,\hat{y}_D$$

$$\delta\alpha_{DC} = 2.88\,\hat{x}_D + 2.28\,\hat{y}_D$$

试写出角$\angle BDC$平差后的权函数式。

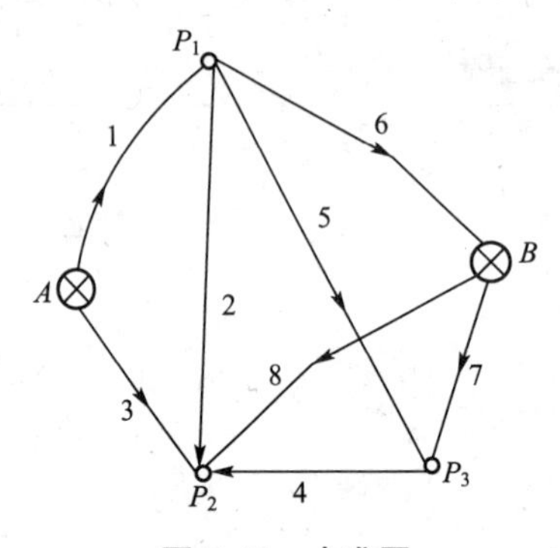

图7.19　水准网

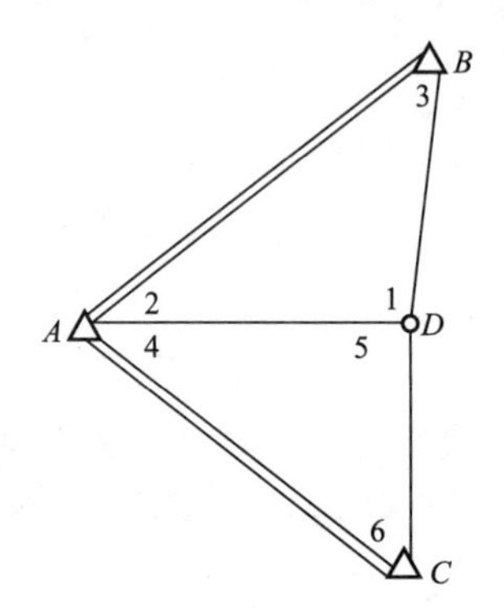

图7.20　三角网

30. 有水准网如图7.21所示，A、B、C、D为已知点，P_1、P_2为未知点，观测高差$h_1 \sim h_5$，线路长度为$S_1 = S_2 = S_5 = 6\text{km}$，$S_3 = 8\text{km}$，$S_4 = 4\text{km}$，若要求平差后网中最弱点平差后高程中误差$\leqslant 5\text{mm}$，试估算该网每千米观测高程中误差应为多少。

31. 在图7.22所示的测边网中，A、B、C为已知点，P为待定点，已知坐标为

$$X_A = 8879.256\text{m};\quad Y_A = 2224.856\text{m}$$

$$X_B = 8597.934\text{m};\quad Y_B = 2216.789\text{m}$$

$$X_C = 8853.040\text{m};\quad Y_C = 2540.460\text{m}$$

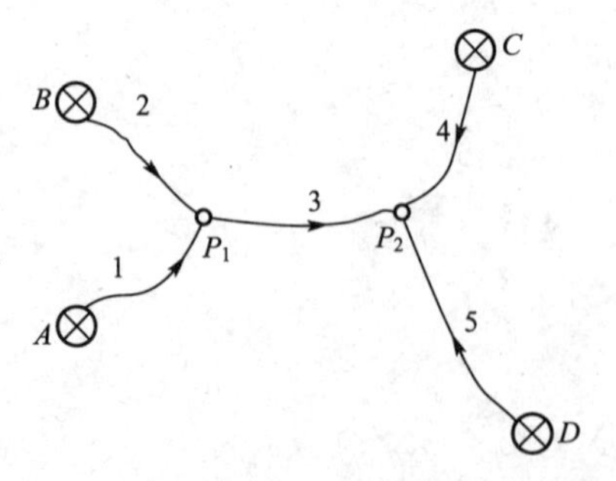

图7.21　水准网

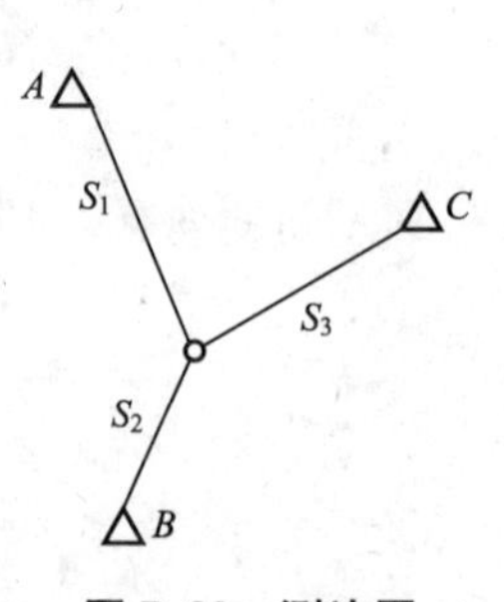

图7.22　测边网

P 点近似坐标为

$$X_P^0 = 719.900\text{m};\quad Y_P^0 = 332.800\text{m}$$

同精度测得边长观测值为

$$S_1 = 192.478\text{m},\ S_2 = 168.415\text{m},\ S_3 = 246.724\text{m}$$

试按间接平差法求：

(1) 误差方程；

(2) 法方程；

(3) 坐标平差值及协因数阵 $Q_{\hat{X}}$；

(4) 观测值的改正数 X 及平差值 $\hat{L}$。

32. 在图 7.23 的单一附合导线上观测了 4 个角度和 3 条边长。已知数据为

$$X_B = 203020.348\text{m};\quad Y_B = -59049.801\text{m}$$

$$X_C = 203059.503\text{m};\quad Y_B = -59796.549\text{m}$$

$$\alpha_{AB} = 226°44'59'';\quad \alpha_{CD} = 324°46'03''$$

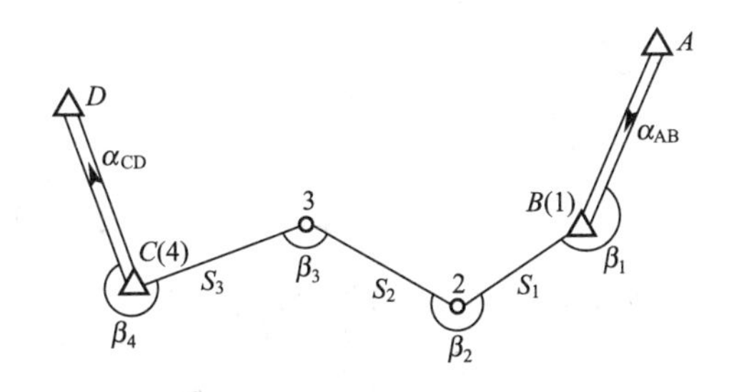

图 7.23 单一附合导线

观测值见表 7-15。已知测角中误差 $\sigma_\beta = 5''$，测边中误差 $\sigma_{S_i} = 0.5\sqrt{S_i(\text{m})}(\text{mm})$，试按间接平差求：(1) 导线点 2、3 点的坐标平差值；

(2) 观测值的改正数和平差值。

表 7-15 观测值数据表

角号	角度	边号	边长/m
β_1	230°32′37″	S_1	204.952
β_2	180°00′42″	S_2	200.130
β_3	170°39′22″	S_3	345.153
β_4	236°48′37″		

33. 有一个节点的导线网如图 7.24 所示，A、B、C 为已知点，P_1、P_2、P_3、P_4 为待定点，观测了 9 个角度和 6 条边长。已知测角中误差 $\sigma_\beta = 10''$，测边中误差 $\sigma_{S_i} = 0.5\sqrt{S_i}$(mm)($i = 1, 2, \cdots, 6$，$S_i$ 以 m 为单位)，已知起算数据和待定点近似坐标见表 7-16，观测值见表 7-17。设待定点坐标为参数，试按间接平差法求：

(1) 误差方程；

(2) 单位权方差；

(3) 待定点点坐标平差值、协因数阵及点位中误差。

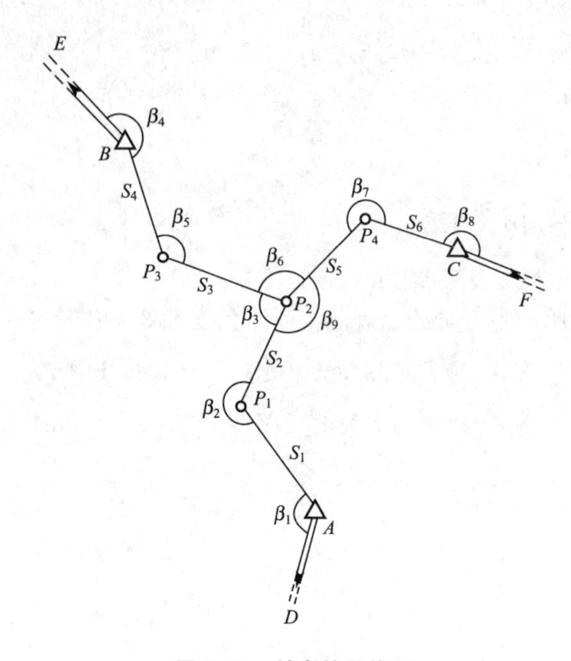

图 7.24　某点的导线网

表 7－16　起算数据和待定点近似坐标

点	已知坐标/m		至点	已知方位角	点	近似坐标/m	
	X	Y				X	Y
A	620.117	347.871	D	202°42′52.1″	P_1	663.470	323.670
B	822.790	281.322	E	313°57′29.2″	P_2	719.940	348.880
C	785.482	509.202	F	130°57′20.1″	P_3	754.220	298.460

表 7－17　观测值数据表

角号	角度	边号	边长/m
β_1	128°07′02.1″	S_1	49.745
β_2	233°13′24.6″	S_2	61.883
β_3	100°09′33.7″	S_3	70.694
β_4	212°00′16.4″	S_4	61.048
β_5	138°15′09.6″	S_5	101.356
β_6	110°30′46.3″	S_6	77.970
β_7	210°04′42.5″		

（续）

角号	角度	边号	边长/m
β_8	226°08′55.6″		
β_9	149°19′42.8″		

34. 有导线网如图7.25所示，A、B、C、D为已知点，$P_1 \sim P_6$为待定点，观测了14个角度和9条边长。已知测角中误差$\sigma_\beta=10''$，测边中误差$\sigma_{S_i}=0.5\sqrt{S_i}(\text{mm})(i=1,2,\cdots,9$，$S_i$以m为单位)，已知点数据和待定点近似坐标见表7-18。观测数据见表7-19。设待定点坐标为参数，试按间接平差法求：

(1) 误差方程；

(2) 待定点坐标平差值及点位中误差。

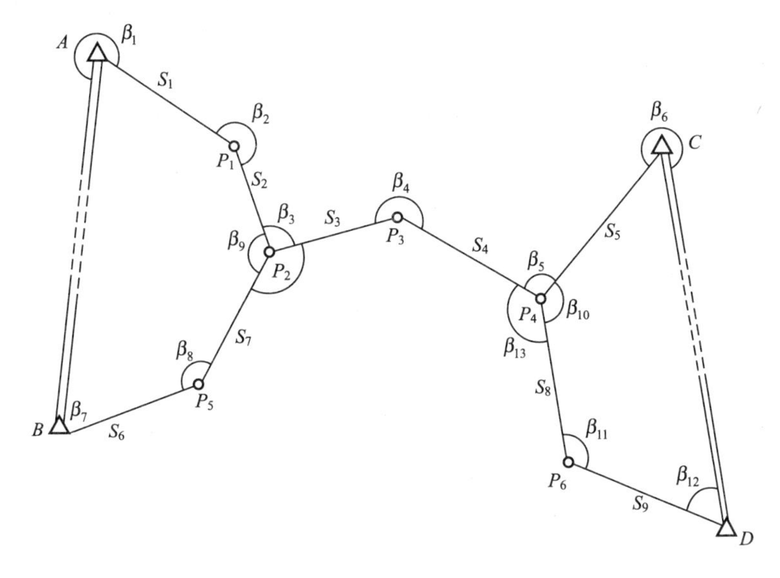

图7.25 导线网

表7-18 起算数据和待定点近似坐标

点	已知坐标/m		点	近似坐标/m	
	X	Y		X	Y
A	871.18937	220.8223	P_1	825.810	272.250
B	632.2173	179.4811	P_2	740.107	312.579
C	840.9400	533.4018	P_3	768.340	392.230
D	663.4752	570.7100	P_4	732.041	470.885
			P_5	681.630	279.300
			P_6	674.567	506.177

表 7-19 观测数据表

角号	角度观测值	角号	角度观测值	边号	边长观测值/m
1	301°36′31.0″	8	145°58′18.1″	1	68.582
2	203°22′35.2″	9	125°09′37.5″	2	94.740
3	95°41′09.1″	10	118°35′26.3″	3	84.523
4	224°17′27.4″	11	131°18′15.2″	4	86.668
5	95°05′02.1″	12	68°22′31.6″	5	125.651
6	318°16′06.5″	13	146°19′37.1″	6	111.449
7	53°51′08.7″	14	139°09′15.9″	7	67.289
				8	67.456
				9	65.484

35. 图 7.26 所示为一边角网，A、B、C、D、E 是已知点，P_1、P_2 为待定点，同精度观测了 9 个角度 $L_1 \sim L_9$，测角中误差为 2.5″；观测了 5 条边长 $L_{10} \sim L_{14}$，已知点数据见表 7-20，观测结果及中误差见表 7-21，试按间接平差法求 P_1、P_2 点的坐标值及其中误差。

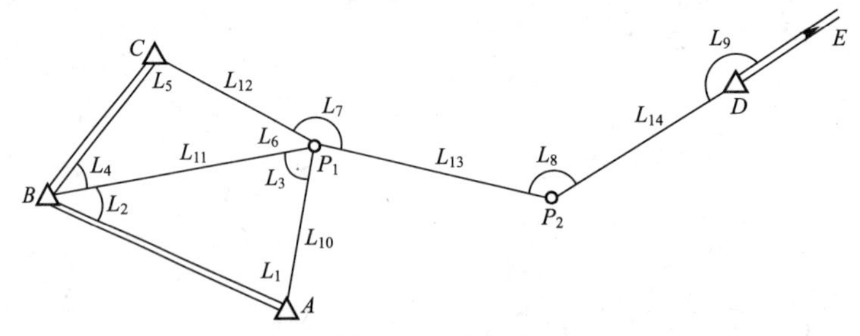

图 7.26 边角网

表 7-20 已知点的坐标数据

	坐标/m		至点	边长/m	坐标方位角
	X	Y			
A	3143.237	5260.334	B	1484.781	350°54′27.0″
B	4609.361	5025.696	C	3048.650	0°52′06.0″
C	7657.661	5071.897	D		
D	4157.197	8853.254	E		109°31′44.9″

表 7-21 观测数据表

角号	观测值	角号	观测值	边号	观测值/m	中误差/cm
1	44°05′44.8″	6	74°22′55.1″	10	2185.070	3.3
2	93°10′43.1″	7	127°25′56.1″	11	1522.853	2.3
3	42°43′27.2″	8	201°57′34.0″	12	3082.621	4.6
4	76°51′40.7″	9	168°01′45.2″	13	1500.017	2.2
5	28°45′20.9″			14	1009.021	1.5

第8章 GPS网平差

教学目标

本章主要介绍GPS网平差及用间接平差进行GPS网平差。通过本章的学习，应达到以下目标：

(1) 掌握GPS网的函数模型；

(2) 掌握GPS网的随机模型；

(3) 能熟练地运用间接平差对GPS网进行平差计算。

教学要求

知识要点	能力要求	相关知识
GPS网的函数模型	(1) 掌握基线向量误差方程的列立 (2) 掌握参数的确定	(1) 基线向量的误差方程的列立 (2) 参数个数的确定
GPS网的随机模型	掌握GPS网随机模型的确定	随机模型的计算
GPS网的平差计算	能运用间接平差熟练地进行GPS网的平差计算	(1) 基线向量条数的确定 (2) 误差方程的列立 (3) 随机模型的确定 (4) GPS网平差计算的实例分析

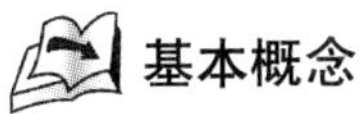

基本概念

基线向量、GPS网

引言

目前全球定位系统(GPS)在测量工程中得到了广泛的应用，其观测数据如何进行处理是非常重要的，可以用第六章和第七章介绍的平差模型进行处理，但根据GPS网的特点，特介绍用间接平差来进行平差计算。本章就如何利用间接平差进行GPS网平差进行了介绍。

8.1 GPS网的函数模型

设GPS网中各待定点的空间直角坐标平差值为参数，参数的纯量形式记为

$$\begin{bmatrix}\hat{X}_i\\ \hat{Y}_i\\ \hat{Z}_i\end{bmatrix}=\begin{bmatrix}X_i^0\\ Y_i^0\\ Z_i^0\end{bmatrix}+\begin{bmatrix}\hat{x}_i\\ \hat{y}_i\\ \hat{z}_i\end{bmatrix} \tag{8-1}$$

若 GPS 基线向量观测值为(ΔX_{ij}，ΔY_{ij}，ΔZ_{ij})，$\Delta X_{ij}=X_j-X_i$，$\Delta Y_{ij}=Y_j-Y_i$，$\Delta Z_{ij}=Z_j-Z_i$，则三维坐标差，即基线向量观测值的平差值为

$$\begin{bmatrix}\Delta\hat{X}_{ij}\\ \Delta\hat{Y}_{ij}\\ \Delta\hat{Z}_{ij}\end{bmatrix}=\begin{bmatrix}\hat{X}_j\\ \hat{Y}_j\\ \hat{Z}_j\end{bmatrix}-\begin{bmatrix}\hat{X}_i\\ \hat{Y}_i\\ \hat{Z}_i\end{bmatrix}=\begin{bmatrix}\Delta X_{ij}+V_{X_{ij}}\\ \Delta Y_{ij}+V_{Y_{ij}}\\ \Delta Z_{ij}+V_{Z_{ij}}\end{bmatrix} \tag{8-2}$$

基线向量的误差方程为

$$\begin{bmatrix}V_{X_{ij}}\\ V_{Y_{ij}}\\ V_{Z_{ij}}\end{bmatrix}=\begin{bmatrix}\hat{x}_j\\ \hat{y}_j\\ \hat{z}_j\end{bmatrix}-\begin{bmatrix}\hat{x}_i\\ \hat{y}_i\\ \hat{z}_i\end{bmatrix}+\begin{bmatrix}X_j^0-X_i^0-\Delta X_{ij}\\ Y_j^0-Y_i^0-\Delta Y_{ij}\\ Z_j^0-Z_i^0-\Delta Z_{ij}\end{bmatrix} \tag{8-3}$$

或

$$\begin{bmatrix}V_{X_{ij}}\\ V_{Y_{ij}}\\ V_{Z_{ij}}\end{bmatrix}=\begin{bmatrix}\hat{x}_j\\ \hat{y}_j\\ \hat{z}_j\end{bmatrix}-\begin{bmatrix}\hat{x}_i\\ \hat{y}_i\\ \hat{z}_j\end{bmatrix}-\begin{bmatrix}\Delta X_{ij}-\Delta X_{ij}^0\\ \Delta Y_{ij}-\Delta Y_{ij}^0\\ \Delta Z_{ij}-\Delta Z_{ij}^0\end{bmatrix}$$

令 $\underset{3\times1}{V_K}=\begin{bmatrix}V_{X_{ij}}\\ V_{Y_{ij}}\\ V_{Z_{ij}}\end{bmatrix}$，$\underset{3\times1}{X_{Ki}^0}=\begin{bmatrix}X_i^0\\ Y_i^0\\ Z_i^0\end{bmatrix}$，$\underset{3\times1}{X_{Kj}^0}=\begin{bmatrix}X_j^0\\ Y_j^0\\ Z_j^0\end{bmatrix}$，$\underset{3\times1}{\hat{x}_{Kj}}=\begin{bmatrix}\hat{x}_j\\ \hat{y}_j\\ \hat{z}_j\end{bmatrix}$，$\underset{3\times1}{\hat{x}_{Ki}}=\begin{bmatrix}\hat{x}_i\\ \hat{y}_i\\ \hat{z}_i\end{bmatrix}$，$\Delta X_{Kij}=\begin{bmatrix}\Delta X_{ij}\\ \Delta Y_{ij}\\ \Delta Z_{ij}\end{bmatrix}$

则编号为 K 的基线向量误差方程为

$$\underset{3\times1}{V_K}=\underset{3\times1}{\hat{x}_{Kj}}-\underset{3\times1}{\hat{x}_{Ki}}-\underset{3\times1}{l_K} \tag{8-4}$$

式中：$\underset{3\times1}{l_K}=\underset{3\times1}{\Delta X_{Kij}}-\underset{3\times1}{\Delta X_{Kij}^0}=\underset{3\times1}{\Delta X_{Kij}}-(\underset{3\times1}{X_{Kj}^0}-\underset{3\times1}{X_{Ki}^0})$。

当网中有 m 个待定点，n 条基线向量时，则 GPS 网的误差方程为

$$\underset{3n\times1}{V}=\underset{3n\times3m}{B}\underset{3m\times1}{\hat{x}}-\underset{3n\times1}{l} \tag{8-5}$$

当网中具有足够的起算数据时，则必要观测个数就等于未知点个数的 3 倍再加上 WGS84 坐标系向地方坐标转换选取转换参数的个数(有三参数、四参数、七参数等)；当网中没有足够的起算数据时，则必要观测个数就等于总点数的三倍减去 3。

对于 GPS 网的条件平差的函数模型就是直接以基线向量为观测值，按基线的闭合或附合条件，列出其条件方程即可，列立条件方程比较简单。将在 8.3 节中加以介绍。

8.2 GPS 网的随机模型

随机模型一般形式为

$$D=\sigma_0^2Q=\sigma_0^2P^{-1}$$

现以两台 GPS 机测得的结果为例，说明 GPS 网平差的随机模型组成。

用两台 GPS 接收机测量，在一个时段内只能得到一条观测基线向量(ΔX_{ij}，ΔY_{ij}，ΔZ_{ij})，其中 3 个观测坐标分量是相关的，观测基线向量的协方差直接由软件给出，已知为

$$D_{ij}=\begin{bmatrix}\sigma_{\Delta X_{ij}}^2 & \sigma_{\Delta X_{ij}\Delta Y_{ij}} & \sigma_{\Delta X_{ij}\Delta Z_{ij}}\\ \sigma_{\Delta Y_{ij}\Delta X_{ij}} & \sigma_{\Delta Y_{ij}}^2 & \sigma_{\Delta Y_{ij}\Delta Z_{ij}}\\ \sigma_{\Delta Z_{ij}\Delta X_{ij}} & \sigma_{\Delta Z_{ij}\Delta Y_{ij}} & \sigma_{\Delta Z_{ij}}^2\end{bmatrix} \tag{8-6}$$

不同的观测基线向量之间是相互独立的。因此对于全网而言，式(8-6)中的 D 是块对角阵，即

$$D=\begin{bmatrix}\underset{3\times3}{D_1} & 0 & \cdots & 0\\ 0 & \underset{3\times3}{D_2} & \cdots & 0\\ \vdots & \vdots & \vdots & \vdots\\ 0 & 0 & \cdots & \underset{3\times3}{D_g}\end{bmatrix} \tag{8-7}$$

式中：D 的下脚标号 1，2，…，g 为各观测基线向量号。

对于多台 GPS 接收机测量的随机模型，其原理上，全网的 D 也是一个块对角阵，但其中对角子块 D_j 是多个同步基线向量的协方差阵。

由式(8-7)可得权阵为

$$P^{-1}=\frac{D}{\sigma_0^2},\ P=\left(\frac{D}{\sigma_0^2}\right)^{-1} \tag{8-8}$$

式中：σ_0^2 可任意选定，最简单的方法是设为 1，但为了使权阵中各元素不要过大，可适当选取 σ_0^2。权阵也是块对角阵。

GPS 网的条件平差的随机模型与 GPS 网间接平差的随机模型是一样的。

8.3 实例分析

【例 8-1】 如图 8.1 所示，利用 4 台 GPS 接收机同时在 4 个测站点上进行数据采集。经数据处理后得 6 条基线向量观测值见表 8-1。现假设 $G1$ 点坐标已知，其坐标值如下

$X_{G1}=-2623811.1726\text{m}$，$Y_{G1}=3976788.1723\text{m}$，$Z_{G1}=4226313.0032\text{m}$

为了方便起见，假设各基线观测值的精度相同且相互独立，并假设每条基线向量观测值协方差阵为对角阵，且各元素相同。试求基线观测向量的平差值及各待定点的坐标平差值。

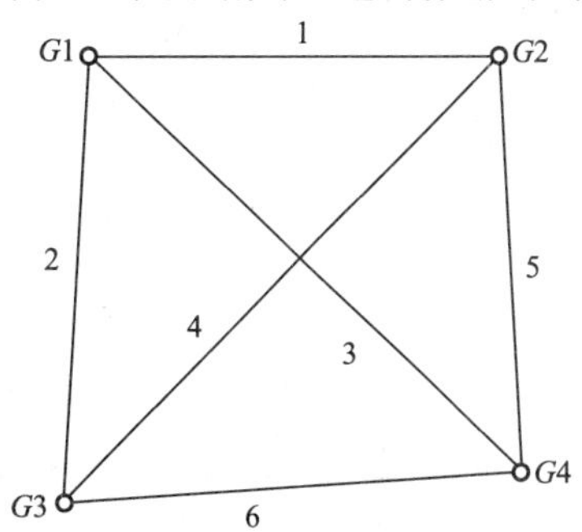

图 8.1 GPS 控制网示意图

表 8-1 基线向量观测数据表

编号	起点	终点	ΔX/m	ΔY/m	ΔZ/m
1	G1	G2	−1792.3161	−714.6229	−321.8154
2	G1	G3	268.9074	4024.5511	−3533.8448
3	G1	G4	−3553.9705	1558.8196	−3517.5280
4	G2	G3	2061.2251	4739.1775	−3212.0265
5	G2	G4	−1761.6494	2273.4546	−3195.7203
6	G3	G4	−3822.8566	−2465.7208	16.3037

解：GPS控制网中含有6条基线观测值，观测值数为18，有3个待定点，必要观测值数为9。选择3个待定点坐标为未知参数，未知参数的近似值为

$$X_{G2}^0=-2625603.4887\text{m},\quad Y_{G2}^0=3976073.5494\text{m},\quad Z_{G2}^0=4225991.1878\text{m}$$

$$X_{G3}^0=-2623542.2652\text{m},\quad Y_{G3}^0=3980812.7234\text{m},\quad Z_{G3}^0=4222779.1584\text{m}$$

$$X_{G4}^0=-2627365.1431\text{m},\quad Y_{G4}^0=3978346.9919\text{m},\quad Z_{G4}^0=4222795.4752\text{m}$$

上述近似值由第一点坐标值分别与第1、2、3个观测值相加而得。误差方程的形式为 $V=B\hat{x}-l$，$l=L-F(X^0)$，误差方程数值形式为

$$\begin{bmatrix} v_1\\v_2\\v_3\\v_4\\v_5\\v_6\\v_7\\v_8\\v_9\\v_{10}\\v_{11}\\v_{12}\\v_{13}\\v_{14}\\v_{15}\\v_{16}\\v_{17}\\v_{18}\end{bmatrix}=\begin{bmatrix} 1&0&0&0&0&0&0&0&0\\ 0&1&0&0&0&0&0&0&0\\ 0&0&1&0&0&0&0&0&0\\ 0&0&0&1&0&0&0&0&0\\ 0&0&0&0&1&0&0&0&0\\ 0&0&0&0&0&1&0&0&0\\ 0&0&0&0&0&0&1&0&0\\ 0&0&0&0&0&0&0&1&0\\ 0&0&0&0&0&0&0&0&1\\ -1&0&0&1&0&0&0&0&0\\ 0&-1&0&0&1&0&0&0&0\\ 0&0&-1&0&0&1&0&0&0\\ -1&0&0&0&0&0&1&0&0\\ 0&-1&0&0&0&0&0&1&0\\ 0&0&-1&0&0&0&0&0&1\\ 0&0&0&-1&0&0&1&0&0\\ 0&0&0&0&-1&0&0&1&0\\ 0&0&0&0&0&-1&0&0&1 \end{bmatrix}\begin{bmatrix}\hat{x}_{G2}\\ \hat{y}_{G2}\\ \hat{z}_{G2}\\ \hat{x}_{G3}\\ \hat{y}_{G3}\\ \hat{z}_{G3}\\ \hat{x}_{G4}\\ \hat{y}_{G4}\\ \hat{z}_{G4}\end{bmatrix}-\begin{bmatrix}0\\0\\0\\0\\0\\0\\0\\0\\0\\0.0016\\0.0035\\0.0029\\0.0050\\0.0121\\-0.0077\\0.0213\\0.0107\\-0.0131\end{bmatrix}$$

式中：未知参数、常数项及改正数的单位均为m。

法方程形式为 $(B^{\mathrm{T}}PB)\hat{x}-B^{\mathrm{T}}Pl=0$，法方程数值形式为

$$\begin{bmatrix} 3 & 0 & 0 & -1 & 0 & 0 & -1 & 0 & 0 \\ 0 & 3 & 0 & 0 & -1 & 0 & 0 & -1 & 0 \\ 0 & 0 & 3 & 0 & 0 & -1 & 0 & 0 & -1 \\ -1 & 0 & 0 & 3 & 0 & 0 & -1 & 0 & 0 \\ 0 & -1 & 0 & 0 & 3 & 0 & 0 & -1 & 0 \\ 0 & 0 & -1 & 0 & 0 & 3 & 0 & 0 & -1 \\ -1 & 0 & 0 & -1 & 0 & 0 & 3 & 0 & 0 \\ 0 & -1 & 0 & 0 & -1 & 0 & 0 & 3 & 0 \\ 0 & 0 & -1 & 0 & 0 & -1 & 0 & 0 & 3 \end{bmatrix} \begin{bmatrix} \hat{x}_{G2} \\ \hat{y}_{G2} \\ \hat{z}_{G2} \\ \hat{x}_{G3} \\ \hat{y}_{G3} \\ \hat{z}_{G3} \\ \hat{x}_{G4} \\ \hat{y}_{G4} \\ \hat{z}_{G4} \end{bmatrix} - \begin{bmatrix} -0.0066 \\ -0.0156 \\ 0.0048 \\ -0.0197 \\ -0.0072 \\ 0.0160 \\ 0.0263 \\ 0.0228 \\ -0.0208 \end{bmatrix} = 0$$

解算法方程得参数解为

$$\hat{x}_{G2}=-0.0016\text{m}, \quad \hat{y}_{G2}=-0.0040\text{m}, \quad \hat{z}_{G2}=0.0012\text{m}$$

$$\hat{x}_{G3}=-0.0050\text{m}, \quad \hat{y}_{G3}=-0.0017\text{m}, \quad \hat{z}_{G3}=0.0040\text{m}$$

$$\hat{x}_{G4}=0.0066\text{m}, \quad \hat{y}_{G4}=0.0057\text{m}, \quad \hat{z}_{G4}=-0.0052\text{m}$$

待定点的坐标平差值为

$$\hat{X}_{G2}=-2625603.4903\text{m}, \quad \hat{Y}_{G2}=3976073.5454\text{m}, \quad \hat{Z}_{G2}=4225991.1890\text{m}$$

$$\hat{X}_{G3}=-2623542.2702\text{m}, \quad \hat{Y}_{G3}=3890812.7217\text{m}, \quad \hat{Z}_{G3}=4222779.1624\text{m}$$

$$\hat{X}_{G4}=-2627365.1365\text{m}, \quad \hat{Y}_{G4}=3978346.9976\text{m}, \quad \hat{Z}_{G4}=4222795.4700\text{m}$$

单位权中误差估值为

$$\hat{\sigma}_0=\sqrt{\frac{V^{\mathrm{T}}PV}{r}}=0.006\text{m}$$

参数解$\hat{X}$的协因数阵为 $Q_{\hat{X}\hat{X}}=(B^{\mathrm{T}}PB)^{-1}$，其数值形式为

$$Q_{\hat{X}\hat{X}}=\begin{bmatrix} 0.5 & 0 & 0 & 0.25 & 0 & 0 & 0.25 & 0 & 0 \\ 0 & 0.5 & 0 & 0 & 0.25 & 0 & 0 & 0.25 & 0 \\ 0 & 0 & 0.5 & 0 & 0 & 0.25 & 0 & 0 & 0.25 \\ 0.25 & 0 & 0 & 0.5 & 0 & 0 & 0.25 & 0 & 0 \\ 0 & 0.25 & 0 & 0 & 0.5 & 0 & 0 & 0.25 & 0 \\ 0 & 0 & 0.25 & 0 & 0 & 0.5 & 0 & 0 & 0.25 \\ 0.25 & 0 & 0 & 0.25 & 0 & 0 & 0.5 & 0 & 0 \\ 0 & 0.25 & 0 & 0 & 0.25 & 0 & 0 & 0.5 & 0 \\ 0 & 0 & 0.25 & 0 & 0 & 0.25 & 0 & 0 & 0.5 \end{bmatrix}$$

$G2$ 点坐标平差值的中误差为

$$\hat{\sigma}_{\hat{X}_{G2}}=\hat{\sigma}_0\sqrt{Q_{\hat{X}_{G2}\hat{X}_{G2}}}=0.004\text{m}$$

$$\hat{\sigma}_{\hat{Y}_{G2}}=\hat{\sigma}_0\sqrt{Q_{\hat{Y}_{G2}\hat{Y}_{G2}}}=0.004\text{m}$$

$$\hat{\sigma}_{\hat{Z}_{G2}}=\hat{\sigma}_0\sqrt{Q_{\hat{Z}_{G2}\hat{Z}_{G2}}}=0.004\text{m}$$

同理，可以求出其他待定点坐标平差值的中误差。

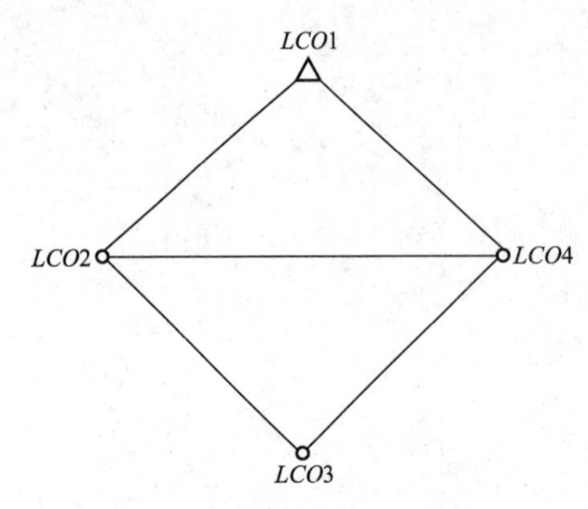

图 8.2 无约束 GPS 基线向量

【例 8-2】 图 8.2 为一简单 GPS 网，用两台 GPS 接收机观测，测得 5 条基线向量，$n=15$，每一个基线向量中 3 个坐标差观测值相关，由于只用两台 GPS 接收机，所以各观测基线向量互相独立，网中点 $LCO1$ 的三维坐标已知，其余 3 个为待定点，参数个数 $t=9$。试求各待定点的平差值及其点位精度。

(1) 观测基线信息。

5 条基线分别是：$LCO2LCO1$、$LCO4LCO1$、$LCO4LCO2$、$LCO3LCO2$、$LCO4LCO3$，其基线信息见表 8-2。

表 8-2 观测基线信息

编号	起点	终点	ΔX	ΔY	ΔZ
1	$LCO2$	$LCO1$	−1218.561	−1039.227	1737.720
2	$LCO4$	$LCO1$	270.457	−503.208	1879.923
3	$LCO4$	$LCO2$	1489.013	536.030	142.218
4	$LCO3$	$LCO2$	1405.531	−178.157	1171.380
5	$LCO4$	$LCO3$	83.497	714.153	−1029.199

基线 $LCO2LCO1$ 的方差阵为

$$D_1=\begin{bmatrix}2.320999E-007 & & \\ -5.097008E-007, & 1.339931E-006 & \\ -4.371401E-007, & 1.109356E-006, & 1.008592E-006\end{bmatrix}$$

基线 $LCO4LCO1$ 的方差阵为

$$D_2=\begin{bmatrix}1.044894E-006 & & \\ -2.396533E-006, & 6.341291E-006 & \\ -2.319683E-006, & 5.902876E-006, & 6.035577E-006\end{bmatrix}$$

基线 $LCO4LCO2$ 的方差阵为

$$D_3=\begin{bmatrix}5.850064E-007 & & \\ -1.329620E-006, & 3.362548E-006 & \\ -1.252374E-006, & 3.069820E-006, & 3.019233E-006\end{bmatrix}$$

基线 $LCO3LCO2$ 的方差阵为

$$D_4=\begin{bmatrix}1.205319E-006 & & \\ -2.636702E-006, & 6.858585E-006 & \\ -2.174106E-006, & 5.480745E-006, & 4.820125E-006\end{bmatrix}$$

基线 $LCO4LCO3$ 的方差阵为

$$D_5=\begin{bmatrix} 9.662657E-006 & & \\ -2.175476E-005, & 5.194777E-005 & \\ -1.971468E-005, & 4.633565E-005, & 4.324110E-005 \end{bmatrix}$$

(2) 已知点信息(单位：m)。

$$X_{LCO1}=-1974638.7340,\quad Y_{LCO1}=4590014.8190,\quad Z_{LCO1}=3953144.9235$$

(3) 待定参数。

设 $LCO2$、$LCO3$、$LCO4$ 点的三维坐标平差值为参数，即

$$\hat{X}=[\hat{X}_2,\hat{Y}_2,\hat{Z}_2,\hat{X}_3,\hat{Y}_3,\hat{Z}_3,\hat{X}_4,\hat{Y}_4,\hat{Z}_5]^{\mathrm{T}}$$

(4) 待定参数近似坐标信息见表 8－3。

表 8－3　近似坐标信息　　单位：m

点号	X^0	Y^0	Z^0
$LCO2$	−1973420.1740	4591054.0467	3951407.2050
$LCO3$	−1974825.7010	4591232.1940	3950235.8130
$LCO4$	−1974909.1980	4590518.0410	3951265.0120

(5) 误差方程

$$\underset{15\times1}{V}=\underset{15\times9}{B}\,\underset{9\times1}{\hat{x}}-\underset{15\times1}{l}$$

$$\begin{bmatrix} v_1\\ v_2\\ v_3\\ v_4\\ v_5\\ v_6\\ v_7\\ v_8\\ v_9\\ v_{10}\\ v_{11}\\ v_{12}\\ v_{13}\\ v_{14}\\ v_{15} \end{bmatrix}=\begin{bmatrix} -1&0&0&0&0&0&0&0&0\\ 0&-1&0&0&0&0&0&0&0\\ 0&0&-1&0&0&0&0&0&0\\ 0&0&0&0&0&0&-1&0&0\\ 0&0&0&0&0&0&0&-1&0\\ 0&0&0&0&0&0&0&0&-1\\ 1&0&0&0&0&0&-1&0&0\\ 0&1&0&0&0&0&0&-1&0\\ 0&0&1&0&0&0&0&0&-1\\ 1&0&0&-1&0&0&0&0&0\\ 0&1&0&0&-1&0&0&0&0\\ 0&0&1&0&0&-1&0&0&0\\ 0&0&0&1&0&0&-1&0&0\\ 0&0&0&0&1&0&0&-1&0\\ 0&0&0&0&0&1&0&0&-1 \end{bmatrix}\begin{bmatrix} \hat{x}_2\\ \hat{y}_2\\ \hat{z}_2\\ \hat{x}_3\\ \hat{y}_3\\ \hat{z}_3\\ \hat{x}_4\\ \hat{y}_4\\ \hat{z}_4 \end{bmatrix}-\begin{bmatrix} -0.001\\ 0.0007\\ 0.0015\\ -0.007\\ 0.014\\ 0.0115\\ -0.0110\\ 0.0243\\ 0.0250\\ 0.0040\\ -0.0097\\ -0.012\\ 0\\ 0\\ 0 \end{bmatrix}$$

(6) 权阵。为了计算方便，令先验单位权中误差为 $\sigma_0=0.00298$，其权阵为

$$P=(D/\sigma_0^2)^{-1}$$

$$\underset{15\times15}{P}=$$

$$\begin{bmatrix}
249.53 \\
60.20 & 88.85 \\
41.94 & -71.63 & 105.79 \\
0 & 0 & 0 & 71.43 \\
0 & 0 & 0 & 16.07 & 19.28 \\
0 & 0 & 0 & 11.73 & -12.68 & 18.38 \\
0 & 0 & 0 & 0 & 0 & 0 & 169.83 \\
0 & 0 & 0 & 0 & 0 & 0 & 0 & 39.60 & 46.12 \\
0 & 0 & 0 & 0 & 0 & 0 & 0 & 30.18 & -30.46 & 46.44 \\
0 & 0 & 0 & 0 & 0 & 0 & 0 & 0 & 0 & 0 & 49.05 \\
0 & 0 & 0 & 0 & 0 & 0 & 0 & 0 & 0 & 0 & 12.89 & 17.59 \\
0 & 0 & 0 & 0 & 0 & 0 & 0 & 0 & 0 & 0 & 7.47 & -14.19 & 21.35 \\
0 & 0 & 0 & 0 & 0 & 0 & 0 & 0 & 0 & 0 & 0 & 0 & 0 & 17.74 \\
0 & 0 & 0 & 0 & 0 & 0 & 0 & 0 & 0 & 0 & 0 & 0 & 0 & 4.86 & 5.21 \\
0 & 0 & 0 & 0 & 0 & 0 & 0 & 0 & 0 & 0 & 0 & 0 & 0 & 2.88 & -3.36 & 5.12
\end{bmatrix}$$

（7）法方程。

$$B^{\mathrm{T}}PB\hat{x}=B^{\mathrm{T}}Pl$$

$$\begin{bmatrix}
468.4142 \\
112.6840 & 152.5534 \\
79.5936 & -116.2839 & 173.5805 \\
-49.0502 & -12.8852 & -7.4728 & 14.1853 \\
-12.8852 & -17.5868 & 14.1853 & 17.7451 & 22.7947 \\
-7.4728 & 14.1853 & -21.3465 & 10.3510 & -17.5501 & 26.4702 \\
-169.8336 & -39.6002 & -30.1830 & -17.7351 & -4.8599 & -2.8782 & 259.0030 \\
-39.6002 & -46.1183 & 30.4649 & -4.8599 & -5.2079 & 3.3648 & 60.5337 & 70.6066 \\
-30.1830 & 30.4649 & -46.4430 & -2.8782 & 3.3648 & -5.1237 & 44.7957 & -46.5086 & 69.9513
\end{bmatrix}$$

$$\begin{bmatrix}\hat{x}_2\\ \hat{y}_2\\ \hat{z}_2\\ \hat{x}_3\\ \hat{y}_3\\ \hat{z}_3\\ \hat{x}_4\\ \hat{y}_4\\ \hat{z}_4\end{bmatrix}=\begin{bmatrix}-0.0253\\ 0.0801\\ -0.0665\\ 0.0185\\ -0.0512\\ 0.0887\\ 0.2914\\ 0.0649\\ -0.0405\end{bmatrix}$$

(8) 法方程系数阵的逆。

$$N_{BB}^{-1}=\begin{bmatrix} 0.0020 & & & & & & & & \\ -0.0044 & 0.0116 & & & & & & & \\ -0.0038 & 0.0097 & 0.0089 & & & & & & \\ 0.0019 & -0.0042 & -0.0037 & 0.0124 & & & & & \\ -0.0042 & 0.0111 & 0.0093 & -0.0273 & 0.0700 & & & & \\ -0.0037 & 0.0093 & 0.0086 & -0.0231 & 0.0575 & 0.0515 & & & \\ 0.0013 & -0.0028 & -0.0025 & 0.0016 & -0.0036 & -0.0032 & 0.0044 & & \\ -0.0028 & 0.0076 & 0.0064 & -0.0035 & 0.0097 & 0.0082 & -0.0100 & 0.0260 & \\ -0.0025 & 0.0064 & 0.0060 & -0.0030 & 0.0080 & 0.0076 & -0.0094 & 0.0235 & 0.0231 \end{bmatrix}$$

(9) 法方程的解及精度评定(单位:m)。

$$\begin{bmatrix} \hat{x}_2 \\ \hat{y}_2 \\ \hat{z}_2 \\ \hat{x}_3 \\ \hat{y}_3 \\ \hat{z}_3 \\ \hat{x}_4 \\ \hat{y}_4 \\ \hat{z}_4 \end{bmatrix}=N_{BB}^{-1}B^{\mathrm{T}}Pl=\begin{bmatrix} 0.0007 \\ -0.002 \\ -0.0006 \\ -0.0023 \\ 0.0073 \\ 0.0087 \\ 0.0096 \\ -0.0198 \\ -0.0197 \end{bmatrix}(\mathrm{m})$$

$$\hat{\sigma}_0=\sqrt{\frac{V^{\mathrm{T}}PV}{n-t}}=\sqrt{\frac{0.0006}{15-9}}=0.010\mathrm{m}$$

$$\hat{\sigma}_{\hat{x}_i}=\hat{\sigma}_0\sqrt{Q_{\hat{x}_i\hat{x}_i}},\quad \hat{\sigma}_{\hat{y}_i}=\hat{\sigma}_0\sqrt{Q_{\hat{y}_i\hat{y}_i}},\quad \hat{\sigma}_{\hat{z}_i}=\hat{\sigma}_0\sqrt{Q_{\hat{z}_i\hat{z}_i}}$$

$$\hat{\sigma}_{\hat{x}_2}=0.0015\mathrm{m},\quad \hat{\sigma}_{\hat{y}_2}=0.0036\mathrm{m},\quad \hat{\sigma}_{\hat{z}_2}=0.0032\mathrm{m}$$

$$\hat{\sigma}_{\hat{x}_3}=0.0037\mathrm{m},\quad \hat{\sigma}_{\hat{y}_3}=0.0089\mathrm{m},\quad \hat{\sigma}_{\hat{z}_3}=0.0076\mathrm{m}$$

$$\hat{\sigma}_{\hat{x}_4}=0.0022\mathrm{m},\quad \hat{\sigma}_{\hat{y}_4}=0.0054\mathrm{m},\quad \hat{\sigma}_{\hat{z}_4}=0.0051\mathrm{m}$$

(10) 平差结果见表 8-4。

表 8-4 平差结果表 单位:m

点号	$\hat{X}$	$\hat{Y}$	$\hat{Z}$
LC02	−1973420.1733	4591054.0465	3951407.2044
LC03	−1974825.7033	4591232.2013	3950235.8217
LC04	−1974909.1884	4590518.0212	3951264.9923

【例 8-3】 在图 8.3 所示的 GPS 基线向量中,用 GPS 接收机同步观测了网中 5 条边的基线向量(ΔX_{12} ΔY_{12} ΔZ_{12})、(ΔX_{13} ΔY_{13} ΔZ_{13})、(ΔX_{14} ΔY_{14} ΔZ_{14})、(ΔX_{23} ΔY_{23} ΔZ_{23})、(ΔX_{34} ΔY_{34} ΔZ_{34}),试按条件平差法列出全部条件方程。

解：(1) 确定必要观测个数和条件方程个数

观测数 $n=15$，由于有 3 个待定点，因此其必要观测个数为

$$t=3\times3=9$$

故条件方程个数：$c=n-t=15-9=6$。

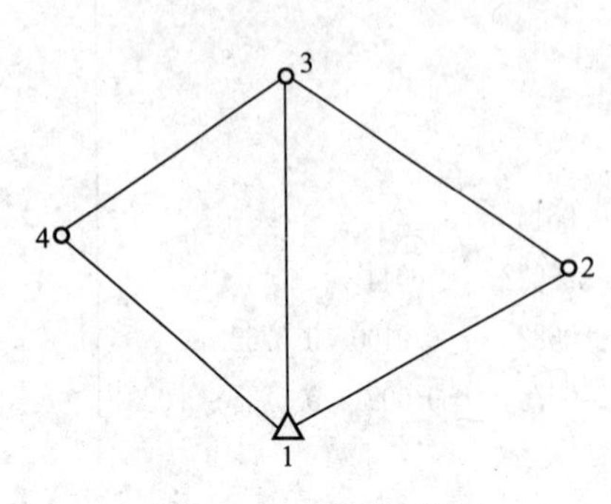

图 8.3　GPS 网示意图

(2) 列立平差值条件方程 $A\hat{L}+A_0=0$ 为

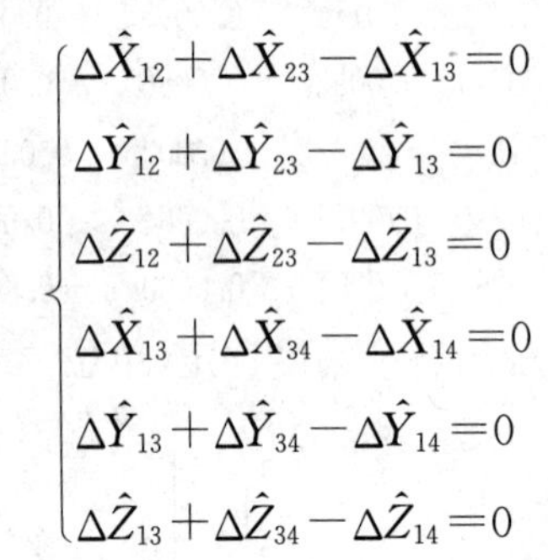

$$\begin{cases}\Delta\hat{X}_{12}+\Delta\hat{X}_{23}-\Delta\hat{X}_{13}=0\\ \Delta\hat{Y}_{12}+\Delta\hat{Y}_{23}-\Delta\hat{Y}_{13}=0\\ \Delta\hat{Z}_{12}+\Delta\hat{Z}_{23}-\Delta\hat{Z}_{13}=0\\ \Delta\hat{X}_{13}+\Delta\hat{X}_{34}-\Delta\hat{X}_{14}=0\\ \Delta\hat{Y}_{13}+\Delta\hat{Y}_{34}-\Delta\hat{Y}_{14}=0\\ \Delta\hat{Z}_{13}+\Delta\hat{Z}_{34}-\Delta\hat{Z}_{14}=0\end{cases}$$

(3) 改正数条件方程 $AV+W=0$ 为

$$\begin{cases}v_1+v_2-v_3+w_1=0\\ v_4+v_5-v_6+w_2=0\\ v_7+v_8-v_9+w_3=0\\ v_3+v_{10}-v_{11}+w_4=0\\ v_6+v_{12}-v_{13}+w_5=0\\ v_9+v_{14}-v_{15}+w_6=0\end{cases}$$

式中

$$V=\begin{bmatrix}v_1\\v_2\\v_3\\v_4\\v_5\\v_6\\v_7\\v_8\\v_9\\v_{10}\\v_{11}\\v_{12}\\v_{13}\\v_{14}\\v_{15}\end{bmatrix}=\begin{bmatrix}\Delta\hat{X}_{12}-\Delta X_{12}\\ \Delta\hat{X}_{23}-\Delta X_{23}\\ \Delta\hat{X}_{13}-\Delta X_{13}\\ \Delta\hat{Y}_{12}-\Delta Y_{12}\\ \Delta\hat{Y}_{23}-\Delta Y_{23}\\ \Delta\hat{Y}_{13}-\Delta\hat{Y}_{13}\\ \Delta\hat{Z}_{12}-\Delta Z_{12}\\ \Delta\hat{Z}_{23}-\Delta Z_{23}\\ \Delta\hat{Z}_{13}-\Delta Z_{13}\\ \Delta\hat{X}_{34}-\Delta X_{34}\\ \Delta\hat{X}_{14}-\Delta X_{14}\\ \Delta\hat{Y}_{34}-\Delta Y_{34}\\ \Delta\hat{Y}_{14}-\Delta Y_{14}\\ \Delta\hat{Z}_{34}-\Delta Z_{34}\\ \Delta\hat{Z}_{14}-\Delta Z_{14}\end{bmatrix}\quad W=\begin{bmatrix}w_1\\w_2\\w_3\\w_4\\w_5\\w_6\end{bmatrix}=\begin{bmatrix}\Delta X_{12}+\Delta X_{23}-\Delta X_{13}\\ \Delta Y_{12}+\Delta Y_{23}-\Delta Y_{13}\\ \Delta Z_{12}+\Delta Z_{23}-\Delta Z_{13}\\ \Delta X_{13}+\Delta X_{34}-\Delta X_{14}\\ \Delta Y_{13}+\Delta Y_{34}-\Delta Y_{14}\\ \Delta Z_{13}+\Delta Z_{34}-\Delta Z_{14}\end{bmatrix}$$

本章小结

本章介绍了GPS网平差、利用间接平差来进行GPS网的平差计算，及GPS网的函数模型的列立以及GPS网随机模型的确定。本章实际上是间接平差的应用。由于GPS的应用越来越广泛，应该具备对GPS网平差的能力，因此应认真掌握本章的内容。

习　　题

1. 如图8.4所示，设A为已知点，由GPS测量得到各点间在某坐标系统中的平面坐标差观测值，观测值$\Delta X_1=64.238\text{m}$，$\Delta Y_1=358.150\text{m}$；$\Delta X_2=-521.655\text{m}$，$\Delta Y_2=23.246\text{m}$；$\Delta X_3=585.887\text{m}$，$\Delta Y_3=334.900\text{m}$；$\Delta X_4=46.110\text{m}$，$\Delta Y_4=453.557\text{m}$；$\Delta X_5=539.786\text{m}$，$\Delta Y_5=-118.650\text{m}$。各组观测值的方差阵均为

$$\begin{bmatrix}\sigma_{\Delta x}^2 & \sigma_{\Delta x\Delta y}\\ \sigma_{\Delta x\Delta y} & \sigma_{\Delta y}^2\end{bmatrix}=\begin{bmatrix}1 & 0.3\\ 0.3 & 1\end{bmatrix}$$

且设两组观测值$(\Delta X_i,\ \Delta Y_i)$与$(\Delta X_j,\ \Delta Y_j)$$(i\neq j)$之间的协方差为0，设单位权方差$\sigma_0^2=1\text{cm}^2$。试求：

(1) 列出条件方程，用条件平差法求观测值的改正数。

(2) 以B、C、D点的坐标为未知参数，列出误差方程，求出参数平差值及各点的点位精度。

2. 如图8.5所示，有6个地面控制点，利用GPS相对定位方法对各控制点间坐标向量进行测量，测量数据见表8-5。设其中$G1$点为已知点，其坐标值为$X_{G1}=4163402.750\text{m}$、$Y_{G1}=2703745.359\text{m}$、$Z_{G1}=3993098.848\text{m}$，各基线观测值的协方差阵为

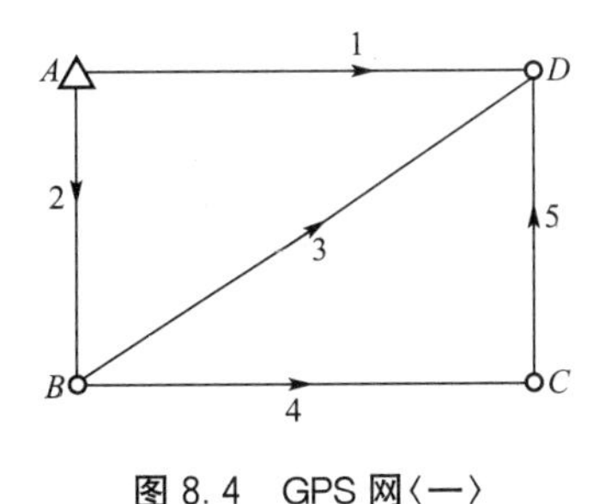

图8.4　GPS网〈一〉

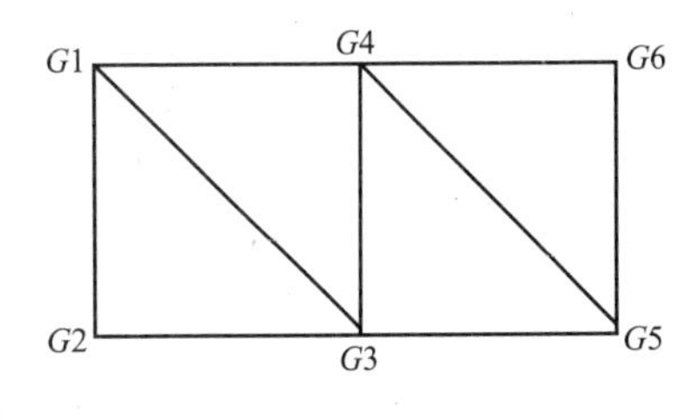

图8.5　GPS网〈二〉

表8-5　测量数据

编号	起点	终点	ΔX/m	ΔY/m	ΔZ/m
1	$G1$	$G2$	5621.089	3808.428	−7838.721
2	$G2$	$G3$	−2620.240	4333.261	81.747
3	$G1$	$G3$	3000.845	8141.693	−7756.876

（续）

编号	起点	终点	ΔX/m	ΔY/m	ΔZ/m
4	G1	G4	−2476.330	4639.815	−6373.023
5	G3	G4	−5477.170	−3501.883	7119.579
6	G6	G4	1542.468	−6302.543	1931.057
7	G5	G4	−2354.381	−8889.055	6956.003
8	G5	G3	3122.790	−5387.182	−163.57
9	G5	G6	−3896.860	−2586.514	5024.947

$$D_1=(3.6\text{mm})^2\begin{bmatrix}1&&\\&1&\\&&1\end{bmatrix},\quad D_2=(2.3\text{mm})^2\begin{bmatrix}1&&\\&1&\\&&1\end{bmatrix},\quad D_3=(2.7\text{mm})^2\begin{bmatrix}1&&\\&1&\\&&1\end{bmatrix}$$

$$D_4=(3.5\text{mm})^2\begin{bmatrix}1&&\\&1&\\&&1\end{bmatrix},\quad D_5=(4.1\text{mm})^2\begin{bmatrix}1&&\\&1&\\&&1\end{bmatrix},\quad D_6=(2.6\text{mm})^2\begin{bmatrix}1&&\\&1&\\&&1\end{bmatrix}$$

$$D_7=(3.3\text{mm})^2\begin{bmatrix}1&&\\&1&\\&&1\end{bmatrix},\quad D_8=(3.7\text{mm})^2\begin{bmatrix}1&&\\&1&\\&&1\end{bmatrix},\quad D_9=(2.0\text{mm})^2\begin{bmatrix}1&&\\&1&\\&&1\end{bmatrix}$$

试按间接平差法中的坐标平差法对控制网进行平差计算，求出观测值及控制点坐标的最优估值并进行评定。

3. 在图 8.6 所示的 GPS 网中，其中共有两个已知点和 6 个待定坐标点，测得基线向量 16 条，各基线向量互相独立，其基线向量信息见表 8－6，已知点坐标见表 8－7，试求各待定坐标点的坐标及其点位精度。

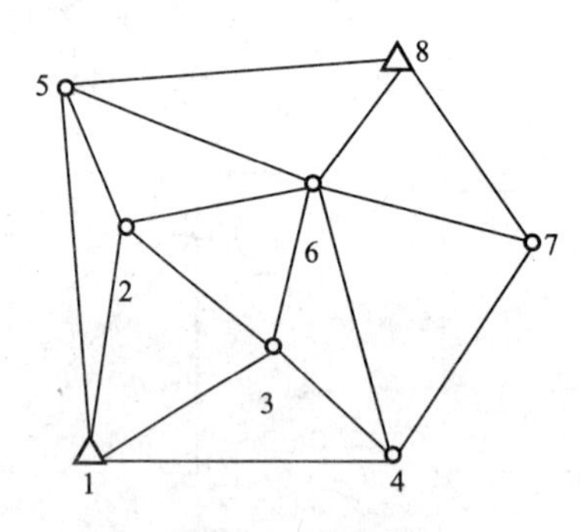

图 8.6　GPS 网

表 8－6　基线向量信息表

编号	起点	终点	ΔX	ΔY	ΔZ
1	N002	N001	−119.883	516.6920	−838.2730
2	N003	N001	415.567	590.1690	−484.3730
3	N006	N002	596.363	391.2610	−32.8650

（续）

编号	起点	终点	ΔX	ΔY	ΔZ
4	N002	N003	−535.457	−73.4720	−353.8990
5	N002	N005	384.089	−50.6680	390.1980
6	N003	N004	−650.326	−135.0610	−362.4920
7	N004	N001	1065.894	725.2290	−121.8830
8	N005	N001	−503.977	567.3630	−1228.471
9	N005	N008	−1137.077	−983.7240	405.9790
10	N004	N007	−183.291	−458.9740	478.2180
11	N006	N003	60.904	317.7860	−386.7610
12	N006	N004	−589.424	182.7260	−749.2520
13	N006	N005	980.451	340.5890	357.3370
14	N006	N007	−772.714	−276.2480	−271.0350
15	N008	N006	156.627	643.1340	−763.3190
16	N008	N007	−616.087	366.8860	−1034.353

表 8-7　已知点坐标表　　单位：m

	X	Y	Z
N001	−2830754.6300	4650074.3450	3312175.0540
N008	−2831387.7270	4648523.2559	3313809.5080

各基线的方差阵为

$$D_1=\begin{bmatrix}0.3094 & -0.3171 & -0.4023\\ & 0.6333 & 0.4048\\ & & 0.8941\end{bmatrix}\times10^{-6},\quad D_2=\begin{bmatrix}0.2426 & -0.1978 & -0.2484\\ & 0.3939 & 0.2511\\ & & 0.5557\end{bmatrix}\times10^{-6}$$

$$D_3=\begin{bmatrix}0.2217 & -0.1800 & -0.2144\\ & 0.3790 & 0.2283\\ & & 0.8941\end{bmatrix}\times10^{-6},\quad D_4=\begin{bmatrix}0.2295 & -0.2217 & -0.0747\\ & 0.5399 & 0.1479\\ & & 0.2401\end{bmatrix}\times10^{-6}$$

$$D_5=\begin{bmatrix}0.2521 & -0.2448 & -0.0808\\ & 0.5990 & 0.1618\\ & & 0.2591\end{bmatrix}\times10^{-6},\quad D_6=\begin{bmatrix}0.1501 & -0.1449 & -0.0483\\ & 0.3488 & 0.0958\\ & & 0.1562\end{bmatrix}\times10^{-6}$$

$$D_7=\begin{bmatrix}0.2996 & -0.2902 & -0.0937\\ & 0.6758 & 0.1823\\ & & 0.2949\end{bmatrix}\times10^{-6},\quad D_8=\begin{bmatrix}0.2549 & -0.2472 & -0.0793\\ & 0.5754 & 0.1548\\ & & 0.2539\end{bmatrix}\times10^{-6}$$

$$D_9=\begin{bmatrix}0.2053 & -0.2003 & -0.0632\\ & 0.4858 & 0.1287\\ & & 0.2079\end{bmatrix}\times10^{-6},\ D_{10}=\begin{bmatrix}0.2588 & -0.2090 & -0.1855\\ & 0.3743 & 0.2475\\ & & 0.3483\end{bmatrix}10^{-6}$$

$$D_{11}=\begin{bmatrix}0.2356 & -0.1923 & -0.1735\\ & 0.3393 & 0.2278\\ & & 0.3209\end{bmatrix}\times10^{-6},\ D_{12}=\begin{bmatrix}0.2808 & -0.2288 & -0.2092\\ & 0.3999 & 0.2708\\ & & 0.3209\end{bmatrix}\times10^{-6}$$

$$D_{13}=\begin{bmatrix}0.3485 & -0.2845 & -0.2599\\ & 0.4977 & 0.3377\\ & & 0.4764\end{bmatrix}\times10^{-6},\ D_{14}=\begin{bmatrix}0.3332 & -0.2711 & -0.2470\\ & 0.4739 & 0.3198\\ & & 0.4527\end{bmatrix}\times10^{-6}$$

$$D_{15}=\begin{bmatrix}0.3201 & -0.2612 & -0.2388\\ & 0.4584 & 0.3111\\ & & 0.4392\end{bmatrix}\times10^{-6},\ D_{16}=\begin{bmatrix}0.3644 & -0.2977 & -0.2656\\ & 0.5295 & 0.3516\\ & & 0.4963\end{bmatrix}\times10^{-6}$$

4. 在图 8.7 所示的 GPS 向量网中，A 为已知点，P_1、P_2、P_3、P_4 点为待定点，观测了 9 条边的基线向量(ΔX_i，ΔY_i，ΔZ_i)($i=1$，2，…，9)。已知 P_2、P_3 两点间的距离(无误差)，若要求出 $P_1 \sim P_4$ 点坐标平差值，宜采用何种函数模型，并列出其条件方程式。

5. 图 8.8 为一个 GPS 网，$G01$、$G02$ 为已知点，$G03$、$G04$ 为待定点，已知点的三维坐标见表 8-8，待定点的三维近似坐标见表 8-9。用 GPS 接收机测得了 5 条基线，每一条基线向量中 3 个坐标差观测值相关，各基线向量互相独立。每条基线的观测数据见表 8-10。每条基线的方差阵分别为

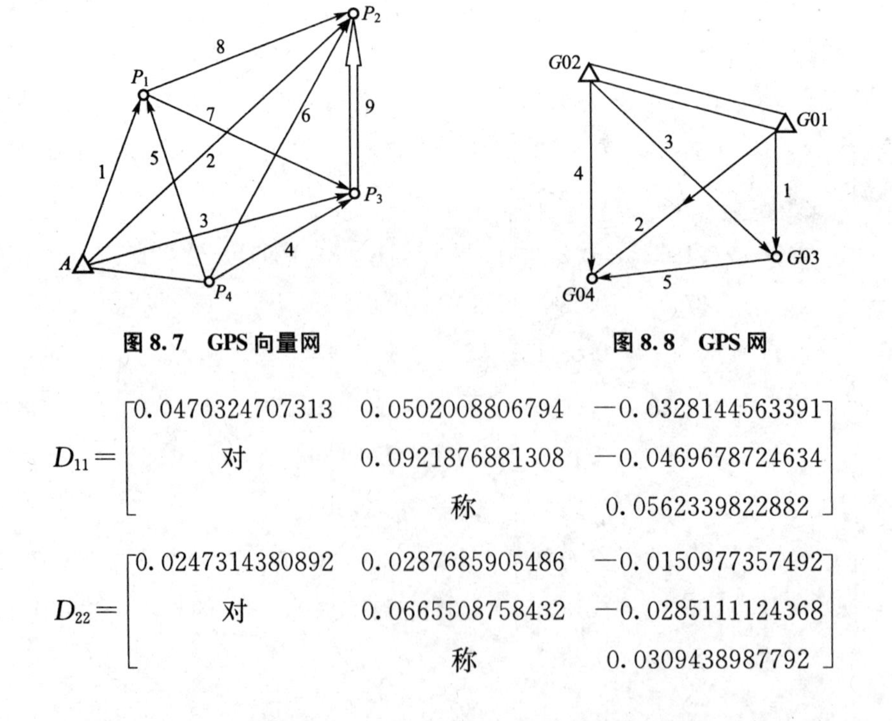

图 8.7 GPS 向量网　　图 8.8 GPS 网

$$D_{11}=\begin{bmatrix}0.0470324707313 & 0.0502008806794 & -0.0328144563391\\ \text{对} & 0.0921876881308 & -0.0469678724634\\ & \text{称} & 0.0562339822882\end{bmatrix}$$

$$D_{22}=\begin{bmatrix}0.0247314380892 & 0.0287685905486 & -0.0150977357492\\ \text{对} & 0.0665508758432 & -0.0285111124368\\ & \text{称} & 0.0309438987792\end{bmatrix}$$

$$D_{33}=\begin{bmatrix} 0.0407009983916 & 0.0441453007070 & -0.0274864940544 \\ \text{对} & 0.0847437135132 & -0.0413990340052 \\ & \text{称} & 0.0488698420477 \end{bmatrix}$$

$$D_{44}=\begin{bmatrix} 0.0277944383522 & 0.0315226383688 & -0.0177584958203 \\ \text{对} & 0.0692051980483 & -0.0310603246537 \\ & \text{称} & 0.0347083205959 \end{bmatrix}$$

$$D_{55}=\begin{bmatrix} 0.0373160099279 & 0.0407449555483 & -0.0245280045335 \\ \text{对} & 0.0800162721033 & -0.0380286407799 \\ & \text{称} & 0.0446940784891 \end{bmatrix}$$

表 8-8　已知点坐标表

	X/m	Y/m	Z/m
$G01$	−2411745.1210	−4733176.7637	3519160.3400
$G02$	−2411356.6914	−4733839.0845	3518496.4387

表 8-9　待定点近似坐标表

	X/m	Y/m	Z/m
$G03$	−2416372.7665	−4731446.5765	3518275.0196
$G04$	−2418456.5526	−4732709.8813	3515198.7678

表 8-10　观测向量信息表

基线号	ΔX/m	ΔY/m	ΔZ/m
1	−4627.5876	1730.2583	−885.4004
2	−6711.4497	466.8445	−3961.5828
3	−5016.0719	2392.4410	−221.3953
4	−7099.8788	1129.2431	−3297.7530
5	−2083.8123	−1263.3628	−3076.2452

设待定点坐标平差值为参数$\hat{X}$，$\hat{X}=[\hat{X}_3\quad \hat{Y}_3\quad \hat{Z}_3\quad \hat{X}_4\quad \hat{Y}_4\quad \hat{Z}_4]^{\mathrm{T}}$。

试按间接平差法求：

(1) 误差方程及法方程；

(2) 参数改正数；

(3) 待定点坐标平差值及精度。

6. 有一 GPS 网如图 8.9 所示，1 点为已知点，2、3、4 点为待定点，现用 GPS 接收机观测了 5 条边的基线向量($\Delta X_{ij}\quad \Delta Y_{ij}\quad \Delta Z_{ij}$)。

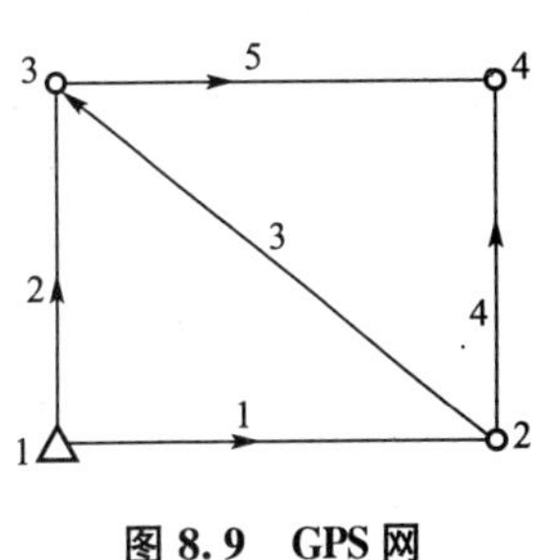

图 8.9　GPS 网

已知 1 点的坐标为：

$$X_1 = -1054581.2761\text{m},\ Y_1 = 5706987.1397\text{m},\ Z_1 = 2638873.8152\text{m}$$

基线向量观测值见表 8 - 11，其方差阵为

$$D_{11} = \begin{bmatrix} 0.009997 & -0.003934 & -0.002834 \\ 对 & 0.024978 & 0.008615 \\ & 称 & 0.007906 \end{bmatrix}$$

$$D_{22} = \begin{bmatrix} 0.009882 & -0.003794 & -0.002777 \\ 对 & 0.024366 & 0.008424 \\ & 称 & 0.007801 \end{bmatrix}$$

$$D_{33} = \begin{bmatrix} 0.009375 & -0.004329 & -0.002783 \\ 对 & 0.022359 & 0.008124 \\ & 称 & 0.007665 \end{bmatrix}$$

$$D_{44} = \begin{bmatrix} 0.011729 & -0.00024 & -0.002532 \\ 对 & 0.034331 & 0.009225 \\ & 称 & 0.007819 \end{bmatrix}$$

$$D_{55} = \begin{bmatrix} 0.011691 & -0.000438 & -0.002528 \\ 对 & 0.034529 & 0.009406 \\ & 称 & 0.007855 \end{bmatrix}$$

表 8 - 11　基线向量观测值表

编号	起点	终点	基线向量观测值/m		
			ΔX	ΔY	ΔZ
1	1	2	85.4813	−59.5931	120.1951
2	1	3	2398.0674	−719.8051	2624.2292
3	2	3	2312.5960	−660.2012	2504.0334
4	2	4	2057.6576	−645.2884	2265.7065
5	3	4	−254.9616	14.9260	−238.3142

设各基线向量互相独立，试用条件平差法求：

(1) 条件方程；

(2) 法方程；

(3) 基线向量改正数及其平差值。

第9章 坐标值的平差

教学目标

本章主要介绍坐标值的平差及用间接平差和条件平差进行坐标值的平差计算。通过本章的学习，应达到以下目标：

(1) 掌握用条件平差进行坐标值的平差计算；

(2) 掌握用间接平差进行坐标值的平差计算。

教学要求

知识要点	能力要求	相关知识
坐标值的条件平差	(1) 掌握坐标值条件平差的条件方程的列立 (2) 能运用条件平差进行坐标值的平差计算	(1) 直角与直角型的条件方程的列立 (2) 距离型的条件方程的列立 (3) 面积型的条件方程的列立 (4) 坐标值的条件平差计算的实例分析
坐标值的间接平差	(1) 掌握坐标值间接平差的误差方程的列立 (2) 能运用间接平差进行坐标值的平差计算	(1) 拟合模型的误差方程的列立 (2) 坐标转换模型的误差方程的列立 (3) 七参数坐标转换模型的误差方程的列立 (4) 单张相片空间后方交会的误差方程的列立 (5) 坐标值的间接平差计算的实例分析

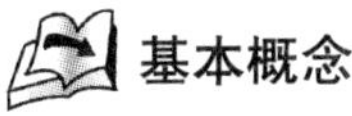

基本概念

条件平差、间接平差

引言

目前随着数字地图在测量中得到了广泛的应用，数字坐标已经作为测量中的观测值来应用。数字坐标由于受到数字化仪、扫描仪、数字化过程以及坐标变换等多种因素的影响，这些数字坐标是有误差的。如何对数字坐标进行处理，减少或削弱其误差，使其发挥更大的作用。本章就对此进行研究。

9.1 坐标值的条件平差

设$(x_i, y_i)(i=1, 2, \cdots, n)$为数字化坐标值，其平差值为$(\hat{x}_i, \hat{y}_i)$，相应的改正数

为 v_{xi}、v_{yi}，则有

$$\hat{x}_i = x_i + v_{xi}, \quad \hat{y}_i = y_i + v_{yi} \tag{9-1}$$

9.1.1 直角与直角型的条件方程

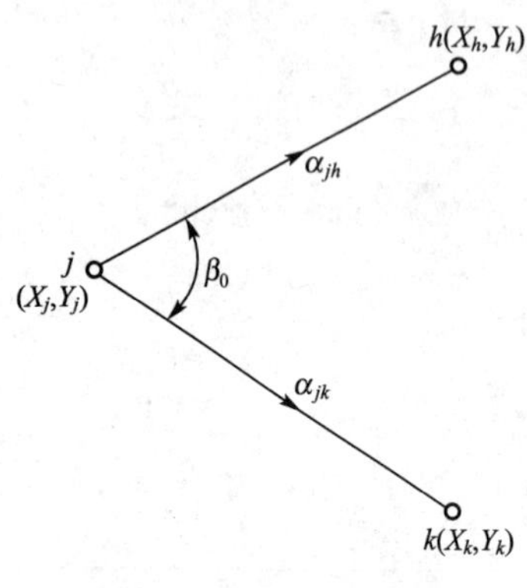

图 9.1 数字化观测值

设有数字化坐标观测值(X_h, Y_h)、(X_j, Y_j)和(X_k, Y_k)，如图 9.1 所示。坐标平差值为$\hat{X}=X+v_x$，$\hat{Y}=Y+v_y$，β_0为应有值，如果两条直线垂直，则 $\beta_0=90°$或 $270°$；如 h、j、k 这 3 个点在同一条直线上，则 $\beta_0=180°$或 $0°$。故有条件方程为

$$\hat{\alpha}_{jk} - \hat{\alpha}_{jh} = \beta_0 \tag{9-2}$$

或

$$\arctan\frac{(Y_k+v_{yk})-(Y_j+v_{yj})}{(X_k+v_{xk})-(X_j+v_{xj})} - \arctan\frac{(Y_h+v_{yk})-(Y_j+v_{yj})}{(X_h+v_{xh})-(X_j+v_{xj})} - \beta_0 = 0$$

式中：左端的第一项为

$$\hat{\alpha}_{jk} = \arctan\frac{(Y_k+v_{yk})-(Y_j+v_{yj})}{(X_k+v_{xk})-(X_j+v_{xj})}$$

将上式右端按泰勒公式展开，得

$$\hat{\alpha}_{jk} = \arctan\frac{Y_k-Y_j}{X_k-X_j} + \left(\frac{\partial\hat{\alpha}_{jk}}{\partial\hat{X}_j}\right)_0 v_{xj} + \left(\frac{\partial\hat{\alpha}_{jk}}{\partial\hat{Y}_j}\right)_0 v_{yj} + \left(\frac{\partial\hat{\alpha}_{jk}}{\partial\hat{X}_k}\right)_0 v_{xk} + \left(\frac{\partial\hat{\alpha}_{jk}}{\partial\hat{Y}_j}\right)_0 v_{yj} \tag{9-3}$$

令

$$\alpha_{jk}^0 = \arctan\frac{Y_k-Y_j}{X_k-X_j}$$

$$\delta\alpha_{jk} = \left(\frac{\partial\hat{\alpha}_{jk}}{\partial\hat{X}_j}\right)_0 v_{xj} + \left(\frac{\partial\hat{\alpha}_{jk}}{\partial\hat{Y}_j}\right)_0 v_{yj} + \left(\frac{\partial\hat{\alpha}_{jk}}{\partial\hat{X}_k}\right)_0 v_{xk} + \left(\frac{\partial\hat{\alpha}_{jk}}{\partial\hat{Y}_j}\right)_0 v_{yk} \tag{9-4}$$

式中：$(\ )_0$表示用坐标观测值代替坐标平差值计算的偏导数值。于是式(9-4)又可写为

$$\hat{\alpha}_{jk} = \alpha_{jk}^0 + \delta\alpha_{jk} \tag{9-5}$$

因为

$$\left(\frac{\partial\hat{\alpha}_{jk}}{\partial\hat{X}_j}\right)_0 = \frac{Y_k-Y_j}{(X_k-X_j)^2+(Y_k-Y_j)^2} = \frac{\Delta Y_{jk}^0}{(S_{jk}^0)^2}$$

$$\left(\frac{\partial\hat{\alpha}_{jk}}{\partial\hat{Y}_j}\right)_0 = -\frac{\Delta X_{jk}^0}{(S_{jk}^0)^2}$$

$$\left(\frac{\partial\hat{\alpha}_{jk}}{\partial\hat{X}_k}\right)_0 = -\frac{\Delta Y_{jk}^0}{(S_{jk}^0)^2}$$

$$\left(\frac{\partial\hat{\alpha}_{jk}}{\partial\hat{Y}_k}\right)_0 = -\frac{\Delta X_{jk}^0}{(S_{jk}^0)^2}$$

将上式结果代入式(9-5)，并统一全式的单位得

$$\hat{\alpha}_{jk}=\alpha_{jk}^{0}+\frac{\rho''\Delta Y_{jk}^{0}}{(S_{jk}^{0})^{2}}v_{xj}-\frac{\rho''\Delta X_{jk}^{0}}{(S_{jk}^{0})^{2}}v_{yj}-\frac{\rho''\Delta Y_{jk}^{0}}{(S_{jk}^{0})^{2}}v_{xk}+\frac{\rho''\Delta X_{jk}^{0}}{(S_{jk}^{0})^{2}}v_{yk} \tag{9-6}$$

同理可得

$$\hat{\alpha}_{jh}=\alpha_{jh}^{0}+\frac{\rho''\Delta Y_{jh}^{0}}{(S_{jh}^{0})^{2}}v_{xj}-\frac{\rho''\Delta X_{jh}^{0}}{(S_{jh}^{0})^{2}}v_{yj}-\frac{\rho''\Delta Y_{jh}^{0}}{(S_{jh}^{0})^{2}}v_{xh}+\frac{\rho''\Delta X_{jh}^{0}}{(S_{jh}^{0})^{2}}v_{yh} \tag{9-7}$$

将式(9-6)和式(9-7)代入式(9-2)，即得条件方程为

$$\rho''\left(\frac{\Delta Y_{jk}^{0}}{(S_{jk}^{0})^{2}}-\frac{\Delta Y_{jh}^{0}}{(S_{jh}^{0})^{2}}\right)v_{xj}-\rho''\left(\frac{\Delta X_{jk}^{0}}{(S_{jk}^{0})^{2}}-\frac{\Delta X_{jh}^{0}}{(S_{jh}^{0})^{2}}\right)v_{yj}-\frac{\rho''\Delta X_{jk}^{0}}{(S_{jk}^{0})^{2}}v_{xk}+$$

$$\frac{\rho''\Delta X_{jk}^{0}}{(S_{jk}^{0})^{2}}v_{yk}+\frac{\rho''\Delta Y_{jk}^{0}}{(S_{jh}^{0})^{2}}v_{xh}-\frac{\rho''\Delta X_{jh}^{0}}{(S_{jh}^{0})^{2}}v_{yh}+w=0$$

及

$$w=\alpha_{jk}^{0}-\alpha_{jh}^{0}-\beta_{0}$$

9.1.2 距离型的条件方程

数字化所得两点间距离应与已知值相符合，为此所组成的条件方程为距离型条件方程。

设点$(\hat{X}_j，\hat{Y}_j)$与点$(\hat{X}_k，\hat{Y}_k)$之间的距离为S_0，则其条件方程为

$$\sqrt{(\hat{X}_k-\hat{X}_j)^2+(\hat{Y}_k-\hat{Y}_j)^2}=S_0 \tag{9-8}$$

设

$$f=\sqrt{(\hat{X}_k-\hat{X}_j)^2+(\hat{Y}_k-\hat{Y}_j)^2}$$

则式(9-8)线性化过程为

$$f=s_{kj}+\left(\frac{\partial f}{\partial\hat{X}_j}\right)_0 v_{\hat{X}_j}+\left(\frac{\partial f}{\partial\hat{Y}_j}\right)_0 v_{\hat{Y}_j}+\left(\frac{\partial f}{\partial\hat{X}_k}\right)_0 v_{\hat{X}_k}+\left(\frac{\partial f}{\partial\hat{Y}_k}\right)_0 v_{\hat{Y}_k} \tag{9-9}$$

其中

$$s_{kj}=\sqrt{(X_k-X_j)^2+(Y_k-Y_j)^2}$$

$$\left(\frac{\partial f}{\partial\hat{X}_j}\right)_0=-\frac{X_k-X_j}{s_{ij}}=-\frac{\Delta X_{kj}^{0}}{s_{kj}}=-\cos\alpha_{kj}^{0}$$

$$\left(\frac{\partial f}{\partial\hat{Y}_j}\right)_0=-\frac{Y_k-Y_j}{s_{ij}}=-\frac{\Delta Y_{kj}^{0}}{s_{kj}}=-\sin\alpha_{kj}^{0}$$

$$\left(\frac{\partial f}{\partial\hat{X}_k}\right)_0=\frac{X_k-X_j}{s_{ij}}=\frac{\Delta X_{kj}^{0}}{s_{kj}}=\cos\alpha_{kj}^{0}$$

$$\left(\frac{\partial f}{\partial\hat{Y}_k}\right)_0=\frac{Y_k-Y_j}{s_{ij}}=\frac{\Delta Y_{kj}^{0}}{s_{kj}}=\sin\alpha_{kj}^{0}$$

将以上关系式代入式(9-9)，再考虑式(9-8)，得改正数条件方程为

$$-\frac{\Delta X_{kj}^0}{s_{kj}}v_{\hat{X}_j}-\frac{\Delta Y_{kj}^0}{s_{kj}}v_{\hat{Y}_j}+\frac{\Delta X_{kj}^0}{s_{kj}}v_{\hat{X}_k}+\frac{\Delta Y_{kj}^0}{s_{kj}}v_{\hat{Y}_k}+w_i=0$$

或者也可写成

$$-\cos\alpha_{kj}^0 v_{\hat{X}_j}-\sin\alpha_{kj}^0 v_{\hat{Y}_j}+\cos\alpha_{kj}^0 v_{\hat{X}_k}+\sin\alpha_{kj}^0 v_{\hat{Y}_k}+w_i=0$$

闭合差为

$$w_i=s_{kj}-S_0=\sqrt{(X_k-X_j)^2+(Y_K-Y_j)^2}-S_0$$

9.1.3 面积型条件方程

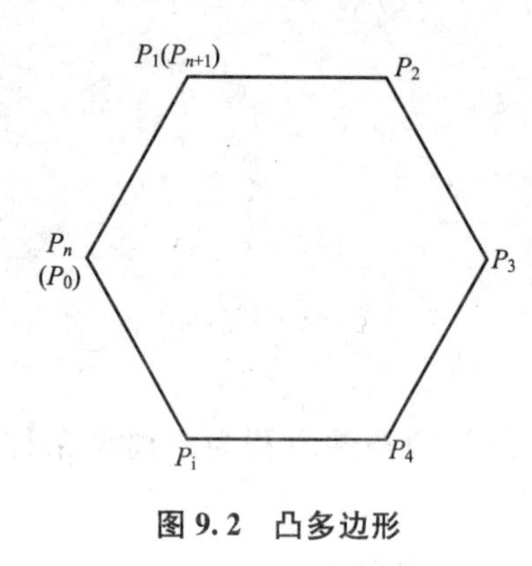

图 9.2 凸多边形

图 9.2 是由 n 个数字化坐标点 P_1-P_n 构成的封闭凸多边形，其面积为给定值 A，当其点位编号为顺时针时，存在如下条件

$$\frac{1}{2}\sum_{i=1}^{n}\hat{x}_i(\hat{y}_{i+1}-\hat{y}_{i-1})-A=0 \qquad (9-10)$$

该条件称为面积条件。式中，$P_n=P_0$，$P_{n+1}=P_1$，线性化后的改正数条件方程

$$\sum_{i=1}^{n}a_i v_{x_i}+\sum_{i=1}^{n}b_i v_{y_i}+w=0 \qquad (9-11)$$

式中

$$a_i=\frac{1}{2}(y_{i+1}-y_{i-1})$$

$$b_i=\frac{1}{2}(x_{i+1}-x_{i-1})$$

$$w=\frac{1}{2}\sum_{i=1}^{n}x_i(y_{i+1}-y_{i-1})-A$$

以上介绍了一些简单的数字化点之间为满足一些指定条件而构成条件方程的过程，实际应用中还可能遇到如两直线平行条件、两直线垂直条件、圆弧上测的点要满足圆曲线条件等，这些就需要使用者根据条件平差原理灵活运用。平差时将观测坐标所需要满足的所有条件式都放在一起，构成条件方程整体进行平差即可。

9.1.4 实例分析

【例 9-1】 图 9.3 所示为地图上一矩形房屋线划图，为了对其进行数字化，测量了房屋的 3 个角点坐标测量值为$(x_1,\ y_1)=(235.511,\ 358.805)$、$(x_2,\ y_2)=(285.188,\ 405.301)$、$(x_3,\ y_3)=(259.893,\ 332.809)$。数字化的要求是对点位测量坐标平差后，房屋的两条边长与测量坐标值算得的边长值相同，且房屋应为直角。试按条件平差法求出点位平差值。

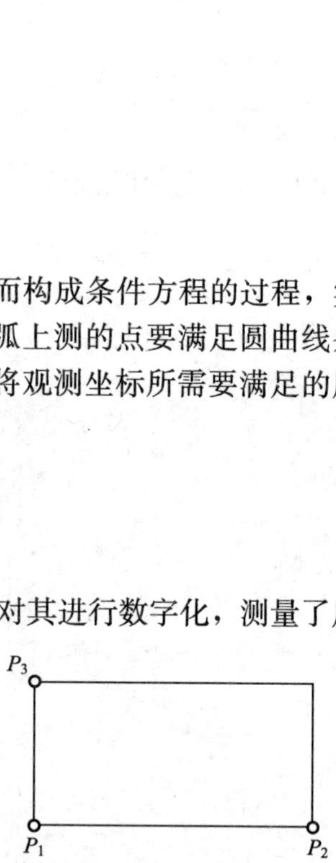

图 9.3 矩形房屋线划图

解: 矩形房屋的两条边是已知量，为了确定房屋的位置、

方向和大小还需测量房屋一个角点的坐标和一条边的方位角即可。因此，此问题的必要观测数为 $t=3$，观测数为 $n=6$，所以，多余观测个数为 $r=n-t=3$，可以列出 3 个条件方程，形式为

$$\sqrt{(\hat{x}_1-\hat{x}_2)^2+(\hat{y}_1-\hat{y}_2)^2}-\sqrt{(x_1-x_2)^2+(y_1-y_2)^2}=0$$

$$\sqrt{(\hat{x}_1-\hat{x}_3)^2+(\hat{y}_1-\hat{y}_3)^2}-\sqrt{(x_1-x_3)^2+(y_1-y_3)^2}=0$$

$$\arctan\frac{\hat{y}_2-\hat{y}_1}{\hat{x}_2-\hat{x}_1}-\arctan\frac{\hat{y}_3-\hat{y}}{\hat{x}_3-\hat{x}_1}-90°=0$$

取测量坐标为近似值。上述条件方程的线性化形式为

$$-\frac{\Delta x_{12}^0}{S_{12}^0}v_{x_1}-\frac{\Delta y_{12}^0}{S_{12}^0}v_{y_1}+\frac{\Delta x_{12}^0}{S_{12}^0}v_{x_2}+\frac{\Delta y_{12}^0}{S_{12}^0}v_{y_2}=0$$

$$-\frac{\Delta x_{13}^0}{S_{13}^0}v_{x_1}-\frac{\Delta y_{13}^0}{S_{13}^0}v_{y_1}+\frac{\Delta x_{13}^0}{S_{13}^0}v_{x_3}+\frac{\Delta y_{13}^0}{S_{13}^0}v_{y_3}=0$$

$$\rho\left(\frac{\Delta y_{12}^0}{(S_{12}^0)^2}-\frac{\Delta y_{13}^0}{(S_{13}^0)^2}\right)v_{x_1}-\rho\left(\frac{\Delta x_{12}^0}{(S_{12}^0)^2}-\frac{\Delta x_{13}^0}{(S_{13}^0)^2}\right)v_{y_1}-\rho\frac{\Delta y_{12}^0}{(S_{12}^0)^2}v_{x_2}+\rho\frac{\Delta x_{12}^0}{(S_{12}^0)^2}v_{y_2}+$$

$$\rho\frac{\Delta y_{13}^0}{(S_{13}^0)^2}v_{x_3}-\rho\frac{\Delta x_{13}^0}{(S_{13}^0)^2}v_{y_3}+\rho\arctan\frac{y_2-y_1}{x_2-x_1}-\rho\arctan\frac{y_3-y_1}{x_3-x_1}-5400'=0$$

上述线性化条件方程的数值形式为

$$-0.7301v_{x_1}-0.6833v_{y_1}+0.7301v_{x_2}+0.6833v_{y_2}=0$$

$$-0.6841v_{x_1}+0.7284v_{y_1}+0.6841v_{x_3}-0.7284v_{y_3}=0$$

$$104.8784v_{x_1}+29.0977v_{y_1}-34.5254v_{x_2}+36.8874v_{y_2}-70.3531v_{x_3}-65.9851v_{y_3}-3.5647'=0$$

通常可以认定直接观测值为相互独立，且每次坐标测量量测条件是相同的，因而可以认为各观测值是等精度的。则观测值权阵为单位阵，即 $P=I$，法方程系数阵为

$$N_{aa}=AQA^{\mathrm{T}}=AA^{\mathrm{T}}=\begin{bmatrix}2.0 & 2.0 & -96.4550\\ 0.0 & 2.0 & -50.5240\\ -96.4550 & -50.5240 & 2.3702\end{bmatrix}$$

法方程解为

$$K=-N_{aa}^{-1}W=-\begin{bmatrix}0.6308 & 0.0682 & 0.0037\\ 0.0682 & 0.5358 & 0.0014\\ 0.027 & 0.0014 & 0.0001\end{bmatrix}\begin{bmatrix}0\\ 0\\ -3.5647\end{bmatrix}=\begin{bmatrix}0.0097\\ 0.0051\\ 0.0002\end{bmatrix}$$

观测值改正数解为

$$V=QA^{\mathrm{T}}K=[0.0105\quad 0.0029\quad 0.0001\quad 0.0140\quad -0.0106\quad -0.0169]^{\mathrm{T}}$$

观测值平差值为

$$\begin{bmatrix} \hat{x}_1 \\ \hat{y}_1 \\ \hat{x}_2 \\ \hat{y}_2 \\ \hat{x}_3 \\ \hat{y}_3 \end{bmatrix} = \begin{bmatrix} 235.5215 \\ 358.8079 \\ 285.1881 \\ 405.3150 \\ 259.8824 \\ 332.7921 \end{bmatrix}$$

9.2 坐标值的间接平差

9.2.1 拟合模型

拟合模型是测量平差中常遇到的一种特殊的函数模型。测角网、测边网等其函数模型中所描述的观测数据与未知量间的关系是确定的，即是一种确定性的函数模型。而拟合模型则是一种函数模型或是统计回归模型。用一个函数去逼近所给定的一组数据，或者利用变量与变量之间统计相关性质给定的回归模型都属于这里所说的拟合模型。

下面举两例说明拟合模型误差方程的组成。

(1) 在地图数字化中，已知圆上 m 个点的数字化观测值$(X_i, Y_i)(i=1, 2, \cdots, m)$，设为等权独立观测，试求该圆的曲线方程。

由于数字化观测值有误差，m 个点并不在同一圆曲线上，需要在这些观测点拟合一条最佳圆曲线，这就是拟合模型问题。

圆曲线的参数方程以平差值表示为

$$\hat{X}_i = \hat{X}_0 + \hat{r}\cos\hat{\alpha}_i$$

$$\hat{Y}_i = \hat{Y}_0 + \hat{r}\sin\hat{\alpha}_i$$

式中：$(\hat{X}_0, \hat{Y}_0)$为圆心坐标平差值；$\hat{r}$ 和 $\hat{\alpha}_i$分别为半径和矢径方位角的平差值，它们为平差的未知参数，故此例 $n=2m$，$t=3+m$。

令

$$\hat{X}_i = X_i + v_{x_i}, \quad \hat{Y}_i = Y_i + v_{y_i}$$

$$\hat{r} = r^0 + \delta r, \quad \hat{\alpha}_i = \alpha_i^0 + \delta\alpha_i$$

$$\hat{X}_0 = X_0^0 + \hat{x}_0, \quad \hat{Y}_0 = Y_0^0 + \hat{y}_0$$

将上式线性化，最后得误差方程为

$$\begin{cases} v_{x_i} = \hat{x}_0 + \cos\alpha^0\delta r - r^0\sin\alpha_i^0\dfrac{\delta\alpha_i}{\rho} - l_{x_i} \\ v_{y_i} = \hat{y}_0 + \sin\alpha^0\delta r + r^0\cos\alpha_i^0\dfrac{\delta\alpha_i}{\rho} - l_{y_i} \end{cases}$$

式中

$$\begin{cases} l_{x_i}=X_i-(X_0^0+r^0\cos\alpha_i^0)=X_i-X_i^0 \\ l_{y_i}=Y_i-(Y_0^0+r^0\cos\alpha_i^0)=Y_i-Y_i^0 \end{cases}$$

(2) 数字高程模型、GPS水准的高程异常拟合模型等常采用多项式拟合模型。已知 m 个点的数据是$(Z_i, x_i, y_i)(i=1, 2, \cdots, m)$，其中 Z_i是点 i 的高程(数字高程模型)或高程异常(GPS水准拟合模型)，(x_i, y_i)为 i 的坐标，视为无误差，并认为 Z 是坐标的函数，即可取拟合函数为

$$\hat{Z}_i=\hat{b}_0+\hat{b}_1x_i+\hat{b}_2y_i+\hat{b}_3x_i^2+\hat{b}_4x_iy_i+\hat{b}_5y_i^2$$

式中：$\hat{Z}_i=Z_i+v_{Z_i}$，未知参数为 $\hat{b}_0$，$\hat{b}_1$，$\cdots\hat{b}_5$。(x_i, y_i)为常数，则其误差方程为

$$v_{Z_i}=\hat{b}_0+x_i\hat{b}_1+y_i\hat{b}_2+x_i^2\hat{b}_3+x_iy_i\hat{b}_4+y_i^2\hat{b}_5-Z_i$$

9.2.2 坐标转换模型

在利用手工数字化仪采集GIS数据，往往由于数字化仪坐标系与地面坐标系不一致及图纸变形而产生系统误差，为了消除此误差，通常是根据已知地面坐标的控制点和网格点采用平面相似变换法进行处理。

此外，在工程测量中，为施工设计和施工放样方便，施工坐标系与施工所在地的城市坐标系往往不相同，在施工控制测量中，必须将施工坐标系进行平面坐标转换，使施工坐标系统一到城市坐标系统。

为求取坐标转换参数的最佳估值，需要有一定数量的公共点。所谓的公共点是指这些点在两个坐标系中的坐标值都是已知的。设在本坐标系 XOY 中有两个以上的公共点坐标$(X_i, Y_i)(i>2)$，这些点在另一坐标系 $AO'B$ 中对应的坐标为(A_i, B_i)，见图9.4。为将另一坐标系的控制网合理地配合到本坐标系网上，需对另一坐标系加以平移、旋转和尺度改正，并保持控制网形状不变。

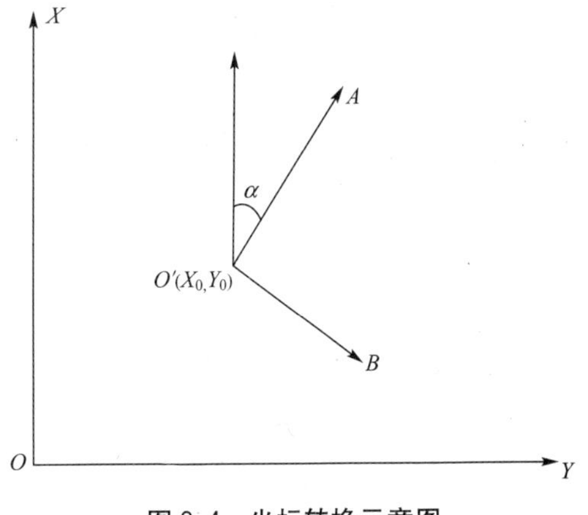

图9.4 坐标转换示意图

已知两坐标系之间的转换方程为

$$\begin{bmatrix} X_i \\ Y_i \end{bmatrix}=\begin{bmatrix} X_0 \\ Y_0 \end{bmatrix}+\mu\begin{bmatrix} \cos\alpha, & -\sin\alpha \\ \sin\alpha, & \cos\alpha \end{bmatrix}\begin{bmatrix} A_i \\ B_i \end{bmatrix} \tag{9-12}$$

式中：(X_0, Y_0)是另一坐标系 $AO'B$ 的原点在本坐标系中的坐标；μ 为尺度比因子；α 为另一坐标系的主轴在本坐标系中的方位角。X_0、Y_0、μ、α 这4个元素，就称为坐标旋转参数，它们取值的好坏，是决定转换后坐标值的可靠性的重要因素。所以一般公共点要取大于两点，并利用间接平差的方法求出坐标转换参数的最佳估值。

为计算方便，也可以令

$$a=X_0,\quad b=Y_0,\quad c=\mu\cos\alpha,\quad d=\mu\sin\alpha$$

则式(9-12)变为

$$\begin{cases}X_i=a+A_ic-B_id\\ Y_i=b+B_ic+A_id\end{cases}$$

上式是指当参数值和坐标值都不存在误差时，它们之间应该满足的理论关系式。将坐标转换参数的估值 $\hat{a}$、$\hat{b}$、$\hat{c}$、$\hat{d}$ 代入，由 i 点在另一坐标系的坐标值(A_i，B_i)就能转换出 i 点在本坐标系中的坐标估值($\hat{X}_i$，$\hat{Y}_i$)

$$\begin{bmatrix}\hat{X}_i\\ \hat{Y}_i\end{bmatrix}=\begin{bmatrix}\hat{a}\\ \hat{b}\end{bmatrix}+\begin{bmatrix}\hat{c} & -\hat{d}\\ \hat{d} & \hat{c}\end{bmatrix}\begin{bmatrix}A_i\\ B_i\end{bmatrix}$$

最小二乘原理在求最佳坐标转换参数中的应用是这样考虑的：希望公共点 i 点通过坐标转换参数得到的坐标估值($\hat{X}_i$，$\hat{Y}_i$)与该点已知的坐标值(X_i，Y_i)之差的平方和在达到最小的情况下，对最佳转换参数 $\hat{a}$、$\hat{b}$、$\hat{c}$、$\hat{d}$ 进行估计。所以误差方程为

$$\begin{cases}v_{X_i}=\hat{X}_i-X_i=\hat{a}+A_i\hat{c}-B_i\hat{d}-X_i\\ v_{Y_i}=\hat{Y}_i-Y_i=\hat{b}+B_i\hat{c}+A_i\hat{d}-Y_i\end{cases}$$

所以当新旧两个坐标系中的公共点超过两个时，即 $i=1, 2, \cdots, n$，可以列出如下误差方程

$$\begin{bmatrix}v_{X_1}\\ v_{Y_1}\\ v_{X_2}\\ v_{Y_2}\\ \vdots\\ v_{X_n}\\ v_{Y_n}\end{bmatrix}=\begin{bmatrix}1 & 0 & A_1 & -B_1\\ 0 & 1 & B_1 & A_1\\ 1 & 0 & A_2 & -B_2\\ 0 & 1 & B_2 & A_2\\ \vdots & \vdots & \vdots & \vdots\\ 1 & 0 & A_n & -B_n\\ 0 & 1 & B_n & A_n\end{bmatrix}\begin{bmatrix}\hat{a}\\ \hat{b}\\ \hat{c}\\ \hat{d}\end{bmatrix}-\begin{bmatrix}X_1\\ Y_1\\ X_2\\ Y_2\\ \vdots\\ X_n\\ Y_n\end{bmatrix}$$

根据间接平差的过程，从上面的误差方程得到法方程，再从法方程解得参数最佳估值的计算式为

$$\begin{cases}\hat{a}=\dfrac{[X]}{n}-\hat{c}\dfrac{[A]}{n}+\hat{d}\dfrac{[B]}{n}\\ \hat{b}=\dfrac{[Y]}{n}-\hat{c}\dfrac{[B]}{n}-\hat{d}\dfrac{[A]}{n}\\ \hat{c}=\dfrac{[AX]+[BY]-\frac{1}{n}([A][X]+[B][Y])}{[AA]+[BB]-\frac{1}{n}([A][A]+[B][B])}\\ \hat{d}=\dfrac{[AY]-[BX]-\frac{1}{n}([A][Y]-[B][X])}{[AA]+[BB]-\frac{1}{n}([A][A]+[B][B])}\end{cases}$$

则可得到坐标转换参数的最佳估值为

$$\hat{X}_0=\hat{a}，\quad \hat{Y}_0=\hat{b}，\quad \mu=\sqrt{\hat{c}^2+\hat{d}^2}，\quad \hat{\alpha}=\arctan\left(\frac{\hat{d}}{\hat{c}}\right)$$

当求出了上面4个坐标转换参数后，将它们的数值代入式(9－12)，就得到了坐标转换方程，于是，任意$AO'B$系(假设是施工坐标系)中的坐标值通过该方程，就能换算出它们在XOY系(假设是城市坐标系)中的坐标。

所以，只要用在两个坐标系中位置分布比较均匀的、少量的、已知两套坐标的点，作为公共点，求出坐标转换参数，构造出坐标转换方程后，就可以用该转换方程对两个坐标系中大量的非公共点进行自由的坐标转换。

9.2.3 七参数坐标转换模型

9.2.2节是进行平面坐标转换的四参数模型，但是如果要进行空间坐标转换，其转换参数除了前面所说的4个参数外，还要增加1个平移参数和两个转换参数，即七参数转换模型。当观测的公共控制点大于3个时，可采用间接平差法求得空间坐标转换模型中的7个参数。下面以WGS－84坐标和北京54坐标之间的转换说明七参数转换模型平差的过程。

【例9－2】 已知5个点在WGS－84和北京54坐标系下的坐标(表9－1)，根据布尔沙模型求解WGS－84和北京54坐标系之间的转换参数。

表9－1 WGS－84和北京54坐标系的坐标数据

点号	X_{84}	Y_{84}	Z_{84}	X_{54}	Y_{54}	Z_{54}
1	－2066241.5001	5360801.8835	2761896.3022	－2066134.4896	5360847.0595	2761895.5970
2	－1983936.0407	5430615.7282	2685375.7214	－1983828.7084	5430658.9827	2685374.6681
3	－1887112.7302	5468749.1944	2677688.9806	－1887005.1714	5468790.6487	2677687.2680
4	－1808505.4212	5512502.2716	2642356.5720	－1808397.7260	5512542.0921	2642354.4550
5	－1847017.0670	5573542.7934	2483802.9904	－1846909.0036	5573582.6511	2483801.6147

解：两个坐标系之间转换的布尔沙模型为

$$\begin{pmatrix}X\\Y\\Z\end{pmatrix}_{54}=\begin{pmatrix}T_X\\T_Y\\T_Z\end{pmatrix}+(1+m)R_3(\omega_Z)R_2(\omega_Y)R_1(\omega_X)\begin{pmatrix}X\\Y\\Z\end{pmatrix}_{84}$$

$$R_1(\omega_X)=\begin{bmatrix}1 & 0 & 0\\0 & \cos\omega_X & \sin\omega_X\\0 & -\sin\omega_X & \cos\omega_X\end{bmatrix}$$

$$R_2(\omega_Y)=\begin{bmatrix}\cos\omega_Y & 0 & -\sin\omega_Y\\0 & 1 & 0\\\sin\omega_Y & 0 & \cos\omega_Y\end{bmatrix}$$

$$R_3(\omega_Z)=\begin{bmatrix}\cos\omega_Z & \sin\omega_Z & 0\\ -\sin\omega_Z & \cos\omega_Z & 0\\ 0 & 0 & 1\end{bmatrix}$$

T_X、T_Y、T_Z为由 WGS-84 坐标系转换到北京 54 坐标系的平移参数；

ω_X、ω_Y、ω_Z为由 WGS-84 坐标系转换到北京 54 坐标系的旋转参数；

m 为由 WGS-84 坐标系转换到北京 54 坐标系的尺度参数。

通常，两个不同基准间旋转的 3 个欧拉角 ω_X、ω_Y、ω_Z都非常小，因此有

$$R_1(\omega_X)=\begin{bmatrix}1&0&0\\0&1&0\\0&0&1\end{bmatrix}R_2(\omega_Y)=\begin{bmatrix}1&0&0\\0&1&0\\0&0&1\end{bmatrix}R_3(\omega_Z)=\begin{bmatrix}1&0&0\\0&1&0\\0&0&1\end{bmatrix}$$

因此布尔沙模型最终可简化表示为

$$\begin{pmatrix}X\\Y\\Z\end{pmatrix}_{54}=\begin{pmatrix}T_X\\T_Y\\T_Z\end{pmatrix}+\begin{pmatrix}1&0&0&0&-Z_{84}&Y_{84}&X_{84}\\0&1&0&Z_{84}&0&-X_{84}&Y_{84}\\0&0&1&-Y_{84}&X_{84}&0&Z_{84}\end{pmatrix}\begin{pmatrix}T_X\\T_Y\\T_Z\\\omega_X\\\omega_Y\\\omega_Z\\m\end{pmatrix}$$

按题意可知，必要观测数 $t=7$，$n=15$，$r=8$。选取 7 个转换参数为待估参数。

(1) 列误差方程。将北京 54 坐标系下的坐标视为观测值，设 WGS-84 坐标系下的坐标无误差，则可列出误差方程为

$$\begin{pmatrix}v_{x_1}\\v_{y_1}\\v_{z_1}\\\vdots\\v_{x_5}\\v_{y_5}\\v_{z_5}\end{pmatrix}=\begin{pmatrix}1&0&0&0&-Z_1&Y_1&X_1\\0&1&0&Z_1&0&-X_1&Y_1\\0&0&1&-Y_1&X_1&0&Z_1\\\vdots&\vdots&\vdots&\vdots&\vdots&\vdots&\vdots\\1&0&0&0&-Z_5&Y_5&X_5\\0&1&0&Z_5&0&-X_5&Y_5\\0&0&1&-Y_5&X_5&0&Z_5\end{pmatrix}\begin{pmatrix}T_X\\T_Y\\T_Z\\\omega_X\\\omega_Y\\\omega_Z\\m\end{pmatrix}-\left(\begin{pmatrix}X_1\\Y_1\\Z_1\\\vdots\\X_5\\Y_5\\Z_5\end{pmatrix}_{54}-\begin{pmatrix}X_1\\Y_1\\Z_1\\\vdots\\X_5\\Y_5\\Z_5\end{pmatrix}_{84}\right)$$

写成矩阵形式为

$$V=B\hat{X}-L$$

由于各点的坐标可视为同精度独立观测值，因此 $P=I$。

(2) 参数求解。把各点坐标已知值代入上述误差方程，然后按照下列公式求解出参数估值

$$\hat{X}=(B^{\mathrm{T}}B)^{-1}B^{\mathrm{T}}L$$

求得
$$\begin{pmatrix}\hat{T}_X\\ \hat{T}_Y\\ \hat{T}_Z\\ \hat{\omega}_X\\ \hat{\omega}_Y\\ \hat{\omega}_Z\\ \hat{m}\end{pmatrix}=\begin{pmatrix}-9.3089\mathrm{m}\\ 26.0137\mathrm{m}\\ 12.2981\mathrm{m}\\ 0.51683\mathrm{s}\\ -1.21848\mathrm{s}\\ 3.50699\mathrm{s}\\ -4.27148\mathrm{ppm}\end{pmatrix}$$

(3) 精度评定。将所求的$\hat{X}$代入$V=B\hat{X}-L$求改正数V，利用改正数进行精度评定。

单位权中误差$\hat{\sigma}_0=\sqrt{\dfrac{V^{\mathrm{T}}PV}{n-t}}=\sqrt{\dfrac{V^{\mathrm{T}}PV}{8}}=0.035\mathrm{m}$，$\hat{\sigma}_0=0.035\mathrm{m}$。

9.2.4 单张相片空间后方交会

在摄影测量中，例如在航空摄影测量中，常常需要知道摄影瞬间摄影中心的位置和摄影光束的姿态。这些参数可以通过GPS、惯性导航系统和雷达来测定。传统上，这些参数也可以利用一定数量的地面控制点，通过平差计算获得。

平差计算的基础是所谓的共线方程。它描述摄影中心坐标(X_S,Y_S,Z_S)、地面点坐标(X_A,Y_A,Z_A)和相应的像点在相片坐标系中的坐标(x,y)之间的函数关系，其形式为

$$\begin{cases}x=-f\dfrac{a_1(X_A-X_S)+b_1(Y_A-Y_S)+c_1(Z_A-Z_S)}{a_3(X_A-X_S)+b_3(Y_A-Y_S)+c_3(Z_A-Z_S)}\\ y=-f\dfrac{a_2(X_A-X_S)+b_2(Y_A-Y_S)+c_2(Z_A-Z_S)}{a_3(X_A-X_S)+b_3(Y_A-Y_S)+c_3(Z_A-Z_S)}\end{cases}$$

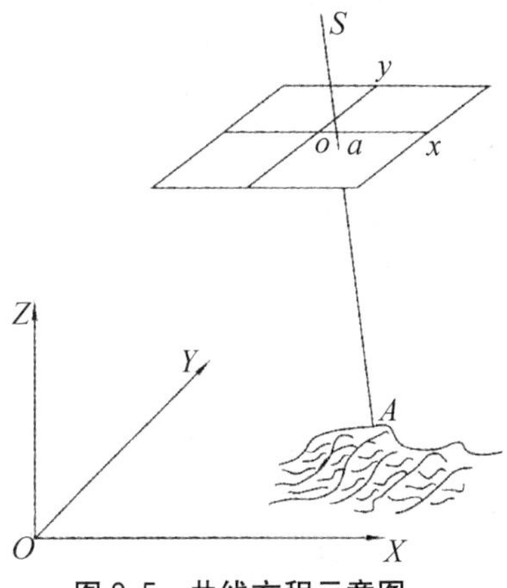

图9.5 共线方程示意图

式中：f为摄影机主距；a_i、b_i、c_i是描述摄影光束姿态的参数(φ,ω,K)的函数。共线方程示意图如图9.5所示，(X_S,Y_S,Z_S)与(X_A,Y_A,Z_A)是属于地面坐标系$O-XYZ$中的坐标。假设f和地面控制点坐标(X_A,Y_A,Z_A)为已知，现欲求(X_S,Y_S,Z_S)和(φ,ω,κ)。为了求解这6个参数，至少需要6个方程，也就是至少需要3个地面控制点。当地面控制点超过3个时，需采用最小二乘原理解算参数的最优解。此时，可将共线方程改成如下的线性化误差方程，即

$$\begin{cases}v_x=\left(\dfrac{\partial x}{\partial X_S}\right)_0\hat{x}_S+\left(\dfrac{\partial x}{\partial Y_S}\right)_0\hat{y}_S+\left(\dfrac{\partial x}{\partial Z_S}\right)_0\hat{z}_S+\left(\dfrac{\partial x}{\partial \varphi}\right)_0\Delta\hat{\varphi}+\left(\dfrac{\partial x}{\partial \omega}\right)_0\Delta\hat{\omega}+\left(\dfrac{\partial x}{\partial \kappa}\right)_0\Delta\hat{\kappa}-l_x\\ v_y=\left(\dfrac{\partial y}{\partial X_S}\right)_0\hat{x}_S+\left(\dfrac{\partial y}{\partial Y_S}\right)_0\hat{y}_S+\left(\dfrac{\partial y}{\partial Z_S}\right)_0\hat{z}_S+\left(\dfrac{\partial y}{\partial \varphi}\right)_0\Delta\hat{\varphi}+\left(\dfrac{\partial y}{\partial \omega}\right)_0\Delta\hat{\omega}+\left(\dfrac{\partial y}{\partial \kappa}\right)_0\Delta\hat{\kappa}-l_y\end{cases}$$

(9-13)

式中：(x, y)是像点坐标的量测值，认为是观测值；

(x^0, y^0)是将近似值X_S^0、Y_S^0、Z_S^0、φ^0、ω^0、κ^0代入共线方程计算得到的像点坐标近似值；

$l_x=x-x^0$；$l_y=y-y^0$。

通过解算式(9－13)所组成的误差方程组，可以得到参数解$\hat{x}_S$、$\hat{y}_S$、$\hat{z}_S$、$\Delta\hat{\varphi}$、$\Delta\hat{\omega}$、$\Delta\hat{\kappa}$。

参数平差值为

$$\hat{X}_S=X_S^0+\hat{x}_S;\quad \hat{Y}_S=Y_S^0+\hat{y}_S$$

$$\hat{Z}_S=Z_S^0+\hat{z}_S;\quad \hat{\varphi}=\varphi^0+\Delta\hat{\varphi}$$

$$\hat{\omega}=\omega^0+\Delta\hat{\omega};\quad \hat{\kappa}=\kappa^0+\Delta\hat{\kappa}$$

9.2.5 实例分析

【例9－3】 利用数字地形模型DTM(Digital Terrain Model)计算待求点高程。设某DTM模型的网格点距为d_0，每个网格点的平面坐标(x, y)和高程H都是已知的，当需要求取任意点的高程时，可由网格点的高程拟合出待求点的高程。高程拟合中，假定高程值的变化在网格点覆盖的区域附近是某一已知函数，本例取如下二次曲面

$$H=a_0+a_1x+a_2y+a_3x^2+a_4y^2+a_5xy \tag{9-14}$$

式中：a_0、a_1、a_2、a_3、a_4、a_5为待定参数；H是平面坐标(x, y)点处的高程值。一旦式(9－15)中的待定参数确定之后，就可以用式(9－14)求取任意点高程。显然，有6个网格点的数据就可以确定式(9－14)中的待定参数a_0、a_1、a_2、a_3、a_4、a_5，但为了提高拟合精度通常用超过6个点的数据来确定待定参数，这时可用间接平差的方法进行拟合。拟合中，网格点的平面坐标x_i、y_i视为已知常数，H_i视为独立观测值，组成如下误差方程

$$\begin{cases} v_1=a_0+a_1x_1+a_2y_1+a_3x_1^2+a_4y_1^2+a_5x_1y_1-H_1 \\ v_2=a_0+a_1x_2+a_2y_2+a_3x_2^2+a_4y_2^2+a_5x_2y_2-H_2 \\ \vdots \\ v_m=a_0+a_1x_{m1}+a_2y_m+a_3x_m^2+a_4y_m^2+a_5x_my_m-H_m \end{cases} \tag{9-15}$$

据此可组成法方程，解出未知参数a_0、a_1、a_2、a_3、a_4、a_5，进而建立内插模型。

实际拟合时，为避免误差方程的系数过大，一般要将坐标系的原点平移至待求点附近，用平移后的坐标进行拟合。

设待求点的平面坐标为(190.0，210.0)，为求定待求点高程，现已知其待求点附近9个格网点的已知数据，数据见表9－2。现以此数据用间接平差法求定二次曲面函数的系数，然后求待定点的高程值(假定高程为独立等精度观测值)。

表 9-2 已知点的坐标与高程值 单位：m

点号	1	2	3	4	5	6	7	8	9
x	−000.0	−1000.0	−1000.0	0.0	0.0	0.0	1000.0	1000.0	1000.0
y	−000.0	0.0	1000.0	−1000.0	0.0	1000.0	−1000.0	0.0	1000.0
H	230.0	234.1	236.5	245.3	255.0	253.9	260.4	269.9	270.6

解：$n=9$，$t=6$，所以 $r=n-t=3$。

观测值为等精度独立观测，因此 $P=I$。

将表 9-2 的坐标值和高程值代入误差方程式(9-15)，得

$$B=\begin{bmatrix} 1.00 & -1000.00 & -1000.00 & 1000000.00 & 1000000.00 & 1000000.00 \\ 1.00 & -1000.00 & 0.00 & 1000000.00 & 0.00 & 0.00 \\ 1.00 & -1000.00 & 1000.00 & 1000000.00 & 1000000.00 & -1000000.00 \\ 1.00 & 0.00 & -1000.00 & 0.00 & 1000000.00 & 0.00 \\ 1.00 & 0.00 & 0.00 & 0.00 & 0.00 & 0.00 \\ 1.00 & 0.00 & 1000.00 & 0.00 & 1000000.00 & 0.00 \\ 1.00 & -1000.00 & -1000.00 & 1000000.00 & 1000000.00 & 1000000.00 \\ 1.00 & 0.00 & 0.00 & 0.00 & 0.00 & 0.00 \\ 1.00 & 1000.00 & 1000.00 & 1000000.00 & 1000000.00 & 1000000.00 \end{bmatrix}$$

$N_{BB}=B^{\mathrm{T}}PB=B^{\mathrm{T}}B$

$$=\begin{bmatrix} 9.00 & -3000.00 & 0 & 5.00\times10^{6} & 6.00\times10^{6} & 2.00\times10^{6} \\ -3000.00 & 5.00\times10^{6} & 2.00\times10^{6} & -3.00\times10^{9} & -2.00\times10^{9} & 0 \\ 0.00 & 2.00\times10^{6} & 6.00\times10^{6} & 0.00 & 0.00 & -2.00\times10^{9} \\ 5.00\times10^{6} & -3.00\times10^{9} & 0.00 & 5.00\times10^{12} & 4.00\times10^{12} & 2.00\times10^{12} \\ 6.00\times10^{6} & -2.00\times10^{9} & 0.00 & 4.00\times10^{12} & 6.00\times10^{12} & 2.00\times10^{12} \\ 2.00\times10^{6} & 0.00 & -2.00\times10^{9} & 2.00\times10^{12} & 2.00\times10^{12} & 4.00\times10^{12} \end{bmatrix}$$

$W=B^{\mathrm{T}}Pl=B^{\mathrm{T}}l=$

$[2.256\times10^{3} \quad -6.904\times10^{5} \quad 2.530\times10^{4} \quad 1.232\times10^{9} \quad 1.497\times10^{9} \quad 5.245\times10^{8}]$

令 $\hat{a}=[\hat{a}_0 \quad \hat{a}_1 \quad \hat{a}_2 \quad \hat{a}_3 \quad \hat{a}_4 \quad \hat{a}_5]^{\mathrm{T}}$

$\hat{a}=N_{BB}^{-1}W=[258.3 \quad 0.0094 \quad 0.0043 \quad -0.000007 \quad -0.000005 \quad 0.000010]^{\mathrm{T}}$

由此，所求的 DTM 内插曲面模型为

$$\hat{H}=258.3+0.0094x+0.0043y-0.000007x^2-0.000005y^2+0.00001xy \tag{9-16}$$

将坐标值(190.0， 210.0)代入式(9-16)，得高程值：$\hat{H}=260.97(\mathrm{m})$

本章小结

本章主要介绍了利用间接平差和条件平差来进行坐标值的平差计算，及坐标值的条件方程和误差方程的列立。本章实际上是间接平差和条件平差的应用。由于坐标值的应用越来越广泛，因此本章的内容要掌握。

习　　题

1. 利用GPS测量地面点的大地高 H，同时利用水准测量方法测量该点的正常高 H_γ，则该点上的高程异常为 $\xi=H-H_\gamma$。通过测量某一区域均匀布设点上的高程异常值，便可以拟合似大地水准面。设利用如下函数来拟合似大地水准面。

$$\xi_i=f(x_i,\ y_i)=a_0+a_1\sqrt{x_i}+a_2\sqrt{y_i}+a_3\sqrt{x_iy_i}+a_4x_i+a_5y_i$$

表 9-3 为区域内 16 个点的坐标测量值及相应点上高程异常测量值，试求出拟合函数中的系数值。

表 9-3　坐标和高程异常测量数据表

编号	x/m	y/m	ξ/m	编号	x/m	y/m	ξ/m
1	1100.5	1028.2	3.5	9	1203.2	7318.6	9.5
2	4280.3	1125.8	3.3	10	4280.3	7231.7	13.2
3	7401.2	901.3	5.1	11	7328.4	6889.1	16.5
4	10383.5	938.5	8.7	12	10831.7	7051.2	22.3
5	1078.5	4134.7	7.8	13	1108.4	12803.4	11.2
6	4315.9	4280.1	10.3	14	4289.3	11880.1	13.8
7	7157.3	4081.9	11.4	15	7821.3	12933.7	18.3
8	11245.6	3891.3	16.5	16	10804.9	12180.3	24.6

2. 新旧坐标系统的坐标原点、坐标轴指向和距离尺度均不相同。公共点在新坐标系统中的坐标为 $(x_i,\ y_i)$，在旧坐标系统中的坐标为 $(x'_i,\ y'_i)$，它们之间的关系为

$$x_i=x_0+x'_ik\cos\alpha-y'_ik\sin\alpha$$

$$y_i=y_0+y'_ik\cos\alpha+x'_ik\sin\alpha$$

式中：$(x_0,\ y_0)$ 为两坐标系统原点间的坐标差；k 为尺度因子；α 为新旧坐标系统间的夹角。现有 7 个公共点在新旧坐标系统中的坐标见表 9-4，试求出新旧坐标系统转换公式中的未知量 $(x_0,\ y_0)$、k 和 α，也可以将 $k\sin\alpha$ 与 $k\cos\alpha$ 作为两个整体变量求出。

表 9-4　坐标数据表

新坐标系统坐标						旧坐标系统坐标					
编号	x/m	y/m	编号	x/m	y/m	编号	x/m	y/m	编号	x/m	y/m
1	5940.870	3433.249	5	8833.607	4073.640	1	2839.190	1595.362	5	5801.955	1592.235
2	5921.724	5690.438	6	8195.035	5968.768	2	3310.705	3802.812	6	5590.186	3580.802
3	4218.565	3075.632	7	4704.983	6876.896	3	1080.352	1620.315	7	2380.692	5225.193
4	6743.890	5646.951				4	4103.801	3581.818			

3. 为了拟合曲线，测量了曲线上6个点的坐标值，坐标值见表9-5。现用曲线公式$y=a_0+a_1x+a_2x^2$对测量点进行拟合。试求出拟合函数中的系数值，并评定拟合精度。

表 9-5　坐标数据表

编号	1	2	3	4	5	6
x	3.115	5.303	6.815	7.358	8.510	9.355
y	1.375	3.083	5.450	6.551	9.293	11.659

4. 地图上有一道路的形状为圆的一部分，现对图上道路的轨迹进行了测量，两端点及中间点的量测坐标值如表9-6所示。圆曲线方程为

表 9-6　测量数据表

编号	1	2	3	4	5
x/mm	383.3	383.4	379.0	375.5	371.3
y/mm	240.7	246.8	249.5	254.5	257.0

$$\left.\begin{aligned} x_i &= x_0 + r\cos a_i \\ y_i &= y_0 + r\sin a_i \end{aligned}\right\}$$

已知此道路的实际长度为1042m，地图比例尺为1：5000。试按附有限制条件的间接平差法，求出道路所示圆的圆曲线方程及道路在图中的准确位置。

5. 为量测一房屋面积(图9.6)，测该房屋四角，得四个角上的坐标观测值X_i、Y_i，如表9-7所示。试列出条件方程。

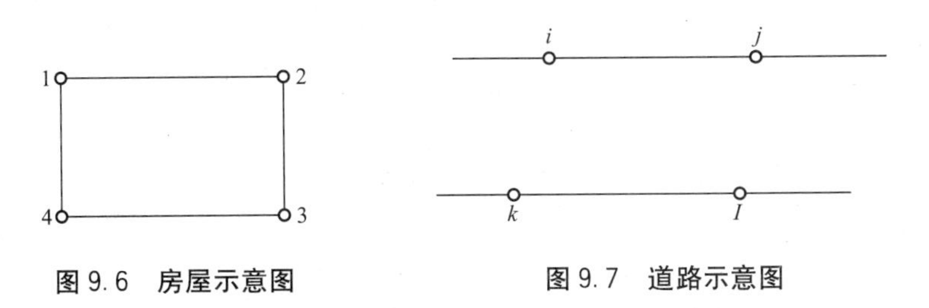

图 9.6　房屋示意图　　　图 9.7　道路示意图

6. 如图9.7所示，在数字化地图上进行一条道路两边(平行)的数字化，每边各数字化了两个点，试按条件平差写出其条件方程。

表 9-7　坐标观测数据表

编号	X/cm	Y/cm
1	39.94	28.97
2	39.90	35.86
3	20.36	35.92
4	20.46	28.91

7. 如图 9.8 所示，对一直角房屋进行了数字化，其坐标观测值见表 9-8，试按条件平差法求平差后各坐标的平差值和点位精度。

表 9-8　坐标观测值表

坐标＼点号	1	2	3	4	5	6
X/m	4579.393	4577.929	4569.558	4570.245	4571.200	4572.028
Y/m	2595.182	2602.830	2601.099	2597.168	2597.374	2593.619

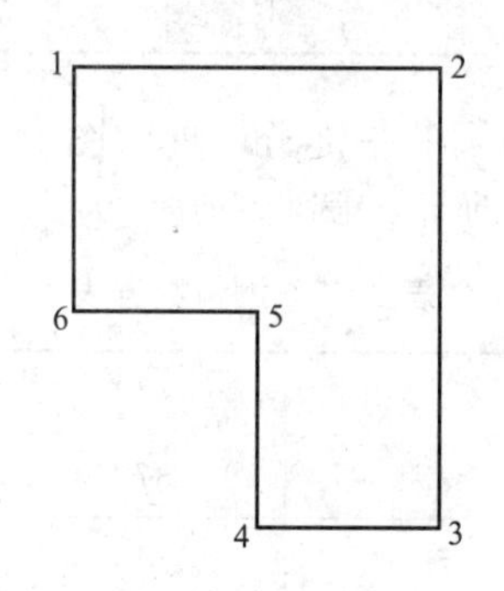

图 9.8　直角房屋

8. 有一中心在圆点的椭圆，为了确定其方程，观测了 10 组数据(x_i，y_i)(i=1，2，…，10)，试列出该椭圆的误差方程。

9. 已知一圆弧上 4 个点的正射相片坐标 X、Y 的值见表 9-9。观测值的中误差均为 1m，坐标原点的近似值 $A^0=0$，$B^0=0$，试按间接平差法求：

表 9-9　坐标观测值表

坐标＼点号	1	2	3	4
X/m	0	50	90	120
Y/m	120	110	80	0

(1) 平差后圆的方程。

(2) 平差后圆的面积及其中误差。

(3) 平差后圆心的点位中误差。

第10章 误差椭圆

教学目标

本章主要介绍有关误差椭圆的一些概念及其应用。通过本章的学习，应达到以下目标：

(1) 掌握点位误差的计算及其极值的确定；

(2) 了解误差曲线的应用；

(3) 掌握误差椭圆的概念及其应用；

(4) 掌握相对误差椭圆的概念及其应用；

(5) 掌握误差椭圆和相对误差椭圆的绘制方法；

(6) 能熟练地计算误差椭圆和相对误差椭圆的三要素。

教学要求

知识要点	能力要求	相关知识
点位中误差	(1) 掌握点位真误差的概念 (2) 了解点位方差的特性 (3) 了解点位方差的局限性	(1) 点位中误差的定义 (2) 点位方差与坐标系统无关性的证明 (3) 点位方差的局限性
点位误差	(1) 掌握点位误差的计算 (2) 掌握任意方向上位差极值的计算 (3) 掌握位差极值的计算 (4) 掌握以位差的极值表示任意方向的位差计算	(1) 位差的计算 (2) 任意方向位差的计算 (3) 位差极值的计算 (4) 位差极值表示任意方向的位差计算 (5) 实例计算
误差曲线	(1) 了解误差曲线的概念 (2) 了解误差曲线的用途	(1) 误差曲线的概念 (2) 误差曲线的用途
误差椭圆	(1) 掌握误差椭圆的概念和用途 (2) 掌握绘制误差椭圆的方法 (3) 能熟练地计算误差椭圆的三要素	(1) 误差椭圆的三要素的计算 (2) 误差椭圆的绘制 (3) 误差椭圆的用途
相对误差椭圆	(1) 掌握相对误差椭圆的概念和用途 (2) 能熟练地计算相对误差椭圆的三要素 (3) 掌握绘制相对误差椭圆的方法	(1) 相对误差椭圆的三要素的计算 (2) 相对误差椭圆的绘制 (3) 相对误差椭圆的用途

基本概念

点位误差、误差曲线、误差椭圆、相对误差椭圆、误差椭圆三要素、相对误差椭圆三要素、位差极大值、位差极小值

引言

在控制网的设计中，如何估算控制网中点的精度，根据估算的精度来决定设计方案的可行性，因此能估算控制网中每点或每条边的精度是非常重要的。本章对此问题要进行研究。

对于点位误差在各个方向的影响是不一样的，有时在工程建设中要确定出其影响最大值的方向以便采取相应的措施控制其影响，这也是本章所要解决的问题。

对于点位误差的大小的表达，最好是用图来表示是最直观的，本章对此进行探讨。

10.1 概　　述

在测量中，点 P 的平面位置常用平面直角坐标 x_P、y_P来确定。为了确定待定点的平面直角坐标，通常由已知点与待定点构成平面控制网，并对构成控制网的元素(角度、边长等)进行一系列观测，进而通过已知点的平面直角坐标和观测值，用一定的数学方法(平差方法)求出待定点的平面直角坐标。由于观测条件的存在，观测值总是带有观测误差的，因而根据观测值通过平差计算所获得的待定点的平面直角坐标，并不是真正的坐标值，而是待定点的真正坐标值$\tilde{x}_P$、$\tilde{y}_P$的估值$\hat{x}_P$、$\hat{y}_P$。坐标估值($\hat{x}_P$、$\hat{y}_P$)带有随机性，设它们的中误差为 $\hat{\sigma}_{\hat{x}_P}$、$\hat{\sigma}_{\hat{y}_P}$，又称这些中误差为待定点在 x 轴和 y 轴方向上的位差。

在前面几章讲述的几种平差方法中，对坐标估值的精度估算已有论述，在此基础上，本节对测量中常用的评定控制点点位的精度方法进一步讨论。

10.1.1　点位中误差的定义

在图 10.1 中，A 为已知点，其坐标为(x_A，y_A)，假设它的坐标没有误差(或误差忽略不计)，P 为待定点，其真位置的坐标为($\tilde{x}_P$，$\tilde{y}_P$)。由(x_A，y_A)和观测值求出的$\hat{x}_P$、$\hat{y}_P$所确定的P 点平面位置并不是P 点的真位置，而是最或然位置，记为 P'，在 P 和 P'对应的这两对坐标之间存在着坐标真误差 Δ_x和 Δ_y。

由图 10.1 知

$$\begin{cases}\Delta_x=\tilde{x}_P-\hat{x}_P\\ \Delta_y=\tilde{y}_P-\hat{y}_P\end{cases} \tag{10-1}$$

由于 Δ_x和 Δ_y的存在而产生的距离 Δ_P称为 P 点的点位真误差，简称真位差。

由图 10.1 知

$$\Delta_P^2=\Delta_x^2+\Delta_y^2 \tag{10-2}$$

对式(10-2)两边取数学期望，得

$$E(\Delta_P^2)=E(\Delta_x^2)+E(\Delta_y^2)=\sigma_x^2+\sigma_y^2$$

式中：$E(\Delta_P^2)$是 P 点真误差平方的理论平均值，并定义为 P 点的点位方差，记为 σ_P^2，于是有

$$\sigma_P^2=\sigma_x^2+\sigma_y^2 \tag{10-3}$$

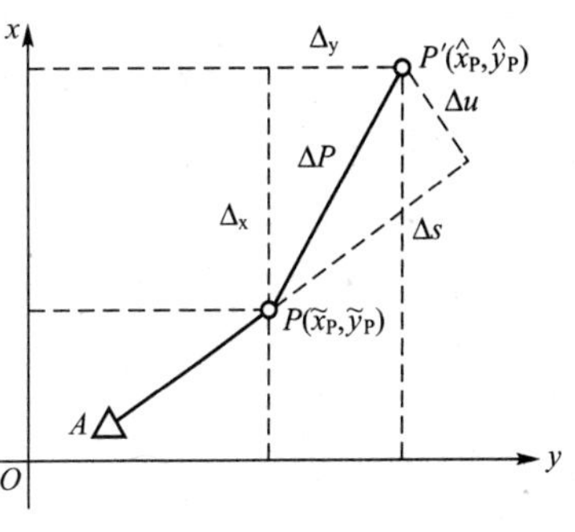

图 10.1 点位真误差与其在特定方向上分量之间的关系

10.1.2 点位方差与坐标系统的无关性

如果将图 10.1 中的坐标系围绕原点 o 旋转某一角度 α，得 $x'oy'$坐标系(图 10.2)，则 A、P、P'各点的坐标分别为(x'_A，y'_A)、($\tilde{x}'_P$，$\tilde{y}'_P$)和($\hat{x}'_P$，$\hat{y}'_P$)。

同理，在 P 和 P'对应的这两对坐标之间存在着误差 $\Delta_{x'}$和 $\Delta_{y'}$，从图 10.2 中可以看出 $\Delta_P^2=\Delta_{x'}^2+\Delta_{y'}^2$，这说明，虽然在 $x'oy'$坐标系中对应的真误差 $\Delta_{x'}$和 $\Delta_{y'}$与 xoy 坐标系中的真误差 Δ_x和 Δ_y不同，但 P 点真位差 Δ_P的大小没有发生变化，即 $\Delta_P^2=\Delta_x^2+\Delta_y^2=\Delta_{x'}^2+\Delta_{y'}^2$，式(10-3)可以得出

$$\sigma_P^2=\sigma_{x'_P}^2+\sigma_{y'_P}^2 \tag{10-4}$$

如果再将 P 点的真位差 Δ_P投影于 AP 方向和垂直于 AP 的方向上，则得 Δ_S和 Δ_u如(图 10.2)，此时有 $\Delta_P^2=\Delta_S^2+\Delta_u^2$。

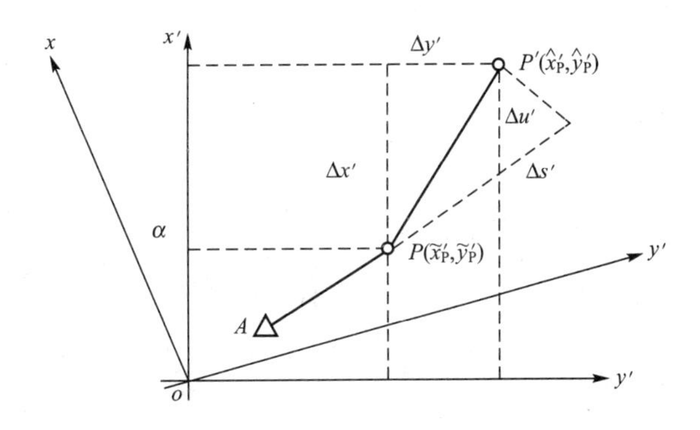

图 10.2 点位方差的大小与坐标的选择无关

同理可得

$$\sigma_P^2=\sigma_S^2+\sigma_u^2 \tag{10-5}$$

式中：σ_S^2称纵向误差；σ_u^2称横向误差。

通过纵、横向误差来求定点点位误差，也是测量工作中一种常用的方法。

σ_S^2和 σ_u^2是 P 点在 AP 边的纵向和横向上的位差。

从上面的分析可以看出，点位方差 σ_P^2总是等于两个相互垂直的方向上的坐标方差之

和，即点位方差σ_P^2的大小与坐标系的选择无关。

点位中误差σ_P是衡量待定点精度的常用指标之一，在应用时，只要求出P点在两个相互垂直方向上的中误差，就可由式(10－3)或式(10－5)计算点位中误差。

10.1.3　点位方差表示点位的局限性

点位中误差σ_P可以用来评定待定点的点位精度，但是它只是表示点位的“平均精度”，却不能代表该点在某一任意方向上的位差大小。而σ_x和σ_y或σ_S和σ_u等，也只能代表待定点在x轴和y轴方向上以及在AP边的纵向、横向上的位差。但在有些情况下，往往需要研究点位在某些特殊方向上的位差大小，例如，在线路工程中和各种地下工程中，贯通工程是经常性的重要工作之一，如图10.3所示，此种工程中就需要控制在贯通点上的纵向和横向(在贯通工程中称为重要方向)误差的大小，特别是横向误差。此外有时还要了解点位在哪一个方向上的位差最大，在哪一个方向上的位差最小。

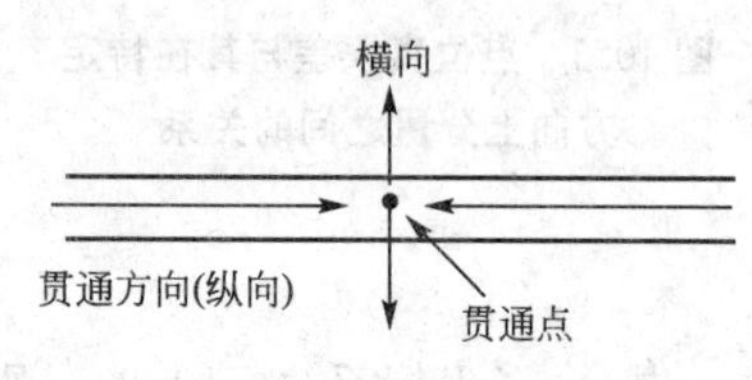

图10.3　贯通工程示意图

为了便于求待定点点位在任意方向上位差的大小，需要建立相应的数学模型(公式)来计算任意方向上的位差。直观形象地表达任意方向上位差的大小和分布情况，一般是通过绘制待定点的点位误差椭圆图形来实现的，通过误差椭圆图形也可以图解待定点在任意方向上的位差。

10.2 点位误差

10.2.1　点位误差的计算

1. 利用纵、横坐标协因数计算点位误差

待定点的纵、横坐标的方差按式(10－6)计算

$$\begin{cases}\sigma_x^2=\sigma_0^2\dfrac{1}{P_x}=\sigma_0^2Q_{xx}\\ \sigma_y^2=\sigma_0^2\dfrac{1}{P_y}=\sigma_0^2Q_{yy}\end{cases}\qquad(10-6)$$

根据式(10－3)可求得点位方差为

$$\sigma_P^2=\sigma_0^2(Q_{xx}+Q_{yy})=\sigma_0^2\left(\frac{1}{P_x}+\frac{1}{P_y}\right)$$

进而可求得点位中误差

$$\sigma_P=\sigma_0\sqrt{Q_{xx}+Q_{yy}}=\sigma_0\sqrt{\frac{1}{P_x}+\frac{1}{P_y}}\qquad(10-7)$$

从式(10－7)中可以看出，若想求得点位中误差 σ_P，要解决两个问题，一个是方差因子 σ_0^2(或中误差 σ_0)；另一个就是 P 点的坐标未知数 x 和 y 的协因数 Q_{xx} 和 Q_{yy}。下面就针对这两个问题的解决方法简要说明。

2. Q_{xx}、Q_{yy} 的计算问题

按条件平差和间接平差两种平差方法介绍。

1) 间接平差法计算

当控制网中有 k 个待定点，并以这 k 个待定点的坐标作为未知数(未知数个数为 $t=2k$)，即 $\hat{X}=(x_1\quad y_1\quad x_2\quad y_2\quad \cdots\quad x_k\quad y_k)^{\mathrm{T}}$，按间接平差法进行平差时，法方程系数阵的逆阵就是未知数的协因数阵 $Q_{\hat{X}\hat{X}}$，即

$$Q_{\hat{X}\hat{X}}=N_{BB}^{-1}=(B^{\mathrm{T}}PB)^{-1}=\begin{bmatrix} Q_{x_1x_1} & Q_{x_1y_1} & Q_{x_1x_2} & Q_{x_1y_2} & \cdots & Q_{x_1x_k} & Q_{x_ky_k} \\ Q_{y_1x_1} & Q_{y_1y_1} & Q_{y_1x_2} & Q_{y_1y_2} & \cdots & Q_{y_1x_k} & Q_{y_ky_k} \\ Q_{x_2x_1} & Q_{x_2y_1} & Q_{x_2x_2} & Q_{x_2y_2} & \cdots & Q_{x_2x_k} & Q_{x_2y_k} \\ Q_{y_2x_1} & Q_{y_2y_1} & Q_{y_2x_2} & Q_{y_2y_2} & \cdots & Q_{y_2x_k} & Q_{y_2y_k} \\ \vdots & \vdots & \vdots & \vdots & \vdots & \vdots & \vdots \\ Q_{x_k1x_1} & Q_{x_ky_1} & Q_{x_kx_2} & Q_{x_ky_2} & \cdots & Q_{x_kx_k} & Q_{x_ky_k} \\ Q_{y_kx_1} & Q_{y_ky_1} & Q_{y_kx_2} & Q_{y_ky_2} & \cdots & Q_{y_kx_k} & Q_{y_ky_k} \end{bmatrix} \quad (10-8)$$

其中主对角线元素 $Q_{x_ix_i}$、$Q_{y_iy_i}$ 就是待定点坐标 x_i 和 y_i 的协因数(或称权倒数)，而相关权倒数则在相应权倒数连线的两侧。

【例 10－1】 测边三角形如图 10.4 所示，A、B 两点已知，观测了两条边长 S_{AM}、S_{BM}。现由 A、B 两点的已知坐标值及 M 点的近似值，算得两条观测边的坐标增量近似值为

$$\begin{cases}\Delta X_{AM}^0=-86.60\mathrm{m} \\ \Delta Y_{AM}^0=50.00\mathrm{m}\end{cases} \qquad \begin{cases}\Delta X_{BM}^0=-100.00\mathrm{m} \\ \Delta Y_{BM}^0=173.21\mathrm{m}\end{cases}$$

已知单位权中误差 $\sigma_0=1\mathrm{cm}$。试计算 M 点的点位中误差。

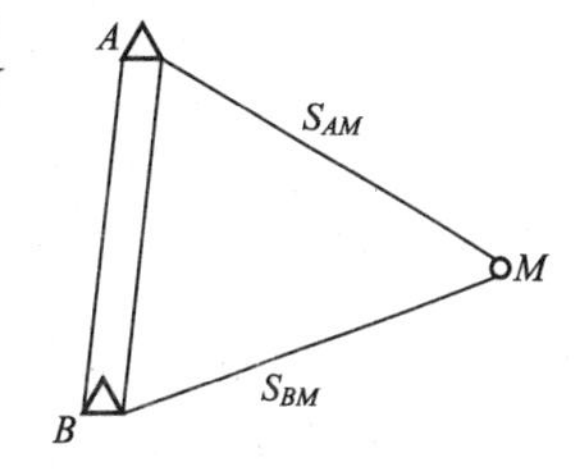

图 10.4 测边三角形

解：(1) 列误差方程及确定观测值的权。

设 M 点的坐标平差值为参数，参数的近似值为 X_M^0、Y_M^0，其改正数为 $\hat{x}_M$、$\hat{y}_m$。由于 A、B 是已知点，则由式(7－35)得边长的误差方程式

$$v_1=v_{S_{AM}}=\frac{\Delta X_{AM}^0}{S_{AM}^0}\hat{x}_M+\frac{\Delta Y_{AM}^0}{S_{AM}^0}\hat{y}_M-l_1$$

$$v_2=v_{S_{BM}}=\frac{\Delta X_{BM}^0}{S_{BM}^0}\hat{x}_M+\frac{\Delta Y_{BM}^0}{S_{BM}^0}\hat{y}_M-l_2$$

将坐标近似值代入误差方程可得

$$v_1=v_{S_{AM}}=-0.8660\hat{x}_M+0.5000\hat{y}_M-l_1$$

$$v_2=v_{S_{BM}}=-0.5000\hat{x}_M+0.8660\hat{y}_M-l_2$$

本题列误差方程时注意：虽然边长具体的观测值未给出，但它们只影响了误差方程常熟项 $[l_1 \quad l_2]^T$ 的计算，而精度评定只需用到误差方程的系数阵 B 和观测值权阵 P。所以当平差问题只求精度时不必花精力去解算出常熟项的值。

利用坐标增量近似值算得边长近似值为

$$S_{AM}^0=\sqrt{(\Delta X_{AM}^0)+(\Delta Y_{AM}^0)}=100\text{m}, \quad S_{BM}^0=\sqrt{(\Delta X_{BM}^0)+(\Delta Y_{BM}^0)}=200\text{m}$$

因该题未给出观测边的长度，而边长近似值和边长观测值相差不会很大，所以观测值的权可定为

$$p_{AM}=p_1=\frac{C}{S_{AM}}=\frac{100}{100}=1, \quad p_{BM}=p_2=\frac{C}{S_{BM}}=\frac{100}{200}=0.5$$

式中：C 为单位权观测路线长，设 $C=100$。即观测值权阵为

$$P=\begin{bmatrix} p_1 & \\ & p_2 \end{bmatrix}=\begin{bmatrix} 1 & \\ & 0.5 \end{bmatrix}$$

(2) 组成法方程。法方程系数阵及其逆阵为

$$N_{BB}=B^T PB=\begin{bmatrix} 0.8750 & -0.6495 \\ -0.6495 & 0.6250 \end{bmatrix}, \quad Q_{\hat{x}\hat{x}}=N_{BB}^{-1}=\begin{bmatrix} 5.0007 & 5.1969 \\ 5.1969 & 7.0009 \end{bmatrix}$$

所以 M 点的点位中误差 σ_M 为

$$\sigma_M=\sigma_0\sqrt{Q_{\hat{x}_M\hat{x}_M}+Q_{\hat{y}_M\hat{y}_M}}=1\times\sqrt{5.0007+7.0009}=3.46\text{cm}$$

本题中，观测值个数 $n=2$，必要观测数 $t=2$，多余观测数 $r=n-t=0$。所以本题没有多余观测值，但这并不影响利用间接平差进行精度评定。因此得出结论：①没有多余观测是不能进行平差的，但没有多余观测可以对参数进行精度评定；②无论有没有多余观测，都可以利用间接平差的方法对参数进行精度评定。

2）条件平差法计算

当平面控制网按条件平差时，首先求出观测值的平差值$\hat{L}$，由平差值$\hat{L}$和已知点的坐标计算待定点最或然坐标，因此说，待定点最或然坐标是观测值的平差值的函数。

故欲求待定点最或然坐标的协因数(权倒数)，需按照条件平差法中求平差值函数的权倒数的方法进行计算。

设待定点 P 的最或然坐标为$\hat{x}_P$和$\hat{y}_P$，其权函数式为

$$\begin{cases} \mathrm{d}x_p=f_x^T\mathrm{d}\hat{L} \\ \mathrm{d}y_p=f_y^T\mathrm{d}\hat{L} \end{cases} \tag{10-9}$$

按协因数传播律得

$$\begin{cases} Q_{xx}=f_x^T Q_{\hat{L}\hat{L}} f_x \\ Q_{yy}=f_y^T Q_{\hat{L}\hat{L}} f_y \\ Q_{xy}=f_x^T Q_{\hat{L}\hat{L}} f_y \end{cases}$$

由于观测值的平差值$\hat{L}$的协因数阵$Q_{\hat{L}\hat{L}}=P^{-1}-P^{-1}A^{\mathrm{T}}N_{aa}^{-1}AP^{-1}$，则

$$\begin{cases}Q_{xx}=f_x^{\mathrm{T}}Q_{\hat{L}\hat{L}}f_x=f_x^{\mathrm{T}}P^{-1}f_x-f_x^{\mathrm{T}}P^{-1}A^{\mathrm{T}}N_{aa}^{-1}AP^{-1}f_x\\Q_{yy}=f_y^{\mathrm{T}}Q_{\hat{L}\hat{L}}f_y=f_y^{\mathrm{T}}P^{-1}f_y-f_y^{\mathrm{T}}P^{-1}A^{\mathrm{T}}N_{aa}^{-1}AP^{-1}f_y\\Q_{xy}=f_x^{\mathrm{T}}Q_{\hat{L}\hat{L}}f_y=f_x^{\mathrm{T}}P^{-1}f_y-f_x^{\mathrm{T}}P^{-1}A^{\mathrm{T}}N_{aa}^{-1}AP^{-1}f_y\end{cases}\tag{10-10}$$

3. σ_0的确定

σ_0的确定分两种情况，一是在平差计算时，用式$\sqrt{V^{\mathrm{T}}PV/r}$计算，但是由于子样的容量(即观测值的个数以及观测次数)有限，因此不论用何种方法平差，用式$\sqrt{V^{\mathrm{T}}PV/r}$求得的数值只是单位权中误差$\sigma_0$的估值；另一种情况是在控制网设计阶段，$\sigma_0$的确定，只能采用先验值，就是使用经验值或按相应《规范》规定的相应等级的误差值(例如，四等平面控制网，测角中误差为2.5″，此时可取$\sigma_0=2.5''$)。

4. 点位误差实用计算公式

以上两种情况得到的都是σ_0的估值，习惯上用$\hat{\sigma}_0(m_0)$表示，所以实用上只能得到待定点纵、横坐标的方差估值以及相应的点位方差的估值，即

$$\begin{cases}\hat{\sigma}_x^2=\hat{\sigma}_0^2Q_{xx}\\\hat{\sigma}_y^2=\hat{\sigma}_0^2Q_{yy}\end{cases}\tag{10-11}$$

和

$$\hat{\sigma}_P^2=\hat{\sigma}_0^2(Q_{xx}+Q_{yy})\tag{10-12}$$

10.2.2 任意方向的位差

如图10.5所示，在P点有任意一方向，与x轴的夹角为φ，P点的点位真误差PP'在方向φ上的投影值为$\Delta_\varphi=PP''''$，在x轴和y轴上的投影为Δ_x和Δ_y。则Δ_φ与Δ_x和Δ_y的关系为

$$\Delta_\varphi=PP''+P''P''''=\Delta_x\cos\varphi+\Delta_y\sin\varphi$$

根据协因数传播律得

$$Q_{\varphi\varphi}=Q_{xx}\cos^2\varphi+Q_{yy}\sin^2\varphi+Q_{xy}\sin2\varphi\tag{10-13}$$

$Q_{\varphi\varphi}$即为求方向φ上的位差时的协因数(权倒数)。

因此，方向φ的位差为

$$\sigma_\varphi^2=\sigma_0^2Q_{\varphi\varphi}=\sigma_0^2(Q_{xx}\cos^2\varphi+Q_{yy}\sin^2\varphi+Q_{xy}\sin2\varphi)\tag{10-14}$$

式(10-14)即为计算P点在给定方向φ上的位差公式。

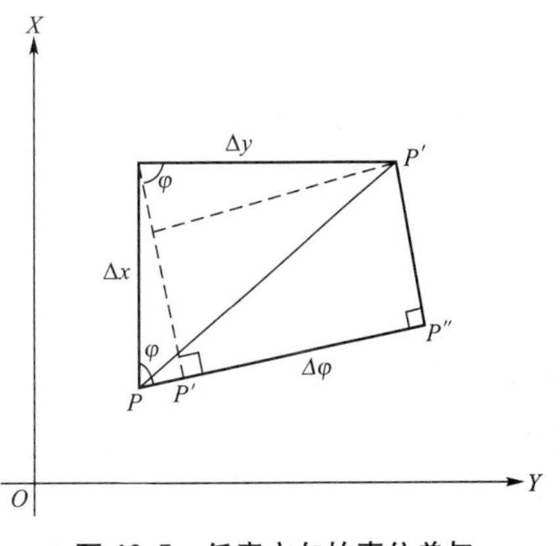

图10.5 任意方向的真位差与纵、横方向的真位差之间的关系

其实用公式为

$$\hat{\sigma}_{\varphi}^2=\hat{\sigma}_0^2(Q_{xx}\cos^2\varphi+Q_{yy}\sin^2\varphi+Q_{xy}\sin2\varphi) \tag{10-15}$$

同理，对于任意坐标系 $x'oy'$，P 点在给定方向 φ' 上的位差实用计算公式为

$$\hat{\sigma}_{\varphi'}^2=\hat{\sigma}_0^2(Q_{x'x'}\cos^2\varphi'+Q_{y'y'}\sin^2\varphi'+Q_{x'y'}\sin2\varphi') \tag{10-16}$$

对于特殊方向 AP 方向和垂直于 AP 的方向组成的坐标系(图 10.2)，P 点在给定方向 φ'' 上的位差实用计算公式应为

$$\hat{\sigma}_{\varphi''}^2=\hat{\sigma}_0^2(Q_{ss}\cos^2\varphi''+Q_{uu}\sin^2\varphi''+Q_{su}\sin2\varphi'') \tag{10-17}$$

从上几式可以看出，当平差完成后，单位权方差 $\hat{\sigma}_0$ 以及 P 点上的 Q_{xx}、Q_{yy}、Q_{xy} 均为常量，因此，$\hat{\sigma}_{\varphi}^2$ 的大小取决于方向 φ。

10.2.3 位差的极值

1. 位差的极大值和极小值的概念

式(10-15)、式(10-16)和式(10-17)是求某一方向上的位差的不同表达方式，本质上并没有什么区别，只要给出一个 φ，代入相应的公式，就可以算出对应的位差 $\hat{\sigma}_{\varphi}^2$，因为 φ 在 0°～360°范围内有无穷多个，因此，位差 $\hat{\sigma}_{\varphi}^2$ 也有无穷多个，其中，应存在一个极大值和一个极小值。

又因为位差 $\hat{\sigma}_{\varphi}^2=\hat{\sigma}_0^2Q_{\varphi\varphi}$，当平差问题确定之后 $\hat{\sigma}_0^2$ 是定值，因此，求位差极值的问题等价于求 $Q_{\varphi\varphi}$ 的极值问题。

2. 求 $Q_{\varphi\varphi}$ 的极值

1) 极值方向值 φ_0 的确定

要求 $Q_{\varphi\varphi}$ 的极值，只需要将式(10-13)对 φ 求一阶导数，并令其等于零，即可求出使得 $Q_{\varphi\varphi}$ 取得极值的方向值 φ_0，其过程如下

$$\frac{\mathrm{d}}{\mathrm{d}\varphi}(Q_{xx}\cos^2\varphi+Q_{yy}\sin^2\varphi+Q_{xy}\sin2\varphi)\bigg|_{\varphi=\varphi_0}=0$$

可得
$$-2Q_{xx}\cos\varphi_0\sin\varphi_0+2Q_{yy}\cos\varphi_0\sin\varphi_0+2Q_{xy}\cos2\varphi_0=0$$

即
$$-(Q_{xx}-Q_{yy})\sin2\varphi_0+2Q_{xy}\cos2\varphi_0=0$$

由此可得

$$\mathrm{tg}2\varphi_0=\frac{2Q_{xy}}{(Q_{xx}-Q_{yy})} \tag{10-18}$$

又因为
$$\mathrm{tg}2\varphi_0=\mathrm{tg}(2\varphi_0+180°)$$

所以式(10-18)有两个根，一个是 $2\varphi_0$，另一个是 $2\varphi_0+180°$。即，使 $Q_{\varphi\varphi}$ 取得极值的方向值为 φ_0 和 $\varphi_0+90°$，其中一个为极大值方向，另一个为极小值方向。

2) 极大值方向 φ_E 和极小值方向 φ_F 的确定

φ_0 和 $\varphi_0+90°$ 是使 $Q_{\varphi\varphi}$ 取得极值的两个方向值，但是还要确定哪一个是极大方向值 φ_E，

哪一个是极小方向值 φ_F。

将三角公式

$$\cos^2\varphi_0=\frac{1+\cos^2\varphi_0}{2},\quad \sin^2\varphi_0=\frac{1-\cos2\varphi_0}{2}$$

$$\sin^2 2\varphi_0=\frac{1}{1+\mathrm{ctg}^2 2\varphi_0},\quad \cos^2 2\varphi_0=\frac{1}{1+\mathrm{tg}^2 2\varphi_0}$$

代入式(10－13)并由式(10－18)，得

$$\begin{aligned}Q_{\varphi\varphi}&=\left(Q_{xx}\frac{1+\cos2\varphi_0}{2}+Q_{yy}\frac{1-\cos2\varphi_0}{2}+Q_{xy}\sin2\varphi_0\right)\\&=\frac{1}{2}[(Q_{xx}+Q_{yy})+(Q_{xx}-Q_{yy})\cos2\varphi_0+2Q_{xy}\sin2\varphi_0]\end{aligned}\tag{10-19}$$

由式(10－18)可得

$$Q_{xx}-Q_{yy}=Q_{xy}\,\mathrm{ctg}^2\varphi_0\tag{10-20}$$

把式(10－20)代入式(10－19)可得

$$Q_{\varphi\varphi}=\frac{1}{2}\ [(Q_{xx}+Q_{yy})+2(1+\mathrm{ctg}2\varphi_0)Q_{xy}\sin2\varphi_0]\tag{10-21}$$

在式(10－21)中，根据测量平差的特点，第一项$(Q_{xx}+Q_{yy})$恒大于零，第二项中的值有可能大于零，也有可能小于零；当第二项中的值大于零时，$Q_{\varphi\varphi}$取得极大值，当第二项中的值小于零时，$Q_{\varphi\varphi}$取得极小值。

确定极大值方向 φ_E和极小值方向 φ_F的方法如下。

当 $Q_{xy}>0$ 时，φ_E在第一、第三象限；φ_F在第二、第四象限。

当 $Q_{xy}<0$ 时，φ_E在第二、第四象限；φ_F在第一、第三象限。

从以上分析的结果可以看出，能使 $Q_{\varphi\varphi}$取得极大值的两个方向相差 180°，同样，能使 $Q_{\varphi\varphi}$取得极小值的两个方向也相差 180°，而且极大值方向和极小值方向总是正交。

3) 极大值 E 和极小值 F 的计算

一般方法：当 φ_E和 φ_F求出后，分别代入式(10－15)，即可求出位差 $\hat{\sigma}_\varphi^2$的极大值 E 和极小值 F。

也可以导出计算 E 和 F 的简便公式。

由三角公式知

$$\sin2\varphi_0=\pm\frac{1}{\sqrt{1+\mathrm{ctg}^2 2\varphi_0}}$$

由式(10－18)知

$$\mathrm{ctg}^2 2\varphi_0=\frac{(Q_{xx}-Q_{yy})^2}{4Q_{xy}^2},\quad 1+\mathrm{ctg}^2 2\varphi_0=\frac{(Q_{xx}-Q_{yy})^2+4Q_{xy}^2}{4Q_{xy}^2}$$

得

$$\sin2\varphi_0=\pm\frac{2Q_{xy}}{\sqrt{(Q_{xx}-Q_{yy})^2+4Q_{xy}^2}}\tag{10-22}$$

结合 $1+\mathrm{ctg}^2 2\varphi_0=\frac{1}{\sin^2 2\varphi_0}$，并将式(10－22)代入式(10－19)，进行整理可得

$$Q_{\varphi\varphi}=\frac{1}{2}\left[(Q_{xx}+Q_{yy})\pm\sqrt{(Q_{xx}-Q_{yy})^2+4Q_{xy}^2}\right]$$

$$Q_{\varphi\varphi}=\frac{1}{2}\left[(Q_{xx}+Q_{yy})\pm\sqrt{(Q_{xx}-Q_{yy})^2+4Q_{xy}^2}\right]$$

令

$$K=\sqrt{(Q_{xx}-Q_{yy})^2+4Q_{xy}^2} \tag{10-23}$$

于是极大值 E 和极小值 F 可计算如下

$$E^2=\hat{\sigma}_0^2Q_{EE}=\frac{1}{2}\hat{\sigma}_0^2(Q_{xx}+Q_{yy}+K) \tag{10-24}$$

$$F^2=\hat{\sigma}_0^2Q_{FF}=\frac{1}{2}\hat{\sigma}_0^2(Q_{xx}+Q_{yy}-K) \tag{10-25}$$

【例 10－2】 已知某平面控制网中待定点坐标平差参数$\hat{x}$、$\hat{y}$的协因数为

$$Q_{\hat{X}\hat{X}}=\begin{bmatrix}1.236 & -0.314\\ -0.314 & 1.192\end{bmatrix}$$

并求得 $\hat{\sigma}_0=1$，试求 E、F 和 φ_E、φ_F。

解：(1) 极值方向的计算与确定

$$\mathrm{tg}2\varphi_0=\frac{2Q_{xy}}{(Q_{xx}-Q_{yy})}=\frac{2\times(-0.314)}{0.044}=-14.27273$$

所以

$$2\varphi_0=94°00'；\quad 274°00'$$

$$\varphi_0=47°00'；\quad 137°00'$$

因为 $Q_{xy}<0$，所以极大值 E 在第二、四象限，极小值 F 在第一、三象限，所以有

$$\varphi_E=137°00' \quad 或 \quad 317°00'$$

$$\varphi_F=47°00' \quad 或 \quad 227°00'$$

(2) 极大值 E、极小值 F 的计算。根据式(10－24)、式(10－25)进行计算得

$$Q_{xx}-Q_{yy}=1.236-1.192=0.044，Q_{xx}+Q_{yy}=1.236+1.192=2.428$$

$$K=\sqrt{(Q_{xx}-Q_{yy})^2+4Q_{xy}^2}=0.6295$$

$$E^2=\frac{1}{2}\hat{\sigma}_0^2(Q_{xx}+Q_{yy}+K)=1.528；\quad F^2=\frac{1}{2}\hat{\sigma}_0^2(Q_{xx}+Q_{yy}-K)=0.899$$

所以有

$$E=1.24；\quad F=0.95$$

10.2.4 以位差的极值表示任意方向的位差

1. 直角坐标系 EPF 及其任意方向 ψ 上位差协因数表达式

在以上的讨论中，求任意方向上的位差[式(10－15)中的 φ]，实质上是 xOy 坐标系中

的方位角，它是以坐标轴 x 为起算方向的。前面曾阐述，对于任意直角坐标系 $x'O'y'$，都有形如

$$\sigma_{\varphi'}^2=\hat{\sigma}_0^2(Q_{x'x'}\cos^2\varphi'+Q_{y'y'}\sin^2\varphi'+Q_{x'y'}\sin2\varphi') \tag{10-26}$$

的计算任意方向上位差的表达式。

又因为极大值 E 和极小值 F 在相互正交的两个方向上，因而，可将其构成一个直角坐标系，如图 10.6 所示。

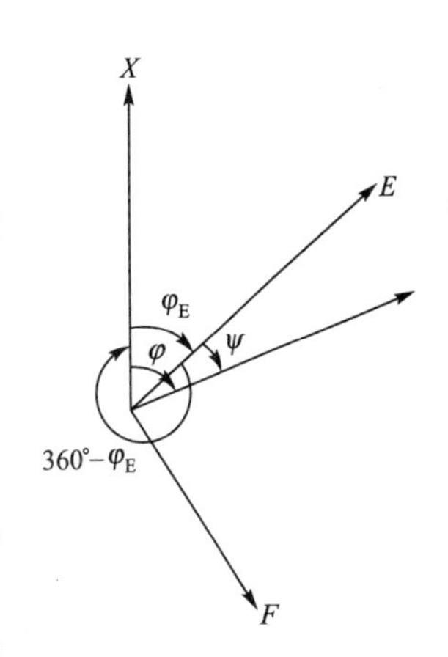

图 10.6 φ_E、ψ 和方位角 φ 之间的关系

设 ψ 为任意方向与极大值方向的夹角(以方向为起始方向，顺时针量至任意方向的水平角)仿照任意方向 φ 上位差的推导过程，有

$$\Delta_\psi=\Delta_E\cos\psi+\Delta_F\sin\psi \tag{10-27}$$

式中

$$\begin{cases}\Delta_E=\Delta_x\cos\varphi_E+\Delta_y\sin\varphi_E\\ \Delta_F=\Delta_x\cos\varphi_F+\Delta_y\sin\varphi_F\end{cases} \tag{10-28}$$

由于 $\cos\varphi_F=\cos(90°+\varphi_E)=-\sin\varphi_E$，$\sin\varphi_F=\sin(90°+\varphi_E)=\cos\varphi_E$，则有

$$\begin{cases}\Delta_E=\Delta_x\cos\varphi_E+\Delta_y\sin\varphi_E\\ \Delta_F=-\Delta_x\sin\varphi_E+\Delta_y\cos\varphi_E\end{cases} \tag{10-29}$$

根据误差传播定律，在此坐标系中的任意方向上位差的协因数(权倒数)的表达式为

$$Q_{\psi\psi}=Q_{EE}\cos^2\psi+Q_{FF}\sin^2\psi+Q_{EF}\sin2\psi \tag{10-30}$$

其中

$$\begin{aligned}Q_{EE}&=Q_{xx}\cos^2\varphi_E+Q_{yy}\sin^2\varphi_E+Q_{xy}\sin2\varphi_E\\ Q_{FF}&=Q_{xx}\sin^2\varphi_E+Q_{yy}\cos^2\varphi_E-Q_{xy}\sin2\varphi_E\\ Q_{EF}&=-\frac{1}{2}(Q_{xx}-Q_{yy})\sin2\varphi_E+Q_{xy}\cos2\varphi_E\end{aligned} \tag{10-31}$$

由式(10-18)，得

$$\mathrm{tg}2\varphi_E=\frac{\sin2\varphi_E}{\cos2\varphi_E}=\frac{2Q_{xy}}{(Q_{xx}-Q_{yy})}$$

知

$$2Q_{xy}\cos2\varphi_E=(Q_{xx}-Q_{yy})\sin2\varphi_E$$

对照式(10-31)有

$$Q_{EF}=-\frac{1}{2}(Q_{xx}-Q_{yy})\sin2\varphi_E+Q_{xy}\cos2\varphi_E=0$$

所以

$$Q_{\psi\psi}=Q_{EE}\cos^2\psi+Q_{FF}\sin^2\psi \tag{10-32}$$

2. 任意方向 ψ 上位差表达式

任意方向 ψ 上的位差计算式为

$$\hat{\sigma}_\psi^2=\hat{\sigma}_0^2Q_{\psi\psi}=\hat{\sigma}_0^2(Q_{EE}\cos^2\psi+Q_{FF}\sin^2\psi)$$

$$=E^2\cos^2\psi+F^2\sin^2\psi \tag{10-33}$$

【例 10-3】 数据同例 10-2，试求坐标方位角 $\alpha=150°$方向上的位差。

解： 方法一　用式(10-15)计算

将 $\varphi=\alpha=150°$代入式(10-15)得

$$\hat{\sigma}_\varphi^2=\hat{\sigma}_0^2(Q_{xx}\cos^2\varphi+Q_{yy}\sin^2\varphi+Q_{xy}\sin 2\varphi)=1.496$$

所以

$$\hat{\sigma}_\varphi=1.22$$

方法二　用式(10-33)计算

因为

$$\psi=\alpha-\varphi_E=150°-137°=13°$$

所以

$$\hat{\sigma}_\psi^2=E^2\cos^2\psi+F^2\sin^2\psi=1.528\cos^2 13°+0.899\sin^2 13°=1.496$$

$$\hat{\sigma}_\varphi=\hat{\sigma}_\psi=1.22$$

10.3 误差曲线

10.3.1 误差曲线的概念

以不同的 ψ 和 σ_ψ 为极坐标的点的轨迹为一闭合曲线，其形状如图 10.7 所示。显然，在任意方向 ψ 上的向径$\overline{OP}$就是该方向上的位差 σ_ψ，图形关于两个极轴（E 轴和 F 轴）对称。由于该曲线形象地反映了控制点在各个不同方向上的位差，它被称为点位误差曲线(或点位精度曲线)。

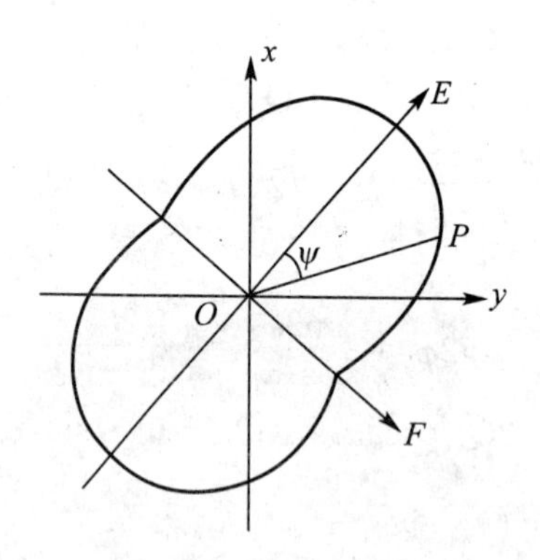

图 10.7　以方向 ψ 和长度 σ_ψ 为极坐标的点的轨迹

10.3.2 误差曲线的用途

在测量工程中，点位误差曲线图的应用很广泛，在它上面可以图解出控制点在各个方向上的位差，从而进行精度评定。

如图 10.8 所示，A、B、C 为已知点，P 为待定点，根据平差后的数据绘出了 P 点位误差曲线图，利用此图可以图解和计算出以下的一些中误差，以达到精度评定的目的。

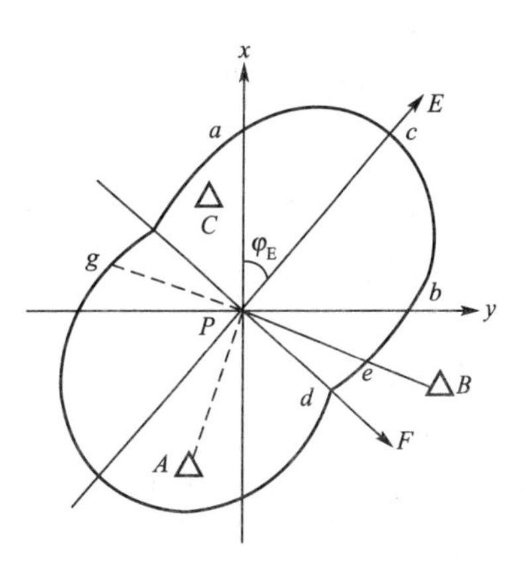

图 10.8 在 P 点的点位误差曲线图上量取特定方向的位差

1. 坐标轴方向上的中误差

从图 10.8 可量出沿 x 轴、y 轴的中误差 $\hat{\sigma}_{x_P}$、$\hat{\sigma}_{y_P}$，即

$$\hat{\sigma}_{x_p}=\overline{Pa}、\quad \hat{\sigma}_{y_p}=\overline{Pb}$$

2. 极大值 E 和极小值 F

从图 10.8 可量出沿 E 轴、F 轴极大值 E 和极小值 F，即

$$E=\overline{Pc}\quad F=\overline{Pd}$$

3. 平差后的边长中误差

从图 10.8 沿 $\overline{PB}$ 方向可量出 $\overline{PB}$ 边的中误差 $\hat{\sigma}_{\overline{PB}}$，即 $\hat{\sigma}_{\overline{PB}}=\overline{Pe}$
同理可量出 $\overline{PA}$、$\overline{PC}$ 边中误差 $\hat{\sigma}_{\overline{PA}}$、$\hat{\sigma}_{\overline{PC}}$。

4. 平差后的方位角的中误差

要求平差后方位角 α_{PA} 的中误差 $\hat{\sigma}_{\alpha_{PA}}$，则可先从图 10.8 量出垂直于 $\overline{PA}$ 方向上的位差 $\overline{Pg}$，这就是 $\overline{PA}$ 边的横向误差 $\hat{\sigma}_u$。

因为

$$\hat{\sigma}_u\approx\frac{\hat{\sigma}_{\alpha_{PA}}}{\rho''}S_{PA}$$

所以由下式可求得 $\hat{\sigma}_{\alpha_{PA}}$

$$\hat{\sigma}_{\alpha_{PA}}\approx\frac{\hat{\sigma}_u}{S_{PA}}\rho''=\frac{\overline{Pg}}{S_{PA}}\rho''$$

式中：S_{PA} 为 $\overline{PA}$ 边的实际距离。

10.4 误差椭圆

10.4.1 误差椭圆的概念

点位误差曲线虽然有许多用途，但它不是一种典型曲线，作图不太方便，因此降低了它的实用价值。但其总体形状与以 E、F 为长短半轴的椭圆很相似，如图 10.9 所示，而且可以证明，通过一定的变通方法，用此椭圆可以代替点位误差曲线进行各类误差的量取，故将此椭圆称点位误差椭圆(习惯上称误差椭圆)，φ_E、E、F 称为点位误差椭圆的参数。故实用上常以点位误差椭圆代替点位误差曲线。

10.4.2 误差椭圆代替误差曲线的原理

在点位误差椭圆上可以图解出任意方向 φ 或 ψ 的位差 $\hat{\sigma}_\varphi$ 或 $\hat{\sigma}_\psi$。其方法是：如图 10.9 所示，自椭圆作 φ 或 ψ 方向的正交切线 $\overline{PD}$，P 为切点，D 为垂足点，则 $\hat{\sigma}_\varphi$ 或 $\hat{\sigma}_\psi(=\overline{OD})$。下面证明此结论。

图 10.10 中，粗虚线表示误差曲线，大圆弧 EE' 的半径是 E，小圆弧 FF' 的半径是 F，图 10.10 中，作一以 OE 为起始方向的角度 τ 的向径，交大圆于 P'，交小圆于 P''，过 P' 作 y 轴的平行线交 x 轴于 a 点。过 P'' 作 x 轴的平行线交 y 轴于 b 点，两平行线的交点 P，则 P 点正好是误差椭圆上的一点。这是因为

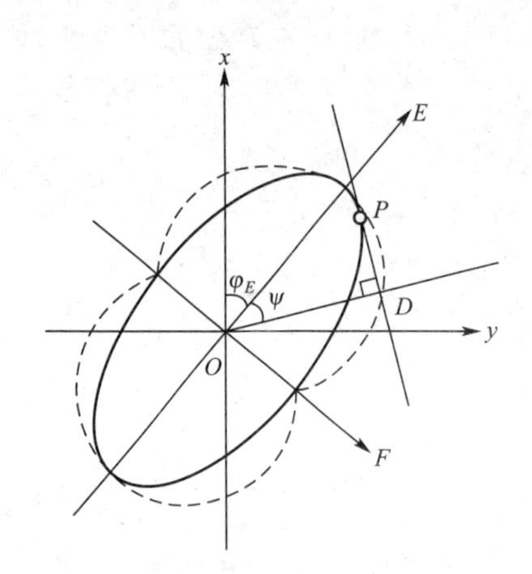

图 10.9 误差曲线与误差椭圆之间的差异

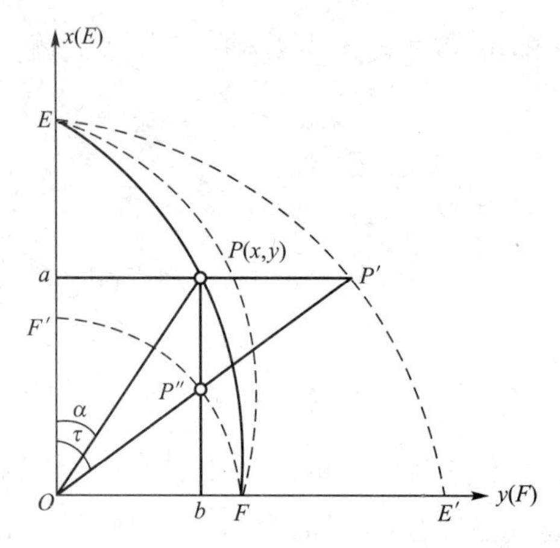

图 10.10 根据误差椭圆绘制误差曲线

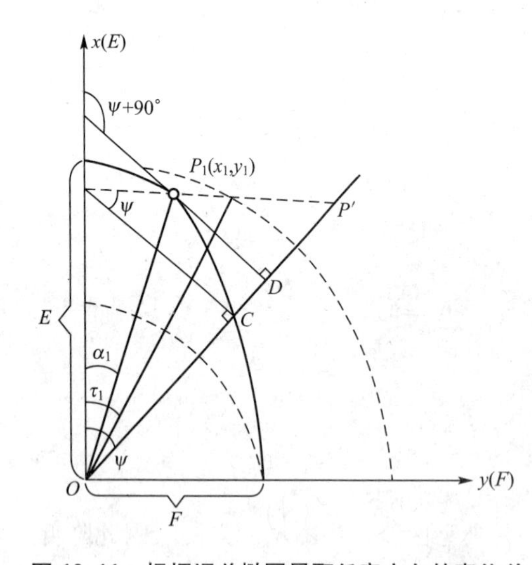

图 10.11 根据误差椭圆量取任意方向的真位差

$$\begin{cases} x_P=\overline{Pb}=\overline{ao}=\overline{OP'}\cos\tau=E\cos\tau \\ y_P=\overline{aP}=\overline{ob}=\overline{OP''}\sin\tau=F\sin\tau \end{cases} \tag{10-34}$$

因为椭圆方程为

$$\frac{x^2}{E^2}+\frac{y^2}{F^2}=\frac{E^2\cos^2\tau}{E^2}+\frac{F^2\sin^2\tau}{F^2}=1$$

可见这个椭圆的长半轴为 E，短半轴为 F。P 点是此椭圆上的一点。式(10-34)就是 E、F 为长短半轴的椭圆参数方程。下面证明图 10.11 上 $\hat{\sigma}_\varphi$ 或 $\hat{\sigma}_\psi(=\overline{OD})$。

图 10.11 中 $P_1(x_1, y_1)$ 为椭圆上的切点，D 为垂足点，其他符号的意义如图 10.11 所示。由图 10.11 知

$$\overline{OD}=\overline{OC}+CD=x_1\cos\psi+y_1\sin\psi$$

因为

$$x_1=E\cos\tau_1,\quad y_1=F\sin\tau_1$$

所以有

$$\overline{OD}=E\cos\tau_1\cos\psi+F\sin\tau_1\sin\psi$$

两边平方，得

$$\begin{aligned}\overline{oD^2}&=E^2\cos^2\tau_1\cos^2\psi+F^2\sin^2\tau_1\sin^2\psi+2EF\cos\tau_1\cos\psi\sin\tau_1\sin\psi\\&=E^2(1-\sin^2\tau_1)\cos^2\psi+F^2(1-\cos^2\tau_1)\sin^2\psi+2EF\cos\tau_1\cos\psi\sin\tau_1\sin\psi\\&=E^2\cos^2\psi+F^2\sin^2\psi-(E\sin\tau_1\cos\psi-F\cos\tau_1\sin\psi)^2\end{aligned}\tag{10-35}$$

因为$\overline{P_1D}$的斜率为

$$\left(\frac{\mathrm{d}y}{\mathrm{d}x}\right)_1=-\mathrm{ctg}\psi=-\frac{\cos\psi}{\sin\psi}$$

又因为

$$\left(\frac{\mathrm{d}y}{\mathrm{d}x}\right)_1=\left(\frac{\mathrm{d}y_1}{\mathrm{d}\tau_1}\right)\left(\frac{\mathrm{d}\tau_1}{\mathrm{d}x_1}\right)=-\frac{F\cos\tau_1}{E\sin\tau_1}$$

所以

$$E\sin\tau_1\cos\psi=F\cos\tau_1\sin\psi$$

将上式代入式(10－35)得

$$\overline{oD^2}=E^2\cos^2\psi+F^2\sin^2\psi\tag{10-36}$$

所以

$$\overline{oD^2}=\hat{\sigma}_\psi^2$$

以上证明过程，说明了利用误差椭圆求某点在任意方向 ψ 上的位差$\hat{\sigma}_\psi$时，只要在垂直于该方向上作椭圆的切线，则垂足与原点的连线长度就是 ψ 方向上的位差$\hat{\sigma}_\psi$。

10.4.3 误差椭圆的绘制

为绘制某一点(以第 i 点为例)的误差椭圆，必须计算各点误差椭圆元素 φ_E、E_i、F_i，前面已经知道，要计算这 3 个量，必须知道各点的 $Q_{x_ix_i}$、$Q_{y_iy_i}$、$Q_{x_iy_i}$ 以及$\hat{\sigma}_0$。以待定点坐标为未知数参数，采用间接平差法，坐标未知数参数的协因数阵为式(10－8)。

在上面的协因数阵中取出 $Q_{x_ix_i}$、$Q_{y_iy_i}$、$Q_{x_iy_i}$，$\hat{\sigma}_0$取平差计算的结果，然后根据 6.2 节中的相应公式计算第 i 点点位误差椭圆的元素。

若平差时是采用条件平差法，则应列出第 i 点的坐标 x_i 和 y_i($i=1, 2, \cdots, t$)的权函数式，并按 6.2 节的相应公式求出相应的协因数，其他计算和间接平差法相同。

有了误差椭圆的元素，就可以以一定的比例尺绘制误差椭圆图形，从而可以在其上图解有关的位差。

如果 $Q_{xx}=Q_{yy}$，则说明极值方向不定，此时椭圆变成圆，常称此圆为误差圆，其在各个方向上的投影都等于半径，也是一条误差曲线。

在前面的讨论中，都是以一个待定点为例，来说明如何确定该点位误差椭圆或点位误差曲线的问题。

如果控制网中有多个待定点，一般是将网中所有待定点的误差椭圆绘制在同一幅图中，如图 10.12 所示。该图的绘制步骤如下。

(1) 根据网中所有已知点的坐标值和待定点的坐标平差值，按一定的比例绘制成图。

（2）根据待定点坐标平差值的协因数阵，分别计算出每一个待定点误差椭圆的三要素：φ_{E_i}、E_i、F_i。

（3）选择一个恰当的比例尺，在各待定点位置上依次绘出各自的误差椭圆。

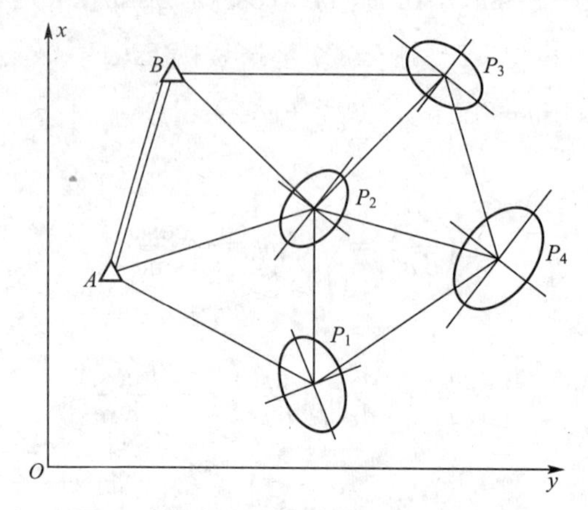

图 10.12　控制网中控制点的误差椭圆

在“误差椭圆图”上，可以直观地看出在某个基准下各待定点点位精度的情况。在图 10.12 上不仅能图解出待定点各方向的位差，还可判断出待定点间精度的高低；若甲待定点上的误差椭圆比乙待定点的误差椭圆大，说明在该基准下甲点的点位精度要低于乙点，如图 10.12 中的 P_1、P_2、P_3点，精度较高，误差椭圆较小；离已知点较远，如 P_4点，精度较低，误差椭圆就较大。利用点位误差椭圆还可以确定已知点与任一待定点之间的边长中误差或方位角中误差，因为点位误差椭圆反映的是待定点相对于已知点的点位精度情况，但用点位误差椭圆不能确定待定点与待定点之间的边长中误差或方位角中误差，这是因为这些待定点之间的坐标是相关的。有关待定点与待定点的相对位置关系将在 10.5 节介绍。

误差椭圆的理论和实践，不仅常用于精度要求较高的各种工程测量中，近年来有人也将其应用在图像检测和模式识别的实践中，也取得了令人满意的效果。

10.5 相对误差椭圆及其应用

10.5.1　利用点位误差椭圆评定精度存在的问题

在工程应用中，有时并不需要研究待定点相对于起始点的精度，往往关心的是任意两个待定点之间相对位置的精度。在平面控制网中，两个待定点之间相对位置的精度可以用两个待定点之间的边长相对中误差以及方位角中误差或相对点位误差来衡量。

在 10.3 节中曾举例说明如何利用点位误差曲线从图上量出已知点与待定点之间的边长中误差，以及与该边相垂直的横向误差，从而求出方位角误差。在 10.4 节中又阐述了用点位误差椭圆可以代替误差曲线。但是它们都只能确定待定点与任一已知点之间的边长中误差或方位角中误差，但不能确定待定点与待定点之间的边长中误差或方位角中误差，这是因为这些待定点的坐标是相关的。

10.5.2 相对点位误差椭圆

设两个待定点为P_i和P_k，这两点的相对位置可通过其坐标差来表示，即

$$\begin{cases}\Delta x_{ik}=x_k-x_i\\ \Delta y_{ik}=y_k-y_i\end{cases} \tag{10-37}$$

由式(10－37)可得

$$\begin{bmatrix}\Delta x_{ik}\\ \Delta y_{ik}\end{bmatrix}=\begin{bmatrix}-1 & 0 & 1 & 0\\ 0 & -1 & 0 & 1\end{bmatrix}\begin{bmatrix}x_i\\ y_i\\ x_k\\ y_k\end{bmatrix} \tag{10-38}$$

从平差得到的参数协因数阵[式(10－8)]中取出与i、k两点有关的协因数阵

$$\begin{bmatrix}Q_{x_ix_i} & Q_{x_iy_i} & Q_{x_ix_k} & Q_{x_iy_k}\\ Q_{y_ix_i} & Q_{y_iy_i} & Q_{y_ix_k} & Q_{y_iy_k}\\ Q_{x_kx_i} & Q_{x_ky_i} & Q_{x_kx_k} & Q_{x_ky_k}\\ Q_{y_kx_i} & Q_{y_ky_i} & Q_{y_kx_k} & Q_{y_ky_k}\end{bmatrix} \tag{10-39}$$

将式(10－38)用协因数传播律，并由式(10－39)，可得

$$\begin{cases}Q_{\Delta x\Delta x}=Q_{x_kx_k}+Q_{x_ix_i}-2Q_{x_kx_i}\\ Q_{\Delta y\Delta y}=Q_{y_ky_k}+Q_{y_iy_i}-2Q_{y_ky_i}\\ Q_{\Delta x\Delta y}=Q_{x_ky_k}-Q_{x_ky_i}-Q_{x_iy_k}+Q_{x_iy_i}\end{cases} \tag{10-40}$$

如果P_i和P_k两点中有一个点(例如P_i点)为不带误差的已知点，则从式(10－40)可以得出

$$Q_{\Delta x\Delta x}=Q_{x_kx_k}$$
$$Q_{\Delta y\Delta y}=Q_{y_ky_k}$$
$$Q_{\Delta x\Delta y}=Q_{x_ky_k}$$

因此，两点之间坐标差的协因数就等于待定点坐标的协因数。而在前几节中，所有的讨论都是以此为基础的。由此可见，这样作出的点位误差曲线都是待定点相对于已知点而言的。

利用这些协因数，可得到计算P_i和P_k点间的相对误差椭圆的3个参数的公式

$$\begin{cases}E^2=\dfrac{\hat{\sigma}_0^2}{2}Q_{\Delta x\Delta x}+Q_{\Delta x\Delta y}+\sqrt{(Q_{\Delta x\Delta x}-Q_{\Delta y\Delta y})^2+4Q_{\Delta x\Delta y}^2}\\ F^2=\dfrac{\hat{\sigma}_0^2}{2}Q_{\Delta x\Delta x}+Q_{\Delta x\Delta y}-\sqrt{(Q_{\Delta x\Delta x}-Q_{\Delta y\Delta y})^2+4Q_{\Delta x\Delta y}^2}\\ \tan 2\varphi_E=\dfrac{2Q_{\Delta x\Delta y}}{Q_{\Delta x\Delta x}-Q_{\Delta y\Delta y}}\end{cases} \tag{10-41}$$

【例 10-4】 在某三角网中插入 P_1 和 P_2 两个待定点。设用间接平差法平差该网。待定点坐标近似值的改正数为 $\hat{x}_1$、$\hat{y}_1$、$\hat{x}_2$、$\hat{y}_2$。其法方程为

$$\begin{cases}906.91\hat{x}_1+107.07\hat{y}_1-426.42\hat{x}_2-172.12\hat{y}_2-94.23=0\\107.07\hat{x}_1+486.22\hat{y}_1-177.64\hat{x}_2-142.65\hat{y}_2+41.40=0\\-426.42\hat{x}_1-177.64\hat{y}_1+716.39\hat{x}_2+60.25\hat{y}_2+52.78=0\\-172.17\hat{x}_1-142.65\hat{y}_1+60.25\hat{x}_2+444.60\hat{y}_2+1.06=0\end{cases}$$

试求 P_1 和 P_2 点的点位误差椭圆以及 P_1 和 P_2 点间的相对误差椭圆。

解： 经平差计算，得单位权中误差为 $\hat{\sigma}_0=0.8$。令 N_{BB} 表示法方程系数阵，则未知参数的协因数为

$$Q_{\hat{X}\hat{X}}=N_{BB}^{-1}=\begin{bmatrix}0.0016 & 0.0002 & 0.0010 & 0.0005\\0.0002 & 0.0024 & 0.0006 & 0.0008\\0.0010 & 0.0006 & 0.0021 & 0.0003\\0.0005 & 0.0008 & 0.0003 & 0.0027\end{bmatrix}$$

(1) P_1 点的误差椭圆参数的计算。

按照下式计算 P_1 点的误差椭圆参数

$$E_{P_1}^2=\frac{\hat{\sigma}_0^2}{2}\left(Q_{x_1x_1}+Q_{y_1y_1}+\sqrt{(Q_{x_1x_1}-Q_{y_1y_1})^2+4Q_{x_1y_1}^2}\right)=0.00157$$

$$F_{P_1}^2=\frac{\hat{\sigma}_0^2}{2}\left(Q_{x_1x_1}+Q_{y_1y_1}-\sqrt{(Q_{x_1x_1}-Q_{y_1y_1})^2+4Q_{x_1y_1}^2}\right)=0.00099$$

则

$$E_{P_1}=0.040,\quad F_{P_1}=0.032$$

$$\mathrm{tg}2\varphi_{E_1}=\frac{2Q_{x_1y_1}}{Q_{x_1x_1}-Q_{y_1y_1}}\Rightarrow\varphi_{E_1}=76°45'$$

(2) P_2 点的误差椭圆参数的计算。

按照下式计算 P_2 点的误差椭圆参数

$$E_{P_2}^2=\frac{\hat{\sigma}_0^2}{2}\left(Q_{x_2x_2}+Q_{y_2y_2}+\sqrt{(Q_{x_2x_2}-Q_{y_2y_2})^2+4Q_{x_2y_2}^2}\right)=0.00176$$

$$F_{P_2}^2=\frac{\hat{\sigma}_0^2}{2}\left(Q_{x_2x_2}+Q_{y_2y_2}-\sqrt{(Q_{x_2x_2}-Q_{y_2y_2})^2+4Q_{x_2y_2}^2}\right)=0.00130$$

则

$$E_{P_2}=0.042,\quad F_{P_2}=0.036$$

$$\mathrm{tg}2\varphi_{E_2}=\frac{2Q_{x_2y_2}}{Q_{x_2x_2}-Q_{y_2y_2}}\Rightarrow\varphi_{E_2}=67°30'$$

(3) P_1 和 P_2 点间相对误差椭圆参数的计算。

按式(10-40)，将有关数据代入，可求得

$$\begin{cases}Q_{\Delta x\Delta x}=Q_{x_2x_2}+Q_{x_1x_1}-2Q_{x_2x_1}=0.0017\\Q_{\Delta y\Delta y}=Q_{y_2y_2}+Q_{y_1y_1}-2Q_{y_2y_1}=0.0035\\Q_{\Delta x\Delta y}=Q_{x_2y_2}-Q_{x_2y_1}-Q_{x_1y_2}+Q_{x_1y_1}=-0.0006\end{cases}\tag{10-42}$$

把式(10-42)代入式(10-41)可得

$$E^2_{P_1P_2}=0.0024,\quad F^2_{P_1P_2}=0.00096,\quad \varphi_{E_{P_1P_2}}=106°50'$$

所以可得相对误差椭圆的三要素

$$E_{P_1P_2}=0.049,\quad F_{P_1P_2}=0.031,\quad \varphi_{E_{P_1P_2}}=106°50'$$

(4) 误差椭圆的绘制。

根据以上算得的 P_1、P_2 两点的点位误差椭圆元素以及相对误差椭圆的元素，即可绘出 P_1、P_2 两点的点位误差椭圆以及 P_1 和 P_2 点间的相对误差椭圆，相对误差椭圆一般绘制在 P_1、P_2 两点连线的中间部分，如图 10.13 所示。

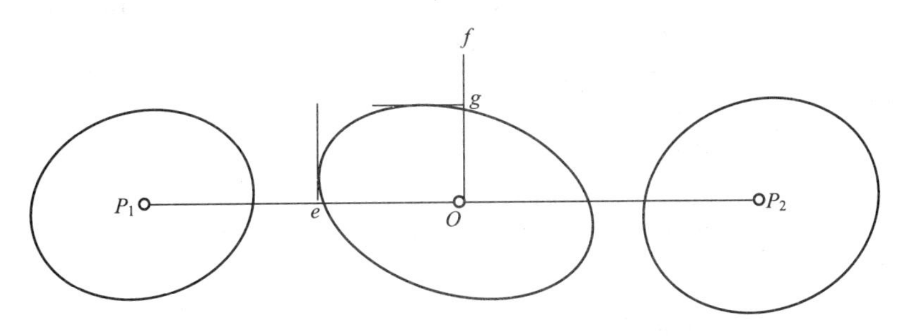

图 10.13 点位误差椭圆与相对误差椭圆的绘制

有了 P_1、P_2 两点的相对误差椭圆，就可以用图解法量取所需要的任意方向上的位差大小了。例如，要确定 P_1、P_2 两点间的边长 $S_{P_1P_2}$ 的中误差，则可作 $\overline{P_1P_2}$ 的垂线，并使垂线与相对误差椭圆相切，则垂足 e 至中心 O 的长度 $\overline{Oe}$ 即为 $\hat{\sigma}_{S_{12}}$。同样，也可以量出与 P_1P_2 连线相垂直方向 Of 的垂足 g，则 Og 就是 P_1P_2 边的横向位差，进而可以求出 P_1P_2 边的方位角误差。

在测量工作中，特别在精度要求较高的工程测量中，往往利用点位误差椭圆对布网方案进行精度分析。因为在确定点位误差椭圆的三要素 φ_E、E、F 时，除了单位权中误差 σ_0 外，只需要知道各个协因数 Q_{ij} 的大小。而协因数阵 $Q_{\hat{X}\hat{X}}$ 是相应平差问题的法方程系数阵的逆阵，即 $Q_{\hat{X}\hat{X}}=(B^{\mathrm{T}}PB)^{-1}$。当在适当的比例尺的地形图上设计了控制网的点位以后，可以从图上量取各边边长和方位角的概略值，根据这些可以算出误差方程的系数，而观测值的权则可根据事先加以确定，因此，可以求出该网的协因数阵 $Q_{\hat{X}\hat{X}}$；另一方面，根据设计中所拟定的观测仪器来确定单位权中误差 σ_0 的大小，这样就可以估算出 φ_E、E、F 的数值了。如果估算的结果符合工程建设对控制网所提出的精度要求，则可认为该设计方案是可采用的，否则，可改变设计方案，重新估算，以达到预期的精度要求。有时也可以根据不同设计方案的精度要求，考虑到各种因素，例如，建网的经费开支，施测工期的长短，布网的难易程度等，在满足精度要求的前提下，从中选择最优的布网方案。

本章小结

本章主要介绍了点位中误差的概念及特性，位差的计算方法及位差极值的确定，误差椭圆和相对误差椭圆的概念及其应用，误差椭圆和相对误差椭圆的绘制方法。本章实际上是测量平差的应用，对于控制网的设计与优化有重大作用，一定要掌握本章的内容。

是测量平差的应用，对于控制网的设计与优化有重大作用，一定要掌握本章的内容。

习　题

1. 试阐述：

(1) 点位中误差与点位误差椭圆的异同点何在？

(2) 若已知点位误差椭圆的三元素，可否计算出点位中误差？反之，有了计算点位中误差的必要元素，能否计算出点位误差椭圆的三元素？

(3) 相对误差椭圆主要用来描述什么关系的？它与点位误差椭圆的关系是怎样的？

2. 在误差椭圆的元素计算：

(1) 当 $Q_{xx}=0$ 时，如何判别极值方向？

(2) 当 $Q_{xx}=Q_{yy}$，$Q_{xy}\neq 0$ 时，如何判别极值方向？

(3) 当 $Q_{xx}=Q_{yy}$，$Q_{xy}=0$ 时，如何判别极值方向？

(4) 试证明任意待定点的两个极值方向位差的互协因数为零，即 $Q_{EF}=0$。

3. 角 ψ 和 σ_ψ 是怎样定义的？φ、ψ 及 φ_E 之间有什么关系？

4. 某一控制网只有一个待定点，设待定点的坐标为未知数，进行间接平差，其法方程为

$$\begin{bmatrix}1.287 & 0.411\\0.411 & 1.762\end{bmatrix}\begin{bmatrix}x\\y\end{bmatrix}+\begin{bmatrix}0.534\\-0.394\end{bmatrix}=0$$

且已知 $l^{\mathrm{T}}Pl=4$。试求出待定点误差椭圆的 3 个参数并绘出误差椭圆，并用图解法和计算法求出待定点的点位中误差。

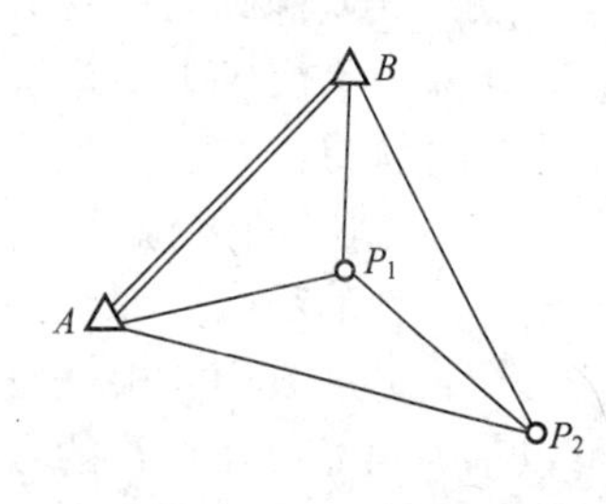

图 10.14　三角控制网

5. 如图 10.14 所示，P_1、P_2 两点间为一山头，某条铁路专用线在此经过，要在 P_1、P_2 两点间开掘隧道，要求在贯通方向和贯通重要方向上的误差不超过 0.5m 和 0.25m。根据实地勘察，在地形图上设计的专用贯通测量控制网，A、B 为已知点，P_1、P_2 为待定点，根据原有测量资料知 A、B 两点的坐标以及在地形图上根据坐标格网量得 P_1、P_2 两点的近似坐标见表 10-1，设计按三等控制网要求进行观测所有的 9 个角度，试估算设计的此控制网能否达到要求，并绘出两点的点位误差椭圆和相对误差椭圆。

表 10-1　控制网各点(近似)坐标表

点名	A	B	P_1	P_2
x	8986.687	13737.375	6642.27	10122.12
y	5705.036	10507.928	14711.75	10312.47

6. 图 10.15 所示的控制网为一测边网，A、B 为已知点，C、D、E 为待定点，设待定点的坐标为未知数，进行间接平差，平差后各点的坐标见表 10-2，单位权中误差 $\hat{\sigma}_0=0.4\mathrm{dm}$，法方程系数阵的逆阵也已求出如下

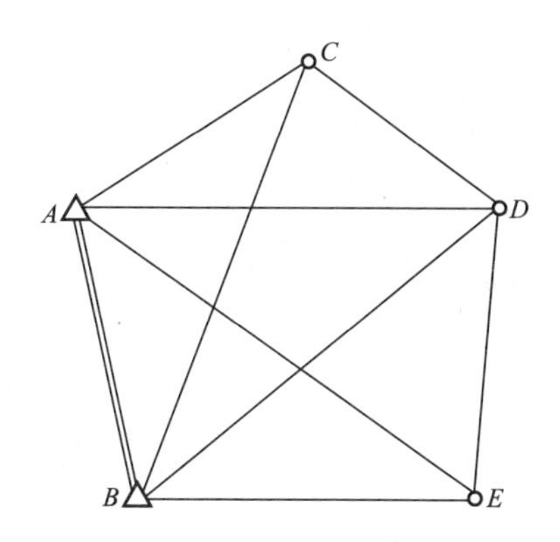

图 10.15　测边网

表 10-2　控制网各点坐标表

点号	A	B	C	D	E
x	2108.278	2623.764	2814.225	2385.122	1966.521
y	1000.000	1000.000	1945.370	1698.484	1361.445

$$Q_{XX}=\begin{bmatrix} 4.0714 & -1.9622 & 1.9564 & 0.0840 & 0.9669 & 0.8398 \\ -1.9622 & 1.5402 & -0.7155 & -0.0307 & -0.3536 & -0.3071 \\ 1.9546 & -0.7155 & 2.0744 & -0.2379 & 0.8995 & 0.7812 \\ 0.0840 & -0.0307 & -0.2379 & 0.5580 & 0.1009 & 0.0877 \\ 0.9669 & -0.3536 & 0.8995 & 0.1009 & 1.1546 & 0.5328 \\ 0.8398 & -0.3071 & 0.7812 & 0.0877 & 0.5328 & 1.0467 \end{bmatrix}$$

试绘出 C、D、E 三点的点位误差椭圆及 D、E 两点的相对误差椭圆。
用计算法和图解法求出 DE 边的边长相对中误差和 DB 边的方位角中误差。

7. 在某测边网中，设待定点 P_1 的坐标为未知参数，即 $\hat{X}=[X_1 \quad Y_1]^{\mathrm{T}}$，平差后得到 $\hat{X}$ 的协因数阵为 $Q_{\hat{X}\hat{X}}=\begin{bmatrix} 0.25 & 0.15 \\ 0.15 & 0.75 \end{bmatrix}$，且单位权方差 $\hat{\sigma}_0^2=3.0\text{cm}^2$

(1) 计算 P_1 点纵、横坐标中误差和点位中误差；
(2) 计算 P_1 点误差椭圆三要素 φ_E、E、F；
(3) 计算 P_1 点在方位角为 90°方向上的位差。

8. 如何在 P 点的误差椭圆图上，图解出 P 点在任意方向 ψ 上的位差 σ_ψ？

9. 某平面控制网经平差后求得 P_1、P_2 两待定点间坐标差的协因数阵为

$$\begin{bmatrix} Q_{\Delta\hat{X}\Delta\hat{X}} & Q_{\Delta\hat{X}\Delta\hat{Y}} \\ Q_{\Delta\hat{Y}\Delta\hat{X}} & Q_{\Delta\hat{Y}\Delta\hat{Y}} \end{bmatrix}=\begin{bmatrix} 3 & -2 \\ -2 & 3 \end{bmatrix}(\text{cm}^2/('')^2)$$

单位权中误差为 $\hat{\sigma}_0=1''$，试求两点间相对误差椭圆的 3 个参数。

10. 已知某三角网中 P 点坐标的协因数阵为

$$Q_{\hat{X}\hat{X}}=\begin{bmatrix}2.10 & -0.25\\ -0.25 & 1.60\end{bmatrix}(\mathrm{cm}^2/('')^2)$$

单位权方差估计值 $\hat{\sigma}_0^2=1.0('')^2$，求

(1) 位差的极值方向 φ_E 和 φ_F；

(2) 位差的极大值 E 和极小值 F；

(3) P 点的点位方差；

(4) $\psi=30°$方向上的位差；

(5) 若待定点 P 点到已知点 A 的距离为 9.55km，方位角为 217.5°，则 AP 边的边长相对中误差为多少?

第11章 近代平差概论

教学目标

本章主要介绍近代发展的平差理论和方法。通过本章的学习，应达到以下目标：

(1) 了解序贯平差的基本原理；

(2) 掌握秩亏自由网平差原理及其应用；

(3) 了解附加系统参数的平差的基本原理；

(4) 了解最小二乘配置的基本原理；

(5) 了解稳健估计的基本原理；

(6) 了解粗差探测的基本原理；

(7) 了解可靠性理论。

教学要求

知识要点	能力要求	相关知识
序贯平差	(1) 了解序贯平差的基本原理 (2) 了解序贯平差的应用	(1) 序贯平差的基本原理 (2) 序贯平差的计算 (3) 序贯平差的精度评定 (4) 实例分析
秩亏自由网平差	(1) 掌握秩亏自由网平差的基本原理 (2) 掌握秩亏自由网的平差计算 (3) 理解 S 的含义和作用	(1) 秩亏自由网的基本原理 (2) 秩亏自由网的计算 (3) S 的构建原理 (4) 实例分析
附加系统参数的平差	(1) 了解附加系统参数平差的基本原理 (2) 了解附加参数的显著性检验	(1) 附加系统参数平差的基本原理 (2) 附加系统参数的显著性检验方法 (3) 实例分析
最小二乘配置	了解最小二乘配置的基本原理	(1) 最小二乘配置的数学模型 (2) 最小二乘配置的基本原理
稳健估计	(1) 了解稳健估计的基本原理 (2) 了解稳健估计的方法	(1) 稳健估计的基本原理 (2) M 估计法 (3) 选权迭代法 (4) 最小范数法 (5) 实例分析
数据探测与可靠性理论	(1) 了解可靠性的基本概念 (2) 了解粗差探测的基本原理	(1) 多余观测分量的概念 (2) 内部可靠性的概念 (3) 外部可靠性的概念 (4) 单个粗差的检验与定位的原理 (5) 实例分析

基本概念

序贯平差、秩亏自由网平差、附加系统参数的平差、最小二乘配置、稳健估计、M估计、内部可靠性、外部可靠性、多余观测分量

引言

随着现代数学理论、计算机和通信技术在测绘领域的广泛应用，以GPS、VLBI、RS、SLR、LLR、INSAR等为代表的现代空间测量新技术的不断发展和完善，测量数据处理的对象也由地球表面发展到空间。空间数据的高精度、高动态、多源性和误差来源的多样性，用前几章所讲述的五种经典平差已经不能满足要求。如五种经典平差要求系数阵为阵列满秩，而实际上出现了系数阵不是列满秩；五种经典平差中的参数要求是非随机参数，而目前出现了部分参数是随机变量的情况；五种经典平差处理的是偶然误差，而目前要求既能处理偶然误差又要处理系统误差和粗差。

针对上述问题，用前面介绍的平差理论是不能很好的解决问题，本章就探讨处理上述问题的平差理论。

11.1 序贯平差

序贯平差也叫逐次相关间接平差，它是将观测值分成两组或多组，按组的顺序分别做相关间接平差，从而使其达到与两期网一起做整体平差同样的结果。分组后可以使每组的法方程阶数降低，减轻计算强度，现在常用于控制网的改扩建或分期布网的平差计算，即观测值可以是不同期的，平差工作可以分期进行。序贯平差的递推公式有明显的规律性，特别适合计算机编程计算，所以用途广泛。

本节介绍的序贯平差，其参数不随时间变化，有时又称为静态卡尔曼滤波。下面以观测值分两组为例说明平差原理，在此基础上，再总结出递推公式。

11.1.1 平差原理

设有k期参数不变的误差方程式以及对应的观测值的权阵(观测值间互独立)为

$$\left\{\begin{array}{ll} V_1=B_1\hat{x}-l_1 & P_1=Q_1^{-1}=\sigma^2 D_1^{-1} \\ V_2=B_2\hat{x}-l_2 & P_2=Q_2^{-1}=\sigma^2 D_2^{-1} \\ \quad\vdots & \quad\vdots \\ V_k=B_k\hat{x}-l_k & P_k=Q_k^{-1}=\sigma^2 D_k^{-1} \end{array}\right. \tag{11-1}$$

式(11-1)第一个误差方程用间接平差法(第一期平差)解得

$$\hat{x}_1=(B_1^{\mathrm{T}}P_1B_1)^{-1}B_1^{\mathrm{T}}P_1l_1=Q_{\hat{x}_1}B_1^{\mathrm{T}}P_1l_1 \tag{11-2}$$

式中：$Q_{\hat{x}_1}=(B_1^{\mathrm{T}}P_1B_1)^{-1}=P_{\hat{x}_1}^{-1}$。

由式(11－1)的第一、第二个误差方程联合求解(称为二期平差)，得

$$\begin{cases}\hat{x}_{\mathrm{II}}=(B_1^{\mathrm{T}}P_1B_1+B_2^{\mathrm{T}}P_2B_2)^{-1}(B_1^{\mathrm{T}}P_1l_1+B_2^{\mathrm{T}}P_2l_2)=Q_{\hat{x}_{\mathrm{II}}}(B_1^{\mathrm{T}}P_1l_1+B_2^{\mathrm{T}}P_2l_2)\\ \quad=Q_{\hat{x}_{\mathrm{II}}}(P_{\hat{x}_{\mathrm{I}}}\hat{x}_{\mathrm{I}}+B_2^{\mathrm{T}}P_2l_2)\\ Q_{\hat{x}_{\mathrm{II}}}=(B_1^{\mathrm{T}}P_1B_1+B_2^{\mathrm{T}}P_2B_2)^{-1}=(P_{\hat{x}_{\mathrm{I}}}+B_2^{\mathrm{T}}P_2B_2)^{-1}\\ B_1^{\mathrm{T}}Pl_1=P_{\hat{x}_{\mathrm{I}}}\hat{x}_{\mathrm{I}}\end{cases} \tag{11-3}$$

由式(11－3)第二式有

$$P_{\hat{x}_{\mathrm{I}}}=Q_{\hat{x}_{\mathrm{I}}}^{-1}=Q_{\hat{x}_{\mathrm{II}}}^{-1}-B_2^{\mathrm{T}}P_2B_2 \tag{11-4}$$

代入式(11－3)第一式，可得

$$\hat{x}_{\mathrm{II}}=Q_{\hat{x}_{\mathrm{II}}}(P_{\hat{x}_{\mathrm{I}}}\hat{x}_{\mathrm{I}}+B_2^{\mathrm{T}}P_2B_2)=\hat{x}_{\mathrm{I}}+Q_{\hat{x}_{\mathrm{II}}}B_2^{\mathrm{T}}P_2(l_2-B_2\hat{x}_{\mathrm{I}}) \tag{11-5}$$

由矩阵反演公式知

$$\begin{aligned}Q_{\hat{x}_{\mathrm{II}}}&=(P_{\hat{x}_{\mathrm{I}}}+B_2^{\mathrm{T}}P_2B_2)^{-1}=Q_{\hat{x}_{\mathrm{I}}}-Q_{\hat{x}_{\mathrm{I}}}B_2^{\mathrm{T}}(P_2^{-1}+B_2Q_{\hat{x}_{\mathrm{I}}}B_2^{\mathrm{T}})^{-1}B_2Q_{\hat{x}_{\mathrm{I}}}\\ &=Q_{\hat{x}_{\mathrm{I}}}-Q_{\hat{x}_{\mathrm{I}}}B_2^{\mathrm{T}}(Q_2+B_2Q_{\hat{x}_{\mathrm{I}}}B_2^{\mathrm{T}})^{-1}B_2Q_{\hat{x}_{\mathrm{I}}}\end{aligned} \tag{11-6}$$

式中：$Q_{\hat{x}_{\mathrm{II}}}$表示第二期参数$\hat{x}_{\mathrm{II}}$的协因数阵；$Q_2$表示第二期观测值的协因数阵。

将式(11－4)两边左乘 $Q_{\hat{x}_{\mathrm{II}}}$得

$$Q_{\hat{x}_{\mathrm{II}}}Q_{\hat{x}_{\mathrm{I}}}^{-1},=I-Q_{\hat{x}_{\mathrm{II}}}B_2^{\mathrm{T}}P_2B_2$$

再对两边右乘 $Q_{\hat{x}_{\mathrm{I}}}$，得

$$Q_{\hat{x}_{\mathrm{II}}}=Q_{\hat{x}_{\mathrm{I}}}-Q_{\hat{x}_{\mathrm{II}}}B_2^{\mathrm{T}}P_2B_2Q_{\hat{x}_{\mathrm{I}}}, \tag{11-7}$$

比较式(11－6)和式(11－7)，有

$$Q_{\hat{x}_{\mathrm{II}}}B_2^{\mathrm{T}}P_2=Q_{\hat{x}_{\mathrm{I}}}B_2^{\mathrm{T}}(Q_2+B_2Q_{\hat{x}_{\mathrm{I}}}B_2^{\mathrm{T}})^{-1} \tag{11-8}$$

将式(11－8)代入式(11－5)，得

$$\hat{x}_{\mathrm{II}}=\hat{x}_{\mathrm{I}}+Q_{\hat{x}_{\mathrm{II}}}B_2^{\mathrm{T}}P_2(l_2-B_2\hat{x}_{\mathrm{I}})=\hat{x}_{\mathrm{I}}+Q_{\hat{x}_{\mathrm{I}}}B_2^{\mathrm{T}}(Q_2+B_2Q_{\hat{x}_{\mathrm{I}}}B_2^{\mathrm{T}})^{-1}(l_2-B_2\hat{x}_{\mathrm{I}}) \tag{11-9}$$

于是，就得到了两期观测值整体平差后参数值的计算公式(式(11－9))和参数协因数阵的计算公式(式(11－6))。参照这两式，可得第 k 期整体平差的递推公式为

$$\hat{x}_k=\hat{x}_{k-1}+Q_{\hat{x}_{k-1}}B_k^{\mathrm{T}}(Q_k+B_kQ_{\hat{x}_{k-1}}B_k^{\mathrm{T}})^{-1}(l_k-B_k\hat{x}_{k-1}) \tag{11-10}$$

$$Q_{\hat{x}_{\mathrm{II}}}=Q_{\hat{x}_{k-1}}-Q_{\hat{x}_{k-1}}B_k^{\mathrm{T}}(Q_k+B_kQ_{\hat{x}_{k-1}}B_k^{\mathrm{T}})^{-1}B_kQ_{\hat{x}_{k-1}} \tag{11-11}$$

令 $$J_k=Q_{\hat{x}_{k-1}}B_k^{\mathrm{T}}(Q_k+B_kQ_{\hat{x}_{k-1}}B_k^{\mathrm{T}})^{-1},\quad \bar{l}_k=l_k-B_k\hat{x}_{k-1}$$

则上两式变为

$$\hat{x}_k=\hat{x}_{k-1}+J_k\bar{l}_k \tag{11-12}$$

$$Q_{\hat{x}}=Q_{\hat{x}_{k-1}}-J_kB_kQ_{\hat{x}_{k-1}} \tag{11-13}$$

这两个公式的特点为：只要在第$(k-1)$期平差值$\hat{x}_{k-1}$、$Q_{\hat{x}_{k-1}}$的基础上进行调整，就可得到第 k 期的平差值$\hat{x}_k$、$Q_{\hat{x}_k}$，达到两期整体平差的结果。特别是第 k 期一般都只取一个

观测值的误差方程(所以称为逐次递推间接平差)，则式(11-11)中$(Q_k+B_kQ_{\hat{x}_{k-1}}B_k^T)$就是一个标量，从而避免了矩阵求逆计算。

11.1.2 平差值的计算

在式(11-3)的第一个误差方程单独平差(一期平差)后，由参数$\hat{x}_I$算得了观测值L_1的一期改正数V'_1，与第二个误差方程联合整体平差(二期平差)后，参数平差值变成了$\hat{x}_{II}=\hat{x}_I+\Delta x$，则$L_1$的改正数也变成了$(V'_1+V''_1)$和$(\hat{x}_I+\Delta x)$代入第一误差方程，得

$$V'_1+V''_1=B_1(\hat{x}_I+\Delta x)-l_1$$

由于经过第一次平差已使得$V'_1=B_1\hat{x}_I-l_1$，所以有L_1的二期改正数为

$$V''_1=B_1\Delta x \tag{11-14}$$

式中：Δx为两期平差的参数增量，即

$$\Delta x=\hat{x}_{II}-\hat{x}_I=J_2\bar{l}_2 \tag{11-15}$$

在二期整体平差后，由第二个误差方程单独产生的关于L_2的改正数设为V''_2，它由参数增量Δx引起，即

$$\begin{aligned}V''_2&=B_2\hat{x}_{II}-l_2=B_2(\hat{x}_I+\Delta x)-l_2=B_2\Delta x-(l_2-B_2\hat{x}_I)\\&=(B_2J_2-I)\bar{l}_2\end{aligned} \tag{11-16}$$

V''_2的计算思路，是将一期平差得到的$\hat{X}_I=X^0+\hat{x}_I$作为参数近似值代入二期整体平差，故将$\hat{x}_I$放入到$\bar{l}_2$中，而V''_2的产生仅由于Δx的存在。

最后的平差值为

$$\hat{L}_1=\hat{L}'_1+V''_1=L_1+V_1 \quad (V_1=V'_1+V''_2) \tag{11-17}$$

$$\hat{L}_2=\hat{L}'_2+V''_2=L_2+V''_2 \quad (V_2=V''_2,\ V'_2=0) \tag{11-18}$$

$$\hat{X}=X^0+\hat{x}_{II}=X^0+\hat{x}_I+\Delta x \tag{11-19}$$

11.1.3 精度评定

单位权方差计算式为

$$\hat{\sigma}_0^2=\frac{V^TPV}{n-t}=\frac{V^TPV}{r} \tag{11-20}$$

当两组观测值整体平差时，有

$$V^TPV=[V_1^T \quad V_2^T]^T\begin{bmatrix}P_1 & 0\\0 & P_2\end{bmatrix}\begin{bmatrix}V_1\\V_2\end{bmatrix}=V_1^TP_1V_1+V_2^TP_2V_2 \tag{11-21}$$

因为

$$V_1 = B_1 \hat{x}_{II} - l_1 = B_1(\hat{x}_I + J_2 \bar{l}_2) - l_1 = V'_1 + B_1 J_2 \bar{l}_2 \tag{11-22}$$

$$B_1^T P_1 V_1'^T = B_1^T P_1 (B_1 \hat{x}_I - l_1) = B_1^T P_1 B_1 \hat{x}_I - B_1^T P_1 l_1 = 0$$

所以

$$V_1^T P_1 V_1 = (V'_1 + B_1 J_2 \bar{l}_2)^T P_1 (V'_1 + B_1 J_2 \bar{l}_2) = V_1'^T P_1 V'_1 + \bar{l}_2^T J_2^T Q_{\hat{x}_I}^{-1} J_2 \bar{l}_2 \tag{11-23}$$

故

$$V^T P V = V_1'^T P_1 V'_1 + \bar{l}_2^T J_2^T Q_{\hat{x}_I}^{-1} J_2 \bar{l}_2 + V_2^T P_2 V_2 \tag{11-24}$$

又因为

$$V_2 = B_2 \hat{x}_{II} - l_2 = B_2(\hat{x}_I + J_2 \bar{l}_2) - l_2 = B_k \hat{x}_I + B_2 J_2 \bar{l}_2 - l_2 = (B_2 J_2 - I) \bar{l}_2 \tag{11-25}$$

把 J_2 代入式(11-25)，可得

$$V_2 = [B_2 Q_{\hat{x}_I} B_2^T (Q_2 + B_2 Q_{\hat{x}_I} B_2^T)^{-1} - I] \bar{l}_2 = [(Q_2 + B_2 Q_{\hat{x}_I} B_2^T - Q_2)(Q_2 + B_2 Q_{\hat{x}_I} B_2^T)^{-1} - I] \bar{l}_2$$

$$= -Q_2 (Q_2 + B_2 Q_{\hat{x}_I} B_2^T)^{-1} \bar{l}_2$$

所以

$$V_2^T P_2 V_2 = \bar{l}_2^T (Q_2 + B_2 Q_{\hat{x}_I} B_2^T)^{-1} Q_2 (Q_2 + B_2 Q_{\hat{x}_I} B_2^T)^{-1} \bar{l}_2 \tag{11-26}$$

因为

$$J_2^T Q_{\hat{x}_I}^{-1} J_2 = (Q_2 + B_2 Q_{\hat{x}_I} B_2^T)^{-1} B_k Q_{\hat{x}_I} B_2^T (Q_2 + B_2 Q_{\hat{x}_I} B_2^T)^{-1}$$

所以

$$\bar{l}_2^T J_2^T Q_{\hat{x}_I}^{-1} J_2 \bar{l}_2 + V_2^T P_2 V^2 = \bar{l}_2^T (Q_2 + B_2 Q_{\hat{x}_I} B_2^T)^{-1} \bar{l}_2$$

因此式(11-24)变为

$$V^T P V = V_1'^T P_1 V'_1 + \bar{l}_2^T (Q_2 + B_2 Q_{\hat{x}_I} B_2^T)^{-1} \bar{l}_2 \tag{11-27}$$

参照式(11-27)可得第 k 期整体平差的 $V^T PV$ 的递推公式为

$$V^T P V = V_{k-1}'^T P_{k-1} V'_{k-1} + \bar{l}_k^T (Q_k + B_k Q_{\hat{x}_{k-1}} B_k^T)^{-1} \bar{l}_k \tag{11-28}$$

11.1.4 实例分析

【例11-1】 设有水准网如图11.1所示，A、B、C、D 为已知点，a、b、c 为未知点，已知点及观测数据见表11-1，该网第一次观测了 $h_1 \sim h_3$，第二次观测了 h_4、h_5，按序贯平差法求待定点高程及单位权中误差。

表11-1 水准网观测数据和已知数据

	h/m	S/km		h/m	S/km
1	3.827	1	4	0.405	1
2	2.401	1	5	1.830	1
3	1.420	1			
已知值(m)		H_A=10.000		H_B=12.000	

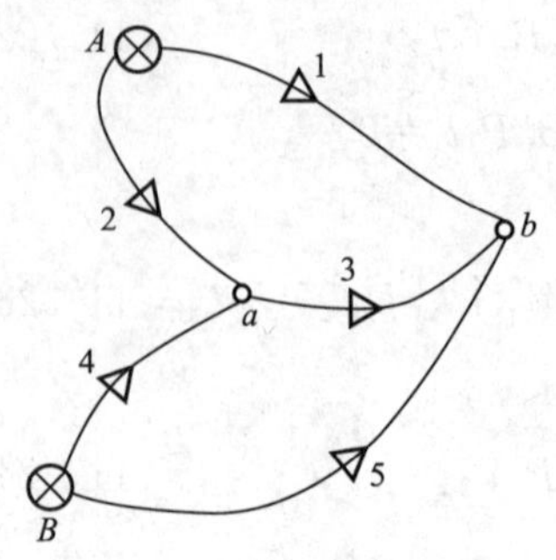

图 11.1　水准网示意图

解： 本题中 $n=5$，$t=2$，$r=n-t=3$。设待定点高程为参数 $\hat{X}=[\hat{a}\quad \hat{b}]^{\mathrm{T}}$，以 $h_1 \sim h_3$ 为第一组观测值，其余为第二组，又近似值 $a^0=12.401\mathrm{m}$，$b^0=13.827\mathrm{m}$。

可列出第一期误差方程式

$$\begin{cases} v_1=\delta\hat{b} \\ v_2=\delta\hat{a} \\ v_3=-\delta\hat{a}+\delta\hat{b}+6 \end{cases}$$

第二期误差方程式

$$\begin{cases} v_4=\delta\hat{a}-4 \\ v_5=\delta\hat{b}-3 \end{cases}$$

(1) 第一次平差。

$$V_1'=\begin{bmatrix} 0 & 1 \\ 1 & 0 \\ -1 & 1 \end{bmatrix}\begin{bmatrix} \delta\hat{a}_1 \\ \delta\hat{b}_1 \end{bmatrix}-\begin{bmatrix} 0 \\ 0 \\ -6 \end{bmatrix}(\mathrm{mm}),\quad P_1=\begin{bmatrix} 1 & & \\ & 1 & \\ & & 1 \end{bmatrix}$$

解得参数值改正数为

$$\delta\hat{a}_1=2\mathrm{mm},\quad \delta\hat{b}_1=-2\mathrm{mm}$$

参数值为

$$\hat{a}_1=a^0+\delta\hat{a}_1=12.403\mathrm{m},\quad \hat{b}_1=b^0+\delta\hat{b}_1=13.825\mathrm{m}$$

$\hat{x}_1$的协因数阵为

$$Q_{\hat{x}_1}=\frac{1}{3}\begin{bmatrix} 2 & 1 \\ 1 & 2 \end{bmatrix}$$

$$V_1'^{\mathrm{T}}P_1V_1'=12$$

(2) 第二次平差。

根据第二期误差方程可知

$$B_2=\begin{bmatrix} 1 & 0 \\ 0 & 1 \end{bmatrix},\quad \bar{l}_2=l_2-B_2\hat{x}_{\mathrm{I}}=\begin{bmatrix} 4 \\ 3 \end{bmatrix}-\begin{bmatrix} 1 & 0 \\ 0 & 1 \end{bmatrix}\begin{bmatrix} 2 \\ -2 \end{bmatrix}=\begin{bmatrix} 2 \\ 5 \end{bmatrix}\quad(\mathrm{mm})$$

所以

$$J_2=\frac{1}{8}\begin{bmatrix} 3 & 1 \\ 1 & 3 \end{bmatrix}$$

由式(11-12)可得

$$\hat{x}=\hat{x}\mathrm{I}+J\bar{l}_2=\begin{bmatrix} 2 \\ -2 \end{bmatrix}+\frac{1}{8}\begin{bmatrix} 11 \\ 17 \end{bmatrix}=\begin{bmatrix} 3.4 \\ 0.1 \end{bmatrix}\quad(\mathrm{mm})$$

参数平差值

$$\hat{a}=a^0+3.4\mathrm{mm}=12.4044\mathrm{m},\quad \hat{b}=b^0+0.1\mathrm{mm}=13.8271\mathrm{m}$$

根据式(11－13)可得参数协因数阵

$$Q_{\hat{X}}=\frac{1}{8}\begin{bmatrix}3 & 1\\1 & 3\end{bmatrix}$$

根据式(11－27)可得

$$V^{\mathrm{T}}PV=12+15.625=27.625$$

所以

$$\hat{\sigma}_0=\sqrt{\frac{27.625}{n-t}}=\sqrt{\frac{27.625}{3}}=3.0\text{mm}$$

11.2 秩亏自由网平差

在前面介绍的经典平差中，都是以已知的起算数据为基础，将控制网固定在已知数据上。如水准网必须至少已知网中某一点的高程，平面网至少要已知一点的坐标、一条边的边长和一条边的方位角。当网中没有必要的起算数据时，称其为自由网，本节将介绍自由网的平差方法，即自由网平差。

11.2.1 引起秩亏自由网的原因

在经典间接平差中，网中具备必要的起算数据，误差方程为

$$V=B\hat{x}-l$$

式中：系数阵 B 为列满秩矩阵，其秩为 $rg(B)=t$。在最小二乘准则下得到的法方程为

$$N_{BB}\hat{x}-W=0$$

由于其系数阵的秩为 $rg(N_{BB})=rg(B^{\mathrm{T}}PB)=rg(B)=t$，所以 N_{BB} 为满秩矩阵，即为非奇异阵，具有凯利逆 N_{BB}^{-1}，因此具有唯一解，即

$$\hat{x}=N_{BB}^{-1}W$$

当网中无起算数据时，网中所有点均为待定点，设未知参数的个数为 u，误差方程为

$$\underset{n\times1}{V}=\underset{n\times u}{B}\underset{u\times1}{\hat{x}}-\underset{n\times1}{l}$$

式中

$$u=t+d$$

d 为必要的起算数据个数。尽管增加了 d 个参数，但 B 的秩仍为必要观测个数，即

$$R(B)=t<u$$

其中 B 为不满秩矩阵，称为秩亏阵，其秩亏数为 d。

组成法方程

$$\underset{u\times u}{N}\underset{u\times1}{\hat{x}}-\underset{u\times1}{W}=0 \tag{11-29}$$

式中：$\underset{u\times u}{N}=B^{T}PB$；$W=B^{T}PL$ 且 $R(N)=R(B^{T}PB)=R(B)=t<u$，所以 N 也为秩亏阵，秩亏数为

$$d=u-t \tag{11-30}$$

由上式知，不同类型控制网的秩亏数就是经典平差时必要的起算数据的个数。即有

$$d=\begin{cases}1 & \text{水准网}\\ 3 & \text{测边网、边角网、导线网}\\ 4 & \text{测角网}\end{cases}$$

在控制网秩亏的情况下，法方程有解但不唯一。也就是说仅满足最小二乘准则，仍无法求得 $\hat{x}$ 的唯一解，这就是秩亏网平差与经典平差的根本区别。为求得唯一解，还必须增加新的约束条件。秩亏自由网平差就是在满足最小二乘 $V^{T}PV=\min$ 和最小范数 $\hat{x}^{T}\hat{x}=\min$ 的条件下，求参数一组最佳估值的平差方法。

11.2.2 算法原理

下面将推导自由网平差常用的两种解法的有关计算公式。

设 u 个坐标参数的平差值为 $\underset{u\times 1}{\hat{X}}$，观测向量为 $\underset{n\times 1}{L}$，函数模型为

$$\underset{n\times 1}{\hat{L}}=\underset{n\times 1}{L}+\underset{n\times 1}{V}=\underset{n\times u}{B}\ \underset{u\times 1}{\hat{X}}+\underset{n\times 1}{d} \tag{11-31}$$

其中 $R(B)=t<u$，$d=u-t$，相应的误差方程为

$$V=B\hat{x}-l \tag{11-32}$$

其中

$$\hat{X}=X^{0}+\hat{x},\qquad l=L-(BX^{0}+d)=L-L^{0}$$

秩亏自由网平差的函数模型是具有系数阵秩亏的间接平差模型。随机模型仍是

$$D=\sigma_0^2Q=\sigma_0^2P^{-1} \tag{11-33}$$

按最小二乘原理，在 $V^{T}PV=\min$ 下，由式(11-32)可组成法方程为

$$B^{T}PB\hat{x}=B^{T}Pl \tag{11-34}$$

由于 $rg(B^{T}PB)=rg(\underset{u\times u}{N})=rg(B)=t<u$，故 N^{-1} 不存在，方程式(11-34)不具有唯一解，这是因为参数 $\hat{x}$ 必须在一定的坐标基准下才能唯一确定。坐标基准个数即为秩亏数 d。设有 d 个坐标基准条件，其形式为

$$\underset{d\times u}{S^{T}}\ \underset{u\times 1}{\hat{x}}=0 \tag{11-35}$$

也就是所选的 u 个参数之间存在的 d 个约束条件，这也是基准秩亏所致。

附加的基准条件式(11-35)应与式(11-34)线性无关，这一要求等价于满足下列关系

$$NS=0 \tag{11-36}$$

因 $N=B^{T}PB$，故亦有

$$BS=0 \tag{11-37}$$

此外，式(11－35)中的 d 个方程也要线性无关。故必须有 $R(S)=d$。

联合解算式(11－35)和式(11－32)，此即附有限制条件的间接平差问题。

由最小二乘原则，组成函数

$$\Phi=V^{\mathrm{T}}PV+2K^{\mathrm{T}}(S^{\mathrm{T}}\hat{x})=\min \tag{11-38}$$

式(11－38)对$\hat{x}$求偏导，可得

$$\frac{\partial \Phi}{\partial \hat{x}}=2V^{\mathrm{T}}P\frac{\partial V}{\partial \hat{x}}+2K^{\mathrm{T}}S^{\mathrm{T}}=2V^{\mathrm{T}}PV+2K^{\mathrm{T}}S^{\mathrm{T}}=0 \tag{11-39}$$

对式(11－39)转置后得

$$B^{\mathrm{T}}PB\hat{x}+SK=B^{\mathrm{T}}Pl \tag{11-40}$$

由式(11－40)和式(11－35)组成法方程。

把式(11－40)两边左乘 S^{T}，结合式(11－37)，得

$$S^{\mathrm{T}}SK=0 \tag{11-41}$$

因矩阵 $rg(S^{\mathrm{T}}S)=rg(S)=d$，所以 $S^{\mathrm{T}}S$ 为满秩阵，且不能为零，故

$$K=0$$

因此

$$\Phi=V^{\mathrm{T}}PV+2K^{\mathrm{T}}(S^{\mathrm{T}}\hat{x})=V^{\mathrm{T}}PV$$

亦即秩亏自由网平差中的 V 和 $V^{\mathrm{T}}PV$ 是与基准条件无关的不变量。换言之，经典平差和秩亏平差得到的改正数 V 是相同的，即这两种平差方法都能够得到控制网的最佳网形；但两种平差方法得到的参数解向量$\hat{x}$是不同的，因为秩亏网平差对$\hat{x}$增加了一个范数最小的约束条件。

将式(11－35)左乘 S，并与式(11－40)相加，考虑 $K=0$，得

$$(B^{\mathrm{T}}PB+SS^{\mathrm{T}})\hat{x}=B^{\mathrm{T}}Pl \tag{11-42}$$

其解为

$$\hat{x}=(B^{\mathrm{T}}PB+SS^{\mathrm{T}})^{-1}B^{\mathrm{T}}Pl=(N+SS^{\mathrm{T}})^{-1}B^{\mathrm{T}}Pl \tag{11-43}$$

$\hat{x}$的协因数为

$$Q_{\hat{x}\hat{x}}=(N+SS^{\mathrm{T}})^{-1}B^{\mathrm{T}}PP^{-1}PB(N+SS^{\mathrm{T}})^{-1}=(N+SS^{\mathrm{T}})^{-1}N(N+SS^{\mathrm{T}})^{-1} \tag{11-44}$$

单位权中误差为

$$\hat{\sigma}_0=\sqrt{\frac{V^{\mathrm{T}}PV}{r}}=\sqrt{\frac{V^{\mathrm{T}}PV}{n-t}}=\sqrt{\frac{V^{\mathrm{T}}PV}{n-(u-d)}} \tag{11-45}$$

11.2.3 S的具体形式

秩亏自由网的基准条件有多种取法。下面给出符合式(11－35)的附加阵 S 的具体形式。

一维水准网平差，秩亏数为 $d=1$，S 的表达式可取为

$$\underset{1\times u}{S^{T}}=[1\quad 1\quad \cdots\quad 1]$$

代入式(11-35)可得其基准方程形式为

$$\hat{x}_1+\hat{x}_2+\cdots+\hat{x}_u=0 \tag{11-46}$$

亦即所有点的高程平差改正数之和为零。

测边网平差：秩亏数为$d=3$，S的表达式可取为

$$\underset{3\times u}{S^{T}}=\begin{bmatrix}1 & 0 & 1 & 0 & \cdots & 1 & 0\\ 0 & 1 & 0 & 1 & \cdots & 0 & 1\\ -Y_1^0 & X_1^0 & -Y_2^0 & X_2^0 & \cdots & -Y_m^0 & X_m^0\end{bmatrix}$$

式中：m为网中全部点数，$u=2m$。基准条件方程式(11-35)表达为

$$\begin{cases}\hat{x}_1+\hat{x}_2+\cdots+\hat{x}_m=0\\ \hat{y}_1+\hat{y}_2+\cdots+\hat{y}_m=0\\ -Y_1^0\hat{x}_1+X_1^0\hat{y}_1+\cdots-Y_m^0\hat{x}_m+X_m^0\hat{y}_m=0\end{cases} \tag{11-47}$$

式中：第一个条件方程是纵坐标基准条件；第二个方程是横坐标基准条件；第三个方程是方位角基准条件。

测角网平差：秩亏数为$d=4$，S的表达式可取为

$$\underset{4\times u}{S^{T}}=\begin{bmatrix}1 & 0 & 1 & 0 & \cdots & 1 & 0\\ 0 & 1 & 0 & 1 & \cdots & 0 & 1\\ -Y_1^0 & X_1^0 & -Y_2^0 & X_2^0 & \cdots & -Y_m^0 & X_m^0\\ X_1^0 & Y_1^0 & X_2^0 & Y_2^0 & \cdots & X_m^0 & Y_m^0\end{bmatrix}$$

基准条件表达为

$$\begin{cases}\hat{x}_1+\hat{x}_2+\cdots+\hat{x}_m=0\\ \hat{y}_1+\hat{y}_2+\cdots+\hat{y}_m=0\\ -Y_1^0\hat{x}_1+X_1^0\hat{y}_1+\cdots-Y_m^0\hat{x}_m+X_m^0\hat{y}_m=0\\ X_1^0\hat{x}_1+Y_1^0\hat{y}_1+\cdots+X_m^0\hat{x}_m+Y_m^0\hat{y}_m=0\end{cases} \tag{11-48}$$

式中：前3个方程与测边网一样，它们是纵、横坐标和方位基准条件，第四个方程为边长基准条件。

采用上述确定S的方法组成基准条件，称为秩亏自由网平差的重心基准。

11.2.4 实例分析

【例11-2】 图11.2所示的水准网中，A、B、C点全为待定点，同精度独立高差观测值为$h_1=12.345\text{m}$，$h_2=3.478\text{m}$，$h_3=-15.817\text{m}$，平差时选取A、B、C这3个待定点的高程平差值为未知参数$\hat{X}_1$、$\hat{X}_2$、$\hat{X}_3$，并取近似值

$$X^0=\begin{bmatrix}X_1^0\\X_2^0\\X_3^0\end{bmatrix}=\begin{bmatrix}10\\22.345\\25.823\end{bmatrix}\quad(\text{m})$$

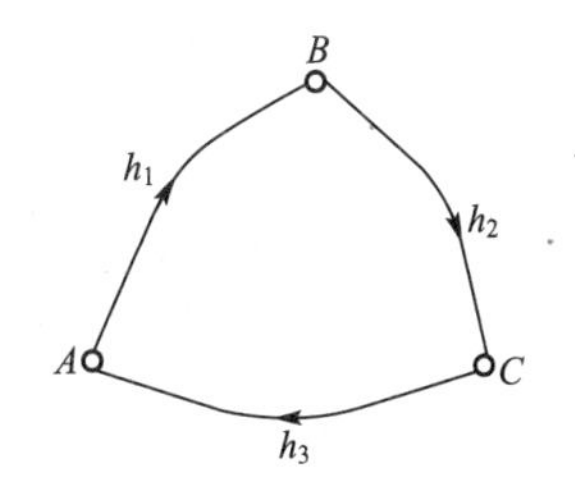

图 11.2　水准网

试用秩亏平差法求解参数的平差值及其协因数阵。

解：误差方程及权阵为

$$\begin{cases}v_1=\hat{x}_2-\hat{x}_1\\v_2=\hat{x}_3-\hat{x}_2\\v_3=\hat{x}_1-\hat{x}_3-6\end{cases},\quad P=\begin{bmatrix}1&0&0\\0&1&0\\0&0&1\end{bmatrix}$$

而

$$N=B^{\mathrm{T}}PB=\begin{bmatrix}2&-1&-1\\-1&2&-1\\-1&-1&2\end{bmatrix},\quad B^{\mathrm{T}}Pl=\begin{bmatrix}6\\0\\-6\end{bmatrix}$$

$$|N|=0,\quad R(A)=R(N)=2$$

由式(11-46)可知，$S^{\mathrm{T}}=[1\quad 1\quad 1]$

则有

$$SS^{\mathrm{T}}=\begin{bmatrix}1\\1\\1\end{bmatrix}[1\quad 1\quad 1]=\begin{bmatrix}1&1&1\\1&1&1\\1&1&1\end{bmatrix}$$

于是

$$N+SS^{\mathrm{T}}=\begin{bmatrix}3&0&0\\0&3&0\\0&0&3\end{bmatrix}$$

$$(N+SS^{\mathrm{T}})^{-1}=\frac{1}{3}\begin{bmatrix}1&&\\&1&\\&&1\end{bmatrix}$$

未知参数的改正数为

$$\hat{x}=(N+SS^{\mathrm{T}})^{-1}B^{\mathrm{T}}Pl=\frac{1}{3}\begin{bmatrix}6\\0\\-6\end{bmatrix}=\begin{bmatrix}2\\0\\-2\end{bmatrix}\quad(\text{mm})$$

未知参数的平差值为

$$\begin{pmatrix}\hat{X}_1\\\hat{X}_2\\\hat{X}_3\end{pmatrix}=\begin{pmatrix}X_1^0\\X_2^0\\X_3^0\end{pmatrix}+\begin{pmatrix}\hat{x}_1\\\hat{x}_2\\\hat{x}_3\end{pmatrix}=\begin{pmatrix}10.002\\22.345\\25.821\end{pmatrix}\quad(\text{m})$$

未知参数的协因数阵为

$$Q_{\hat{X}\hat{X}}=(N+SS^{\mathrm{T}})^{-1}N(N+SS^{\mathrm{T}})^{-1}=\frac{1}{9}\begin{bmatrix}2 & -1 & -1\\ -1 & 2 & -1\\ -1 & -1 & 2\end{bmatrix}$$

11.3 附加系统参数的平差

经典平差中总是假设观测值中不含系统误差，但测量实践表明，尽管在观测过程中采用各种观测措施和预处理改正，仍会含有残余的系统误差。消除或减弱这种残余系统误差可借助于平差方法，即通过在经典平差模型中附加系统参数对系统误差进行补偿，这种平差方法称为附加系统参数的平差法。

11.3.1 平差原理

经典的高斯-马尔可夫模型为

$$\begin{aligned}&L+\Delta=B\widetilde{X},\quad E(\Delta)=0\\&D_{LL}=D_{\Delta\Delta}=\sigma_0^2Q=\sigma_0^2P^{-1}\end{aligned}\tag{11-49}$$

当观测值中含有系统误差时，显然

$$E(\Delta)\neq 0$$

在这种情况下，需要对经典的高斯-马尔可夫模型进行扩充。设观测误差 Δ_G包含系统误差 Δ_S和偶然误差 Δ，即

$$\Delta_G=\Delta_S+\Delta$$

考虑平差是线性模型，可设 $\Delta_S=A\widetilde{S}$，于是有

$$\Delta_G=A\widetilde{S}+\Delta\tag{11-50}$$

及

$$E(\Delta_S)=A\widetilde{S}$$

将式(11-50)代入式(11-49)，即得附加系统参数的平差函数模型为

$$\begin{cases}L=B\widetilde{X}+A\widetilde{S}-\Delta\\D_{LL}=D_{\Delta\Delta}=\sigma_0^2Q=\sigma_0^2P^{-1}\end{cases}\tag{11-51}$$

由式(11-51)得误差方程为

$$\underset{n\times 1}{V}=\underset{n\times t}{B}\,\underset{t\times 1}{\hat{x}}+\underset{n\times m}{A}\,\underset{m\times 1}{\hat{S}}-\underset{n\times 1}{l}\tag{11-52}$$

式中：秩 $R(B)=t$，B 为列满秩；A 亦为列满秩，表示参数$\hat{x}_i$之间或 $\hat{S}_i$之间均独立，再假设$\hat{x}$与 $\hat{S}$ 也相互独立。

将式(11-52)写成

$$V=(B \quad A)\begin{pmatrix}\hat{x}\\ \hat{S}\end{pmatrix}-l \tag{11-53}$$

令
$$\overline{B}=[B \quad A],\quad \overline{X}=\begin{bmatrix}\hat{x}\\ \hat{S}\end{bmatrix}$$

则式(11-53)变为

$$V=\overline{B}\,\overline{X}-l$$

可见，这就是间接平差的误差方程，按最小二乘准则 $V^{\mathrm{T}}PV=\min$，由上式可得其法方程为

$$\begin{pmatrix}B^{\mathrm{T}}PB & B^{\mathrm{T}}PA\\ A^{\mathrm{T}}PB & A^{\mathrm{T}}PA\end{pmatrix}\begin{pmatrix}\hat{x}\\ \hat{S}\end{pmatrix}=\begin{pmatrix}B^{\mathrm{T}}Pl\\ A^{\mathrm{T}}Pl\end{pmatrix} \tag{11-54}$$

令 $N_{11}=B^{\mathrm{T}}PB,\quad N_{12}=B^{\mathrm{T}}PA=N_{21}^{\mathrm{T}},\quad N_{22}=A^{\mathrm{T}}PA$

上式可简写为

$$\begin{pmatrix}N_{11} & N_{12}\\ N_{21} & N_{22}\end{pmatrix}\begin{pmatrix}\hat{x}\\ \hat{S}\end{pmatrix}=\begin{pmatrix}B^{\mathrm{T}}Pl\\ A^{\mathrm{T}}Pl\end{pmatrix} \tag{11-55}$$

由分块矩阵求逆公式得

$$\begin{pmatrix}\hat{x}\\ \hat{S}\end{pmatrix}=\begin{bmatrix}N_{11}^{-1}+N_{11}^{-1}N_{12}M^{-1}N_{21}N_{11}^{-1} & -N_{11}^{-1}N_{12}M^{-1}\\ -M^{-1}N_{21}N_{11}^{-1} & M^{-1}\end{bmatrix}\begin{pmatrix}B^{\mathrm{T}}Pl\\ A^{\mathrm{T}}Pl\end{pmatrix} \tag{11-56}$$

式中

$$M=N_{22}-N_{21}N_{11}^{-1}N_{12}$$

如果平差模型中不含有系统误差，即 $\tilde{S}=0$，则有

$$\hat{x}_1=N_{11}^{-1}B^{\mathrm{T}}Pl$$

考虑到此关系式，则式(11-56)可写成

$$\begin{aligned}\hat{x}&=N_{11}^{-1}B^{\mathrm{T}}Pl+N_{11}^{-1}N_{12}M^{-1}N_{21}N_{11}^{-1}B^{\mathrm{T}}Pl-N_{11}^{-1}N_{12}M^{-1}A^{\mathrm{T}}Pl\\ &=\hat{x}_1+N_{11}^{-1}N_{12}M^{-1}N_{21}\hat{x}_1-N_{11}^{-1}N_{12}M^{-1}A^{\mathrm{T}}Pl\\ &=\hat{x}_1+N_{11}^{-1}N_{12}M^{-1}(N_{21}\hat{x}_1-A^{\mathrm{T}}Pl)\end{aligned} \tag{11-57}$$

和

$$\hat{S}=M^{-1}(A^{\mathrm{T}}Pl-N_{21}N_{11}^{-1}B^{\mathrm{T}}Pl)=M^{-1}(A^{\mathrm{T}}Pl-N_{21}\hat{x}_1) \tag{11-58}$$

由式(11-56)知，$\hat{x}$和 $\hat{S}$ 的协因数阵为

$$Q_{\hat{X}\hat{X}}=N_{11}^{-1}+N_{11}^{-1}N_{12}M^{-1}N_{21}N_{11}^{-1} \tag{11-59}$$

$$Q_{\hat{S}\hat{S}}=M^{-1} \tag{11-60}$$

单位权中误差为

$$\hat{\sigma}_0=\sqrt{\frac{V^{\mathrm{T}}PV}{n-(t+m)}} \tag{11-61}$$

11.3.2 系统参数的显著性检验

附加系统参数的平差，由于系统参数的引入改变了原平差模型，这样就产生了附加系统参数是否合适和显著的问题。有些系统参数虽然应该引入，但从统计意义上讲，不是每个参数都是显著的。为此必须对系统参数的显著性进行检验，剔除那些不显著的参数。

附加系统参数显著性的检验可采用线性假设法。

系统参数的原假设 H_0 为系统参数的线性条件 $\hat{S}=0$，或

$$\begin{bmatrix}0 & I\end{bmatrix}\begin{bmatrix}\hat{X}\\ \hat{S}\end{bmatrix}=0 \tag{11-62}$$

由上述模型可导出 F 分布的检验统计量为

$$F=\frac{\hat{S}^{\mathrm{T}}Q_{\hat{S}\hat{S}}^{-1}\hat{S}/m}{V^{\mathrm{T}}PV/(n-t-m)}=\frac{\hat{S}^{\mathrm{T}}Q_{\hat{S}\hat{S}}^{-1}\hat{S}/m}{\hat{\sigma}_0^2} \tag{11-63}$$

检验统计量 F 的拒绝域为

$$F>F_{1-\alpha}(m,\ n-t-m) \tag{11-64}$$

若检验被拒绝，表明系统参数显著，应将其引入函数模型，否则应将系统参数 $\hat{S}$ 从模型中剔除。

若检验其中一个系统参数，原假设 H_0：$S_i=0$，由式(11-63)可得检验统计量

$$F_i=\frac{\hat{S}_i^2Q_{\hat{S}_i}^{-1}}{\hat{\sigma}_0^2}=\frac{\hat{S}_i^2}{\hat{\sigma}_0^2Q_{\hat{S}_i}} \tag{11-65}$$

式中：$Q_{\hat{S}_i}$ 为平差后系统参数向量 $\hat{S}$ 权逆阵 $Q_{\hat{S}\hat{S}}$ 的主对角线元素。

单个参数的检验也可用 t 检验法，其统计量为

$$t_{(n-t-m)}=\frac{\hat{S}_i}{\hat{\sigma}_0\sqrt{Q_{\hat{S}_i}}} \tag{11-66}$$

11.3.3 实例分析

【例 11-3】 在图 11.3 中，若已知点 A、B 为 $H_A=1.000\text{m}$，$H_B=10.000\text{m}$，观测高差 $h_1=3.586\text{m}$，$h_2=0.529\text{m}$，$h_3=-4.110\text{m}$，$h_4=5.422\text{m}$，$h_5=-4.901\text{m}$，求出高程平差值及可能存在的尺度改正 $\hat{R}$。

解： 待定点 X_1、X_2 的近似高程为 $X_1^0=4.586\text{m}$，$X_2^0=5.110\text{m}$，将尺度改正 $\hat{R}$ 视为附加系统参数，则可根据式(11-52)，组成如下误差方程

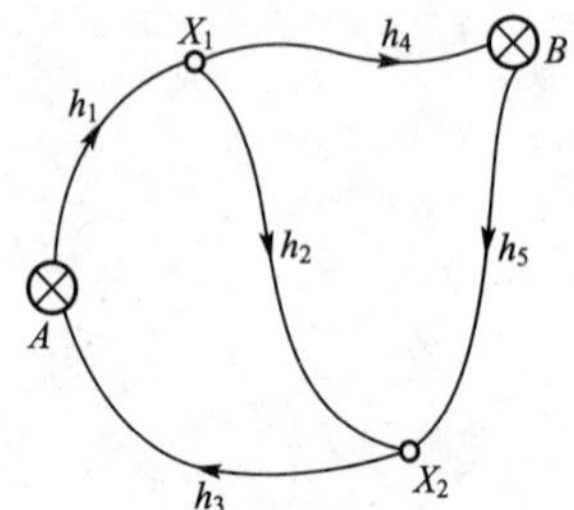

图 11.3 水准网示意图

$$\underset{5\times1}{V}=\begin{bmatrix}1 & 0\\ -1 & 1\\ 0 & -1\\ -1 & 0\\ 0 & 1\end{bmatrix}\begin{bmatrix}\hat{x}_1\\ \hat{x}_2\end{bmatrix}+\begin{bmatrix}-3.581\\ -0.529\\ 4.110\\ -5.422\\ 4.901\end{bmatrix}\hat{R}-\begin{bmatrix}0\\ 5\\ 0\\ 8\\ -11\end{bmatrix}$$，常数项单位为 mm。

$$N_{11}=B^{\mathrm{T}}B=\begin{bmatrix}3 & -1\\ -1 & 3\end{bmatrix},\quad N_{12}=B^{\mathrm{T}}A=\begin{bmatrix}2.365\\ 0.262\end{bmatrix},\quad N_{22}=A^{\mathrm{T}}A=83.449$$

$$B^{\mathrm{T}}l=\begin{bmatrix}-13\\ -6\end{bmatrix},\quad A^{\mathrm{T}}l=-99.932$$

$$\hat{x}_{LS}=N_{11}^{-1}B^{\mathrm{T}}l=\begin{bmatrix}-5.625\\ -3.875\end{bmatrix}(\mathrm{mm}),\ Q_{\hat{x}_{LS}}=N_{11}^{-1}=\frac{1}{8}\begin{bmatrix}3 & 1\\ 1 & 3\end{bmatrix}$$

则

$$M=N_{22}-N_{21}N_{11}^{-1}N_{12}=81.171$$

由式(11-58)可得

$$\hat{R}=M^{-1}(A^{\mathrm{T}}Pl-N_{21}\hat{x}_{LS})=-1.0574$$

$$\hat{x}=\hat{x}_{LS}-N_{11}^{-1}N_{12}\hat{R}=\begin{bmatrix}-4.655\\ -3.459\end{bmatrix}(\mathrm{mm}),\ \hat{X}=\begin{bmatrix}4.581\\ 5.107\end{bmatrix}(\mathrm{m})$$

$$\hat{\sigma}_0=\sqrt{\frac{V^{\mathrm{T}}V}{5-2-1}}=3.42\mathrm{mm}$$

11.4 最小二乘配置

经典最小二乘平差中，各种平差方法的模型方程中所求的未知参数是无先验统计信息的非随机量，通常称为非随机参数，也称为系统性参数。在现代平差中，有些参数在平差前就已具有先验的统计性质，即已知其先验期望和先验方差，这种具有先验信息的参数称为随机性参数或称为信号。在平差模型方程中既包含系统性参数，又包含随机性参数，同时求其估值的方法，称为最小二乘配置或称为最小二乘拟合推估。若平差模型中仅含有随机性参数，根据最小二乘原理确定随机性参数的估值方法称为最小二乘滤波。信号又可分为两类，一类是能与观测值建立函数模型的信号，称为已测点信号，也叫显信号；另一类是不能与观测值建立函数模型的信号，称为未测点信号，或称为隐信号。通常把推求显信号的方法称为滤波，而将求隐信号的方法称为推估。

最小二乘配置源于根据最小二乘推估来内插和外推重力异常的课题。1969 年，克拉鲁普(T. Krarup)把推估重力异常的方法发展为利用不同类型的数据，如重力异常、垂线偏差，去估计异常引力场中的任一元素，例如扰动位、大地水准面差距等，提出了最小二乘配置法。莫里茨(H. Moritz)、科赫(K. R. Koch)都对最小二乘配置进行了系统深入的研究。莫里茨提出的带系统参数的最小二乘配置方法及其在大地测量中的应用，进而导致几何位置和重力场的最小二乘联合求定，为整体大地测量奠定了理论基础。目前，最小二乘配置方法还被应用在坐标系的相互变换、地壳形变参数的拟合推估、GPS 高程拟合、卫星测高数据反演海底地形以及数字化地图曲线的拟合等多个领域。

1. 数学模型

配置的函数模型为

$$\underset{n\times 1}{L}=\underset{n\times t}{B}\ \underset{t\times 1}{\tilde{X}}+\underset{n\times m}{A}\ \underset{m\times 1}{Y}-\Delta \tag{11-67}$$

式中：L 为观测向量；$\tilde{X}$为非随机参数(简称参数)；Y 为随机参数(称为信号)。Y 又可分为两种情况：一种是已测点的信号，与观测值间有函数关系，用 S 表示，它是 $m_1\times 1$ 向量；另一种是未测点信号，用 S'表示，是 m_2 维向量，它与观测值不发生函数关系，$m_1+m_2=m$，但 S'与 S 统计相关，即用协方差与 S 相联系，即

$$Y^{\mathrm{T}}=[S^{\mathrm{T}},\ S'^{\mathrm{T}}],\quad A=[\underset{n\times m_1}{A_1},\ \underset{n\times m_2}{O}]$$

此外，A_1与 B 的秩为

$$rg(A_1)=m_1,\quad rg(B)=t$$

已知的随机模型包括先验的数学期望和方差，式(11-67)中随机量为误差向量 Δ、信号向量 Y 和观测向量，随机量的期望为

$$\begin{gathered}E(\Delta)=0\\ E(Y)=\begin{bmatrix}E(S)\\ E(S')\end{bmatrix}\\ E(L)=B\tilde{X}+AE(Y)\end{gathered} \tag{11-68}$$

令单位权方差 $\sigma_0^2=1$，则随机量的方差为

$$\begin{gathered}D(\Delta)=D_\Delta=P_\Delta^{-1}\\ D(Y)=D_Y=\begin{bmatrix}D_S,\ D_{SS'}\\ D_{S'S},\ D_{S'}\end{bmatrix}=P_Y^{-1}\\ D_{\Delta Y}=0(\Delta\text{与}Y\text{不相关})\end{gathered} \tag{11-69}$$

$$D(L)=D_L=D_\Delta+AD_YA^{\mathrm{T}}=D_\Delta+[A_1\,0]\begin{bmatrix}D_S,\ D_{SS'}\\ D_{SS'},\ D_{S'}\end{bmatrix}\begin{bmatrix}A_1^{\mathrm{T}}\\ 0\end{bmatrix}=D_\Delta+A_1D_SA_1^{\mathrm{T}}$$

从以上数学模型可以看出最小二乘配置有如下特点。

(1) 函数模型中引入了随机参数(信号)Y，且已知其先验期望与方差，这是最小二乘配置的主要特点，因此该法的应用前提是必须较精确地已知其先验统计特性。

(2) 求参数$\tilde{X}$的估值可称为拟合，求已测点信号 S 称为滤波。估计与 S 存在协方差关系，而与观测无直接关系的未测点信号称为推估，因此最小二乘配置平差方法是最小二乘滤波、拟合和推估的融合。

(3) 由式(11-69)可知，由于模型中引入了信号，D_L不再等于其误差方差 D_Δ，而是 D_Δ和方差 D_S合成的一种方差，但衡量观测精度的指标仍是其误差方差。

2. 平差原理

由式(11－70)得误差方程为

$$V=B\hat{X}+A\hat{Y}-L \tag{11-70}$$

式中

$$\hat{Y}=\begin{bmatrix}\hat{S}\\\hat{S}'\end{bmatrix}$$

式中：V 是观测值 L 的改正数；V_Y是 Y 的先验期望 $E(Y)$的改正数，且

$$V_Y=\begin{bmatrix}V_S\\V_{S'}\end{bmatrix}$$

为了导出参数$\tilde{X}$和 Y 的估计公式，不妨将 $E(Y)$看成是方差为 $D(Y)$，权为 P_Y对 Y(非随机参数)的虚拟观测值，故可令

$$L_Y=\begin{bmatrix}L_S\\L_{S'}\end{bmatrix}=E(Y)=\begin{bmatrix}E(S)\\E(S')\end{bmatrix} \tag{11-71}$$

并令与 L_Y相对应的观测误差为

$$\Delta_Y=\begin{bmatrix}\Delta_S\\\Delta_{S'}\end{bmatrix}$$

则虚拟观测方程为

$$L_Y=Y-\Delta_Y=\begin{bmatrix}S\\S'\end{bmatrix}-\begin{bmatrix}\Delta_S\\\Delta_{S'}\end{bmatrix} \tag{11-72}$$

与 L_Y相应的误差方程为

$$V_Y=\hat{Y}-L_Y \tag{11-73}$$

由式(11－70)和式(11－73)可得最小二乘配置的误差方程为

$$\begin{cases}V=B\hat{X}+A\hat{Y}-L\\V_Y=\hat{Y}-L_Y\end{cases} \tag{11-74}$$

由式(11－74)可写成统一的误差方程为

$$\begin{bmatrix}V\\V_Y\end{bmatrix}=\begin{bmatrix}B, & A\\O, & E\end{bmatrix}\begin{bmatrix}\hat{X}\\\hat{Y}\end{bmatrix}-\begin{bmatrix}L\\L_Y\end{bmatrix}$$

最小二乘原理可扩展为

$$[V^{\mathrm{T}},\ V_Y^{\mathrm{T}}]\begin{bmatrix}P_\Delta, & O\\O, & P_Y\end{bmatrix}\begin{bmatrix}V\\V_Y\end{bmatrix}=\min$$

即
$$V^{T}P_{\Delta}V+V_{Y}^{T}P_{Y}V_{Y}=\min \tag{11-75}$$
利用误差方程式(11-74)在最小二乘原理式(11-75)下平差，此时已将配置问题转化为一般间接平差问题了，于是可得法方程

$$\begin{bmatrix} B^{T}P_{\Delta}B, & B^{T}P_{\Delta}A \\ A^{T}P_{\Delta}B, & A^{T}P_{\Delta}A+P_{Y} \end{bmatrix}\begin{bmatrix}\hat{X}\\ \hat{Y}\end{bmatrix}=\begin{bmatrix} B^{T}P_{\Delta}L \\ A^{T}P_{\Delta}A+P_{Y}L_{Y}\end{bmatrix} \tag{11-76}$$

解之得

$$\begin{bmatrix}\hat{X}\\ \hat{Y}\end{bmatrix}=\begin{bmatrix} B^{T}P_{\Delta}B, & B^{T}P_{\Delta}A \\ A^{T}P_{\Delta}B, & A^{T}P_{\Delta}A+P_{Y} \end{bmatrix}^{-1}\begin{bmatrix} B^{T}P_{\Delta}L \\ A^{T}P_{\Delta}A+P_{Y}L_{Y}\end{bmatrix} \tag{11-77}$$

令式(11-77)中的逆矩阵为

$$\begin{bmatrix} B^{T}P_{\Delta}B, & B^{T}P_{\Delta}A \\ A^{T}P_{\Delta}B, & A^{T}P_{\Delta}A+P_{Y} \end{bmatrix}^{-1}=\begin{bmatrix} Q_{11}, & Q_{12} \\ Q_{21}, & Q_{22}\end{bmatrix} \tag{11-78}$$

则$\hat{X}$、$\hat{Y}$的协因数阵为

$$Q_{\hat{X}\hat{X}}=Q_{11}, \quad Q_{\hat{Y}\hat{Y}}=Q_{22}, \quad Q_{\hat{X}\hat{Y}}=Q_{12}$$

单位权方差为

$$\hat{\sigma}_{0}^{2}=\frac{V^{T}P_{\Delta}V+V_{Y}^{T}P_{Y}V_{Y}}{f}=\frac{V^{T}P_{\Delta}V+V_{Y}^{T}P_{Y}V_{Y}}{(n+m)-(t+m)}=\frac{V^{T}P_{\Delta}V+V_{Y}^{T}P_{Y}V_{Y}}{n-t} \tag{11-79}$$

式中：$n+m$为观测总数；$t+m$为未知参数；自由度f仍是网中多余观测个数。

11.5 稳健估计

11.5.1 模型误差与稳健估计

1. 模型误差

由一组观测数据去估计待定参数时，首先要建立一个描述观测数据与待定参数之间关系的数学模型，包括描述观测值期望的函数模型和描述观测值随机性质特征的随机模型。在实际数据处理时，由于多种因素的影响，所建立的模型往往与客观实际存在差异，而且这种差异难以避免。

所建模型与实际模型之差称为模型误差。

由测量误差、建模误差等引起的模型误差也分为随机误差、系统误差和粗差。

如果模型中只存在随机误差，采用最小二乘估计就能解决参数的最优估计问题。

系统误差是一种系统性偏差，按一定规律或规则变化，通过对这种规律的数学描述，可在模型中列入附加系统参数的方法，通过检验识别、消除或减弱其影响。

粗差是一种异常大误差，特别是现代测量数据采用先进采集方式，在大量测量数据中出现少量粗差一般也是不可避免的。粗差的存在将使模型歪曲，造成参数的最小二乘估计严重失实。

为了处理包含粗差的测量数据，寻找具有排除粗差干扰能力的参数估计方法，统计学者做了许多工作，稳健估计就是解决这一问题的估计方法。

2. 稳健估计的基本概念

参数估计的任务是对给定的函数模型和随机模型，依据一定的估计准则，求出待定参数在该准则下的估值。依据不同的准则产生各种方法，例如极大似然估计、最小二乘估计、极大后验估计和线性最小方差估计等。

自18世纪高斯提出最小二乘法以来，在测量平差以及其他领域中，最小二乘估计至今仍是最普遍最广泛地应用着，它是基于测量随机误差服从正态分布前提下的一种最优估计。

但由于最小二乘估计准则具有良好的均衡误差特性，不具备抗粗差干扰的能力，因此在存在粗差的情况下，最小二乘估计对测量数据的粗差相当敏感，使得最小二乘估计的最优性受到严重冲击，而且估计失实。下面是一个简单例子。

【例 11-4】 设某量 x 的真值为5，对其进行了8次观测得

$l_1=5.001$，$l_2=5.002$，$l_3=4.998$，$l_4=4.993$

$l_5=5.001$，$l_6=5.008$，$l_7=5.500$，$l_8=4.997$

采用最小二乘估计，即取其平均值为

$$\hat{x}=5.0625$$

由例子看出，主要受含有粗差的 l_7 干扰，使最小二乘估计失实，与真值偏差较大。

对最小二乘估计不具备抗粗差干扰能力，有些学者很早就认识到，并着手研究提出其他估计方法，较早出现的中位数法、切尾均值法等一维数据处理方法，就具有抗干扰性。

【例 11-5】 将例 11-4 的8个观测值按值从小到大排列，则有

4.993　4.997　4.998　5.001　5.001　5.002　5.008　5.500

由于观测总数为偶数，中位数为中央两个值的平均，即 $\hat{x}=5.0010$。

按切尾均值法，去掉一个最小值4.993，去掉一个最大值5.500，其余取平均值得 $\hat{x}=5.0012$。

此例说明中位数法、切尾均值法比最小二乘法有较好的抗粗差能力。

1953年Box首先提出稳健法(Robustness)的概念，代替子样平均值的其他方法首先由Huber于1964年提出，此后在统计学界进行了大量的研究，在测量平差界，Krarup和Kubik等学者最早引用稳健估计。

所谓稳健估计，是在粗差不可避免情况下，选择适当的估计方法，使所估参数尽可能减免粗差的影响，得出正常模式下最佳或接近最佳的估值。

稳健估计目标如下。

(1) 在采用的假定模型下，所估计的参数应具有最优或接近最优性。

(2) 如果实际模型与假定模型存在较小的偏差，则对应的估计参数所受影响也较小。

(3) 即使实际模型与假定模型有较大偏差，其参数估值的性能也不应太差，亦即不至于对估值产生灾难性的后果。

由上述目标说明，在假定模型基本正确前提下，稳健估计具备抗大量随机误差和少量粗差的能力，使所估参数达到最优或接近最优。抵抗少量粗差对参数估值的影响是稳健估计理论的研究重点，而抗粗差干扰强弱的标志是能容忍多少个观测粗差。如假定模型与实际模型偏差太大，稳健估计自然也不可能得到理想结果，但存在一个较差的合理结果。因此稳健估计不像最小二乘估计那样，追求参数估计在绝对意义上的最优，而是在抗粗差前提下的最优或接近最优。

11.5.2 稳健估计的方法

稳健估计一般可分为三类：M 估计、L 估计和 R 估计。M 估计是一种广义的极大似然估计，它是经典的极大似然估计的推广，易于实施，所以 M 估计在参数估计中应用较广泛，因此本书只对 M 估计进行介绍。M 估计方法分为选权迭代法和范数最小法两类。

1. M 估计的定义

可以对 M 估计进行一般性定义。设有函数 $\rho(v)$，$v\in R$，存在 b，使得 $\rho(v)$在$(-\infty, b]$ 非增，在 $[b, +\infty)$非降。若有参数$\hat{X}$满足条件

$$M(\hat{X}) = \sum_{i=1}^{n}\rho(v_i) = \min \tag{11-80}$$

则称$\hat{X}$为参数的一个 M 估计。M 估计的函数 ρ 可以不同，因而 M 估计是一类估计。之所以称为 M 估计，是因为形式上与极大似然估计(缩写 MLE)具有相似之处的缘故。满足式(11-80)的参数估值不唯一，但当 ρ 函数处处连续时，一定存在参数解。进一步，当 ρ 函数为严格凸函数时，有唯一参数解。

2. 选权迭代法

M 估计的性质与 ρ 的选择有关。M 估计可以表述为一个极值问题，且一般而言要解算非线性方程，因此需要进行迭代计算。对于间接平差的函数模型为

$$L_i+v_i=b_{i1}\hat{X}_1+b_{i2}\hat{X}_2+\cdots+b_{it}\hat{X}_t=B_i\hat{X} \quad (i=1, 2, \cdots, n) \tag{11-81}$$

则有

$$v_i = \sum_{j=1}^{t} b_{ij}\hat{X}_j - L_i \quad (i = 1, 2, \cdots, n) \tag{11-82}$$

将式(11-82)代入式(11-80)，并对未知参数$\hat{X}_j$求导，令其为零，得

$$\sum_{i=1}^{n}\rho'(v_i)b_{ij} = 0 \quad (j = 1, 2, \cdots, t) \tag{11-83}$$

设

$$p_i(v_i)=\frac{\rho'(v_i)}{v_i} \tag{11-84}$$

则式(11-83)可得

$$\sum_{i=1}^{n} b_{ij} p_i(v_i) v_i = 0 \quad (j=1, 2, \cdots, t) \tag{11-85}$$

式(11-85)相当于间接平差法中的法方程 $B^{\mathrm{T}}PV=0$，此法方程相当于

$$V^{\mathrm{T}}P(v)V=\min \tag{11-86}$$

的解。由于法方程式(11-85)中的权 $p_i(v_i)$是改正数的函数，所以给定权的某一个初值后，应进行迭代计算求解。因而，上述平差方法称为选权迭代法。

3. 范数最小法

范数最小法采用如下形式的 $\rho(v)$ 函数，即

$$\sum_{i=1}^{n}\rho(v_i) = \sum_{i=1}^{n} |v_i|^q = \min(1 \leqslant q < 2) \tag{11-87}$$

式中：q 的有利范围为 1.0～1.5 或 1.2～1.5。当 $q=1$ 时，就是最小和法。范数最小和法的权函数式为

$$\begin{cases} \rho'(v)=\mathrm{sgn}(v)\cdot q|v|^{q-1} \\ p(v)=\dfrac{1}{|v|^{(2-q)}+c} \quad (0<c\ll 1) \end{cases} \tag{11-88}$$

式中：c 是一个较小的数，以避免权函数式的分母为零的情形。选权迭代法对权初始值的选择很重要。由于按最小二乘法平差时，求出的改正数受粗差影响较大，所以可以首先做最小和法平差，作为初始权的选择依据，或选择最小和法进行平差计算。

稳健估计法与最小二乘法相比较，会使观测值残差变大，但其目的是获得较好的参数估值。

11.5.3 实例分析

【例 11-6】 图 11.4 所示的水准网中，A、B 点为已知点，共有 11 个水准路线高差观测值。起算数据及观测值见表 11-2，并假设各观测值为等精度独立观测值。试按最小和法对水准网进行平差，并找出含有粗差的观测值。

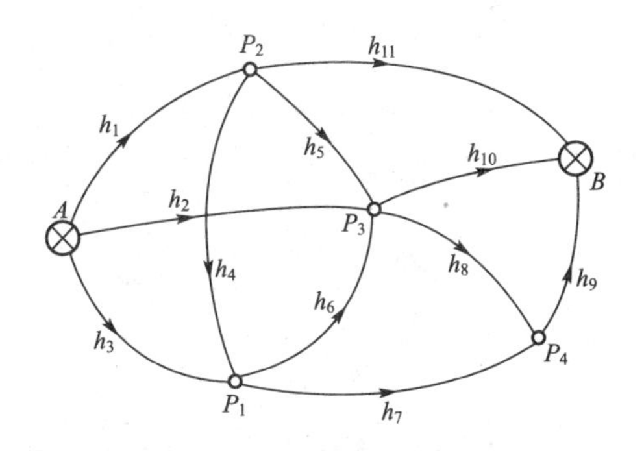

图 11.4 水准网示意图

表 11-2　起算数据和观测值

高差观测值/m				起算数据/m
h_1	13.782	h_7	30.298	H_A=103.317 H_B=123.488
h_2	28.694	h_8	13.333	
h_3	11.720	h_9	−21.829	
h_4	−2.052	h_{10}	−8.494	
h_5	14.920	h_{11}	6.413	
h_6	16.928			

解：首先采用最小二乘法对该水准网进行平差计算，求出的改正数可作为权初始值的计算依据。平差时设观测值权阵为单位阵，选择待定点的高程作为未知参数列出相应的误差方程。参数近似值为

$$X_1^0=H_A+h_3=103.317+11.720=115.037(\mathrm{m})$$

$$X_2^0=H_A+h_1=103.317+13.782=117.099(\mathrm{m})$$

$$X_3^0=H_A+h_2=103.317+28.694=132.011(\mathrm{m})$$

$$X_4^0=H_A+h_3+h_7=103.317+11.720+30.289=145.326(\mathrm{m})$$

误差方程为

$$v_1=\hat{x}_2$$

$$v_2=\hat{x}_3$$

$$v_3=\hat{x}_1$$

$$v_4=\hat{x}_1-\hat{x}_2-10$$

$$v_5=\hat{x}_3-\hat{x}_2-8$$

$$v_6=\hat{x}_3-\hat{x}_1+16$$

$$v_7=\hat{x}_4-\hat{x}_1$$

$$v_8=\hat{x}_4-\hat{x}_3-38$$

$$v_9=-\hat{x}_4-9$$

$$v_{10}=-\hat{x}_3-29$$

$$v_{11}=-\hat{x}_2+6$$

观测值改正数为

$$V=(B^{\mathrm{T}}B)^{-1}B^{\mathrm{T}}l$$

观测值改正数解见表 11-3 中的第二列，表中单位是 mm。按最小和法进行平差时，由式(11-88)可知，权函数式为

$$p(v_i)=\frac{1}{|v_i|}$$

计算过程中，为了避免出现一些观测值的权过大的情形，应对其进行限制，如取

$$p_i=\begin{cases}1 & |v_i|<Q\\ \dfrac{Q}{|v_i|} & |v_i|\geqslant Q\end{cases}$$

此例中取 $Q=0.01219$。第一次按最小和法解算时观测值权的取值为

$$p_1=1,\quad p_2=\frac{0.01219}{|-0.01444|}=0.844,\quad p_3=1,\quad p_4=1\quad p_5=\frac{0.01219}{|-0.01656|}=0.737$$

$$p_6=1,\quad p_7=1,\quad p_8=\frac{0.01219}{|-0.01775|}=0.687,\quad p_9=\frac{0.01219}{|-0.01481|}=0.824$$

$$p_{10}=\frac{0.01219}{|-0.01456|}=0.838,\quad p_{11}=1$$

由上述权值组成的对角权阵代入如下公式

$$V=(B^{\mathrm{T}}PB)^{-1}B^{\mathrm{T}}Pl$$

即可算出观测值改正数解，改正数解见表 11－3 中第三列。以此类推，可以进行迭代计算。当前后两次权值或改正数相同时，迭代计算过程结束，计算过程精确到 0.1mm。当迭代至第 11 次时，前后两次观测值的改正数相同，迭代计算过程结束。计算结果见表 11－3。表 11－3 中 v_0'表示利用最小二乘法所得观测值残差计算结果。v_i'表示第 i 次迭代计算所得残差。p_i'表示第 i 次迭代计算时用到的权值，由上次平差获得的改正数算得。从表 11－3 中可以看出，第 8 个观测值的权较小，且其残差较大，因而含有粗差的可能性较大，应予以删除。

表 11－3　改正数解及计算结果

编号	v_0'	v_1'	p_1'	v_5'	p_5'	v_9'	p_9'	v_{10}'	p_{10}'
h_1	−5.9	−4.6	1.000	−4.4	1.000	−4.4	1.000	−4.4	1.000
h_2	−14.4	−14.0	0.844	−13.6	0.894	−13.3	0.911	−13.3	0.915
h_3	2.9	3.1	1.000	2.8	1.000	2.8	1.000	2.8	1.000
h_4	−1.2	−2.4	1.000	−2.8	1.000	−2.7	1.000	−2.7	1.000
h_5	−16.5	−17.4	0.737	−17.1	0.708	−16.9	0.720	−16.8	0.722
h_6	−1.3	−1.1	1.000	−0.4	1.000	−0.1	1.000	−0.1	1.000
h_7	2.9	1.8	1.000	−0.4	1.000	0.2	1.000	0.2	1.000
h_8	−17.7	−19.2	0.687	−21.3	0.581	−21.7	0.564	−21.7	0.563
h_9	−14.8	−13.8	0.823	−12.1	0.987	−12.0	1.000	−12.0	1.000
h_{10}	−14.5	−15.0	0.838	−15.4	0.794	−15.7	0.780	−15.7	0.778
h_{11}	11.9	10.6	1.000	10.4	1.000	10.4	1.000	10.4	1.000

11.6 数据探测与可靠性理论

测量数据中的粗差由于难以描述其规律性，因而不如偶然误差或系统误差易处理。且由于粗差只存在于个别观测值中，因而也不易用平差的方法予以处理。这使得关于粗差或含有粗差观测数据的处理方法与偶然误差和系统误差的处理方式有所不同。

图 11.5 所示的前方交会测量中，假设有一个角度观测值含有粗差。如果只在 A、B 两点进行观测，则无法判断观测值是否含有粗差。如果在 A、B、C 这 3 点进行测量，通过对两组坐标计算值进行比较将可以发现粗差的存在，但不能肯定哪一个角度观测值含有粗差。如果在另一个已知点 D 上同样进行观测，则可以得到三组未知点的坐标值。此时通过比较这三组坐标值，不仅可以发现粗差的存在，也可以判断哪个观测值含有粗差。显然，测量系统的可靠性与多余观测数有关。测量系统如果没有多余观测，则其可靠性为零。此时，观测精度再高也没有意义。因此，对于测量系统而言，不仅应考虑观测精度的高低，也应考虑可靠性的高低。可靠性是系统发现粗差的能力或概率的大小。

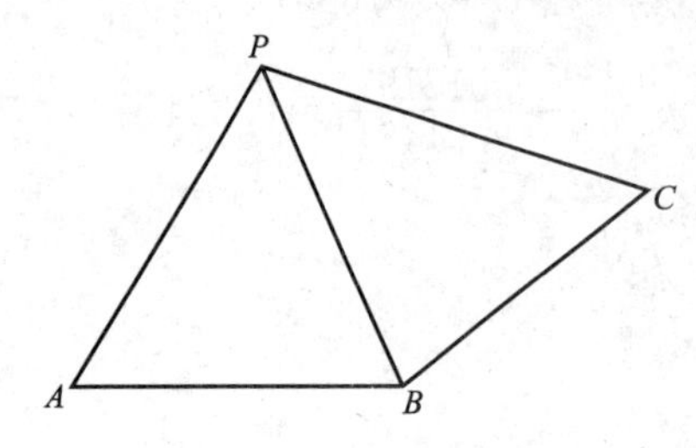

图 11.5　前方交会测量

测量平差系统的可靠性理论主要的研究内容如下。

(1) 在理论上，平差系统发现和区分不同模型误差的能力，以及不可发现的模型误差对平差结果的影响。

(2) 寻找在平差过程中自动发现、区分及定位模型误差的实用方法。

目前对于粗差的检验、识别及定位主要有两种方法。

第一，将粗差归入平差函数模型的粗差探测法(也叫识别法)，即把含粗差的观测值看作是与其他同类观测值具有相同方差、不同期望的一个子样，模型为

$$\begin{cases} L_i \sim N(E(L)+\Delta_{g_i},\ \sigma^2) \\ L_j \sim N(E(L),\ \sigma^2) \quad (j\neq i) \end{cases}$$

式中：L_j 为正常观测值；L_i 含有粗差 Δ_{g_i}。

这种方法意味着将粗差视为函数模型的一部分。这种模型称为平均漂移模型。

第二，将粗差归入随机模型的粗差定位法(也叫调节法)，即把含粗差的观测值看作是与其他同类观测值具有相同期望、不同方差的一个子样，含粗差观测值的方差将异常得大，其模型为

$$\begin{cases} L_i \sim N(E(L),\ \sigma_{L_i}^2) \quad (\sigma_{L_i}^2 \gg \sigma^2) \\ L_j \sim N(E(L),\ \sigma^2) \quad (j\neq i) \end{cases}$$

它意味着将粗差视为随机模型的一部分。这种模型称为方差膨胀模型。

11.6.1　多余观测分量

粗差是观测值的真误差，而观测值的残差是真误差的近似值。因此，应利用残差分析

观测值粗差的实际情况。

设平差的线性函数模型为

$$V=B\hat{x}-l$$

参数$\hat{x}$的最小二乘估值为

$$\hat{x}=(B^{\mathrm{T}}PB)^{-1}B^{\mathrm{T}}Pl=N^{-1}B^{\mathrm{T}}Pl$$

对误差方程做变换得

$$V=B\hat{x}-l=B(\hat{x}-\tilde{x})-(l-B\tilde{x})$$

由于

$$\Delta=B\tilde{x}-l$$

所以可得

$$\begin{aligned}V&=B(N^{-1}B^{\mathrm{T}}Pl-N^{-1}B^{\mathrm{T}}PB\tilde{x})+\Delta\\&=BN^{-1}B^{\mathrm{T}}P(l-B\tilde{x})+\Delta\\&=(I-BN^{-1}B^{\mathrm{T}}P)\Delta\\&=Q_{VV}P\Delta\end{aligned}\tag{11-89}$$

若观测值含有粗差，则真误差Δ可以分成两个部分，即偶然误差和粗差之和。改正数也应分成两个部分，即偶然误差和粗差ε引起的改正数，即

$$V+V_{\varepsilon}=Q_{VV}P(\Delta+\varepsilon_i)\tag{11-90}$$

式中：V是由偶然误差Δ引起的部分；而V_{ε}是由粗差ε引起的部分。

由式(11-90)可知，某一个观测值的粗差对所有观测值的改正数均有影响。某一粗差对自身改正数的影响为

$$v_{\varepsilon_i}=(Q_{VV}P)_{ii}\varepsilon_i\tag{11-91}$$

矩阵$Q_{VV}P$称为平差的几何条件，也称为可靠性矩阵或结构矩阵。它只与平差图形结构B和观测值权阵P有关，并不含有观测值本身，因而可以在实际观测之前求出。结构矩阵$Q_{VV}P$具有如下一些特性。

(1) $Q_{VV}P$是幂等阵，即

$$(Q_{VV}P)^2=Q_{VV}P$$

(2) 平差系统的多余观测数r等于$Q_{VV}P$的迹，即

$$\mathrm{tr}(Q_{VV}P)=r$$

(3) $Q_{VV}P$为降秩矩阵，即$R(Q_{VV}P)=r<n$。因此，不能利用式(11-89)由改正数求得观测值真误差。

(4) $Q_{VV}P$的第i个对角线元素称为第i个观测值的多余观测分量，记为r_i，有

$$r_i=(Q_{VV}P)_{ii}$$

$$r=\sum_{i=1}^{n}r_i$$

r_i代表该观测值在总多余观测数中的分量大小。当观测值间不相关时，即观测值权阵P为

对角阵时，有 $0\leqslant r_i\leqslant 1$；若 $r_i=0$，表示该观测值为完全必要观测，粗差或误差将完全得不到改正；若 $r_i=1$，则表示该观测值为完全多余观测，粗差或误差将完全分配到观测值当中，也就是将对观测值进行完全改正。

由此可得

$$v_{\varepsilon_i}=r_i\varepsilon_i \tag{11-92}$$

由式(11-92)可以看出，多余观测分量代表粗差 ε_i 反映在自身改正数中的百分比。通常观测误差只部分反映于它的改正数中。当没有多余观测时，即多余观测数 $r=0$ 时，所有的多余观测分量 $r_i=0$。此时，所有观测值的改正数为零，观测值将完全包含观测误差而得不到调节。

(5) 由 $Q_{VV}P$ 计算改正数中误差。观测值改正数的方差为

$$\sigma_{v_i}^2=(Q_{VV})_{ii}\sigma_0^2=(Q_{VV}PQ)_{ii}\sigma_0^2=(Q_{VV}P(Q\sigma_0^2))_{ii}$$

当观测值互不相关时

$$\sigma_{v_i}^2=(Q_{VV}P)_{ii}(Q)_{ii}\sigma_0^2=(Q_{VV}P)_{ii}\sigma_{L_i}^2$$

即

$$\sigma_{v_i}=\sqrt{r_i}\sigma_{L_i} \tag{11-93}$$

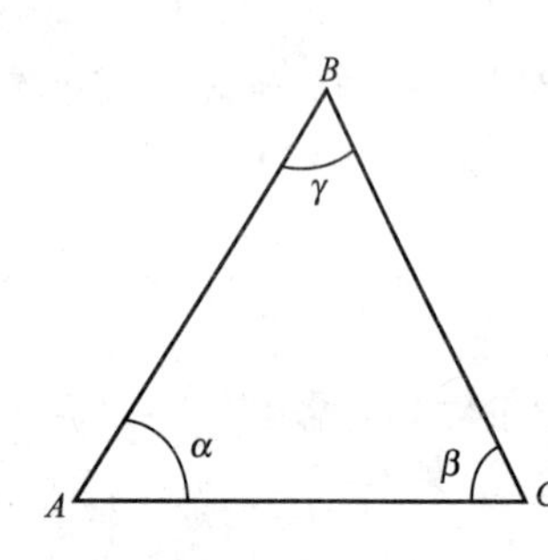

图 11.6　单三角形

【例 11-7】 图 11.6 所示的单三角形中，各角度观测值为等精度独立观测值。试求各观测值的多余观测分量。

解： 设 α 和 β 角平差值为未知参数 $\hat{x}_1$ 和 $\hat{x}_2$，则可以组成如下误差方程。

$$v_\alpha=\hat{x}_1-\alpha+X_1^0$$
$$v_\beta=\hat{x}_2-\beta+X_2^0$$
$$v_\gamma=-\hat{x}_1-\hat{x}_2+180^0-X_1^0-X_2^0-\gamma$$

其中，X_1^0 和 X_2^0 为 α 和 β 角度的近似值，在此可取观测值。平差的几何条件为

$$\begin{aligned}Q_{VV}P&=I-BN^{-1}B^{\mathrm{T}}P\\&=I-\begin{bmatrix}1&0\\0&1\\-1&-1\end{bmatrix}\left(\begin{bmatrix}1&0&-1\\0&1&-1\end{bmatrix}\begin{bmatrix}1&0\\0&1\\-1&-1\end{bmatrix}\right)^{-1}\begin{bmatrix}1&0&-1\\0&1&-1\end{bmatrix}\\&=I-\frac{1}{3}\begin{bmatrix}2&-1&-1\\-1&2&-1\\-1&-1&2\end{bmatrix}=\frac{1}{3}\begin{bmatrix}1&1&1\\1&1&1\\1&1&1\end{bmatrix}\end{aligned}$$

可知每个观测值的多余观测分量均为 $r_i=\frac{1}{3}$。这意味着，不论哪个观测值含有粗差，此粗差分配到自身观测值改正数当中的分量均为$\frac{1}{3}$。且由 $Q_{VV}P$ 的结构可以看出，如果某个观测值含有粗差，此粗差将平均分配到各个观测值改正数当中。

11.6.2 内部可靠性

平差系统发现最小粗差的能力就称为内部可靠性。

设有平差数学模型为

$$V=B\hat{x}-l$$

$$D_{ll}=\sigma_0^2 Q$$

对上述模型做最小二乘估计，并做统计量为

$$T=\frac{\hat{\sigma}_0^2}{\sigma_0^2}=\frac{V^{\mathrm{T}}PV}{r\sigma_0^2}\sim F(r，\infty) \tag{11-94}$$

当观测值含有粗差时，引起改正数平移 V_ε，总改正数为 $V+V_\varepsilon$，此时统计量的数学期望为

$$E\left[\frac{\hat{\sigma}_0^2}{\sigma_0^2}\right]=E\left[\frac{(V+V_\varepsilon)^{\mathrm{T}}P(V+V_\varepsilon)}{r\sigma_0^2}\right]$$

$$=E\left[\frac{V^{\mathrm{T}}PV}{r\sigma_0^2}\right]+E\left[\frac{V_\varepsilon^{\mathrm{T}}PV_\varepsilon}{r\sigma_0^2}\right]+E\left[\frac{V^{\mathrm{T}}PV_\varepsilon}{r\sigma_0^2}\right]+E\left[\frac{V_\varepsilon^{\mathrm{T}}PV}{r\sigma_0^2}\right] \tag{11-95}$$

因为 $E\left[\frac{V_\varepsilon^{\mathrm{T}}PV}{r\sigma_0^2}\right]=\frac{V_\varepsilon^{\mathrm{T}}P}{r\sigma_0^2}E(V)=0，E\left[\frac{V^{\mathrm{T}}PV_\varepsilon}{r\sigma_0^2}\right]=E(V^{\mathrm{T}})\frac{PV_\varepsilon}{r\sigma_0^2}=0$

因此

$$E\left[\frac{\hat{\sigma}_0^2}{\sigma_0^2}\right]=1+\frac{V_\varepsilon^{\mathrm{T}}PV_\varepsilon}{r\sigma_0^2}=1+\frac{\lambda^2}{r} \tag{11-96}$$

式中

$$\lambda^2=\frac{V_{(\varepsilon}^{\mathrm{T}}PV_\varepsilon}{\sigma_0^2} \tag{11-97}$$

也就是说，当观测值含有粗差时，$T=\frac{\hat{\sigma}_0^2}{\sigma_0^2}$服从非中心化 F 分布，即 $T\sim F(r，\infty)$。$\frac{\lambda^2}{r}$就是由粗差引起的F 分布中心的平移量，称为非中心化参数。当选择显著水平 α_0 和检验功效 β_0 时，就可以确定可检测的$\frac{\lambda^2}{r}$临界值。

平差系统中，残差是观测值的线性函数，其一般形式为

$$V=\alpha+\beta L \tag{11-98}$$

当观测值 L 含有粗差 ε 时，对残差的影响为

$$V_\varepsilon=\beta\varepsilon \tag{11-99}$$

对式(11－99)除以 σ_0，表示以单位权中误差为单位的粗差及残差影响值。

$$\frac{V_\varepsilon}{\sigma_0}=\beta\frac{\varepsilon}{\sigma_0} \tag{11-100}$$

令
$$\frac{\varepsilon}{\sigma_0}=Ck \tag{11-101}$$

式中：列向量C的长度为1；即$\|C\|=1$，k为长度因子。将式(11-100)和式(11-101)代入式(11-97)，可得

$$\lambda^2=(C^{\mathrm{T}}\beta^{\mathrm{T}}P\beta C)k^2 \tag{11-102}$$

因此

$$k=\frac{\lambda}{(C^{\mathrm{T}}\beta^{\mathrm{T}}P\beta C)^{\frac{1}{2}}} \tag{11-103}$$

对于$\lambda=\lambda_0$，可得相应的$k=k_0$。此时

$$\frac{\varepsilon_0}{\sigma_0}=Ck_0 \quad 或\ \varepsilon_0=\sigma_0 Ck_0 \tag{11-104}$$

ε_0就是在显著水平α_0和检验功效β_0下的可发现粗差向量的下界值，或称最小值。只有一个观测值含有粗差时，C向量中只有相应的元素为非零，即

$$C^{\mathrm{T}}=[0 \quad \cdots \quad 0 \quad 1 \quad 0 \quad \cdots \quad 0]^{\mathrm{T}} \tag{11-105}$$

此时，式(11-104)变为

$$\frac{\varepsilon_{0_i}}{\sigma_0}=k_{0_i}，\ \varepsilon_{0_i}=k_{0_i}\sigma_0 \tag{11-106}$$

ε_{0_i}就是可发现的单个粗差最小值，是内部可靠性的度量值，对于间接平差模型而言，残差估值为

$$V=Q_{VV}P\Delta \tag{11-107}$$

结合式(11-107)与式(11-98)得$\alpha=Q_{VV}PF(\widetilde{X})$，$\beta=-Q_{VV}P$，将其代入式(11-103)，并由

$$Q_{VV}PQ_{VV}P=Q_{VV}P$$

得

$$k=\frac{\lambda}{(C^{\mathrm{T}}PQ_{VV}PC)^{\frac{1}{2}}} \tag{11-108}$$

式中：Q_{VV}是最小二乘平差结果，与何种平差方法无关。

假设只在第i个观测值中存在粗差，根据式(11-105)有

$$k=\frac{\lambda}{(PQ_{VV}P)_{ii}^{\frac{1}{2}}} \tag{11-109}$$

由α_0和β_0可确定λ_0。当P为对角阵时有

$$k=\frac{\lambda}{(p_i^2 Q_{v_iv_i})^{\frac{1}{2}}}=\frac{\lambda}{p_i\sqrt{Q_{v_iv_i}}} \tag{11-110}$$

将式(11-110)代入式(11-106)得

$$\varepsilon_{0_i}=\frac{\lambda_0\sigma_0}{p_i\sqrt{Q_{v_iv_i}}}=\frac{\lambda_0\sigma_i}{\sqrt{p_iQ_{v_iv_i}}}=\frac{\lambda_0}{\sqrt{r_i}}\sigma_i \tag{11-111}$$

由式(11-111)可知，内部可靠性与$\sqrt{r_i}$成反比，与σ_i成正比。因此，为了提高内部可靠性，应提高观测精度和增加多余观测。

在式(11-111)中，设

$$k_i=\frac{\lambda_0}{\sqrt{r_i}}=\frac{\varepsilon_{0_i}}{\sigma_i} \tag{11-112}$$

称 k_i 为可控性数值，它只反映观测值与可靠性尺度，与精度无关，因而可以用来比较各观测值之间的内部可靠性。由式(11-112)可知

$$\varepsilon_{0_i}=k_i\sigma_i \tag{11-113}$$

由式(11-113)可知，观测值中误差的 k_i 倍，就是可发现粗差的最小值，也就是显著水平 α_0 和检验功效 β_0 可被发现的粗差的最小值。

11.6.3 外部可靠性

将不可发现的粗差对未知参数估值及其函数的影响称为外部可靠性。对于单个观测值含有粗差的情形，不可发现的粗差对参数估值或平差值的影响向量长度为

$$\nabla x(\varepsilon_{0_i})=(B^{\mathrm{T}}PB)^{-1}B^{\mathrm{T}}Pe_i\varepsilon_{0_i}=(B^{\mathrm{T}}PB)^{-1}B_i^{\mathrm{T}}p_i\varepsilon_{0_i} \tag{11-114}$$

式中：$e_i=[0\ \cdots\ 0\ 1\ 0\ \cdots\ 0]^{\mathrm{T}}$，$B_i$ 为误差方程中第 i 个方程系数行向量，权阵 P 为对角阵。巴尔达将下列影响向量长度作为外部可靠性指标，即

$$\bar{\delta}_{0_i}=\|\nabla x(\varepsilon_{0_i})\|=\frac{\sqrt{(\nabla x(\varepsilon_{0_i}))^{\mathrm{T}}B^{\mathrm{T}}PB(\nabla x(\varepsilon_{0_i}))}}{\sigma_0} \tag{11-115}$$

整理得

$$\bar{\delta}_{0_i}=\lambda_0\sqrt{\frac{p_i(Q_{ii}-Q_{v_iv_i})}{r_i}}=\lambda_0\sqrt{\frac{1-r_i}{r_i}} \tag{11-116}$$

由式(11-116)可知，当 λ_0 确定后，外部可靠性与多余观测数有关，r_i 越大，可靠性越强。

对于间接平差值 $\hat{x}$ 的任意线性化函数 $\varphi=f^{\mathrm{T}}\hat{x}$，不可发现的观测值粗差的影响为

$$\nabla f(\varepsilon_{0_i})=f^{\mathrm{T}}\nabla x(\varepsilon_{0_i})=f^{\mathrm{T}}N_{BB}^{-1}B^{\mathrm{T}}Pe_i\varepsilon_{0_i}=f^{\mathrm{T}}N_{BB}^{-1}B_i^{\mathrm{T}}p_i\varepsilon_{0_i} \tag{11-117}$$

式中：$f^{\mathrm{T}}N_{BB}^{-1}B_i^{\mathrm{T}}$ 是向量 f 和 B_i 以 N_{BB}^{-1} 加权的内积，即

$$f^{\mathrm{T}}N_{BB}^{-1}B_i^{\mathrm{T}}=\|f\|\cdot\|B_i\|\cos(f,\ B_i) \tag{11-118}$$

因此有

$$f^{\mathrm{T}}N_{BB}^{-1}B_i^{\mathrm{T}}\leqslant\|f\|\cdot\|B_i\|=\sqrt{f^{\mathrm{T}}N_{BB}^{-1}f}\cdot\sqrt{B_iN_{BB}^{-1}B_i^{\mathrm{T}}} \tag{11-119}$$

将式(11-119)代入式(11-117)，并由 $f^{\mathrm{T}}N_{BB}^{-1}f=Q_{\varphi\varphi}$ 和式(11-116)得

$$\begin{aligned}\nabla f(\varepsilon_{0_i})&\leqslant\sqrt{f^{\mathrm{T}}N_{BB}^{-1}f}\cdot\sqrt{B_iN_{BB}^{-1}B_i^{\mathrm{T}}}p_i\varepsilon_{0_i}=\sqrt{Q_{\varphi\varphi}}\sqrt{B_iN_{BB}^{-1}B_i^{\mathrm{T}}p_i}\sqrt{p_i}\varepsilon_{0_i}\\&=\frac{\sigma_\varphi}{\sigma_0}\sqrt{1-r_i}\sqrt{p_i}\frac{\lambda_0}{\sqrt{r_i}}\sigma_i=\bar{\delta}_{0_i}\sigma_\varphi\end{aligned} \tag{11-120}$$

由式(11-120)可知，粗差 ε_{0_i} 对函数的影响与外部可靠性指标及函数中误差 σ_φ 成正比。描

述测量系统内外部可靠性的指标 ε_{0_i}、k_i 和 $\bar{\delta}_{0_i}$ 都是与控制网的基准及观测值的大小无关的量。因此，当控制网设计完成后，就可以求出上述可靠性指标，并对其进行评估，以验证控制网能否满足要求。

11.6.4 单个粗差的检验及定位

现假设只在单个观测值中含有粗差，并对其进行检验。由式(11-89)可知，当观测值不含粗差时，即 $E(\Delta_i)=0$ 时，有 $E(v_i)=0$。因此，可以通过对残差进行检验的方式来检验观测值中是否含有粗差。已知单位权中误差 σ_0 时，可以采用下列正态变量作为检验量，称为标准化残差。

$$w_i=\frac{v_i}{\sigma_0\sqrt{Q_{v_iv_i}}} \tag{11-121}$$

做原假设和备选假设为

$$H_0: E(w_i)=0, \quad H_1: E(w_i)\neq 0$$

H_0 成立时

$$w_i=\frac{v_i}{\sigma_0\sqrt{Q_{v_iv_i}}}=\frac{v_i}{\sigma_{v_i}}=\frac{v_i}{\sigma_i\sqrt{r_i}}\sim N(0,\ 1) \tag{11-122}$$

用 w_i 作为统计量对粗差进行检验，是巴尔达(Baarda)数据探测法理论的核心。通常取巴尔达选用的显著水平 $\alpha=0.001$。此时，统计量 w_i 的临界值 $u_{\frac{\alpha}{2}}=3.3$。即当 $|w_i|>3.3$ 或 $|v_i|>3.3\sigma_{v_i}$ 时，拒绝 H_0，认为该观测值存在粗差。

当观测值含有粗差 ε_i 时，对该观测值改正数的影响为

$$v_{\varepsilon_i}=r_i\varepsilon_i \tag{11-123}$$

改正数的变化导致标准化残差发生偏离，偏离量为

$$w_{\varepsilon_i}=\frac{r_i\varepsilon_i}{\sigma_i\sqrt{r_i}}=\frac{\varepsilon_i}{\sigma_i}\sqrt{r_i} \tag{11-124}$$

此时 H_1 成立，即 $E(w_i)=w_{\varepsilon_i}$。虽然实际上 H_1 成立，但仍然可能犯第二类错误，即纳伪错误，认为观测值的粗差不显著。现在要问，观测值的粗差多大时，才能够以显著水平 α_0 和检验功效 β_0 被发现。相对应的可发现的最小 w_{ε_i} 值，即非中心化参数 w_{ε_i} 是 α_0 和 β_0 的函数，可用 λ_0 表示，即

$$\lambda_0=\lambda_0(\alpha_0,\ \beta_0) \tag{11-125}$$

已知 λ_0 后，可以计算粗差的可发现下界值。

$$\varepsilon_{0_i}=\sigma_i\frac{\lambda_0}{\sqrt{r_i}} \tag{11-126}$$

选定的 α_0 和 β_0 与可发现粗差或非中心化参数的下界值 λ_0 见表 11-4。

表 11-4 下界值 λ_0

β_0 \ α_0 \ K	3.72	3.29	2.58	1.96
	0.01%	0.1%	1%	5%
70	4.41	3.82	3.10	2.48
80	4.73	4.13	3.42	2.80
90	5.17	4.57	3.86	3.24
95	5.54	4.94	4.22	3.61
99	6.22	5.62	4.90	4.29
99.9	6.98	6.38	5.67	5.05

表 11-4 中，K 值是一定显著水平 α_0 下标准化残差检验的临界值，也就是当观测值不存在粗差时，$P(|w|>K)=\alpha_0$，它不同于最小可发现粗差或非中心化参数 λ_0。它们之间的关系如图 11.7 所示。

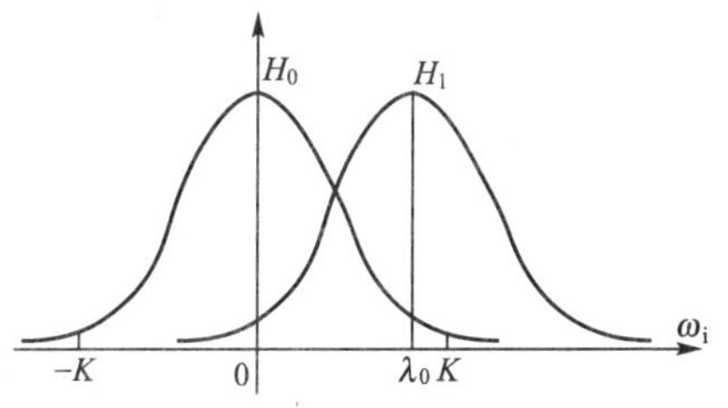

图 11.7 两假设之间的关系

当单位权中误差 σ_0 未知，且观测值相互独立时，可以采用如下 t 统计量作为检验的依据，即

$$t=\frac{v_i}{\hat{\sigma}_t\sqrt{Q_{v_iv_i}}}\sim t(n-t-1) \tag{11-127}$$

式中

$$\hat{\sigma}_t^2=\frac{1}{n-t-1}\left(V^{\mathrm{T}}PV-\frac{p_iv_i^2}{r_i}\right) \tag{11-128}$$

r_i 为观测值的多余观测数。

以上所述粗差的检验方法在理论上是严密的，但在实际应用中可能会出现一些困难。首先对单个粗差的检验而言，由于某个观测值粗差会对所有观测值的残差都有影响，因而，不只一个观测值含有粗差时，有可能出现的情形是含有粗差的观测值不一定有最大残差，而不含粗差的观测值却可能有较大残差。且在检验时可能出现的情形是：统计量超限，但观测值不含粗差，或统计量不超限，但观测值却含有粗差。

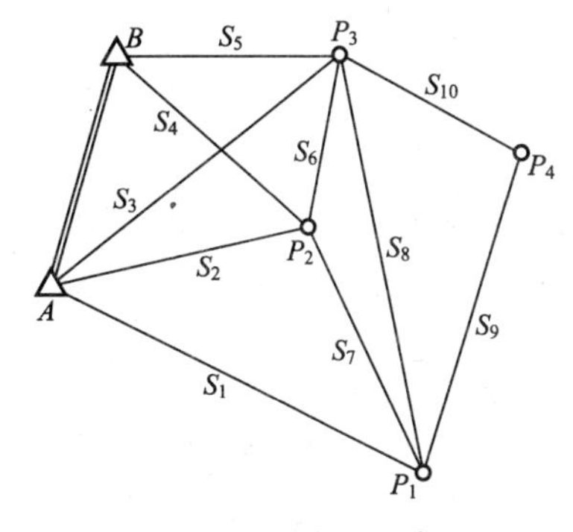

图 11.8 测边网示意图

【例 11-8】 图 11.8 所示的测边网中，A、B 为已知点，共有 10 个边长观测值，并假设边长观测值为等精度独立观测值。试计算各观测值的内、外可靠性。

解：平差时将待定点的坐标作为未知参数，并列出相应的误差方程。各观测值的多余观测数、内可靠性及外可靠性数值见表 11-5。此例中，取显著水平 $\alpha=0.05$ 及 $\beta=0.80$，由表 11-4 得 $\lambda_0=2.80$。

由表 11-5 中的数据可以看出，S_1、S_2、S_3、S_4、S_6、S_7 边长观测值的多余观测数相对较多，其内、外可靠性较强。这些边的可发现粗差值为观测值中误差的

4～6 倍。S_5和S_8边长观测值的多余观测数较小，它们的内、外可靠性较差，说明网的外部边缘部分的观测值可靠性要较网内部的观测值差得多。S_9、S_{10}边长观测值的多余观测数为零，因而无法发现这些观测值中所包含的粗差，这种情形是不允许出现的。

表 11-5　各观测值的多余观测数及内、外可靠性

边	r_i	k_i	$\bar{\delta}_{0_i}$	边	r_i	k_i	$\bar{\delta}_{0_i}$
S_1	0.37	4.60	3.65	S_6	0.27	5.36	4.58
S_2	0.22	5.92	5.21	S_7	0.39	4.50	3.52
S_3	0.35	4.72	3.85	S_8	0.004	44.15	44.07
S_4	0.35	4.76	3.85	S_9	0	∞	∞
S_5	0.04	13.47	13.17	S_{10}	0	∞	∞

本章小结

近代平差理论是一个庞大的体系，本章仅对其中几种平差模型的基本原理进行了介绍，重点是理解近代平差的基本特征，体系的构成；掌握秩亏自由网平差，了解序贯平差、附加系统参数的平差、稳健估计、最小二乘配置和数据探测与可靠性理论等平差方法的基本概念和特征。

习　　题

1. 设有两组误差方程

$$V_1=\begin{bmatrix}1 & -1\\ 0 & 1\\ -1 & 1\end{bmatrix}\begin{bmatrix}\hat{x}_1\\ \hat{x}_2\end{bmatrix}-\begin{bmatrix}1\\ -2\\ 1\end{bmatrix}\quad(\text{mm})$$

$$V_2=\begin{bmatrix}-1 & 0\\ 0 & 1\end{bmatrix}\begin{bmatrix}\hat{x}_1\\ \hat{x}_2\end{bmatrix}-\begin{bmatrix}3\\ 1\end{bmatrix}\quad(\text{mm})$$

其中，L_1与L_2的权为$P_1=P_2=I$，未知数的近似值为$X^0=[5.650\quad 7.120]^{\mathrm{T}}(\mathrm{m})$，试按序贯平差求$\hat{X}$及$Q_{\hat{X}}$。

2. 某水准网如图 11.9 所示，已知点 A、B 的高程分别为 $H_A=53.00\mathrm{m}$，$H_B=58.00\mathrm{m}$，为确定待定点 P 点的高程，测得高差观测值为

$h_1=2.95\mathrm{m}$，$h_2=2.97\mathrm{m}$，$h_3=2.08\mathrm{m}$，$h_4=2.06\mathrm{m}$

各条路线长度相等。设$\underset{4\times1}{L}=\begin{bmatrix}L_1\\ L_2\end{bmatrix}$，$L_1=[h_1\quad h_2]^{\mathrm{T}}$，$L_2=[h_3\quad h_4]^{\mathrm{T}}$，$P$ 点高程平差值为未知参数$\hat{X}$：

(1) 试列出两组误差方程；

(2) 试按序贯平差法求 P 点高程平差值及其协因数阵。

3. 在图 11.10 所示的水准网中，h_1、h_2、h_3 为观测值，其协因数阵 $Q=I$，设 P_1、P_2 点高程平差值为未知参数。其误差方程为

$$V=\begin{bmatrix}-1 & 1\\ -1 & 1\\ -1 & 1\end{bmatrix}\begin{pmatrix}\hat{x}_1\\ \hat{x}_2\end{pmatrix}-\begin{pmatrix}2\\ -1\\ 1\end{pmatrix}$$

试按附加条件法进行秩亏自由网平差，求法方程的解 $\hat{x}$ 及其协因数阵 $Q_{\hat{X}\hat{X}}$。

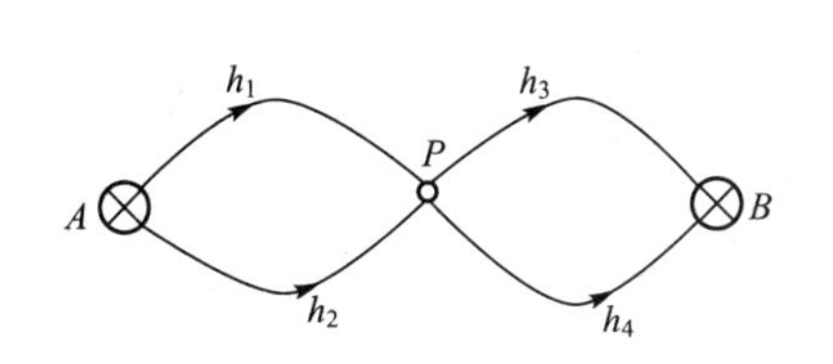

图 11.9　水准网〈一〉

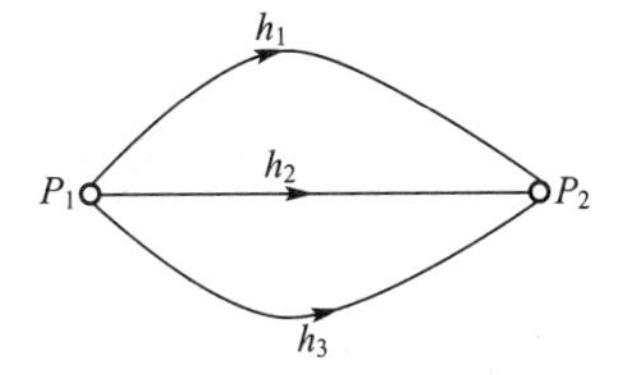

图 11.10　水准网〈二〉

参考文献

[1] 武汉大学测绘学院测量平差学科组．误差理论与测量平差基础习题集［M］．武汉：武汉大学出版社，2010．

[2] 武汉大学测绘学院测量平差学科组．误差理论与测量平差基础［M］．2 版．武汉：武汉大学出版社，2009．

[3] 王穗辉．误差理论与测量平差基础［M］．上海：同济大学出版社，2010．

[4] 金日守，戴华阳．误差理论与测量平差基础［M］．北京：测绘出版社，2011．

[5] 隋立芬，宋力杰，柴洪洲．误差理论与测量平差基础［M］．北京：测绘出版社，2010．

[6] 高士纯．测量平差基础通用习题集［M］．武汉：武汉测绘科技大学出版社，1999．

[7] 陶本藻．测量数据处理的统计理论和方法［M］．北京：测绘出版社，2007．

[8] 葛永慧，夏春林，魏峰远，王列平．测量平差基础［M］．北京：煤炭工业出版社，2007．

[9] 李金海．误差理论与测量不确定度评定［M］．北京：中国计量出版社，2003．

[10] 刘大杰，陶本藻．实用测量数据处理方法［M］．北京：测绘出版社，2000．

[11] 李德仁，袁修孝．误差处理与可靠性分析［M］．武汉：武汉大学出版社，2002．

[12] 陶本藻．自由网平差与变形分析［M］．武汉：武汉测绘科技大学出版社，2001．

[13] 胡圣武．地图学［M］．北京：清华大学出版社，北京交通大学出版社，2008．

[14] 李庆海，陶本藻．概率统计原理和在测量中的应用［M］．北京：测绘出版社，1982．

[15] 刘大杰，施一民，过静珺．全球定位系统(GPS)的原理与数据处理［M］．上海：同济大学出版社，1996．

[16] 武汉测绘科技大学测量平差教研室．测量平差基础［M］．3 版．北京：测绘出版社，1996．

[17] 於宗俦，鲁林成．测量平差基础（增订本）［M］．北京：测绘出版社，1983．

[18] 於宗俦，于正林．测量平差原理［M］．武汉：武汉测绘科技大学出版社，1999．

[19] 游祖吉，樊功瑜．测量平差教程［M］．北京：测绘出版社，1991．

[20] 陶本藻．测量数据处理统计分析［M］．北京：测绘出版社，1992．

[21] 魏克让，江聪世．空间数据的误差处理［M］．北京：科学出版社，2003．

[22] 邱卫宁，陶本藻，姚宜斌．测量数据处理理论与方法［M］．北京：测绘出版社，2008．

[23] 崔希璋，於宗俦，陶本藻，刘大杰．广义测量平差［M］．2 版．武汉：武汉大学出版社，2009．

[24] 吴林，张玘．误差分析与数据处理［M］．北京：清华大学出版社，2010．

[25] 费业泰．误差理论与数据处理［M］．5 版．北京：机械工业出版社，2008．

[26] 沙定国．误差分析与测量不确定度［M］．北京：中国计量出版社，2006．

[27] 王中宇，刘智敏．测量误差与不确定度评定［M］．北京：科学出版社，2008．

[28] 胡上序，陈德钊．观测数据的分析与处理［M］．杭州：浙江大学出版社，2002．

[29] 张勤，张菊清，岳东杰．近代测量数据处理与应用［M］．北京：测绘出版社，2011．

[30] 王新洲，陶本藻，邱卫宁．高等测量平差［M］．北京：测绘出版社，2006．

[31] 陶本藻，胡圣武．非线性模型的平差［J］．测绘信息与工程（3）：26—29．

[32] 胡圣武．非线性模型理论及其在 GIS 中的应用［D］．武汉：武汉测绘科技大学，1997．

[33] 黄维彬．近代平差理论及其应用［M］．北京：解放军出版社，1992．